Excelで学べる
データドリブン・マーケティング
Data-driven Marketing

株式会社 秤
小川貴史 [著]

(株)社会情報サービス [監修]

■**本書について**
本書は『Excelでできるデータドリブン・マーケティング』(2018年、マイナビ出版)の
改訂版です。基本的な内容は変わっていませんので、ご注意ください。

■**本書の演習用ファイルについて**
本書で使用する演習用ファイルは、下記サポートサイトから入手してください。
また、演習用ファイル使用時の注意事項は、本書031ページをお読みください。

■**本書のサポートサイト**
本書の演習用ファイル、補足情報、訂正情報などを掲載します。適宜ご参照ください。
https://book.mynavi.jp/supportsite/detail/9784839987633.html

●本書は2024年11月段階での情報に基づいて執筆されています。
　本書に登場する製品やソフトウェア、サービスのバージョン、画面、機能、URL、製品のスペックなどの情報は、
　すべてその原稿執筆時点でのものです。
　執筆以降に変更されている可能性がありますので、ご了承ください。

●本書に記載された内容は、情報の提供のみを目的としております。
　したがって、本書を用いての運用はすべてお客様自身の責任と判断において行ってください。

●本書の制作にあたっては正確な記述につとめましたが、著者や出版社のいずれも、
　本書の内容に関してなんらかの保証をするものではなく、
　内容に関するいかなる運用結果についてもいっさいの責任を負いません。あらかじめご了承ください。

●本書中の会社名や商品名は、該当する各社の商標または登録商標です。
　本書中ではTMおよび®マークは省略させていただいております。

はじめに

　本書はデータドリブン・マーケティングをテーマにした書籍ですが、昨今マーケティングの現場で話題になっているような、あらゆるデータを集めて分析し、その分析に AI を活用するといった先進的な内容を紹介するものではありません。本書は、マーケターが日々の意思決定をデータドリブンにしていくために必要な知識を補うことにフォーカスしたものです。

　例えば、消費者アンケート結果などの定量調査を集計し考察する際に、特定のターゲットセグメントが平均より高いスコアだった場合、ただのバラつきや誤差でそのような差が生じる確率を考慮していますか？　本書の演習で紹介する「独立性の検定」などの統計的検定を行ったほうが慎重な判断ができます。

　例えば TVCM の効果検証で、放映前後の消費者アンケートの態度変容（購入意向率など）や売上の変化などから効果を推し計っていませんか？　施策の実施前後を単純比較するやり方は、季節性などの施策以外の要因の影響を考慮できないなど、多くの問題を含んでいます。因果推論のためには正しい分析のデザインが必要です。本来マーケティングの現場で行う意思決定には統計や因果推論の知識が必要なものが多いのですが、そうした知識が浸透していないため、アンケート集計で有意な差がないのに有益な傾向差を見つけたと勘違いする、間違えた因果推論で施策の効果をはき違えているといったケースが見受けられます。

　昨今マーケティングの現場では、ビッグデータマイニングやデータ分析における AI 活用など先進的な取り組みが注目されていますが、それ以前に取り組むべき課題はないでしょうか？　本書はそうした状況を変えるために、マーケターに必要な統計や因果推論の基礎知識を「演習形式」で共有するものです。

　筆者は過去、広告会社プランナーやデジタルマーケティングコンサルタントとして活動する中で、メディアプランニングに使用する調査データベースや消費者アンケート、ダイレクトマーケティングの顧客獲得や購買履歴、デジタル広告や Web サイトのアクセスログなどの多用なデータと向き合い、必要な知識がない状態で様々な意思決定を行っていました。しかし、当時のデータ分析や調査による意思決定は間違いも多かったと思います。ターニングポイントとなったのは(株)電通ダイレクトフォース(現(株)電通ダイレクトマーケティング) 在籍時に時系列データ解析によってオフライン施策とオンライン施策を横並びで評価できる**マーケティング・ミックス・モデリング**（以下「**MMM**」）を知ったときです。当初は外部の専門家に委託してその分析を行いましたが、それを自ら会得するために統計や因果推論を学びました。それ以降、分析手法の引き出しが増え、マーケターとしての視野が格段に拡がりました。

　そうした知識や分析スキルを共有するために、Excel で MMM を行いながら学べる書籍を作りました。MMM は本来、専門家によって提供される高度な分析サービスです。しかし本書では、統計学に初めてチャレンジする方がこれを習得することを目指しています。Excel VBA で組んだマクロと Excel アドインの演算機能の「ソルバー」を用いるなど、分析作業を効率化するための工夫を凝らしましたが、それでも本書の全ての演習を終えるのに 1 日から 2 日前後はかかると思います。それでも、筆者が MMM や統計を学ぶ上で費やした膨大な時間の浪費は避けていただけるはずです。

これまで、統計になじみのない人間がMMMを学ぶ教科書はありませんでした。難解な専門書から手探りでヒントを探しながら学んできたため、筆者は少なくみて1,000時間は費やしたと思います。そうした経験により、分かりやすさにこだわり、統計関連の書籍にありがちな数式を用いた解説を極力減らし、演習で実際に分析をやってみながら学ぶ構成としました。詳細な知識は「統計WEB」や参考文献を案内するようにしています。

　本書は統計やデータマイニングを学びたくなったマーケターが「専門書の壁」を越えて、生きたノウハウを身につけてもらうための「ビジネス専門書」を目指しました。

データドリブン・マーケティング関連書籍

ビジネス書	専門書（学術書・専門書）
データ分析を活用する企業の先進事例等。その事例に用いられたデータ分析ロジックの解説は詳細な説明を省略し、概念的な説明に留められる場合が多い。データ分析の実行に即結びつける内容ではない。	数式レベルで詳細を説明。無料統計ソフト「R」等のプログラムのコードを用いて実際に演習を行うものやその他有料ソフトウェアに対応する内容もあるが初学者には難しい。

専門書の壁　やる気になっても…

ビジネス専門書
データドリブン・マーケティングを推進していきたいマーケターに必要なデータ分析リテラシー向上を目的とした演習で学べる実務書

　演習はMMMだけでなく、「エクセル統計」体験版を用いた顧客分析の演習（数量化2類やクラスター分析等）も追加しました。最新のデータ解析ツールやシンジケートデータを紹介するコラムも入れました。

用語解説

「シンジケートデータ」とは、TVの視聴率やPOSデータ、独自消費者モニターのアンケートデータベース等、「契約した会社のみに提供される調査会社独自のデータ」の総称です。

　筆者が開発したExcelの【MMM_modeling】Bookと【MMM_simulation】Bookを用いて皆さん自身のデータも分析できるようにしました。MMMはマーケティングの「全体最適」をテーマにされている方には有益なヒントになるものです。オンラインとオフラインの施策またはチャネル全体でのマーケティングの全体最適を模索する企業のマーケティング責任者や経営者、またはそれを支援するコンサルティング会社やエージェンシーのマーケターに役立つものになったのではないかと思います。

　皆さんが手掛ける（または支援する）ブランドを成長させるために必要なデータ活用とは何か？データドリブン・マーケティングのロードマップを描く、またはそれを支援するためにマーケターの視野を広げるきっかけになればと思います。

2025年1月

CONTENTS

第1章
演習をはじめる前に　001

- 1-1　データドリブン・マーケティングと本書のアプローチ　002
- 1-2　日本のマーケティング組織が「データドリブン」になるには?　004
  - 【コラム】「データサイエンティスト」に必要なスキルセット　005
- 1-3　効果検証法の種類　006
  - 【コラム】True Lift Model®(トゥルー・リフト・モデル)　007
  - 【コラム】シングルソースパネル®　016
  - 【コラム】エージェントシミュレーションによるMMM　018
- 1-4　データマイニングの種類　020
- 1-5　本書の演習内容と構成　025
  - 【コラム】エクセル統計と統計WEB　032

第2章
顧客データ(質的データ)をクロスセクションデータとして分析　033

- 2-1　演習の準備　034
- 2-2　クロス集計と独立性の検定　037
- 2-3　独立性の検定の演習(1)　039
- 2-4　独立性の検定の演習(2)　047
- 2-5　数量化2類の分析　概要　051
- 2-6　数量化2類　分析結果出力内容　054
- 2-7　数量化2類の出力結果を分かりやすく集計【縦横比】　059
- 2-8　数量化2類の出力結果を分かりやすく集計【カテゴリースコアランキング】　065
- 2-9　クラスター分析　概要　068
- 2-10　「階層型」クラスター分析(変数分類)を行う　069
- 2-11　「非階層型」クラスター分析を行う　074
- 2-12　「階層型」クラスター分析(個体分類)　082
- 2-13　顧客データ(質的データ)をクロスセクションデータとして分析(まとめ)　084
  - 【コラム】クロスセクションデータのための拡張アナリティクスツール紹介　085

第3章
アルコール飲料の売上の予測モデルを作る準備
(データをチェック)　　　　　　　　　　　　　　　089

- 3-1　折れ線グラフで各変数の形をチェック ……………………………… 090
- 3-2　基本統計量とヒストグラムを使ってデータの形をチェック ………… 093
- 3-3　データの形のチェック(まとめ) ……………………………………… 100
- 3-4　どの変数が目的変数に影響がありそうか？　相関係数でチェック … 101
- 3-5　相関係数を参考にする際の注意「疑似相関」………………………… 103
- 3-6　「エクセル統計」で偏相関係数行列と「無向グラフ」を作成 ………… 104
- 3-7　「エクセル統計」の「期別平均法」で季節性を把握 …………………… 106

第4章
Excel分析ツールを使って回帰分析　　　　　　　　　109

- 4-1　単回帰分析／TVCMで売上数を説明 ………………………………… 110
　　　【コラム】信頼度と信頼区間に関して ………………………………… 111
- 4-2　回帰分析結果の見方 …………………………………………………… 114
- 4-3　予測値と実績値の推移を線グラフに描画して確認する …………… 119
- 4-4　重回帰分析／TVCM以外のマーケティング施策も加えて
　　　売上数を説明できるか？ ……………………………………………… 121
- 4-5　決定係数を高める(予測精度を上げる)ためのアプローチとダミー変数 … 122
- 4-6　季節性(月次)を考慮するためのダミー変数を活用 ………………… 125
- 4-7　追加のダミー変数を加えて分析 ……………………………………… 134
- 4-8　タイムラグを仮定した変数加工をして分析 ………………………… 135
- 4-9　Excelの分析ツールを使った回帰分析(まとめ) …………………… 138

第5章
残存効果などを加味して予測精度を上げる　139

- 5-1 「MMM予測モデル探索ツール」(7Sheet構成)の概要 …… 140
- 5-2 「ソルバー回帰」Sheetを使って回帰分析 …… 146
- 5-3 「ソルバー回帰」Sheetで得られる回帰分析の結果と、DW比とVIF …… 147
- 5-4 最適な月次ダミーの組み合わせを「素早く」探索 …… 150
- 5-5 「記録用」Sheetを用いて、作ったモデルを記録する …… 156
- 5-6 「エクセル統計」の説明変数選択機能「減少法」を体験 …… 158
- 5-7 最適な月次ダミーの組み合わせを「丁寧に」探索 …… 166
- 5-8 ソルバーを用いて「残存効果」や「非線形な影響」を加味したモデルを探索 …… 170
- 5-9 タイムラグを取った状態で「残存効果」と
「累乗(非線形な影響)」を加味したモデルを探索 …… 178
- 5-10 「残存効果」と「累乗(非線形な影響)」とは …… 186
- 5-11 Excelソルバー補足 …… 192
- 5-12 【MMM_modeling】BookでGRG非線形とエボリューショナリーの違いを体験 …… 196
- 【コラム】クロスセクションデータを用いた
マーケティング施策価値算出ツール「Third Man」 …… 200

第6章
予算配分最適化シミュレーション　203

- 6-1 「MMM予測モデル探索ツール」Bookの「試算まとめ準備」Sheetを活用 …… 204
- 6-2 「MMM予算配分最適化ツール」Bookの
「予算配分試算」Sheetにデータを貼り付け …… 207
- 6-3 各マーケティング施策の効果数への影響をプロットしたグラフを作成 …… 210
- 6-4 予算配分シミュレーション ① …… 212
- 6-5 予算配分シミュレーション ② …… 215
- 6-6 予算配分シミュレーション ③ …… 217
- 6-7 紙媒体がOOHの効率と同様になるための単価基準を探索 …… 221
- 6-8 基本統計量とヒストグラムを確認する …… 224
- 6-9 箱ひげ図を作り、外れ値を確認する …… 225
- 6-10 極端な外れ値による偏回帰係数のバイアス …… 229
- 6-11 外挿による予測誤差 …… 232
- 6-12 予算配分シミュレーション ④ …… 234
- 6-13 「MMM_simulation」Sheet活用時の操作方法の補足 …… 236
- 【コラム】Nuorium Optimizer …… 237

第7章
ECとコールセンター 2つの売上への影響を加味した予算配分最適化　239

- 7-1 ダイレクトマーケティングの効果検証事例 240
- 7-2 2つの効果指標に対する影響を同時に加味するための 最適予算配分シミュレーション 244
- 7-3 データの形やバラツキをチェック 245
- 7-4 WEB申込を目的変数としたモデルを探索 248
- 7-5 CC申込を目的変数としたモデルを探索 252
- 7-6 2つのモデルを加味した予算最適配分シミュレーション　効果数 257
- 7-7 2つのモデルを加味した予算最適配分シミュレーション　利益額 264
- 7-8 まとめ 272

第8章
補足解説　273

- 8-0 演習を終えた方へ 274
- 8-1 分析の目的を（予測か説明か）定める 276
  - 【コラム】構造型モデリングの分析ツール 288
- 8-2 候補となる変数で洗い出す 292
  - 【コラム】MetaのMMMツール「Robyn」 295
  - 【コラム】特許技術「消費者調査MMM」 301
- 8-3 得られた複数のモデルから意思決定に用いるものを選択する 305
- 8-4 MMMの活用について 307

APPENDIX
付録演習　309

- A-0 この章の概要 310
- A-1 Googleトレンドの検索指数データから時系列予測を行う 311
- A-2 単位根検定を行う 315

おわりに 317
INDEX 320

DATA-DRIVEN MARKETING

第1章

演習をはじめる前に

1-1
データドリブン・マーケティングと本書のアプローチ

　日本語で〇〇ドリブンと使われる場合は「〇〇に突き動かされた」という意味から転じて、「〇〇を起点にした、〇〇をもとにした」と使われることが多いそうです。「**データドリブン・マーケティング**」とは、その言葉から直訳すると「データを起点にしたマーケティング」「データを元にしたマーケティング」です。ネットで検索すると、「様々なデータを作成、収集、見える化、活用するPDCAを回していくことで、ビジネスを成長させる」「データから導いた示唆を元に実行に移す」といった説明を目にします。データを元にアクション（マーケティング施策）を実際に行い、改善するPDCAが前提となっており、それを回していく際の指標となるKPIとアクション（マーケティング施策の実行）は対になるものです（図1-1-1）。

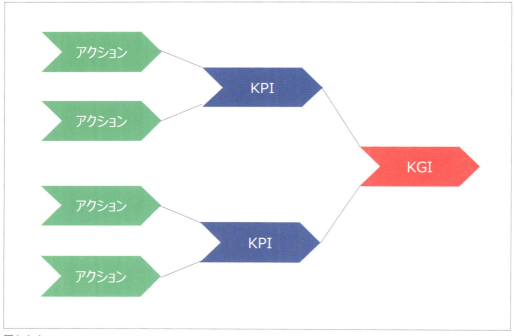

図1-1-1
データドリブン・マーケティング

マーク・ジェフリーは著書『データ・ドリブン・マーケティング　最低限知っておくべき15の指標』で、米国での実例を元に「ブランド認知率」や「解約（離反）率」などのマーケティング業務における重要な15の指標の活用の仕方について、具体的な例を用いて丁寧に紹介しています。マーケターがデータ分析によるPDCAを模索するためのヒントを得られる内容となっています。

マーケターの多くは売上数や売上金額、顧客調査によって導きだした「ブランド認知率」、Webマーケティングの「コンバージョン率」や「クリック率」など多様な指標を参照しています。テクノロジーの発展に伴い、より多くのデータが得られるようになったことで、多様な指標に翻弄され、全体最適やイノベーションのための重要な意思決定を見失い、部分最適に陥っているマーケターやマーケティング組織を多く見かけます。

分析とは主に複雑な事象を細かく分けて見ていくことであり、分析の反意語は統合または総合です。重要な意思決定には、分析によって得た示唆を統合または総合する力が必要です。そうした力を養いましょう。

本書では、ECの集客などインターネットに限定した「Webマーケティング」など特定のマーケティング施策に対応する分析法ではなく、オフラインとオンラインの全てのチャネルにまたがる最適化に対応する分析法として、**マーケティング・ミックス・モデリング**（以下「**MMM**」）を中心にした演習で全体最適をテーマにしたノウハウを共有することを目指しました。

 **参照文献**

マーク・ジェフリー（著）、佐藤順、矢倉純之介、内田彩香（共訳）『データ・ドリブン・マーケティング』ダイヤモンド社、2018年

1-2
日本のマーケティング組織が「データドリブン」になるには？

筆者はこれまで自身が講演したセミナーなどをきっかけに多くの経営者やマーケティング担当者と会い、データをどのように活用すべきかといった相談を受けてきました。データドリブンなマーケティングへの変革の必要性を感じているが、何から着手したら良いか分からないといった悩みを多く聞きました。また企業でデータサイエンティストとして活躍する方は、経営者や責任者のデータ分析の理解不足についての課題が多い印象がありました。

「エクセル統計」を提供する（株）社会情報サービス社が2017年8月に実施した「社会人の方へ統計に関するアンケート」で「あなたは次にあげる用語をご存じですか、おおよその意味が分かるものをすべて選択してください。（複数選択）」という問いに対して「重回帰分析」を選択した方は1割に満たなかったそうです（図1-2-1）。

図1-2-1
【出典】統計WEB 「社会人の方へ統計に関するアンケートを実施しました」
(https://bellcurve.jp/statistics/blog/18272.html)

重回帰分析は本書で紹介するMMMの分析にも用いている手法です。同アンケートに実際に使いこなしているか？ という質問はありませんでしたが、おそらく5％前後だと思います（過去筆者が開催したセミナー参加者アンケート等をまとめた時、その程度でした）。マーケターのうち仮に重回帰分析をしている人が5％だとして、それを「データを扱える人」の基準とした場合、残り95％の意思決定者または実行者が「データを扱えない人」では、日本のマーケティング組織が本質的な「データドリブン・マーケティング」を推進することは難しいと思います。データサイエンティ

ストが有益な示唆を導いても、意思決定者または実行者がそれを理解して実行できなければ意味がありません。スペシャリストとしての「データサイエンティスト」の育成も大事ですが、今、それより大事なのは95%のマーケターの分析リテラシーの底上げをすることなのです。

Column
「データサイエンティスト」に必要なスキルセット

「データサイエンティスト」に求められるスキルセットは広範なものです。一般社団法人データサイエンティスト協会及び同協会スキル委員会が2015年11月に発表した「データサイエンティスト スキルチェックリスト」の第1版ではその定義が記載されています（図1-C-1）。
ここではデータサイエンティストのスキルレベルを4つに分けて考えられており、業界を代表するレベル（Senior Data Scientist）、棟梁レベル（(full) Data Scientist）、独り立ちレベル（Associate Data Scientist）、見習いレベル（Assistant Data Scientist）としています。「データサイエンティスト」に求められるスキルは広範なものです。マーケターが必ずしもデータマイニングやデータエンジニアリングを網羅する「データサイエンティスト」を目指す必要はないと思いますが、少なくとも本書演習くらいの内容は経験しておくべきだと思います。

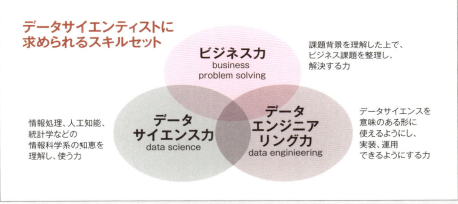

図1-C-1　データサイエンティスト スキルチェックリスト
【出典】一般社団法人データサイエンティスト協会2014年12月10日プレスリリース
「データサイエンティストの「ミッション、スキルセット、定義、スキル レベル」」
(http://www.datascientist.or.jp/news/2014/pdf/1210.pdf)を参照

1-3 効果検証法の種類

　マーケティング施策の効果検証法は「**準実験**」と「**MMM**」の2種類に大別されます。それぞれの手法の分析の元になるデータとして「**シンジケートデータ**」の活用も重要です。効果検証の精度を高め、施策の真の投資対効果（ROI）を正確に把握することで、積極的なマーケティング投資を行いブランドの成長軌道を描きやすくなりますが、適切な形でそれを行うことは容易ではありません。

　「**準実験**」による効果検証は、日本のマーケティングの現場で最も良く行われています。例えばTVCMの効果を検証する際に、実施前後の調査で購買意向率の変化を調査して比較する、TVCM接触者（**介入群**）と非接触者（**対照群**）の比較をするといったことです。介入群が仮にTVCMに接触していなかったらという反事実を対照群で代用し、その2つを比較することで効果に興味のある施策の介入効果を推定する方法です。最も確実な方法は介入群と対照群を施策介入以外の条件を完全に同一な状態にして比較する実験です。そうした実験を「**対照実験**」といいます。対象者に介入を無作為に割り付けるランダム化比較実験が代表例です。医療分野で実験というと、多くの場合、ランダム化比較試験のことを示します。治療対象者AB群のうち、Aには治療をするがBには治療をしない実験が倫理に反する場合や、多大な時間や手間がかかることなどから、ランダム化比較試験ができない状況は多いです。マーケティングの効果検証ではランダムに抽出したグループのうち一方にだけTVCMをリーチさせるといったことはできません。

 デジタル広告では技術的にはそれに近いことができるため、ランダム化比較実験を応用した効果検証法が開発されています。（株）電通デジタルが開発した「True Lift Model」について次ページから紹介します。

　マーケティング施策の効果検証を「対照実験」と呼べる状態で行われることはあまりないため、そうした場合に消費者パネルからTVCMに接触した人としていない人を抽出し比較するなど、実験ではなく観察されたデータから対照実験と相応の状況を作り比較する方法が「準実験」です。「準実験」は正しくデザインする必要がありますが、マーケティングの現場では明らかに比較してはいけない状態でそれを比較し、施策の効果（因果関係）を判断しているケースを多く目にします。

　「MMM」は日本のマーケティングの現場の効果検証のスタンダードではありませんでしたが、昨今、注目が高まり利用する企業が増えています。数理モデルや仮想現実のシミュレーションによって効果を定量化するものです。MMMは同時に実施している複数の施策の効果を定量化する時に特に役立ちます。Webマーケティングの発展に伴い、課題となっているのはTVCMによるEC売上の増加効果などのクロスチャネルの効果把握です。例えばMMMによってオフラインチャネル

（実店舗やコールセンター等）とオンラインチャネル（EC 等）の売上をマーケティング施策などの要因によって説明する統計モデルを作り、施策の 1 単位を増やすと売上がいくら増えるか？　それぞれの介入効果を推定し定量化することで、オンライン施策とオフラインの施策を横並びで評価することができ、TVCM によって EC の売上がいくつ増えるかといったクロスチャネルの効果把握もできます（ただし、信頼できる統計モデルを構築できればという前提です）。時系列データ解析によるオンライン広告統合分析ツール「XICA MAGELLAN（サイカ マゼラン）」などのツールも普及してきて、MMM はだんだんと浸透してきました。しかし、マーケター全体の統計リテラシーが低いため、外部専門家または社内のデータサイエンティストが高度な分析を行っても、意思決定者の理解が得られず、分析結果が実行に落ちないケースもあったと思います。

> ダイレクトマーケティングの効果検証法の解説と、MMMを使用したクロスチャネルの効果分析演習を第7章で行います。XICA MAGELLAN(サイカ マゼラン)は第8章コラム(P288)で紹介します。

Column
True Lift Model® (トゥルー・リフト・モデル)

（株）電通デジタルは2018年9月12日にランダム化比較実験を応用し、同一の条件のユーザーの中から介入群と対照群を無作為に抽出し、広告接触ユーザーの全CVRの中から、広告接触がなくても自然とコンバージョンに至ったであろうユーザーのCVRを適切に差し引いて、これを「True効果」として検出・評価する「True Lift Model（トゥルー・リフト・モデル）」を開発し、提供を開始しました（図1-C-2）。
「従来のデジタル広告の評価は、広告の接触者がどれだけクリックをし、購買などの成果に至ったかを評価するモデルが一般的でした。その結果、購買する確率の高い既存の自社サイト来訪者に対するリターゲティング広告に広告予算が偏重するケースが多くありました。しかし、このような施策のターゲットとなるユーザーは既に購買検討意向度が高いため、仮に広告接触がなかったとしても購買に至る可能性が高く、その全てを純粋な広告による効果として捉えるには課題がありました。」（同社リリースより引用）「True Lift Model（トゥルー・リフト・モデル）」は元から商品に対する親和性のあるユーザーではなく、広告接触があることで購買に至る可能性を探ることで

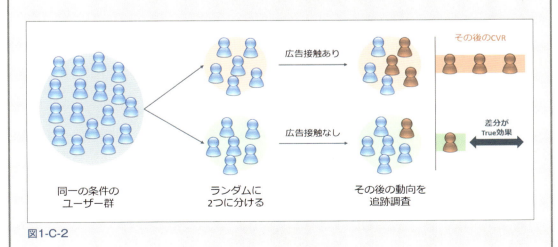

図1-C-2

"広告接触があるからこそ購買などの成果に至る"態度変容しやすいターゲットユーザーの発掘を目指すものです。デジタル広告は成果地点となるアクションの手前、ユーザーにとって最後の関与となるラストクリックを基準にデジタル広告を評価する仕組みが一般的です。ラストクリックの評価だと、商品やサービスの認知のきっかけとなった広告の評価が過小評価されるリスクがあるため、最初や中間の関与（クリックまたは広告接触）を評価するためにアトリビューションという分析も行われていました。筆者もデジタル広告運用者として、過去そうした支援をしていましたが、おそらくそうした取り組みにしっかりとチャレンジした経験があるのは大規模な広告投資を行う一部のリテラシーの高い広告主に限られると思います。デジタル広告の評価モデルに疑問を持たずに媒体管理画面を盲目的に信じて運用している企業のほうが多いと思いますので、リターゲティング広告などの刈り取り型の広告施策に予算が偏るのも頷けます。日本は海外と比較して、リターゲティング広告比率が高いと言われています。本来は広告を出しても出さなくても購買に影響のない広告配信に余計に投資している可能性があるのではないでしょうか?

「True Lift Model（トゥルー・リフト・モデル）」はランダム化比較実験を応用することで、"広告接触があるからこそ購買などの成果に至る"因果関係を追求し"広告接触があるからこそ購買などの成果に至る"態度変容しやすいターゲットユーザーの発掘を目指すもので、同社では「電通グループ独自のPeople Driven DMP※と連携したユーザー属性の分析においても、「True効果」を検証する」としています。日本のデジタル広告の価値を新たな視点で評価する意欲的な取り組みだと筆者は捉えます。

参照URL

(株)電通デジタル True Lift Modelプレスリリース紹介ページより
(https://www.dentsudigital.co.jp/news/release/services/2018-0912-000149)

用語解説

People Driven DMPとは、PCやスマートフォン由来のオーディエンスデータと、テレビの視聴ログデータ、パネルデータ、購買データ、位置情報データ等を人(People)基点で活用することができる、フルファネルの統合マーケティングプラットフォームです。また、People Drivenパートナーシッププログラムを通じ、「メディア/コンテンツ」「デジタルプラットフォーム」「EC・購買」「パネル/メジャメント」「位置情報」などの各種パートナーと、データやテクノロジーの連携によるビジネス・アライアンスを推進しています。(同社リリースより引用)

準実験による効果検証

　TVCMの放映前後でアンケート調査を行い、購入意向率などの差分を比較する方法はマーケティングの現場でよく用いられています。『原因と結果の経済学』（中室、津川：2017）で単純に広告を出す前後で結果を比較する手法を「**前後比較デザイン**」といい、時間とともに起こる自然な変化（トレンド）の影響を考慮することができないことや、平均への回帰を理由にあげ、広告と売上の因果関係を明らかにすることはできないことについて指摘しています。同書ではそれを改良するために介入群と対照群のそれぞれにおいて、施策の実施前後の2つのタイミングのデータを入手して分析する「差分の差分法」や、因果推論を行うべき結果に対して直接の影響はないが、原因に対しては影響があり、間接的に結果に影響を与える第3の変数を用いた「操作変数法」、介入群によく似たペアを対照群の中から選びだすことによって2つのグループを比較可能なものとする「マッチング法」、観測可能な変数がある閾値を超えたときにその閾値前後でのYの不連続的な変化の大きさから介入効果を推定する「回帰不連続デザイン」、本書で紹介するMMMに用いる「回帰分析」など

因果推論を行うために必要な様々な分析法を紹介しています。

「**差分の差分法**」を用いてTVCM実施前後で興味のある指標を比較して介入効果を推定する場合はTVCM接触者グループ（介入群）とTVCM非接触者グループ（対照群）それぞれの実施前後の指標（認知率や購入意向率等）を比較します。図 **1-3-1** のケースでは、介入群の実施後の増加分5%から、対照群の増加分2%を引いた3%の増加をTVCMの介入効果と考えます。

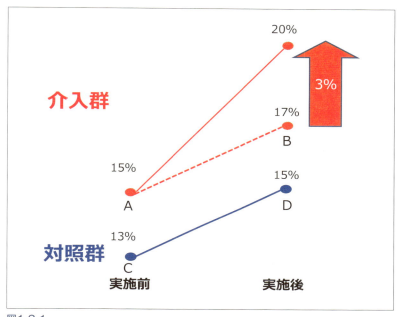

図1-3-1

「差分の差分法」では介入群に対して介入が行われなかったケースを仮想したBからAを引いた値がDからCを引いた値と一致する「平行トレンド仮定」を満たすように、介入群と対照群を設定する必要があります。

介入群と対照群を比較可能にするために行う調整法の1つが「**マッチング法**」です。例えば、健康食品の広告を健康雑誌に出した際に購入意向への介入効果を推定するケースにおいて、アンケートの広告閲覧有無で介入群と対照群に分けた場合、健康意識の高い人ほど健康雑誌の閲読率が高く当該広告に接触しやすいため、介入群は健康意識が高い方に偏ることが考えられます。こうした時に介入群の購入意向率が15%で対照群の購入意向率が5%だった場合、その差分10%が雑誌広告の介入効果とは言えません。介入群に健康意識の高い人が多く含まれることが健康食品の購入意向率を押し上げている可能性が考えられるためです。こうした状況で介入群と対照群の偏りを補正して比較可能な状態にする方法がマッチング法です。その手段の1つとなる「**傾向スコアマッチング**」は、ロジスティック回帰などの統計解析でそれぞれの標本が介入群に割り付けられる可能性を「**傾向スコア**」として数値化し、その値を元に介入群の標本と似た標本を対照群の中から選びだしペアを作りマッチングしていくことで介入群と対照群の偏りを補正するものです。

また、介入群と対照群の偏りが健康意識だけの場合はそれが高い人と低い人を分けた層別分析でも比較可能なものとできます。準実験を行う際は適切な実験デザインが必要ですが、マーケティングの現場では本来比較してはいけない介入群と対照群の差分から介入効果を推定しているケースを多く見かけます。因果推論の基礎や準実験のデザインをマーケターの共通言語にしていくため、ぜひ参照文献を読んで頂ければと思います。因果推論の基礎について知ることができます。巷に流れるニュースや政策、マーケティングで行っていた意思決定などについて見直す機会になると思います。もう一冊参考文献として『データサイエンス「超」入門　嘘をウソと見抜けなければ、データを扱うのは難しい』を紹介します。巷にあふれるニュースやWeb検索でヒットする情報や専門家の論考など、データの読み解き方について間違えたものが多いことについて指摘し、データに注目し（因果推論に限らず）「嘘を見抜く技術」を紹介するデータサイエンス入門書です。『原因と結果の経済学』と『データサイエンス「超」入門　嘘をウソと見抜けなければ、データを扱うのは難しい』はマーケターに重要な気づきを与えてくれるでしょう。

参照URL
統計WEB　ブログ「層別分析とは」(https://bellcurve.jp/statistics/blog/14333.html)

参照文献
中室牧子、津川友介(著)『原因と結果の経済学』ダイヤモンド社、2017年
松本健太郎(著)『データサイエンス「超」入門　嘘をウソと見抜けなければ、データを扱うのは難しい』毎日新聞出版、2018年

本書で紹介するMMM分析で用いる回帰分析を行う際に必要な、因果推論にまつわる知識については第8章で紹介します。

準実験におけるシンジケートデータ活用例

　売上の変化を見る時やTVCMの接触と購買への影響などを把握するためのデータとして、**シングルソースパネル**の活用を推奨します[※]。

　これは同一の調査対象者から、購買・広告接触・ライフスタイルなどの多面的情報を採取したデータのことを指します。例えばインテージ社のシングルソースパネルではPC、モバイル、TVなどのメディア接触ログ、属性／意識・実態のアンケート回答と消費財の購買履歴ログを収集しています。これらを活用することで、例えば、TVCM放映後にアンケートで「商品Aを買いましたか？」と聞かなくても、同モニターのうち広告接触者と非接触者の購買率の差分を比較することなどが可能となります。

※　「シングルソースパネル」は、(株)インテージの登録商標です。P016からのコラムで紹介します。

MMMによる効果検証

　MMMは数理モデルや仮想現実のシミュレーションによって効果を定量化するものだと説明しましたが、もう少しかみ砕くと「マーケティングゴールとなる商品購買などへの影響を、同時に複数実施されているマーケティング施策やその他の要因を用いて（物理モデルなどを用いて）モデル化して説明することで、施策ごとの介入効果を推定し、効果の最大化といった最適化試算に落とし込む分析手法の総称」です。

　日本では「**MMM＝時系列データ解析**」と説明されることが多いのですが、エージェントシミュレーションという高度な手法も、欧米ではよく用いられています（欧米製でそうした分析を行うソフトがいくつか提供されています）。**エージェントシミュレーション**では、現実で得られた消費者行動特性をルール化し、それを元にしたエージェント（消費者）の行動を仮想空間上で再現するモデルを作ります。日本製ではNTTデータ数理システムが提供する「S4 Simulation System（エスクワトロシミュレーションシステム）※」を用いてマーケティングの分析に活用した事例があります。

　本書で紹介するMMMはエージェントシミュレーションではなく、時系列データ解析によって行うものです。目的変数を説明変数で説明する予測式を作る「**モデリング**」と、予測式を元に売上等の効果を最大化または同一の効果数で予算を最小化するといった「**予算配分最適化シミュレーション**」がセットになります（図1-3-2）。

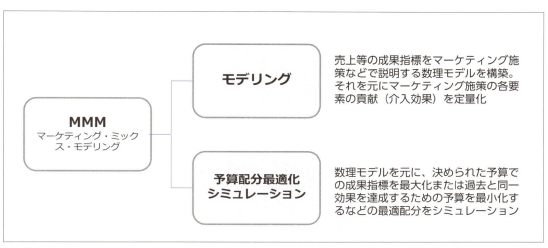

図1-3-2

　※ 「S4 Simulation System(エスクワトロシミュレーションシステム)」を用いたマーケティングでのエージェントシミュレーション活用事例をP018からのコラムで紹介します。

モデル化の方法（統計解析アルゴリズム）については、1つ決まったものがあるわけではなく、いくつかの方法が用いられています。本書で紹介するのは回帰分析を用いた方法です。

　回帰分析を簡単に説明すると、説明変数 X によって、目的変数 Y の変動をどれくらい説明できるのかを分析する手法です。説明変数が複数になる場合は重回帰分析、説明変数が1つの場合は単回帰分析となります。図 1-3-3 の表は、TVCM の出稿量と売上金額の関係を示したものです（架空の事例です）。

売上	TVCM
82,000,000	300
116,000,000	550
105,000,000	400
117,000,000	500
81,000,000	250
69,000,000	0
122,000,000	600

図1-3-3

　目的変数 Y を売上として、説明変数 X を TVCM の出稿量としてそれを Y=aX+ b で説明するための a と b の値を求めます。a が説明変数の係数（正確には「**回帰係数**」）b を**切片**と言います※。

　このデータを回帰分析すると Y=103746X+59465564（※小数点以下は切り捨て）となり、a と b が求められます（図 1-3-4）。a はこのグラフの右斜め上に伸びる直線（これを回帰直線）の傾きを示し、b は緑色の線の部分となります。

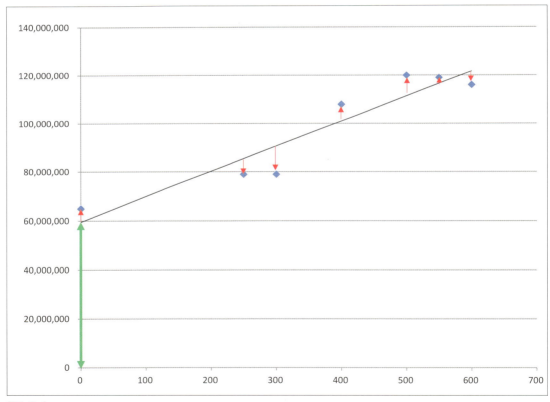

図1-3-4

 ※ 単回帰分析の係数は「回帰係数」、重回帰分析の係数は「偏回帰係数」といいます。

aとbを求める際には図中に赤い矢印で示した予測値と実績値の差（これを「**残差**」といいます）を最小化することを目的にした計算を行い、TVCMの出稿量Xによって売上Yを予測できる状態を作ります。残差は**非負数**（プラスの値）と**負数**（マイナスの値）があるため、残差の二乗（残差平方）を算出し、全てを非負数にしてその値を合計した「**残差平方和**」を「**最小化**」する計算を行うのが回帰分析です（図1-3-5）。

				残差平方和
				218,006,887,052,342
売上	TVCM	予測値	残差	残差平方
82,000,000	300	91,881,543	-9,881,543	97,644,886,126,479
116,000,000	550	116,296,143	-296,143	87,700,824,928
105,000,000	400	101,647,383	3,352,617	11,240,041,284,369
117,000,000	500	111,413,223	5,586,777	31,212,075,677,891
81,000,000	250	86,998,623	-5,998,623	35,983,472,971,640
69,000,000	0	62,584,022	6,415,978	41,164,773,201,588
122,000,000	600	121,179,063	820,937	673,936,965,447

図1-3-5

　回帰分析を用いたMMMでは、TVCMだけでなく、新聞広告やデジタル広告など、複数の説明変数を用いた重回帰分析によって売上個数を説明する方程式を作り、導いた偏回帰係数によって、それぞれの施策の一定単位を増やすと売上等にどれだけ影響するか（介入効果）を推定し、定量化します（図1-3-6）。

Y（売上個数）＝8×GRP＋5×段数＋0.005×クリック数＋切片

●目的変数　　売上個数　　　　　　　　　　　　　　　　　100,000個

●説明変数1
TVCM5,000ＧＲＰ×8（係数）　　　　　　　　　　　　40,000個

●説明変数2
新聞広告300段×5（係数）　　　　　　　　　　　　　　1,200個

●説明変数3
インターネット広告400,000クリック×0.005（係数）　　2,000個

●切片（≒ベース）　　　　　　　　　　　　　　　　　　56,800個
※切片は施策を実行しない時の売上個数の「ベース」に近いものとして解釈される場合が多いです。

図1-3-6

例えば、実店舗での売上が主となっている企業が、FacebookなどのSNSのファンページや運用型広告を活用する例を考えます。一般的には実店舗への売上数が分からないために、Webマーケティング指標となるリーチ人数やインプレッション数などをKPIとして用いている場合が多いと思います。

しかし、MMMによって介入効果を定量化することができれば、投稿リーチ1人あたり、またはインプレッション1回あたりで店舗売上が○個または○円増えるといった新たな指標を得ることができます。

これは、TVCMなどのマス広告やLINEや動画広告などの他の施策についても同様です。各施策の投下コストや視聴率、メッセージ開封数や再生数などの1単位あたりでどれだけ店舗売上が増えるという新たな指標を得ることができます。今まで用いていたリーチやインプレッションといった指標がより有益なものに変わるはずです。

MMMを活用することで、実店舗などのオフラインの顧客接点が主要なチャネルとなっている企業は、Online（施策）to Offline（売上）やOffline（施策）to Offline（売上）で効果を定量化して把握し最適化できます。オンラインが主要なチャネルとなっている企業では、TVCMなどのオフライン媒体に投資をしている際にOffline（施策）to Online（売上）の効果を定量化できます。昨今マーケターの間で「デジタルシフト」が騒がれていますが、日本はいまだ実店舗などのオフラインチャネルでの取引が主たるもの（9割以上）となっています[※]。

多くの企業がWebマーケティング指標と向き合いOnline（施策）to Online（売上）のデータ分析や最適化に多くのリソースを割いている反面、クロスチャネルでの効果把握など、全体最適のための分析アプローチができている企業はまだまだ少数派です。多くの企業がWebマーケティングの部分最適に対してリソース過多となっているため、全体最適に目を向けるための手法としてMMMを活用していただければと思います。

※ 経済産業省の調査によると、BtoCのECの全体売上に対する比率（全ての商取引金額（商取引市場規模）に対する、電子商取引市場規模の割合）の平均は5.43％だったそうです。EC市場は急激に伸長していますが、ほとんどの企業の売上はいまだ実店舗（オフラインチャネル）の取引が大半を占めています。

【出典】
経済産業省2017年4月24日発表「平成28年度我が国経済社会の情報化・サービス化に係る基盤整備（電子商取引に関する市場調査）」https://www.meti.go.jp/policy/it_policy/statistics/outlook/h28summary.pdf

MMMにおけるシンジケートデータ活用例

　時系列データ解析で自社の商品やサービスの売上を説明するモデルを作る際、その要因となるプロモーション施策（TVCM など）の変数を作るには TVCM の視聴率や各媒体の推定接触人数など、各施策の影響を象徴するデータを取得する必要があります。それらの多くは**シンジケートデータ**となります。MMM においてシンジケートデータの活用は必須と言えます。また競合企業の KGI または KPI となるデータも取得できれば、それを用いて競合も MMM で分析し自社と効果を比較することができます。

　本節で紹介した内容を整理したものが図 1-3-7 です。

準実験（または対照実験）
ある施策による売上等への介入効果を把握するために、施策の影響がある集団（介入群）と施策の影響がない集団（対照群）を比較し、施策の影響（因果関係）を推し量る

■ **差分の差分法**
介入群と対照群のそれぞれにおいて、施策の実施前後の2つのタイミングのデータを入手して分析する。

■ **マッチング法**
介入群によく似たペアを対照群の中から選びだすことによって2つのグループを比較可能なものとして分析する。

■ **操作変数法**
因果推論を行うべき結果に対して直接の影響はないが、原因に対しては影響があり、間接的に結果に影響を与える第3の変数を用いて分析する。

等

MMM（マーケティング・ミックス・モデリング）
マーケティングゴールとなる商品購買などへの影響を、同時に複数実施されているマーケティング施策やその他の要因を用いて（数式などの）モデルを作り説明することで、施策ごとの影響を推し量り、効果の最適化などの試算まで落とし込む科学的アプローチ

■ **時系列データ解析**
主に売上金額や購買数といったマーケティングのゴールとなる量的データに関して、複数の施策がどのように影響しているかを、時系列データの解析によってモデル化し定量化する。

■ **ABM（エージェント・ベース・モデル）**
一定のルールに従い自律的に行動するエージェントの振る舞いをシミュレートすることで、エージェント同士の相互作用から現われる、複雑な社会現象を分析・予測する。マーケティングにおいては、消費者調査などで取得した情報からそのルールを設定し、エージェントを消費者とした仮想空間のシミュレーションを行う。

 ＋ ＋

シンジケートデータ活用
シンジケートデータとは、TVの視聴率やPOSデータやシングルソースパネルなど、契約した会社のみに提供される調査会社独自のデータ。最近ではTVやWEBなどの各種メディア接触や購買商品などを同一モニターから得て、それを解析することで広告効果を推し量る「シングルソースパネル」などがある。

図 1-3-7

Column
シングルソースパネル®

シングルソースパネルはインテージ社の登録商標となっていますが、広告マーケティング業界の一般的な用語としても用いられています。同社のホームページでは「同じ対象者（シングルソース）から、購買行動や意識、メディア接触など複数データを継続的に収集する調査パネル。」と説明しています。
こうしたデータを活用することで、TVCMなどのマーケティング施策を実行した際に「購買やブランド価値向上への広告効果」や「購買に至るまでの導線」などを詳細に把握することができます（図1-C-3）。

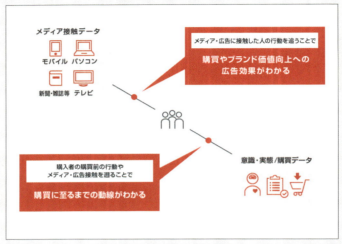

図1-C-3

このコラムではインテージ社独自のシングルソースパネルである「i-SSP（インテージシングルソースパネル）」を例に、活用例を紹介します。
皆さんが1週間で見たTV番組やパソコン・スマホで閲覧したサイトや検索キーワードの内容を、記憶する限りで回答を求められたら、どれくらい答えられるでしょうか？
i-SSPではそうしたメディア接触や行動履歴（PC・モバイル・TV）をログデータとして機械式で収集し、常時捕捉しています。
全国15歳～79歳の男女52,500人の消費者から継続的に収集している購買データとなるSCI（消費者パネル調査）と紐づけて分析をすることが可能です（図1-C-4）。

	PC	モバイル	TV	雑誌・新聞・ラジオ等	購買データ SCI
取得方法	ツールインストール	アプリインストール	音声収集デバイス	アンケート	バーコードスキャン
タイミング	常時補足	常時補足	常時補足	年一回	購入時入力
サンプル数	約22,000s	約13,000s	約8,000s	i-SSPモニター全数調査	約50,000s
エリア	全国	全国	関東（山梨除く）・関西・中京		全国
取得データ	Web閲覧URL Web検索ワード Web広告接触	Web閲覧URL Web検索ワード Web広告接触 アプリ使用状況	CM接触状況 番組接触状況	閲読新聞 閲読雑誌 聴取ラジオ など	消費財について、誰がいつ/どこで/なにを/いくついくらで

図1-C-4

i-SSPの活用用途は、主にターゲットプロファイリングと効果検証です。

ターゲットプロファイリングでは、モニターの基本属性として得られているデモグラフィック属性（性年齢や居住エリアや職業等）とアンケートによって得られたサイコグラフィック属性（価値観意識等）や購買履歴を元にして、様々な軸で分析ができます。例えば自社ブランド商品の購買者や、競合ブランドの購買者など特定の興味あるターゲットを抽出して、分単位で処理したメディア接触行動履歴データを分析すれば、抽出したターゲットがどんなコンテンツを視聴する傾向があるか？　どんな生活パターンなのか？等を詳細にプロファイリングできます。追加で自社オリジナルの質問を行うことも可能です。その回答によって更にセグメントしたターゲットごとにプロファイリングすることもできます。

効果検証では、TVCMやWeb広告それぞれの接触または非接触をアンケートで聞いたものではなく、分単位のメディア接触ログを活用できることが強みです。全ターゲットのうち、TVCMのみの接触者やWebのみの接触者や重複接触者を把握し、ベン図で把握する（図1-C-5）、日別でそれぞれの累計リーチを把握する（図1-C-6）、TVCMとWeb広告の接触回数の分布を確認する（図1-C-7）など様々な軸で分析ができます。

図1-C-5

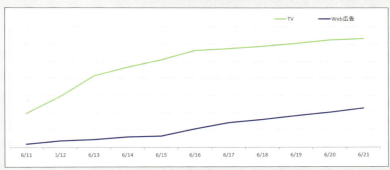
図1-C-6

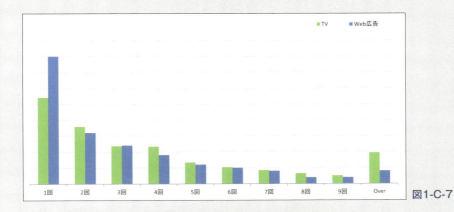
図1-C-7

TVCM何回以上かつWeb広告何回以上といった細かな接触パターンによってターゲットセグメントを抽出し、自社ブランドや他社ブランドの購買状況を観察したり、追加で自社ブランドに対する調査を実施することで、広告接触パターンごとの態度変容の変化を分析することもできます（図1-C-8）。

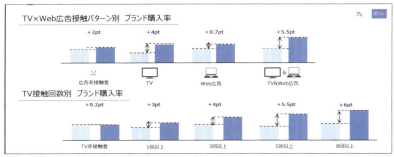

図1-C-8

これらは活用例のほんの一部です。どのようにデータを活かしていくか？ 活用方法は様々なものが考えられます。蓄積された膨大なデータを様々な軸で分析し、可視化するための独自システムもあります。昨今では同社が保有する購買データやメディア接触ログなどの時系列データを活用してMMM分析を同社の受託サービスとして提供する、また、第8章P288のコラムで紹介する時系列データ解析ツール「XICA MAGELLAN」とのデータ連携などのサービスも提供されています。

 参照URL

マーケティング用語集「シングルソースパネル」(https://www.intage.co.jp/glossary/526/)
i-SSP（インテージシングルソースパネル）紹介ページ(https://www.intage.co.jp/service/platform/issp/)
SCI(全国消費者パネル調査)紹介ページ(https://www.intage.co.jp/service/platform/sci/)

Column
エージェントシミュレーションによるMMM

本書で紹介する時系列データ解析によるアプローチ以外に、エージェントシミュレーションという手法をMMM分析に活用するアプローチがあります。
エージェントシミュレーションとは、一定のルールに従い自律的に行動するエージェントの振る舞いをシミュレートすることで、エージェント同士の相互作用から現われる、複雑な社会現象を予測し分析する手法です。
日本でNTTデータ数理システム社が独自に開発した「S4 Simulation System」を「広告伝播効果シミュレーション」として活用された事例を紹介します。
この例は、新製品の発表によって、消費者がマスメディアからそれを認知したり、製品情報を新しく検索したり、ソーシャルメディア上でのつながりを通じて友人知人にそれが伝わることで情報が拡散していくさまをシミュレーションによって推定することで、広告キャンペーンの効果予測を行った事例です。ソーシャルメディア上のネットワークにより、実際の広告よりも多くの情報が伝播していく過程で新製品に対する認知度がある閾値を超えると商品を買っても良いと考えるようになるなど、「S4 Simulation System」のシミュレーションでは消費者のSNSでのつながりや実社会でのつながりをコンピュータ上の仮想世界のネットワークで再現します(図1-C-9)。

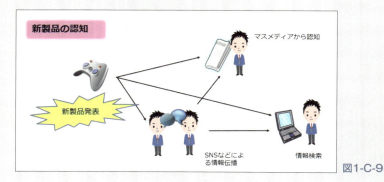

図1-C-9

再現されたネットワーク上には新製品の認知者と非認知者がいて、広告を見た誰かがX（旧Twitter）でつぶやくとそのつぶやきを見た人も新商品を認知する、または、口コミサイトに投稿がなされると、そのページを見る不特定多数のユーザーにも新商品の情報が伝わる、といったように認知者が時間経過とともにどのように広がっていくかをシミュレーションし、認知者の総数の推移を予測します。
予測の際には、年齢や性別、職業といったデモグラフィック属性やSNSで得た情報をよくリツイートする人やしない人、フォロー数が多い人や少ない人、Facebookで「いいね」をよくする人がいることなどを反映します。

例えば職場や学校、友人関係といった実社会や、FacebookやXといったSNSで人とのつながりが多い人ほど製品の購入確率が高いなどのデータがあれば、それをモデルに適用していきます。図では、赤いジャケットの人が製品を買った人で青いジャケットの人が製品を買っていない人です。赤いバーが製品の購入確率で、例えば、真ん中の人は他の二人より、つながりが多いので購入確率は高くなっていますが、時間が経過すると、購入確率が高い真ん中の人が製品を購入し左側の状態から右側の状態に変わっています（図1-C-10）。

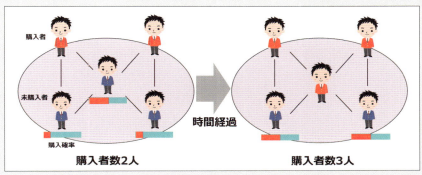

図1-C-10

他にも、時間帯によるデジタル広告の接触率の違いや、フォロワーが多い方のツイートを見ると認知者が急増するなど、様々な要因が複雑に絡み合う現実世界に近い振る舞いを再現していきます。そうしたアプローチはエージェントシミュレーションならではといえます。
シミュレーションの前提となる消費者の様々な特性や行動パターンの情報を得るためにもi-SSPなどの消費者パネルデータやアンケートから得た情報が必要です。そうしたデータから精度の高いシミュレーションを構築できるかが重要です。
「広告伝播効果シミュレーション」では、仮想世界の振る舞いを反映した上でインターネットサイトに広告配信した場合のネットワーク上の情報の広がりをシミュレーションし、20時台、21時台、22時、それぞれの認知者数の数を予測しどの時間帯の広告配信が最も効果があるかといった打ち手を考えます（図1-C-11）。

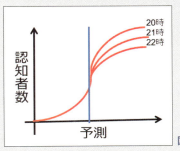

図1-C-11

ここ数年で少しずつ、時系列データ解析によるMMM分析が日本でも浸透しつつあります。ただ、日本ではエージェントシミュレーションを用いたマーケティング効果検証の事例は非常に少なく、認知度も低いと思います。「MMM＝時系列データ解析」として説明されている場面もありますが、欧米ではエージェントシミュレーションを用いたMMM分析のソフトウェアが提供されていることから、その手法の活用が（日本よりも）積極的だと思います。
本書では、「MMM＝時系列データ解析」とはせず、本手法の例も掲載しました。時系列データ解析によるアプローチとともに、日本でもMMMの導入と成功事例が増えればと思います。

 参照URL

S4 Simulation System紹介ページ（https://www.msi.co.jp/solution/s4/top.html）

1-4 データマイニングの種類

この節では「データマイニング」の分類やデータセットの種類についての基礎知識を紹介しておきます。

統計解析と機械学習

データマイニングは広範な概念であり、使われる場面に応じて多様な意味で用いられていますが、主に用いられるのはその言葉が示す通り「**データから有益な情報を採掘（マイニング）すること**」です。データマイニングを「統計解析」と「機械学習」と、目的変数の有無で4タイプに分類し、うちエクセル統計で分析可能な分析を赤字で記載、さらに本書演習で行う分析を（太字＋下線）で記載しました（図 1-4-1）。

	統計解析 （多変量解析）	機械学習
目的変数 なし	**相関係数**、**クラスター分析**、 主成分分析、因子分析、コレ スポンデンス分析　等	アソシエーション分析、クラスタリング　等
目的変数 あり	**回帰分析**、**数量化2類**、 ロジスティック回帰、 判別分析　等	決定木、サポートベクトルマシン、ランダムフォレスト、ニューラルネットワーク等

図1-4-1

目的変数がある分析とは、「気温が上がる（原因）」と「海水浴客が増える（結果）」など、原因に対応する変数と結果に対応する変数がある分析です。予測または原因となっている変数の一定数を増やすと結果となっている変数が一定数増加する介入効果の推定が主な目的となります。

対して目的変数がない分析では、クラスター分析のように分析対象となる標本を分類する、変数の関係を明確化することが主な目的となります。

参照URL

統計WEB　統計学の時間「説明変数と目的変数」(https://bellcurve.jp/statistics/course/1590.html)

「統計解析」と比較し「機械学習」は新しいジャンルです。機械学習とは「明示的にプログラミングすることなく，コンピューターに学ぶ能力を与えようとする研究分野（A. L. Samuel [1959]）」です。マーケティングのデータマイニングで用いられる機械学習は、主に人間では対応できない膨大・複雑なデータから知識の候補や仮説の導出をすることに期待されています。

次に、データマイニングにおける「統計解析（ここでは主に多変量解析）」と「機械学習」それぞれの分類について説明します。

多変量解析の分類

多変量解析とは、多数のデータ（変数）間の相互の関係性をとらえるために使われる統計的手法の総称です。主に因果推論または予測に用いられる「**目的変数有り**」の分析手法と、主にデータの分類・要約に用いられる「**目的変数なし**」の分析手法に分かれます（図1-4-2）。

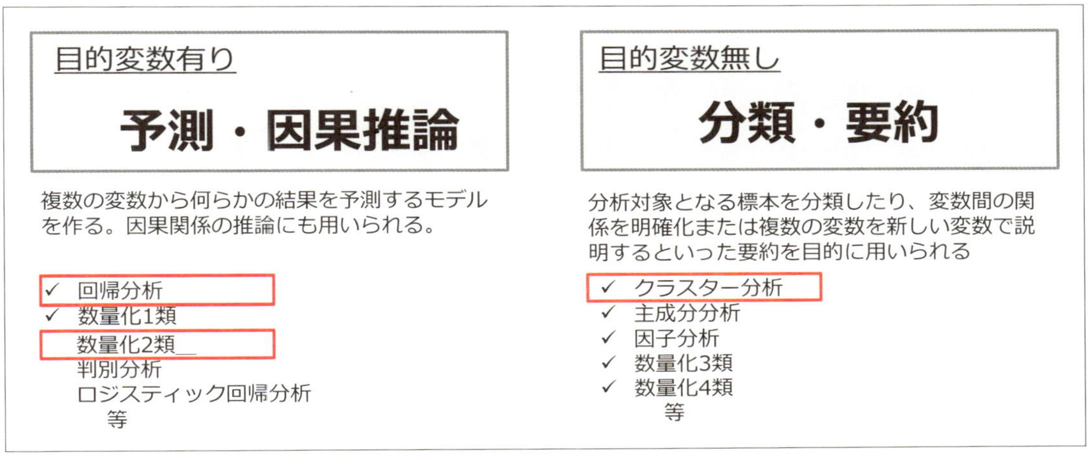

目的変数有り	目的変数無し
予測・因果推論	**分類・要約**
複数の変数から何らかの結果を予測するモデルを作る。因果関係の推論にも用いられる。	分析対象となる標本を分類したり、変数間の関係を明確化または複数の変数を新しい変数で説明するといった要約を目的に用いられる
✓ 回帰分析 ✓ 数量化1類 ✓ 数量化2類 　 判別分析 　 ロジスティック回帰分析 　 等	✓ クラスター分析 　 主成分分析 　 因子分析 　 数量化3類 　 数量化4類 　 等

図1-4-2
多変量解析の分類（※赤い線の枠で囲んだものが本書の演習で紹介するもの）

更に、扱うデータ（変数）には質的変数と量的変数の区別があり、どちらを扱うかによって分析の手法が変わります。

質的変数とは、データがカテゴリーで示されるものです。名前の通り、データ間の「質」が違う変数です。例としては、性別や血液型などです。さらに質的変数はデータを評価する基準（これを尺度と呼ぶ）によって名義尺度と順序尺度に分類されます。

対して**量的変数**は名前の通り、データの「量（数値）」が基準となるものです。例としては、気温や速度などがこれに相応し、さらに間隔尺度と比例尺度に分類されます（図1-4-3）。

変数の種類	尺度	尺度の値の意味	例
質的変数	名義尺度	他と区別し分類するための名称のようなもの	性別、血液型、郵便番号
	順序尺度	順序や大小には意味があるが間隔には意味がないもの	アンケート回答の段階評価、順位
量的変数	間隔尺度	目盛が等間隔になっているもので、その間隔に意味があるもの	温度、西暦
	比例尺度	0が原点であり、間隔と比率に意味があるもの	身長、速度

図1-4-3
質的変数と量的変数
【出典】統計WEB「多変量解析」(https://bellcurve.jp/statistics/course/1562.html)「変数の尺度」

見分けづらいのは「**間隔尺度**」と「**比例尺度**」です。

「この2つの尺度を見分けるコツは、「0の値に意味があるかどうか」を考えることです。温度や西暦は「0」だったとしても、その温度や西暦が「無い」わけではありません。一方で、身長や速度が「0」であるときは、本当に「無い」ときです。」（統計WEB「変数の尺度」より引用）

比例尺度における「0」は絶対的な意味を持ち、間隔尺度における「0」は相対的な意味となります。

扱うデータ（変数）が質的データか量的データかという区別と目的変数の有無を掛け合わせて多変量解析の手法を分類した表が図1-4-4です。

目的変数		説明変数	手法
有無	量質		
あり	量的	量的	重回帰分析、正準相関分析、ロジスティック回帰分析
		質的	数量化1類
	質的	量的	判別分析
		質的	数量化2類
なし	—	量的	主成分分析、因子分析、クラスター分析、多次元尺度法
		質的	数量化3類、数量化4類

図1-4-4
多変量解析の手法の分類（※赤い線の枠で囲んだものが本書の演習で紹介するもの）
【出典】統計WEB「多変量解析」(https://bellcurve.jp/statistics/glossary/1807.html)「データの様相による分類」の表に一部追記

参照URL

統計WEB「変数の尺度」(https://bellcurve.jp/statistics/course/1562.html)

機械学習の分類

機械学習は主に「**教師あり学習**」「**教師なし学習**」「**強化学習**」の3つに分類されます。「教師あり」と「教師なし」は多変量解析の目的変数の有無と対応しています。

『いちばんやさしい機械学習プロジェクトの教本』によると、「「教師あり学習」は、入力に対し

てあらかじめ正解がわかっている場合に、正解を導くパターンやルールを学習する手法です。ここでいう「教師」というのは、正解データのことです。顧客の購買ログなどのデータセットを樹木上のモデルを使って分類することで、「教師なし学習」は、正解のないデータから類似グループをまとめたり、重要な特徴を重要な特徴を抽出したりする学習方法です。「強化学習」は、コンピューターが自ら試行錯誤しながら最適な戦略を学習する手法です。」(韮原, 2018) とのことです。

参照文献

韮原祐介(著)『いちばんやさしい機械学習プロジェクトの教本』インプレス社、2018年

「教師あり学習」は特定の商品の購買など、なんらかの結果に与えた要因を把握または分類する「決定木」分析や、予測に必要な一部のデータのみを用いて回帰や分類を行う「サポートベクトルマシン」などがあります。「教師なし学習」はクラスタリングや、A商品を購入している人はB商品も買う傾向があるといった関連（英語でassociation）を分析するアソシエーション分析などがあります。「強化学習」はMMMにも応用されるエージェントベースシミュレーションなどがあります。

データセットの種類と時系列データ解析

時間を一時点に固定して止め、その時点で区切ってデータを記録したものを**横断面データ(cross section data)** といいます。これに対し「1つの項目について」時間に従って取ったデータを**時系列データ（time series data）** といいます。それを一定の間隔で取得して時系列データ的な側面もあるデータを**パネル・データ（panel data）** といいます（図1-4-5）。

	2012	2013	2014	2015	2016	2017
商品数						
売上金額						
利益金額						

- 横断面データ(cross section data)
- 時系列データ (time series data)
- パネル・データ (panel data)

図1-4-5

生まれた年ごとに記録し、経過時間に沿って集計したデータを**コーホートデータ（cohort data）**といいます（図1-4-6）。主に、同じ時期に生まれた人の生活様式や、行動、意識などからくる消費動向を分析する際に用いられるものです（その分析を「**コーホート分析**」と言います）。

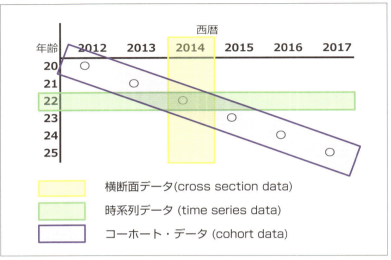

図1-4-6

まとめ

　以上が、「データセットの種類」です。マーケティングの現場ではリサーチの対象者のことを「パネル」と言うため、モニターの回答データのことを示す用語として「パネル・データ」という言葉が使われる場合がありますが、本来の「パネル・データ」の意味はここで紹介したものです。

　MMMの分析で用いるデータは、複数項目の時系列データなので「データセットの種類」の本来の意味からはパネル・データとなりますが、統計解析ソフトウェアなどでは時系列データとして扱うことが多くなります。統計解析において重要なのは分析の際に「**データの順番に意味があるかないか**」です。統計解析ソフトなどでデータを扱う場合は、順番に意味があれば「time series data」として扱い、そうでない場合は「cross section data」として扱われます。time series data（時系列データ）として扱う場合は、分析時に特殊な作法が必要になる場合があることを覚えておいてください。

 統計ソフトウェアは海外製が多いため、英語表記の「time series data」「cross section data」も記載しました。

 時系列データ解析独特の作法については、専門性が高く難しい内容になります。第8章では回帰分析を時系列データに提供する際に注意すべき事項を紹介します。付録演習では簡単な時系列データ分析の例と参考文献を示します。

1-5 本書の演習内容と構成

第1章の最後に、本書の演習内容と構成をまとめておきます。

第2章：顧客データ（質的データ）をクロスセクションデータとして分析

　第2章では、かつて筆者が所属していたカーツメディアワークスのように企業のマーケティングを支援する会社のホームページに来る問い合わせをイメージした架空のデータをcross section dataとして扱います。どういった属性の顧客が契約に至りやすいか？　クロス集計と数量化2類による分析を体験していきます（数量化2類の分析実行時にクロス集計が行われるのでその内容も参照）。そこで見出した傾向がただのバラつきや誤差で生じたものではないか？　を確認するための独立性の検定も体験します。クラスター分析の演習では探索的に顧客の傾向を把握していきます。

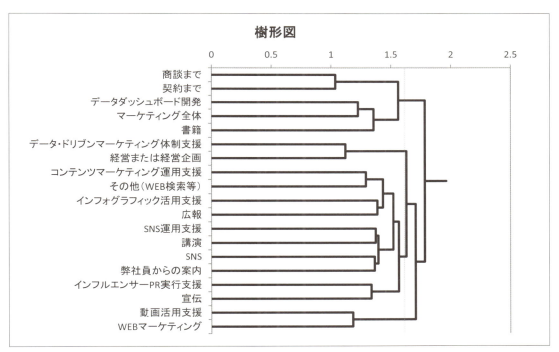

図1-5-1

 本書はSUMなどの基本的な数式や絶対参照や相対参照の使い分けなどのExcel初級レベルの操作に慣れている方を想定していますが、念のため第2章ではExcel基本操作のウォームアップを意識した説明を行います。
Excel初級レベルの操作を熟知している方には第2章の操作説明は冗長かもしれません。予めご了承ください。

第3章：アルコール飲料の売上の予測モデルを作る準備（データをチェック）

　第3章〜第4章では、（架空の）アルコール飲料の売上数や広告出稿量などのマーケティング施策の量的データを主に用いて、それを time series data として扱う MMM 分析の準備を行います。分析に用いるデータの分布などの状態を把握していく手順を理解します。

　第3章では、Excel の「分析ツール」を使ってデータの確認を行うための折れ線グラフやヒストグラムの作り方や基本統計量の見方を知る演習と相関係数を把握する演習を行います。複数の変数の影響を考慮する偏相関係数と季節性を月別の指数として把握する期別平均法をエクセル統計で体験します。

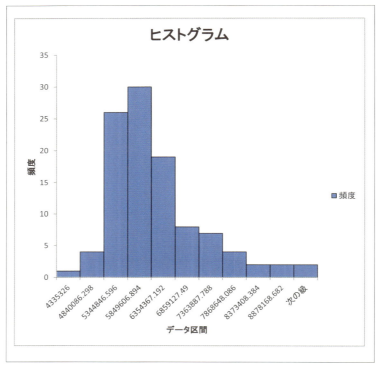

図1-5-2

第4章：Excel分析ツールを使って回帰分析

　回帰分析はどのようにして行っていくのか？　Excel の分析ツールを用いた演習で基本的な操作方法と、推定結果で出力される決定係数やP値などの指標の内容を把握します。月次の季節性を考慮するための「ダミー変数」の作り方についても演習します。Excel 単体の機能で行う方法とエクセル統計のユーティリティ機能の体験の双方を行います。

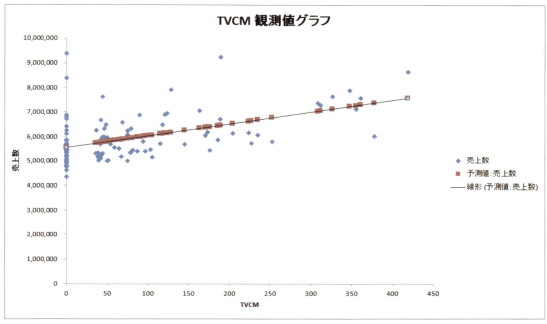

図1-5-3

第5章：残存効果などを加味して予測精度を上げる

　【MMM_modeling】Book を使用し、マクロを用いて回帰分析の実行作業を効率化し、ソルバーを用いて、残存効果やマーケティング施策の投下量に応じて効果の増分が逓減する非線形な影響を考慮することで、予測精度の高いモデルを探索する手順を演習します。さらにモデル探索の効率を上げる「エクセル統計」の重回帰分析の「説明変数選択機能」も体験します。その後で残存効果や非線形な影響を加味する計算とはどのようなものか？　（Excel 標準の）ソルバーとはどんなものか？　追加の演習で理解していきます。

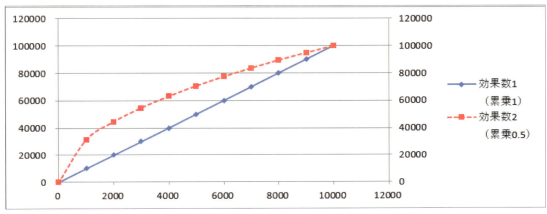

図1-5-4

第6章：予算配分最適化シミュレーション

　第5章の演習で作った予測モデルによって得た値を【MMM_modeling】Bookで集計し、それを試算用に使用する【MMM_simulation】Bookに転記します。各週の投下予算をX軸に、目的変数への影響数をY軸にプロットするグラフで、各マーケティング施策の効果予測をプロットして横並びで把握し、ソルバーを使って売上数を最大化するための予算配分のシミュレーションを行います。Webプロモーションについては各週の投下量を増やすと、単価が上がる傾向といった前提を試算時に加味して補正する方法を演習します。第3章で簡易的に行っていたデータ分布の確認から踏み込んで「外れ値」をエクセル統計の「箱ひげ図」によって作成する体験をして、外れ値が分析結果にもたらすバイアスとはどういったものか？　演習で体験します。ある施策の過去実施投下量を大きく上回る変更をした際に、（過去データを元にした）分析結果の効果予測通りになるか？　といった留意事項も共有します。

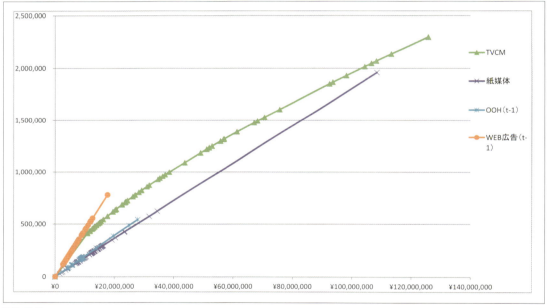

図1-5-5

第7章：ECとコールセンター 2つの売上への影響を加味した予算配分最適化

　（架空の）通販企業の例を用いた演習です。ダイレクトレスポンス型広告の既存の方法（オンライン、オフラインそれぞれの媒体の獲得単価による最適化）を紹介した上で、クロスチャネルの効果把握を行う視点について解説します。オフライン（コールセンター）とオンライン（EC）の双方への申込数を予測するモデルを作り、2つのモデルから効果数または利益を最大化するためのマーケティング施策予算配分のシミュレーションの演習を行います。

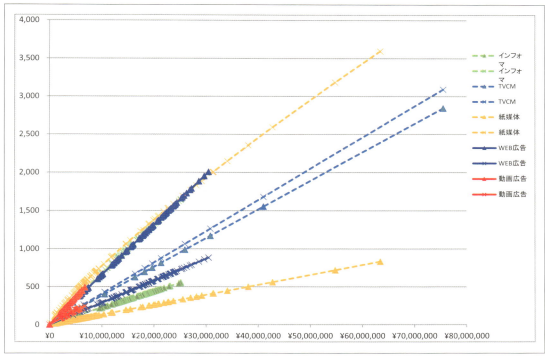

図1-5-6

第8章：補足説明

　この章では演習によってデータ分析手段を理解した上で、MMMで必要なモデル選択視点を確認します。「まずはやってみる」方針をとったため、第3章～第7章までの演習で省略した解説のうち、主にMMMの説明変数選択やモデル選択視点のために必要な考察を行うための統計的因果推論の知識について簡単に解説します。分析の軸足をマーケティング施策の介入効果の推定（説明）に置くか？　あるいは売上などのマーケティング目的となる変数の未来予測（予測）に置くか？　によって変わる説明変数選択の選定と候補変数を洗い出す視点を共有した上で、最後に、本書で紹介してきた推定結果にバイアスをかけてしまう、または信頼できなくなる落とし穴となる事項について一覧でおさらいします。

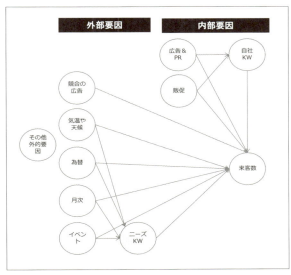

図1-5-7

付録演習

2つの演習を行います。

1つ目は、Excel2016に加わった時系列データの「予測ツール」を用いて「コート」の検索数を予測する方法です。2つ目は回帰分析を時系列データに適用する際に起こり得る「見せかけの回帰」という症状を避けるための方法の1つとなる「単位根検定」という検定です。

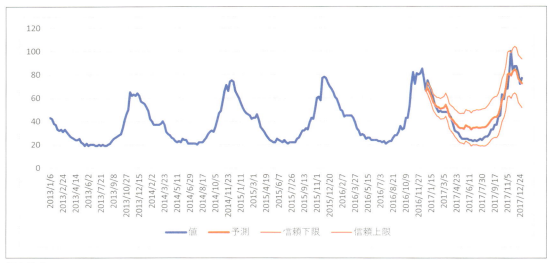

図1-5-8

注意事項

(1) 演習内で紹介しているExcel操作において、列や行の幅やグラフの大きさやナビゲーションウィンドウの位置を適宜微調整している場合があります。

(2) 本書で提供する演習用データセットは全て架空のものとなります。筆者が独自に乱数計算などを用いて製作したもので、実在する企業や団体のものではありません。

(3) 本書ではWindows版のExcel2016をもとに解説しています。それ以前・以降のバージョンと操作方法が異なることがありますので、その場合はExcelのヘルプなどを参照してください。Mac版での操作に関しても同様の対応をお願いします。演習で用いるソルバーはExcel2010以降のバージョンの機能を前提としています。以下に記載する検証環境でテストを行っています。固有のExcel設定やハードスペック、またはデータの内容により予期せぬ事項が発生する可能性があり、動作保証は致しかねます。あらかじめご了承ください。

【検証環境】
OS：Windows 10 Home/Excel 2016（Office365）/プロセッサ Intel® Core™ i7-8550U CPU @1.80GHz 1.99GHz/RAM 16GB/64ビット オペレーティングシステム、x64 ベースプロセッサ

(4) 本書の演習で使用するエクセル統計(体験版)は、Microsoft Excel上で動作する統計解析ソフトです。Windows11/10で動作するExcel2024/2021/2019/2016に対応しています。macOSには対応していません。※2024年11月時点。製品版も同様です。

(5) エクセル統計の体験版を用いた演習では、「(エクセル統計)」という記述がSheet名に含まれるSheetを用いて行います。エクセル統計(体験版)でデータ分析ができるように処理をしているため、シート上では数値や書式など一切の編集ができません。

(6) 本書のMMM分析でExcelソルバーに解かせている問題は、問題の特性及びExcelソルバーの機能的な制約から、唯一の最適解を保障できるものではありません。

(7) 付録のExcelファイルを用いたMMM分析による意思決定は自己責任のもと行ってください。筆者および出版社、社会情報サービス社では、意思決定に関する責任は一切負えません。

(8) 出版社及び社会情報サービス社では書籍内容についてのサポート(ご質問への回答)を一切行いません。

Column
エクセル統計と統計WEB

エクセル統計はExcelのメニューに統計解析の手法を追加する統計解析ソフトです。スクリプトやコードの入力は不要で直感的に使用できます。機能ごとにモジュールを選択または買い足す必要のないオールインワン型のパッケージソフトです。契約期間を1年から6年まで選択することができ、価格帯も比較的安価にもかかわらず、基本から応用までよく用いられる統計解析手法を130以上搭載しています。日本社製品では国内で最も売れている統計解析ソフトです。

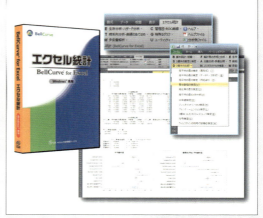

図1-C-12

医学分野をはじめ、理工学、農学、教育学など研究分野で主に利用されており、エクセル統計を統計解析に利用した論文がNature、Scienseなど多数掲載されています。研究者には浸透していると思いますが、マーケターにはあまり知られていないかもしれません。マーケティング分野ではよく名前を聞く統計解析ソフトウェアに「R」や「SPSS」などがあります。「R」はグラフィックインターフェイスがなく全ての操作をコードで行うハードルがあります。「SPSS」はオールインワンパッケージではないため、分析目的やテーマを明確にして活用しないと高価になる場合があります。

エクセル統計を提供する(株)社会情報サービスの協力を得て、Excel上のデータをそのまま「エクセル統計体験版」で統計解析できる演習を実現しました。

本書の演習では時系列データ解析を用いて行うMMMで使用する「重回帰分析」や顧客調査や分析に使用する「数量化2類」や「クラスター分析」など、エクセル統計の機能の一部を使用しますが、本書の演習をきっかけに統計解析の楽しさを知ってもらった上でエクセル統計を使うことで(本書で紹介しきれなかった)他の統計解析手法をマーケティングに活用する可能性が拡がると思います。

「統計WEB」は(株)社会情報サービスが2000年から提供している統計学の情報サイトです。より多くのマーケターに統計の楽しさを知って頂くため、本書では数式による説明を極力省き、専門的な知識を補完頂くための参考文献の主なものとして「統計WEB」のコンテンツを活用させて頂きました。

図1-C-13

参照URL

エクセル統計 製品ページ(https://bellcurve.jp/ex/)

DATA-DRIVEN MARKETING

第2章

顧客データ(質的データ)を
クロスセクションデータとして分析

2-1

演習の準備

この章では、筆者がかつてデジタルマーケティング担当として所属していたPR会社のカーツメディアワークス（以下「KMW」と略します）のように企業のマーケティングを支援する企業のホームページに来る問い合わせをイメージした架空のデータをcross section dataとして扱います。どういった属性の顧客が契約に至りやすいか？　クロス集計と数量化2種の分析を体験していきます（数量化2類の分析実行時にクロス集計が行われるのでその内容も参照）。そこで見出した傾向がただのバラつきや誤差で生じたものではないか、確認するための独立性の検定も体験します。クラスター分析の演習では探索的に顧客の傾向を把握していきます。Excel操作のウォーミングアップも兼ねて、本書の演習で多用するExcelの操作や、操作説明の際の記述ルールを共有します。まずは、本書サポートサイトから、**【（演習データ①-1）KMW問合せユーザー@独立性の検定用】**Bookをダウンロードし、「マスタ」Sheetを開きましょう。

	A	E	C	D	E	F	G	H	I	J	K	L	M	N	O	P	Q	R	S	T	U
1	0	1	2	3	4	5	6	7	8	9	10	11	12	13	14	15	16	17	18	19	20
2	2500	2500	2500	2500	2500	2500	2500	2500	2500	2500	2500	2500	2500	2500	2500		2500	2500	2500	2500	2500
3		662	179	343	628	1067	415	432	120	965	760	237	1513	364	785		452	756	166	924	202
4		26.5%	7.2%	13.7%	25.1%	42.7%	16.6%	17.3%	4.8%	38.6%	30.4%	9.5%	60.5%	14.6%	31.4%		18.1%	30.2%	6.6%	37.0%	8.1%
5	クロス集計用	問合せ後の状況		ユーザーはどのページを見ていたか？							ユーザーは何をきっかけにKMWを知ったか？(MA)					ユーザーの役割はどれが一番近いか？(SA)	ユーザーの役割はどれが一番近いか？(SA)				
6	書籍	商談まで	契約まで	データドリブン・マーケティング体制支援	コンテンツマーケティング運用支援	データダッシュボード開発	SNS運用支援	インフォグラフィック活用支援	インフルエンサーPR実行支援	動画活用支援	SNS	講演	書籍	弊社員からの案内	その他（WEB検索等）	役割	WEBマーケティング	マーケティング全体	広報	宣伝	経営または経営企画
7	0	1	1	0	1	0	0	1	0	0	1	0	0	0	0	WEBマーケティング	1	0	0	0	0
8	1	1	1	0	0	0	1	0	0	1	1	0	1	0	0	宣伝	0	0	0	1	0
9	1	1	1	0	0	1	1	0	0	0	1	0	1	1	0	宣伝	0	0	0	1	0
10	1	1	1	0	0	0	1	0	0	0	1	0	1	0	0	宣伝	0	0	0	1	0
11	1	1	1	1	0	0	1	0	0	0	0	0	1	1	0	WEBマーケティング	1	0	0	0	0
12	0	0	0	0	0	0	0	0	1	0	0	0	0	0	0	マーケティング全体	0	1	0	0	0
13	0	1	0	0	0	0	0	0	1	0	1	0	0	0	0	宣伝	0	0	0	1	0
14	1	0	0	1	0	0	1	0	0	1	1	0	1	0	0	WEBマーケティング	1	0	0	0	0
15	1	1	0	0	0	0	0	0	0	0	1	0	1	1	0	マーケティング全体	0	1	0	0	0
16	1	1	1	1	1	0	0	0	0	1	0	0	1	1	1	WEBマーケティング	1	0	0	0	0
17	0	1	1	0	1	0	0	0	0	0	1	0	0	0	0	WEBマーケティング	1	0	0	0	0
18	1	1	1	0	0	0	1	1	0	0	0	1	1	0	0	宣伝	0	0	0	1	0
19	0	1	1	0	0	0	1	0	0	0	1	0	0	0	0	マーケティング全体	0	1	0	0	0
20	1	1	1	0	0	0	0	0	0	0	1	0	1	1	0	広報	0	0	1	0	0
21	1	0	0	0	0	0	0	0	0	1	0	0	1	0	0	WEBマーケティング	1	0	0	0	0
22	1	1	0	0	0	0	0	0	0	1	0	0	1	0	0	宣伝	0	0	0	1	0
23	0	1	1	0	1	0	0	1	0	0	1	0	0	0	0	WEBマーケティング	1	0	0	0	0
24	0	0	0	0	0	0	0	0	0	1	1	0	0	0	0	宣伝	0	0	0	1	0

図2-1-1

筆者が所属するカーツメディアワークス（以下「KMW」）を想定した架空のデータ。デジタルマーケティング支援を行う企業のWebで問合せをした方2500人の来訪ユーザー（以下ユーザー）のデータです。

同社のビジネスゴールは企業のマーケティングやWebマーケティング、宣伝・広報や経営または経営企画といった様々な部署からPRやデジタルマーケティングなどの支援業務を受託することです。このデータを分析することで、申込や契約に影響が強い要因を把握し、ユーザーの傾向を明らかにする方法を体験していきます。

第2章-2では、クロス集計の際に標本の分類ごとの設問回答率などの差が偶然によるものではないかを確かめる「独立性の検定」を行います。

第2章-3ではこのデータを用いて商談または契約の有無を予測分類する統計モデル（以下モデル）を作り、それらに寄与する要因を定量的に把握するために、数量化2類の分析を行います。

第2章-4では、ユーザーを分類しその傾向を掴むためのクラスター分析を行います。演習に入る前にまずはExcelの設定を確認し変更しましょう。

分析ツールとソルバーを使えるように Excelの設定を変更

Excel「ファイル」タブ→オプション→アドインで表示される画面（図2-1-2）から「設定」ボタンをクリックし、表示されたナビゲーションウィンドウで本書演習で使用するソルバーアドイン、分析ツール、分析ツールを使用するVBAを使用するため、3つのチェックボックスをオンにして（図2-1-3）、OKを押します。

図2-1-2
Excelオプション

図2-1-3
アドインの選択

「エクセル統計」体験版をインストール

次に「エクセル統計」の体験版をインストールし、ダウンロードしたフォルダの「setup.exe」をダブルクリックします。画面の指示に従いセットアップを行いましょう。

【体験版ダウンロード申し込みページ】

https://product.ssri.com/ex/trial.html

体験版をインストールしたあと改めてExcelを起動すると、Excelのメニューに新たに「エクセル統計」というタブが加わっています（図2-1-4）。

図2-1-4
「エクセル統計」タブ

　このデータは1行が1ユーザーの問合せです。B列C列はユーザーが問い合わせ後に「商談」「契約」に至ったか？　D〜J列はどのページを見ていたか？　K〜O列はSNSや講演など、何をきっかけにしてKMWを知ったのか？　複数回答です。P列は「Webマーケティング」や「マーケティング全体」などユーザーの仕事の役割の単回答です。P列を除く各変数は、各項目に対してあてはまるものを数字の1、あてはまらないものを0と記載しています。これを**ダミー変数**と言い、数字ではないデータを0と1だけの数列に変換したものです。クラスター分析は量的データを扱う分析となるため、P列のような文字列のデータを分析することができません。そのため、P列の情報をQ〜U列でダミー変数に変換したものを使用します。数量化2類の分析では、P列のように各変数の内容が文字列のデータを扱えます。

 体験版をインストールした場合、ソフトの画面に「エクセル統計(体験版)」というタブが加わります。
本書では、同ソフトの製品版をインストールした環境の画面キャプチャを使用して解説していきます。

2-2

クロス集計と独立性の検定

　A列は簡易的に「**クロス集計**」を行うためのものです。ここでは例として、「何をきっかけにKMWを知ったか？」が書籍となっているユーザーとそうではないユーザーの傾向差を見ていきます。Excelのデータタブを選択し、6行目を選択し「フィルター」を実行します（図2-2-1）。

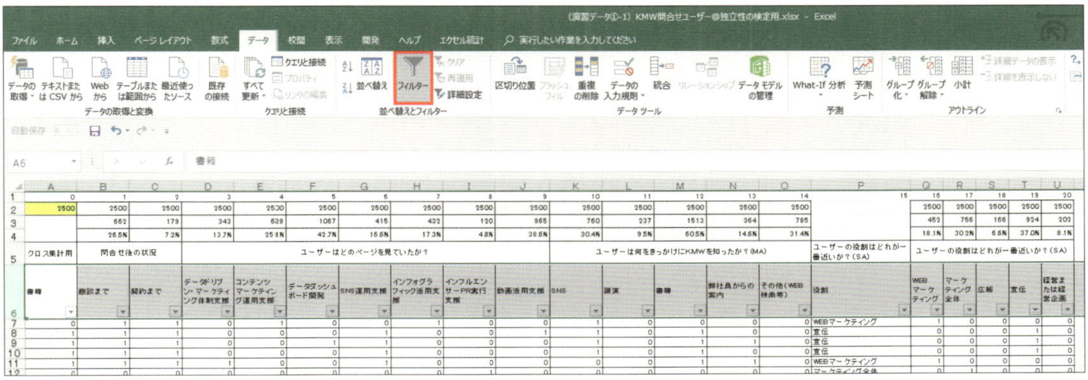

図2-2-1
「フィルター」を実行

　【A6】セルの右下の矢印を選択し、「1」のチェックボックスのみを選択し（図2-2-2）、OKを押します（図2-2-3）。

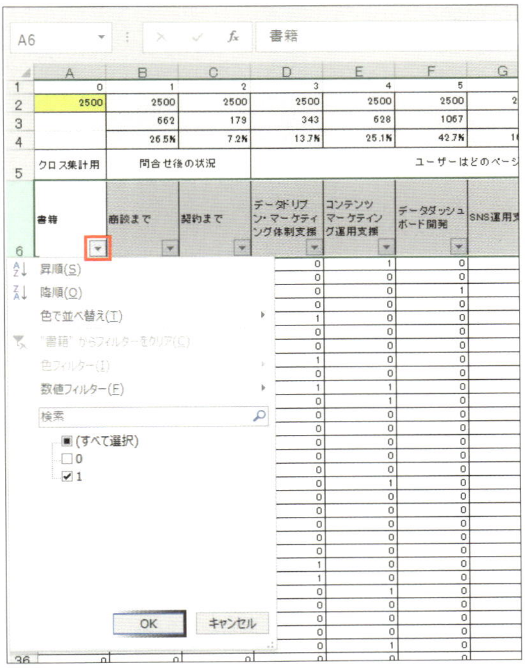

図2-2-2

図2-2-3

　フィルターによって、KMWを知ったきっかけが書籍と回答したユーザーのみが表示されました。【A2】セルの値が2500から1513に変更されました。【A2】セルの数式は表示セルの「個数」を計算する「=SUBTOTAL（3,A7:A1048576）」となっています。

　【B2:O2】と【Q2:U2】セルには【A2】セルを参照する数式「=$A$2」を入れています。【B3:O3】と【Q3：U3】セルには各列の7行目以下の表示セルの「値」を合計するSUBTOTAL関数を入力しています※。

　A列に任意の変数を貼り付けて、フィルターをかけることで、対象となるユーザーの回答率などを把握できるようにしているものです。

※　本書では、Excelのセル範囲を【左上端のセル:右下端のセル】と記載します。

2-3 独立性の検定の演習(1)

　書籍をきっかけに KMW を知ったユーザーと、そうではなかったユーザーは、「商談」のしやすさと関係があるのか？　そういったことを検定するのが**独立性の検定**※です。分析を実行しながら解説していきます。

　【（演習データ①-1）KMW 問合せユーザー @ 独立性の検定】の「マスタ」Sheet の【A6】セルで「1」のフィルターをかけた状態で、【B2：B3】セルをコピーします（図 2-3-1）。

　「演習①」Sheet を開き【B6】セルで右クリックして「形式を選択して貼り付け」を選び（図 2-3-2）、「値」と「行列を入れ替える」のチェックボックスをオンにして実行します（図 2-3-3）。

　縦と横の行列を入れ替えて値のみを貼り付けた状態です（図 2-3-4）。

図2-3-1

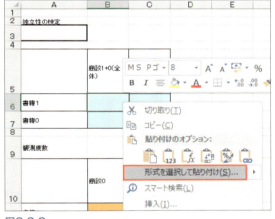

図2-3-2

図2-3-3

図2-3-4

　※　「独立性の検定」の独立という言葉は、「独立→関係がない」「独立でない→何か関係性がある」という解釈で用いられています。

本書で紹介するExcelを用いた分析法では、筆者が予め入力したExcel数式やマクロを多用します。原則、値を変える場合は「値のみ貼り付け」によって行いましょう。通常のコピー＆ペーストを使うと数式や書式などの情報も全て貼り付けることとなり、意図せず数式を上書きしたり、書式が崩れたりすることで間違えを起こしやすくなるためです。「値のみ貼り付け」は右クリックで表示されるメニューの「形式を選択して貼り付け」で貼り付け方法を選択する方法以外に、右クリックメニューの「貼り付けのオプション」左から2番目の「123」のアイコンを押して実行する方法もあります（図2-3-5）。

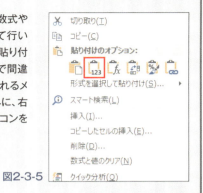

図2-3-5

「マスタ」Sheet に戻り、次は【A6】セルで「0」のフィルターをかけ、その状態で、【B2：B3】セルをコピーします。「演習①」Sheet を開き【B6】セルで右クリックして値のみを行列を入れ替えて貼り付けます（図2-3-6）。

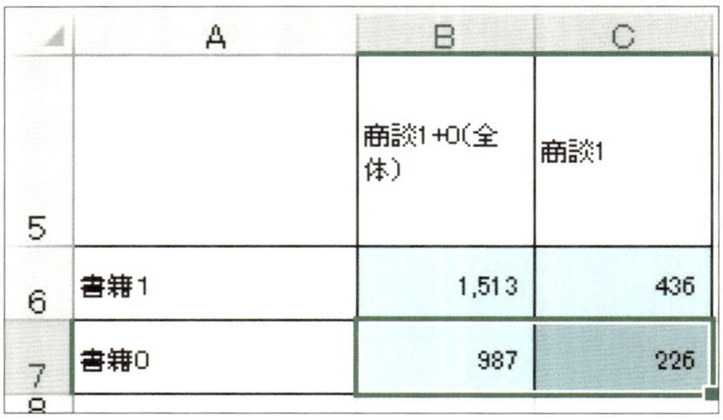

6行目にKMWを書籍で知ったユーザー数1513【B6】と、そのうち商談をしたユーザー数436【C6】、7行目にKMWを書籍では知っていないユーザー数987【B7】と、そのうち商談をしたユーザー数226【C7】を記載しました。

オレンジ色に着色した【B11：C12】の範囲は数式で計算されています（図2-3-7）。

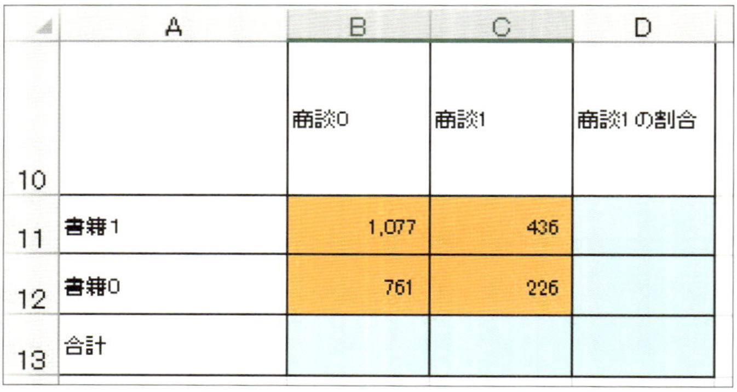

図2-3-6

図2-3-7

KMW を書籍で知った方のうち商談をしなかったユーザー数1077【B11】と KMW を書籍で知っていないユーザーのうち商談をしなかったユーザー数761【B12】が新たに計算されています。【B11:C12】のデータがあれば「独立性の検定」を実行できます。これは「統計的仮説検定」という枠組みの分析となります。KMW のことを書籍で知ったか否かは、問合せから商談へ発展しやすさと「関係がある」（独立でない→何か関係性がある）ということを確かめる分析です。

 本書の演習用Excelの統一ルールとして、頻繁に入力するセル範囲は「水色」に着色しています。

まずは「エクセル統計」で実行し、その後で、ExcelのCHISQ.TEST関数を用いて計算し、どのように独立性の検定の計算が行われているのかを確認していきます。

「演習①(エクセル統計)」Sheetを開きましょう。次にメニューの「エクセル統計」タブを選択、**【A10:C12】**のセル範囲を選択した状態で、上部メニューの「集計表の作成と分類」の中から「独立性の検定」を選択し実行します（図2-3-8）。ナビゲーションウィンドウが出てきます（図2-3-9）。

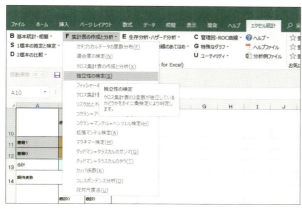

図2-3-8

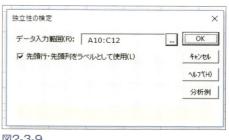

図2-3-9

「データ入力範囲」にあらかじめ選択した**【A10:C12】**が選択されており、「先頭行・先頭列をラベルとして使用」のチェックが入っていることを確認してから「OK」を押すと、新規Sheetに結果が出力されます（図2-3-10）。

24行目「独立性の検定」のうち、「補正なし」となっている「P値」**【D26】**の値が「0.0010…」となっています。有意水準を5%または1%とした場合は帰無仮説を棄却し「書籍で知ったか否かは、問合せから商談へ発展しやすさと関係がある」とみなします。ここで用いた用語について解説します。

	A	B	C	D	E
1	独立性の検定				
2					
3	BellCurve for Excel (version 2.14)				
4	Social Survey Research Information Co., Ltd.				
5	2018/08/10 15:01:19				
6	ブック / シー 途中(演習データ①-1)KMW問合せユーザー@独立性の検定用.xlsx / 演習① / A10:C12				
7	設定オプション(以下3行を非表示にしています。再表示で展開します。)				
11					
12	観測度数				
13		商談0	商談1	合 計	
14	書籍1	1,077	436	1513	
15	書籍0	761	226	987	
16	合 計	1838	662	2500	
17					
18	期待度数				
19		商談0	商談1		
20	書籍1	1112.358	400.642		
21	書籍0	725.642	261.358		
22		太字:1未満 赤字:5未満			
23					
24	独立性の検定				
25		カイ二乗値	自由度	P 値	*:P<0.05 **:P<0.01
26	補正なし	10.7504	1	0.0010	**
27	Yatesの補正	10.4485	1	0.0012	**
28					
29	Cramer's V	0.0656			
30	Yule's Q	-0.1537			
31					
32					
33					

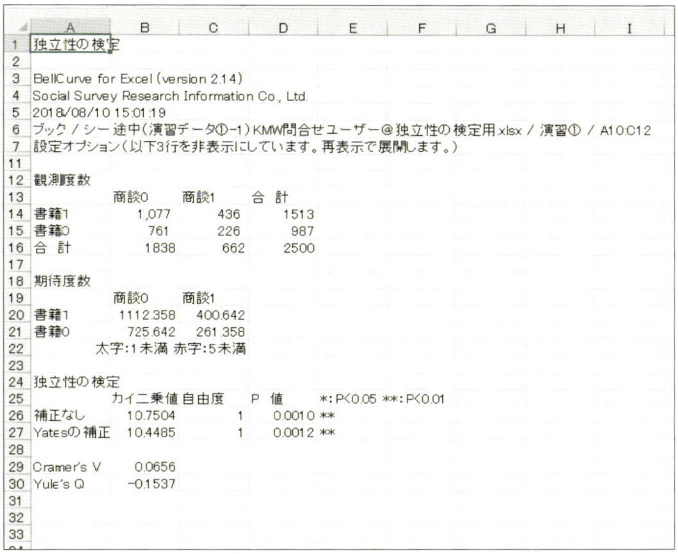

図2-3-10

P値、有意水準、帰無仮説と対立仮説

　統計的仮説検定では「書籍で知ったか否かは、問合せから商談へ発展しやすさと関係がある」ことを証明するために、対立する仮説として「書籍で知ったか否かと、問合せから商談へ発展しやすさは関係がない」が正しいと仮定した時に、観測したデータ以上に極端な（稀な）結果が起こる確率を求めます。この2つの仮説について、前者を**対立仮説**（H1）、後者を**帰無仮説**（H0）と呼び、帰無仮説は間違っていると判断することを「**帰無仮説を棄却**する」と言います。これは予め設定した有意水準を判断の基準とします。

　P値とは、帰無仮説が正しいとしたときに、観測データの実現値より更に極端な（稀な）観測データが得られる確率です。これが有意水準以下のとき帰無仮説を棄却し、対立仮説を正しいとみなします。通常、有意水準は5%や1%を用いることが多いです。

　帰無仮説を棄却したにも関わらず、帰無仮説が実は正しかった場合を「**第一種の過誤**」と呼びます。また、対立仮説が実は正しかったのにも関わらず、帰無仮説を棄却できないことを「**第二種の過誤**」と呼びます。

参照URL

統計WEB　統計用語集より
「P値」:(https://bellcurve.jp/statistics/glossary/2172.html)
「帰無仮説」:(https://bellcurve.jp/statistics/glossary/899.html)
「対立仮説」:(https://bellcurve.jp/statistics/glossary/1785.html)
「第一種の過誤」:(https://bellcurve.jp/statistics/glossary/1766.html)
「第二種の過誤」:(https://bellcurve.jp/statistics/glossary/1781.html)

　検定統計量の求め方は検定手法によって変わってきます。「エクセル統計」の独立性の検定結果（前掲の**図2-3-10**）では【**D26**】の補正無しのP値だけではく、【**D27**】で2×2のクロス集計の際に用いられる「**イェーツの補正**」をした際のP値も出力しています。

　「独立性の検定」以外の分析方法でも「P値」は頻出します。「P値」とは「対立仮説」を立証するために「帰無仮説」を棄却できるかを判断するための値（観測した事象よりも極端なことが起こる確率）であり、それを計算するための値が検定統計量となります。

参照URL

統計WEB　統計用語集より「イェーツの補正」
(https://bellcurve.jp/statistics/glossary/399.html)

観測度数と期待度数とは

独立性の検定結果Sheet12行目の「**観測度数**」（データ範囲【B14：C15】）が（図2-3-11）です。

	A	B	C	D
12	観測度数			
13		商談0	商談1	合　計
14	書籍1	1,077	436	1513
15	書籍0	761	226	987
16	合　計	1838	662	2500
17				

図2-3-11

・KMWを書籍で知ったユーザー中、商談をしなかったユーザー数1077
・KMWを書籍で知ったユーザー中、商談をしたユーザー数436
・KMWを書籍で知っていないユーザー中、商談をしなかったユーザー数761
・KMWを書籍で知っていないユーザー中、商談をしたユーザー数226

この情報に加え、検定結果Sheet18行目の期待度数（データ範囲【B20：C21】）の値（図2-3-12）が分かれば、Excelの関数を用いて「独立性の検定」のP値を算出することができます。

	A	B	C	D
18	期待度数			
19		商談0	商談1	
20	書籍1	1112.358	400.642	
21	書籍0	725.642	261.358	
22		太字:1未満	赤字:5未満	
23				

図2-3-12

期待度数とは、もし独立である（何も関連がない）としていたら、きっとこうなるだろうという値です。この期待度数と観測度数が大きく異なる場合は「何らかの関連がある」とみなせるはずです。先ほど学んだ用語を用いて「独立性の検定」を説明すると下記を検定するものだと言えます。

H0（帰無仮説）：2つの変数（書籍と商談）は独立である（何の関連もない）
H1（対立仮説）：2つの変数（書籍と商談）は独立ではない（何らかの関連がある）

期待度数の求め方を説明していきます。まず、観測度数の「書籍1」（何をきっかけにKMWを知ったか？で書籍と回答）のユーザー1,513人のうち、商談をしたユーザー数は436です。書籍で知ったか否かに関わらず商談をした方の割合は全体2500人中662人です。「問合せから商談への発展しやすさに、書籍で知ったか否かに関係がない」とした場合は26.48…%（662/2500）の割合で商談に発展すると考えます。よって「書籍1」ユーザー全体（1,513）のうち26.48…%が商談に至る方の期待度数となります。これを「演習①」Sheetで計算していきます。

「演習①」Sheetを開きましょう。

「ホーム」タブにある「オートSUM」を用いて、【B13】セルに【B11：B12】の合計を計算する数式を入力します（図2-3-13）。

【B13】セル右下にマウスを合わせ表示される十字のフィルハンドルを右クリックで【C13】までドラッグし、ボタンを離すメニューがポップアップで表示されるので、「書式なしコピー」を選び実行します（図2-3-14）。

これで「書式以外（値や数式）」をコピーしたことになります。厳密にはこの操作で書式ごとコピーしても問題ありませんが、本書で多用する「値のみ」コピーの操作の練習として、この方法を紹介しています。次に、【D13】セルに数式「=C13/(SUM(B13:C13))」を入力します（図2-3-15）。

これは、「問合せから商談への発展しやすさに、書籍で知ったか否かに関係がない」とした場合は26.48…%（662/2500）を求めるものです。

上記手順で示した「=C13/(SUM(B13:C13))」など数式の作り方はあくまで一例です。Excelの数式で四則演算を行う際に使用する文字は下記となります。

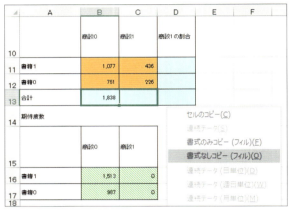

図2-3-13

図2-3-14

図2-3-15

足し算	＋	引き算	－
掛け算	＊	割り算	／

またExcelで使用する括弧は（ ）小括弧だけです。数学などで使用する｛｝中括弧はExcel内では配列の指定に使いますので、計算式では使用しないでください。

参照URL

統計WEB　コラム「統計備忘録」
「EXCELで重回帰分析(2)」LINEST関数等について
https://bellcurve.jp/statistics/blog/14024.html

本書の演習では読者への操作を求めませんが、筆者が組んだマクロではLINESTやMINVERSEなどの配列数式の関数を使用しています。

次に【D13】セルの右下の頂点にマウスのカーソルを合わせ、上方向の【D11】までオートフィルをして右ドラッグを離し「書式なしコピー」を実行します（図2-3-16）。

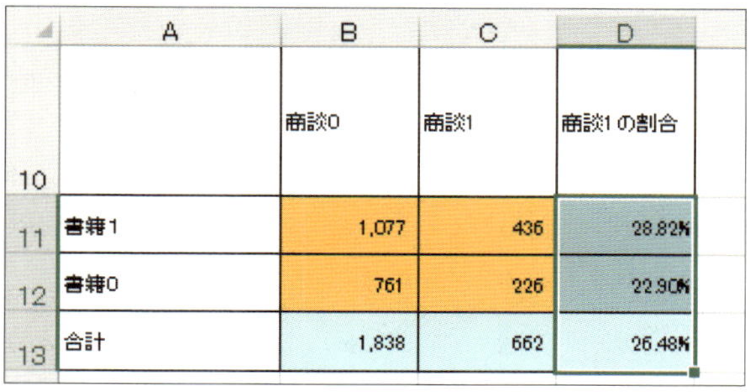

図2-3-16

【B16：C17】セル範囲は自動数式によって書籍でKMWを知ったユーザーとそうでないユーザーに対しそれぞれ「問合せから商談への発展しやすさに、書籍で知ったか否かに関係がない」とした場合の商談に至る割合「26.48…％」から商談をしたユーザーの期待度数を求め「100-26.48…％」から商談をしない方の期待度数を求めています。

【B16：C17】セルの数式を見て計算内容を把握しましょう。

次に【A3】セルにCHISQ.TEST関数を用いた数式を入力し独立性の検定のP値を求めます。【A3】セルを選択し、数式タブから「関数の挿入」ボタンを押し（図2-3-17）「CHISQ.TEST」関数を選択し（図2-3-18）OKを押し、表示されるナビゲーションウィンドウの実測値（観測値と同意語として用いられています）と期待値の範囲を（図2-3-19）のように入力してOKを押します。

図2-3-17

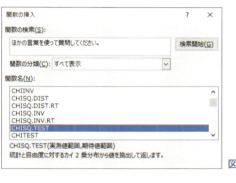

図2-3-18

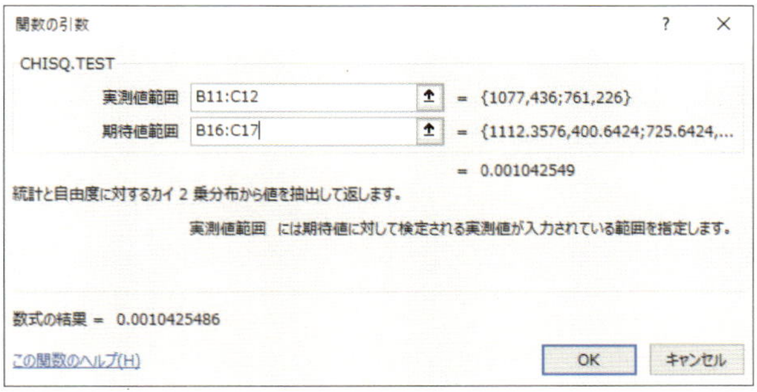

図2-3-19

【A3】 セルで独立性の検定のP値を計算することができました（図2-3-20）。

さきほど「エクセル統計」の「独立性の検定」機能を用いて算出したP値と見比べてみましょう。

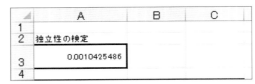

図2-3-20

今回は、書籍によって知った、そうではない。という2行の観測値の差から独立性を検定しましたが、19歳以下、20〜29歳、30〜39歳など3行以上の観測値から独立性を検定することも可能です。下記の例を参考にしてみてください。

上記で紹介されているデータセットが「演習ゆとり（エクセル統計）」Sheet（図2-3-21）です。「エクセル統計」の「独立性の検定」機能を用いて分析してみましょう。余力があれば数式を用いて期待度数を計算し、CHISQ.TEST関数でP値を算出してみましょう。

 参照URL

統計WEBブログより「独立性の検定─エクセル統計による解析事例」
(https://bellcurve.jp/statistics/blog/12186.html)

2-4

独立性の検定の演習(2)

　ここでは「マスタ」Sheetでクロス集計した値を「演習②」Sheetに貼り付け、標本AとBにおける各変数の該当率の差について独立性の検定を行います。書籍をきっかけにKMWを知った人（A）と、そうではなかった人（B）は、「商談」に至りやすいのか？またそれ以外にも何か関係がありそうな要因がないかを探索していきます。「演習②」Sheetを開きましょう（図2-4-1）※。

図2-4-1

 ※ CHISQ.TEST関数を使用する際に入力する観測値の行列をオレンジ色、期待値の行列を緑色（斜線）に着色しています。

　AとBのデータを水色のセル【C4:U7】の範囲に貼り付けていきます。「マスタ」Sheetを開き、【A6】セルのフィルターで「1」のみを選択します（図2-4-2）。

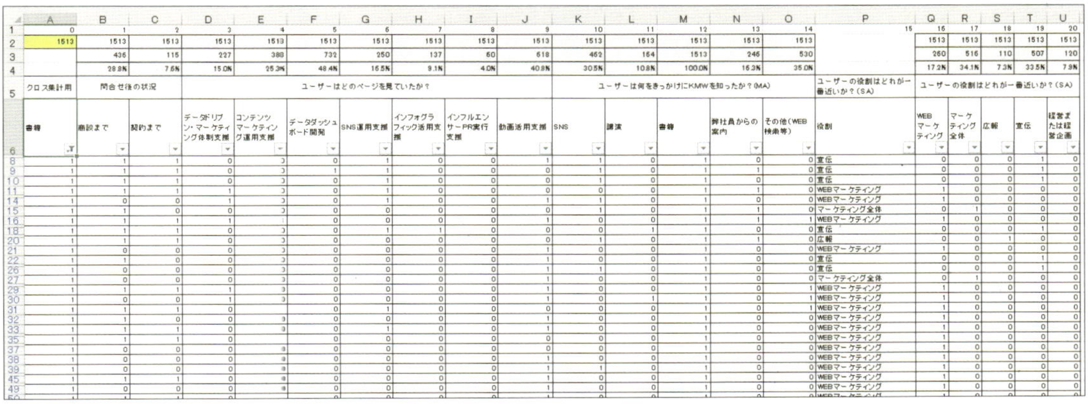

図2-4-2

ここではP列のデータは使いません。P列全体を選択して右クリックで「非表示」を選択し（図2-4-3）、実行します。

この状態で、【B3：U4】までの表示セルの値（Aの各列の「1」該当者と「1」該当率）をコピーして「演習②」Sheetに貼り付けていきます。【B3：B4】を選択し［Ctrl］＋［Shift］＋［→］キーを押して【B3：U4】範囲を選択したら［Alt］＋［;］キーを押します。これは「表示セルのみを選択」する操作です。その状態で［Ctrl］＋［c］を押します（図2-4-4）。表示セルの情報のみをコピーしました。

図2-4-3

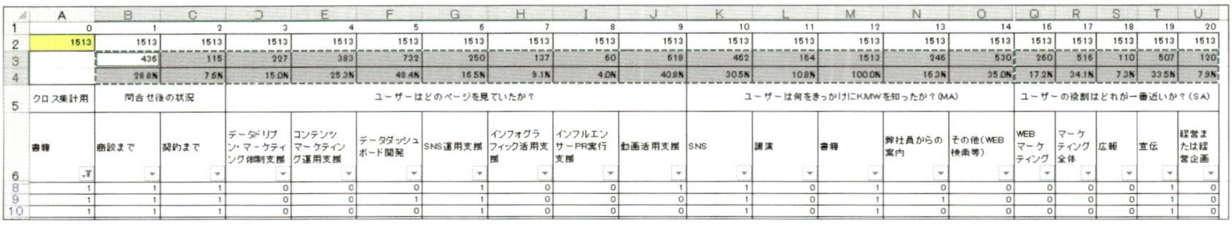

図2-4-4

「演習②」Sheetに戻り、【C4】セルを選択し、値のみ貼り付けを行います（図2-4-5）。

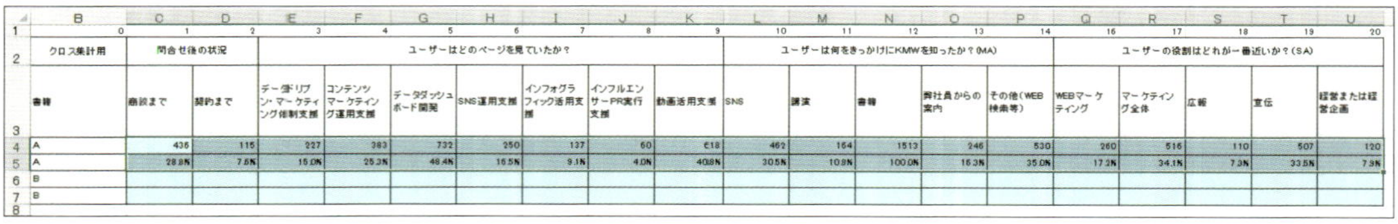

図2-4-5

「マスタ」Sheetに戻り、【A6】セルのフィルターで「0」のみを選択してBのデータを抽出します（図2-4-6）。

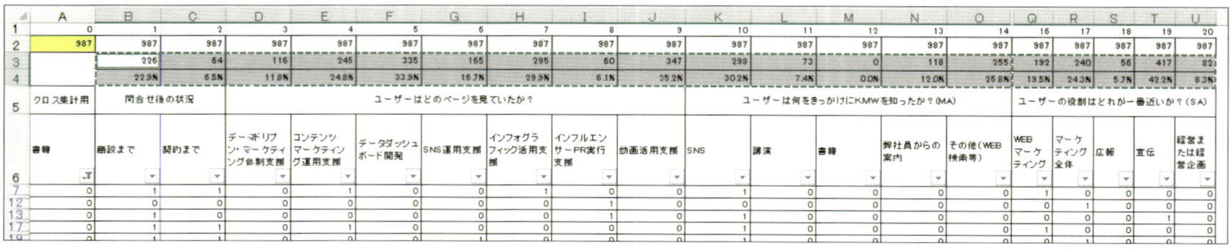

図2-4-6

前回同様の操作で【B3：U4】までの表示セルの値をコピーして「演習②」Sheet の【C6】セルを選択し、値のみ貼り付けを行います（図 2-4-7）。

	B	C	D	E	F	G	H	I	J	K	L	M	N	O	P	Q	R	S	T	U
1	0	1	2	3	4	5	6	7	8	9	10	11	12	13	14	16	17	18	19	20
2	クロス集計用	問合せ後の状況		ユーザーはどのページを見ていたか？							ユーザーは何をきっかけにKMWを知ったか？(MA)					ユーザーの役割はどれが一番近いか？(SA)				
3	書籍	商談まで	契約まで	データドリブン・マーケティング体制支援	コンテンツマーケティング運用支援	データダッシュボード開発	SNS運用支援	インフォグラフィック活用支援	インフルエンサーPR実行支援	動画活用支援	SNS	講演	書籍	弊社員からの案内	その他（WEB検索等）	WEBマーケティング	マーケティング全体	広報	宣伝	経営または経営企画
4	A	436	115	227	383	732	250	137	60	618	462	164	1513	246	530	260	516	110	507	120
5	A	28.8%	7.6%	15.0%	25.3%	48.4%	16.5%	9.1%	4.0%	40.8%	30.5%	10.8%	100.0%	16.3%	35.0%	17.2%	34.1%	7.3%	33.5%	7.9%
6	B	226	64	116	245	335	165	295	60	347	298	73	0	118	255	192	240	56	417	82
7	B	22.9%	6.5%	11.8%	24.8%	33.9%	16.7%	29.9%	6.1%	35.2%	30.2%	7.4%	0.0%	12.0%	25.8%	19.5%	24.3%	5.7%	42.2%	8.3%
8																				
9	差分	5.9%	1.1%	3.3%	0.5%	14.4%	-0.2%	-20.8%	-2.1%	5.7%	0.3%	3.4%	100.0%	4.3%	9.2%	-2.3%	9.8%	1.6%	-8.7%	-0.4%
10	独立性の検定のP値	#DIV/0!	#DIV/0!	#DIV/0!	#DIV/0!	#DIV/0!	#DIV/0!	#DIV/0!	#DIV/0!	#DIV/0!	#DIV/0!	#DIV/0!	#DIV/0!	#DIV/0!	#DIV/0!	#DIV/0!	#DIV/0!	#DIV/0!	#DIV/0!	#DIV/0!

図2-4-7

9行目の【C9：U9】範囲には A の該当率から B の該当率を引いた値が「差分」として計算され、Excel の「条件付き書式_ の機能を用いて非負数（マイナス）の値となったセルは赤く着色されます。「条件付き書式」は分析結果の内容を把握するのに便利です。追って演習します。

次は【A16】セルに A と B を合計した標本サイズ「2,500」の値を入力し、【A18】セルに A の標本サイズ「1,513」の値を入力します※。この値を入力すると、10行目の【C10:U10】の「独立性の検定の P 値」が計算されます（図 2-4-8）。

	B	C	D	E	F	G	H	I	J	K	L	M	N	O	P	Q	R	S	T	U
1	0	1	2	3	4	5	6	7	8	9	10	11	12	13	14	16	17	18	19	20
2	クロス集計用	問合せ後の状況		ユーザーはどのページを見ていたか？							ユーザーは何をきっかけにKMWを知ったか？(MA)					ユーザーの役割はどれが一番近いか？(SA)				
3	書籍	商談まで	契約まで	データドリブン・マーケティング体制支援	コンテンツマーケティング運用支援	データダッシュボード開発	SNS運用支援	インフォグラフィック活用支援	インフルエンサーPR実行支援	動画活用支援	SNS	講演	書籍	弊社員からの案内	その他（WEB検索等）	WEBマーケティング	マーケティング全体	広報	宣伝	経営または経営企画
4	A	436	115	227	383	732	250	137	60	618	462	164	1513	246	530	260	516	110	507	120
5	A	28.8%	7.6%	15.0%	25.3%	48.4%	16.5%	9.1%	4.0%	40.8%	30.5%	10.8%	100.0%	16.3%	35.0%	17.2%	34.1%	7.3%	33.5%	7.9%
6	B	226	64	116	245	335	165	295	60	347	298	73	0	118	255	192	240	56	417	82
7	B	22.9%	6.5%	11.8%	24.8%	33.9%	16.7%	29.9%	6.1%	35.2%	30.2%	7.4%	0.0%	12.0%	25.8%	19.5%	24.3%	5.7%	42.2%	8.3%
8																				
9	差分	5.9%	1.1%	3.3%	0.5%	14.4%	-0.2%	-20.8%	-2.1%	5.7%	0.3%	3.4%	100.0%	4.3%	9.2%	-2.3%	9.8%	1.6%	-8.7%	-0.4%
10	独立性の検定のP値	0.104%	28.988%	2.094%	78.191%	0.000%	89.867%	0.000%	1.568%	0.429%	85.545%	0.407%	0.000%	0.286%	0.000%	14.969%	0.000%	11.706%	0.001%	73.547%

図2-4-8

※ 【A20】セルのBの標本サイズは自動計算されます。

P 値を見ると、A と B の差（KMW を書籍で知ったか否か）は「商談」に至ったかと「データ・ドリブンマーケティング体制支援」「データダッシュボード開発」「インフォグラフィック活用支援」「インフルエンサー PR 実行支援」「動画活用支援」のページを見たか否かと何をきっかけに KWW を知ったか？　の「講演」「弊社員からの案内」「その他（WEB 検索等）」とユーザーの役割「マーケティング全体」「宣伝_ と関連がありそうです。

次に【C10:U10】の P 値の有意水準が 5% を超えるセルを自動で着色し判別しやすくするため、「**条件付き書式**」の機能を使います。【C10:U10】のセル範囲を選択した状態で Excel の「ホーム」タブ上にある「条件付き書式」>「セルの強調表示ルール」>「指定の値より大きい」を選択します（図 2-4-9）。

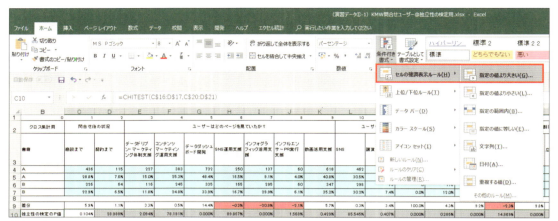

図2-4-9

　表示されたナビゲーションウィンドウのボックスに「0.05」と入力し、「ユーザー設定の書式」を選択して実行します（図2-4-10）。表示されるナビゲーションの「塗りつぶし」タブを選択し背景色から黄色を選んで（図2-4-11）、「OK」を押します。

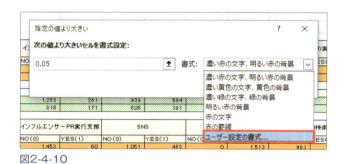

図2-4-10　　　　　　　　　　　　　　　図2-4-11

　5%を上回るセルが自動で黄色く着色されました（図2-4-12）。

図2-4-12

 「演習②」Sheetの計算は10行目の【C10:U10】の「独立性の検定のP値」をCHISQ.TEST関数で計算するために、必要な観測値の行列（オレンジ色）と期待値の行列（緑色斜線）のセルを自動計算によって求める仕様となっています。数式の内容を確認してみましょう。数式をヒントにすれば、自身が分析するSheetで独立性の検定を自動計算することができると思います。

 【(演習データ①-2Fin)KMW問合せユーザー@独立性の検定用】Bookに演習結果（エクセル統計の分析結果）を記載します。

2-5 数量化2類の分析　概要

数量化 2 類とは、目的変数がある分析のうち、説明変数と目的変数の双方が質的変数である際に用いられるものです（図 2-5-1）。数量化 2 類では、顧客アンケート回答などの質的データから、各説明変数が目的変数にどの程度影響するかを**「カテゴリースコア」**という指標で定量化します。標本ごとに各説明変数のカテゴリースコアを合計した値からどちらのグループが近いかを予測分類します。演習では KMW の問合せ者のデータを元に、目的変数を「商談」や「契約」として数量化 2 類でモデルを作り、カテゴリースコアから「商談」や「契約」に寄与する要因を探ります。また、説明変数が量的変数の場合に同じ目的で用いられる分析を**判別分析**といいます。

目的変数		説明変数	手法
有無	量質		
あり	量的	量的	重回帰分析、正準相関分析、ロジスティック回帰分析
		質的	数量化 1 類
	質的	量的	判別分析
		質的	数量化 2 類
なし	—	量的	主成分分析、因子分析、クラスター分析、多次元尺度法
		質的	数量化 3 類、数量化 4 類

図2-5-1
出典：統計WEB「多変量解析」(https://bellcurve.jp/statistics/glossary/1807.html)「データの様相による分類」の表に一部追記

　参照文献

統計WEB　統計用語集
「数量化2類」(https://bellcurve.jp/statistics/glossary/2027.html)
「判別分析」(https://bellcurve.jp/statistics/glossary/1237.html)
エクセル統計ホームページ
「数量化2類」(https://bellcurve.jp/ex/function/quant2.html)

まずは「契約」を目的変数として分析していきます。

【(演習データ② -1) KMW 問合せユーザー @ 数量化 2 類】 Book の「数量化 2 類（エクセル統計）」Sheet を開き**【C6:P6】**を選択した状態で「エクセル統計」タブから「多変量解析」＞「数量化 2 類」を選択し（図 2-5-2）実行します。

　「エクセル統計」のナビでは「数量化Ⅱ類」と表記がありますが、本書の解説では「数量化2類」の表記で統一します。

図2-5-2

ナビゲーションウィンドウが表示されます（図2-5-3）。

変数リストから「契約まで」を選択し、目的変数ウィンドウ横の「>」ボタンを押して目的変数とし、それ以外の変数を選択し説明変数ウィンドウ横の「>」ボタンを押します（図2-5-4）。OKを押せば分析が実行されますが、「エクセル統計」を便利に使うためにもっと便利な操作方法を説明します。

図2-5-3

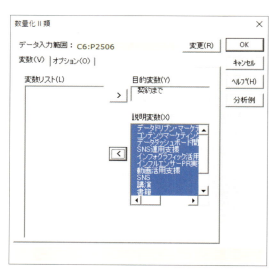

図2-5-4

作業スピードを上げる操作方法

「エクセル統計」では、[Ctrl] キーを用いてセルの選択時から目的変数と説明変数を指定して重回帰分析のナビゲーションウィンドウを表示することができます。

1. 【C6】をクリック（目的変数のラベル行をクリック）
2. ［Ctrl］キーを押した状態で【D6:P6】をドラッグして選択（説明変数のラベル行を選択）
3. ［Ctrl］キーを放して、「エクセル統計」タブから「多変量解析」＞「数量化2類」を選択し実行

この操作で、最初に選択した変数が「目的変数」に指定され、次に選択した変数群が「説明変数」のリストボックスに入った状態（図2-5-4と同様の状態）で重回帰分析のナビゲーションウィンドウを呼び出すことができます。

「オプション」タブを選択し「予測値を出力する」にチェックを入れてから（図2-5-5）、「OK」を押します。

新規Sheetに分析結果が出力されます（図2-5-6）。

図2-5-5

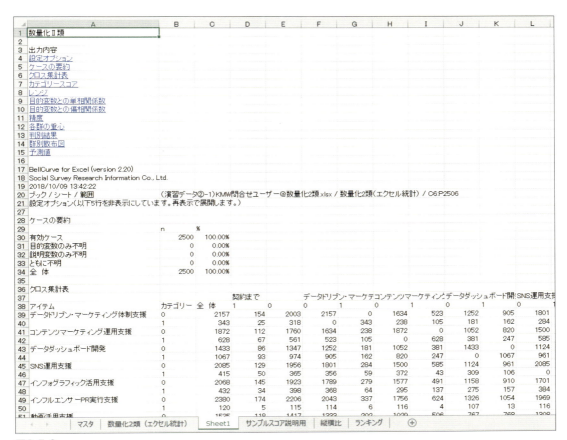

図2-5-6

2-6 数量化2類 分析結果出力内容

前節の終わりで、数量化2類 分析結果が出力されました（前節の図2-5-6）。

Sheetの左上に「設定オプション」「ケースの要約」「クロス集計表」「カテゴリースコア」「レンジ」「目的変数との単相関係数」「目的変数との偏相関係数」「精度」「各郡の重心」「判別結果」「判別散布図」「予測値」のハイパーリンクが設定されており、それぞれの対応箇所に遷移できます。そのうちのいくつかを説明します。

クロス集計表

説明変数と目的変数とのクロス集計、説明変数同士のクロス集計の結果です（図2-6-1）。数量化2類はクロス集計も行ってくれるので、この情報を少し加工して集計内容を把握しやすくするために横比と縦比のグラフの作り方の例を第2章-8で演習します。

			契約まで			データドリブン・マーケテ	コンテンツマーケティン	データダッシュボード開	SNS運用支
アイテム	カテゴリー	全体	1	0					
データドリブン・マーケティング体制支援	0	2157	154	2003	2157	0	1634	523	1252	905	1801
	1	343	25	318	0	343	238	105	181	162	284
コンテンツマーケティング運用支援	0	1872	112	1760	1634	238	1872	0	1052	820	1500
	1	628	67	561	523	105	0	628	381	247	585
データダッシュボード開発	0	1433	86	1347	1252	181	1052	381	1433	0	1124
	1	1067	93	974	905	162	820	247	0	1067	961
SNS運用支援	0	2085	129	1956	1801	284	1500	585	1124	961	2085
	1	415	50	365	356	59	372	43	309	106	0
インフォグラフィック活用支援	0	2068	145	1923	1789	279	1577	491	1158	910	1701
	1	432	34	398	368	64	295	137	275	157	384
インフルエンサーPR実行支援	0	2380	174	2206	2043	337	1756	624	1326	1054	1969
	1	120	5	115	114	6	116	4	107	13	116
動画活用支援	0	1535	118	1417	1333	202	1029	506	767	768	1308
	1	965	61	904	824	141	843	122	666	299	777
SNS	0	1740	100	1640	1512	228	1323	417	1040	700	1479
	1	760	79	681	645	115	549	211	393	367	606
講演	0	2263	156	2107	2012	251	1697	566	1307	956	1903
	1	237	23	214	145	92	175	62	126	111	182
書籍	0	987	64	923	871	116	742	245	652	335	822
	1	1513	115	1398	1286	227	1130	383	781	732	1263
弊社員からの案内	0	2136	144	1992	1869	267	1615	521	1238	898	1789
	1	364	35	329	288	76	257	107	195	169	296
その他（WEB検索等）	0	1715	112	1603	1512	203	1368	347	1025	690	1428
	1	785	67	718	645	140	504	281	408	377	657
役割	WEBマーケ	452	41	411	394	58	375	77	365	87	330
	マーケティ	756	83	673	677	79	571	185	292	464	656
	経営または	202	18	184	87	115	145	57	108	94	165
	広報	166	17	149	148	18	118	48	72	94	154
	宣伝	924	20	904	851	73	663	261	596	328	780
カテゴリースコア										
アイテム	カテゴリー	第1軸								
データドリブン・マーケティング体制支援	0	0.0568								
	1	-0.3572								

図2-6-1

カテゴリースコア

カテゴリースコア（図2-6-2）は、目的変数をいくつかの群に判別するために用いる値です。ここでの分類は「契約」か「非契約」の2群となります。

	A	B	C
69	カテゴリースコア		
70	アイテム	カテゴリー	第1軸
71	データドリブン・マーケティング体制支援	0	0.0568
72		1	-0.3572
73	コンテンツマーケティング運用支援	0	-0.2639
74		1	0.7868
75	データダッシュボード開発	0	-0.1894
76		1	0.2544
77	SNS運用支援	0	-0.2075
78		1	1.0423
79	インフォグラフィック活用支援	0	-0.0492
80		1	0.2354
81	インフルエンサーPR実行支援	0	-0.0194
82		1	0.3852
83	動画活用支援	0	-0.0065
84		1	0.0103
85	SNS	0	-0.1958
86		1	0.4483
87	講演	0	-0.0341
88		1	0.3261
89	書籍	0	-0.0223
90		1	0.0145
91	弊社員からの案内	0	-0.0444
92		1	0.2608
93	その他（WEB検索等）	0	-0.0258
94		1	0.0563
95	役割	WEBマーケ	0.4078
96		マーケティ	0.6145
97		経営または	0.4077
98		広報	0.5499
99		宣伝	-0.8902

図2-6-2

「ユーザーはどのページを見ていたか？」では、「SNS運用支援」を見ていた方のカテゴリースコアが最も高く1.0423…、「ユーザーは何をきっかけにKMWを知ったか？（複数回答）」の中では「SNS」と回答した方のカテゴリースコアが最も高く0.4483…、「ユーザーの役割はどれが一番近いか？（単回答）」では「マーケティング全体」と回答した方のカテゴリースコアが最も高く0.6145…となっており、これらが目的変数の「契約」への影響が高そうだと分かります。そうした結果を把握しやすくするために表を加工する例を**第2章-8**で演習します。

レンジ

レンジ（図2-6-3）とは説明変数内で最も高いカテゴリースコアから最も低いカテゴリースコアを引いた値です。この値が大きいほど、その説明変数の値が予測に大きくかかわります。ここでは、「役割」が最も大きくなりました。出力されるグラフで比較するとよく分かります。

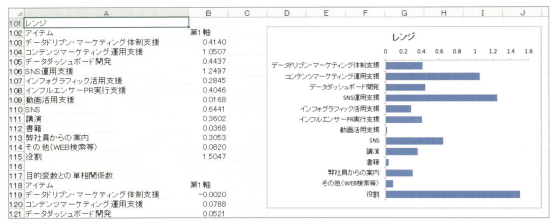

図2-6-3

相関係数と偏相関係数

「**相関係数**」とは2つの変数の関係を示す指標です。-1から1の間の実数値をとり、プラスの値の時は正の相関があるといい、マイナスの値の時は負の相関があるといいます。絶対値が1に近いほど相関が強く、0に近いほど相関が弱いとされています。ここでは目的変数と各説明変数の1対1の関係を示す指標が「相関係数」です。「**偏相関係数**」は、目的変数と各説明変数の1対1の関係ではなく、1対多の関係を考慮した（その他の説明変数の影響を除去した）相関を示す指標です。前者はExcelの分析ツールで分析可能ですが、後者は分析できません。「エクセル統計」などのソフトウェアが必要です。これらの指標については主に第3章以降の演習で詳細な説明を行います（図 2-6-4）。

	A	B
117	目的変数との単相関係数	
118	アイテム	第1軸
119	データドリブン・マーケティング体制支援	-0.0020
120	コンテンツマーケティング運用支援	0.0788
121	データダッシュボード開発	0.0521
122	SNS運用支援	0.0846
123	インフォグラフィック活用支援	0.0126
124	インフルエンサーPR実行支援	-0.0261
125	動画活用支援	-0.0258
126	SNS	0.0829
127	講演	0.0319
128	書籍	0.0212
129	弊社員からの案内	0.0393
130	その他(WEB検索等)	0.0361
131	役割	0.1506
132		
133	目的変数との偏相関係数	
134	アイテム	第1軸
135	データドリブン・マーケティング体制支援	0.0312
136	コンテンツマーケティング運用支援	0.0956
137	データダッシュボード開発	0.0459
138	SNS運用支援	0.1011
139	インフォグラフィック活用支援	0.0230
140	インフルエンサーPR実行支援	0.0186
141	動画活用支援	0.0017
142	SNS	0.0668
143	講演	0.0232
144	書籍	0.0039
145	弊社員からの案内	0.0243
146	その他(WEB検索等)	0.0084
147	役割	0.1512
148		

図2-6-4

 第5章以降で紹介するMMM分析に使用する本書付録Excelでは、特定条件（21の変数と指定した標本サイズ）においてマクロで偏相関係数を把握できる機能を実装しています。

精度

精度（図2-6-5）とに、サンプルスコアと目的変数の観測値との相関比です。この値が1に近いほど予測性能が高いと言えます。

図2-6-5

サンプルスコアとは各データの説明変数に対応するカテゴリースコアを代入して求めたものです。「サンプルスコア説明用」Sheet を開きましょう（図2-6-6）。2500回の問合せの1番目のデータ（「マスタ」Sheet7行目）にカテゴリースコアを代入した【D4：P4】範囲の値を合計した【P5】の値が1番目のデータのサンプルスコアとなります。

図2-6-6

このデータでは相関比0.0495…という結果となり、予測性能はあまり高くないと考えられます。相関比はいくつ以上あれば良いという確固たる基準はありません。分析者の経験からそれを決める必要があります。予測性能を示す指標として次に紹介する「判別的中率」のほうが分かりやすい指標だと思います。ここで行う数量化2類の演習では、予測モデルの精度を上げることに主眼を置かず、それを行う手順は省略しています。「エクセル統計」の数量化2類で分析することで手早くクロス集計を行い、カテゴリースコアを導くことで、目的変数（商談または契約）への影響の強い要因を把握することに主眼を置いています。

各群の重心と判別結果

各群の重心とは、目的変数の群（グループ）ごとのサンプルスコアの平均です。判別予測は、サンプルスコアがどちらの群の軸の重心に近いかによって行っています。このケースでは全体の67.76%の予測値が一致しています（図2-6-7）。

図2-6-7

予測値

ここには2500のユーザーそれぞれのサンプルスコアと観測値と予測値が出力されます（図 2-6-8）。B 列で観測値「1」のみを選択するフィルターをかけた状態でサンプルスコアの平均を見てみると、前述の重心の 0.8014…と一致することが分かります（図 2-6-9）。

	A	B	C	D	E	F	G	H	I
182		契約まで		サンプルス	各群の重心からの距離		グラフ用データ		
183	No.	観測値	予測値	第1軸	1	0	第1軸	1	0
184	1	1	1	1.386	0.584	1.448	1.386	1	
185	2	1	0	0.056	0.746	0.118	0.056	1	
186	3	1	1	0.788	0.013	0.850	0.788	1	
187	4	1	0	0.039	0.762	0.101	0.039	1	
188	5	1	1	0.584	0.217	0.646	0.584	1	
189	6	0	0	0.018	0.784	0.079	0.018		2
190	7	0	0	−0.843	1.644	0.781	−0.843		2
191	8	0	1	0.940	0.138	1.002	0.940		2
192	9	0	1	0.599	0.202	0.661	0.599		2
193	10	1	1	0.484	0.317	0.546	0.484	1	
194	11	1	1	1.101	0.300	1.163	1.101	1	
195	12	1	0	0.040	0.762	0.101	0.040	1	
196	13	1	1	1.507	0.705	1.569	1.507	1	
197	14	1	1	0.535	0.267	0.596	0.535	1	
198	15	0	0	−0.540	1.341	0.478	−0.540		2

図2-6-8

	A	B	C	D	E	F	G	H	I
182		契約まで		サンプルス	各群の重心からの距離		グラフ用データ		
183	No.	観測値	予測値	第1軸	1	0	第1軸	1	0
184	1	1	1	1.386	0.584	1.448	1.386	1	
185	2	1	0	0.056	0.746	0.118	0.056	1	
186	3	1	1	0.788	0.013	0.850	0.788	1	
187	4	1	0	0.039	0.762	0.101	0.039	1	
188	5	1	1	0.584	0.217	0.646	0.584	1	
193	10	1	1	0.484	0.317	0.546	0.484	1	
194	11	1	1	1.101	0.300	1.163	1.101	1	
195	12	1	0	0.040	0.762	0.101	0.040	1	
196	13	1	1	1.507	0.705	1.569	1.507	1	
197	14	1	1	0.535	0.267	0.596	0.535	1	
200	17	1	1	1.386	0.584	1.448	1.386	1	
206	23	1	0	−0.872	1.673	0.810	−0.872	1	
208	25	1	1	1.826	1.024	1.887	1.826	1	
210	27	1	1	0.710	0.092	0.771	0.710	1	
211	28	1	1	1.808	1.007	1.870	1.808	1	
212	29	1	1	0.494	0.308	0.556	0.494	1	
217	34	1	1	0.704	0.097	0.766	0.704	1	
218	35	1	1	1.118	0.317	1.180	1.118	1	
220		1	1	0.878	0.077	0.940	0.878	1	
222	2431			−0.540	1.341	0.478	−0.540		
	2461	1	1						
2652	2469	1	0	−1.411	2.213	1.349	−1.411	1	
2656	2473	1	1	1.090	0.289	1.152	1.090	1	
2669	2486	1	1	1.173	0.371	1.234	1.173	1	
2670	2487	1	1	1.173	0.371	1.234	1.173	1	
2679	2496	1	1	0.766	0.036	0.828	0.766	1	
2684									

マスタ　Sheet1　サンプルスコア説明用　縦横比　ランキング

準備完了　2500 レコード中 179 個が見つかりました　平均: 0.801　データの個数: 179　合計: 143.448　100%

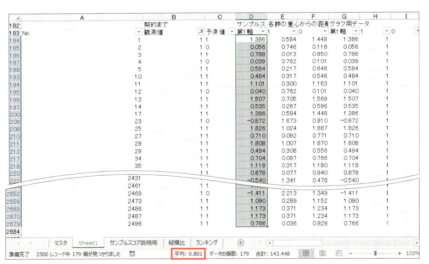

図2-6-9

分析に用いた2500の標本から、各郡の重心とカテゴリースコアを導くことで、それ以外の新たな標本に対しても、カテゴリースコアを代入し算出するサンプルスコアが、どちらの群の重心に近いかによって、群の予測判別ができます。

2-7
数量化2類の出力結果を分かりやすく集計【縦横比】

ここからは「エクセル統計」の出力データをより分かりやすくExcelで集計する例を演習します。まずはクロス集計をより分かりやすい縦横比の表にアレンジしていきましょう。

表側項目に該当する標本サイズを100%とした時、各表頭項目に該当する標本の割合を示す「横比」と、表頭項目に該当する標本サイズを100%とした時、各表側項目に該当する標本の割合を示す「縦比」の表を作っていきます。

まずは横比の表を作ります。分析結果が出力された「Sheet1」の36～67行目をコピーし、「縦横比」Sheetの**【A1】**セルを基準に値のみを貼り付けてから、**【A1】**セルの値を「横比」に変えます（**図2-7-1**）。

	A	B	C	D	E	F	G	H	I	J	K	L	
1	横比												
2				契約まで		データドリブン・マーケテ		コンテンツマーケティンク		データダッシュボード開		SNS運用支援	
3	アイテム	カテゴリー	全 体	1	0	0	1	0	1	0	1	0	1
4	データドリブン・マーケティング体制支援	0	2157	15400.0%	200300.0%	215700.0%	0.0%	163400.0%	52300.0%	125200.0%	90500.0%	180100.0%	35
5		1	343	2500.0%	31800.0%	0.0%	34300.0%	23800.0%	10500.0%	18100.0%	16200.0%	28400.0%	5
6	コンテンツマーケティング運用支援	0	1872	11200.0%	176000.0%	163400.0%	23800.0%	187200.0%	0.0%	105200.0%	82000.0%	150000.0%	37
7		1	628	6700.0%	56100.0%	52300.0%	10500.0%	0.0%	62800.0%	38100.0%	24700.0%	58500.0%	4
8	データダッシュボード開発	0	1433	8600.0%	134700.0%	125200.0%	18100.0%	105200.0%	38100.0%	143300.0%	0.0%	112400.0%	30
9		1	1067	9300.0%	97400.0%	90500.0%	16200.0%	82000.0%	24700.0%	0.0%	106700.0%	96100.0%	10
10	SNS運用支援	0	2085	12900.0%	195600.0%	180100.0%	28400.0%	150000.0%	58500.0%	112400.0%	96100.0%	208500.0%	
11		1	415	5000.0%	36500.0%	35600.0%	5900.0%	37200.0%	4300.0%	30900.0%	10600.0%	0.0%	41
12	インフォグラフィック活用支援	0	2068	14500.0%	192300.0%	178900.0%	27900.0%	157700.0%	49100.0%	115800.0%	91000.0%	170100.0%	36
13		1	432	3400.0%	39800.0%	36800.0%	6400.0%	29500.0%	13700.0%	27500.0%	15700.0%	38400.0%	4
14	インフルエンサーPR実行支援	0	2380	17400.0%	220600.0%	204300.0%	33700.0%	175600.0%	62400.0%	132600.0%	105400.0%	196900.0%	41
15		1	120	500.0%	11500.0%	11400.0%	600.0%	11600.0%	400.0%	10700.0%	1300.0%	11600.0%	
16	動画活用支援	0	1535	11800.0%	141700.0%	133300.0%	20200.0%	102900.0%	50600.0%	76700.0%	76800.0%	130800.0%	22
17		1	965	6100.0%	90400.0%	82400.0%	14100.0%	84300.0%	12200.0%	66600.0%	29900.0%	77700.0%	18
18	SNS	0	1740	10000.0%	164000.0%	151200.0%	22800.0%	132300.0%	41700.0%	104000.0%	70000.0%	147900.0%	26
19		1	760	7900.0%	68100.0%	64500.0%	11500.0%	54900.0%	21100.0%	39300.0%	36700.0%	60600.0%	15
20	講演	0	2263	15600.0%	210700.0%	201200.0%	25100.0%	169700.0%	56600.0%	130700.0%	95600.0%	190300.0%	36
21		1	237	2300.0%	21400.0%	14500.0%	9200.0%	17500.0%	6200.0%	12600.0%	11100.0%	18200.0%	5
22	書籍	0	987	6400.0%	92300.0%	87100.0%	11600.0%	74200.0%	24500.0%	65200.0%	33500.0%	82200.0%	16
23		1	1513	11500.0%	139800.0%	128600.0%	22700.0%	113000.0%	38300.0%	78100.0%	73200.0%	126300.0%	25
24	弊社員からの案内	0	2136	14400.0%	199200.0%	186900.0%	26700.0%	161500.0%	52100.0%	123800.0%	89800.0%	178900.0%	34
25		1	364	3500.0%	32900.0%	28800.0%	7600.0%	25700.0%	10700.0%	19500.0%	16900.0%	29600.0%	6
26	その他（WEB検索等）	0	1715	11200.0%	160300.0%	151200.0%	20300.0%	136800.0%	34700.0%	102500.0%	69000.0%	142800.0%	28
27		1	785	6700.0%	71800.0%	64500.0%	14000.0%	50400.0%	28100.0%	40800.0%	37700.0%	65700.0%	12
28	役割	WEBマーケティング	452	4100.0%	41100.0%	39400.0%	5800.0%	37500.0%	7700.0%	36500.0%	8700.0%	33000.0%	12
29		マーケティング全体	756	8300.0%	67300.0%	67700.0%	7900.0%	57100.0%	18500.0%	29200.0%	46400.0%	65600.0%	10
30		経営または経営企画	202	1800.0%	18400.0%	8700.0%	11500.0%	14500.0%	5700.0%	10800.0%	9400.0%	16500.0%	3
31		広報	166	1700.0%	14900.0%	14800.0%	1800.0%	11800.0%	4800.0%	7200.0%	9400.0%	15400.0%	1
32		宣伝	924	2000.0%	90400.0%	85100.0%	7300.0%	66300.0%	26100.0%	59600.0%	32800.0%	78000.0%	14
33													

図2-7-1

まずは**【D4】**セルに数式を入力します。**【D4】**セルを選択し、「=」を入力してから「Sheet1」の**【D39】**セルを選択し「/」を入力してから**【C39】**セルを選択し［Enter］キーを押せば「=Sheet1!D39/Sheet1!C39」という数式が設定されます。これは「相対参照」の状態です（**図2-7-2**）。これをアレンジするため、数式内の「C39」の文字を選択し［F4］キーを3回押してからEnterを押します。そうすることで列のみ「絶対参照」となります（**図2-7-3**）※。

※　F4キーを押す回数に応じて参照方法が変わります。1回目：行も列も絶対参照、2回目：行のみ絶対参照、3回目：列のみ絶対参照、4回目：行も列も相対参照。5回押すと1回目に戻りループ。

図2-7-2　　　　　　　　　　　　　　　　　　図2-7-3

　この状態で【D4】セルの数式をコピーし、【D4：AH32】まで貼り付けます（図2-7-4）※。

図2-7-4

　次は、「**条件付き書式**」を用いて集計結果から特徴的な内容を発見しやすくする例を紹介します。【D4：D32】を選択した状態で「ホーム」タブの「条件付き書式」>「カラースケール」>「緑、白のカラースケール」を選択します（図2-7-5）。一番割合が高いアイテム「SNS」のカテゴリー「1」は「12.0%」ですが、一番低いアイテム「役割」のカテゴリー「宣伝」は「2.2%」です。色分けしたことで、「契約」した割合が最も高い行や低い行を探しやすくなりました。

 ※　ここでの操作のように、選択範囲が大きい場合は、オートフィルを用いるよりも、【D4】セルで[Ctrl]+[c]ショートカットキーでコピーを行ってから、[Ctrl]+[Shift]+[↓]の後[→]キー（または[Ctrl]+[Shift]+[→]の後[↓]キー）を押して範囲を選択し[Ctrl]+[v]で貼り付けると作業が早くなります。

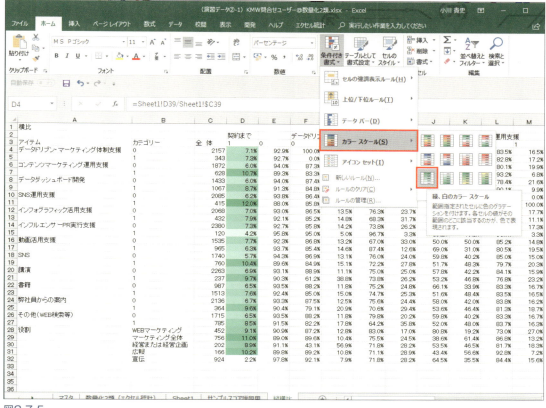

図2-7-5

次は縦比の表を作ります。「Sheet1」の36〜67行目をコピーし、「縦横比」Sheetの【A35】セルを基準に値のみを貼り付けてから、【A35】セルの値を「縦比」に変え【C38:C66】をコピーします（図2-7-6）。

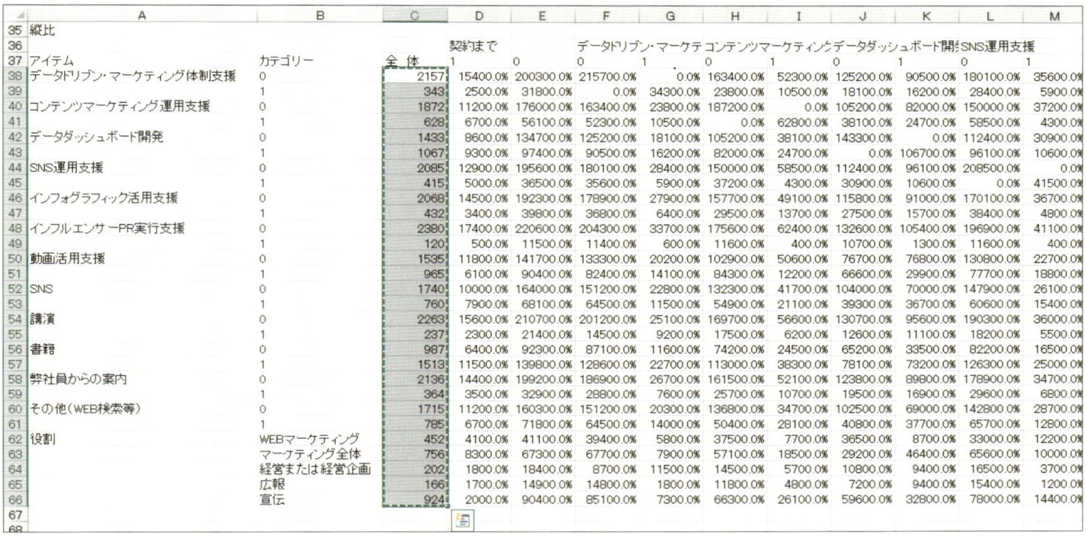

図2-7-6

【F35】セルを選択し、行列を入れ替えて値を貼り付けて35行目に各列の全数を記載します（図2-7-7）。

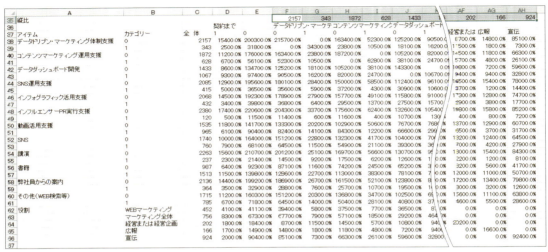

図2-7-7

【D35】【E35】セルにはそれぞれ、「マスタ」Sheetの内容を確認し、契約した方の全数となる「179」と「2321」の値を入力しましょう（図2-7-8）。

図2-7-8

数式で縦比を計算していきます。【D38】セルを選択し、「=」を入力してから「Sheet1」の【D39】セルを選択し「/」を入力してから「縦横比」Sheetに戻り【D35】セルを選択し［Enter］キーを押すことで「=Sheet1!D39/縦横比!D35」という入力が設定されます。数式の文字列の「D35」を選択し［F4］キーを2回押してから［Enter］を押します。（図2-7-9）。行のみ絶対参照とし、列は相対参照になりました。

図2-7-9

この状態で【**D38**】セルの数式を【**D4：AH32**】までコピーします（図2-7-10）。

	A	B	C	D	E	F	G	H	I	J	AE	AF	AG	AH
35	縦比			179	2321	2157	343	1872	628	143	756	202	166	924
36				契約まで		データドリブン・マーケテ		コンテンツマーケティング		データダッシ				
37	アイテム	カテゴリー	全 体	1	0	0	1	0	1	0	ーケティン	経営または	広報	宣伝
38	データドリブン・マーケティング体制支援	0	2157	86.0%	86.3%	100.0%	0.0%	87.3%	83.3%	87.4%	89.6%	43.1%	89.2%	92.1%
39		1	343	14.0%	13.7%	0.0%	100.0%	12.7%	16.7%	12.6%	10.4%	56.9%	10.8%	7.9%
40	コンテンツマーケティング運用支援	0	1872	62.6%	75.8%	75.8%	69.4%	100.0%	0.0%	73.4%	75.5%	71.8%	71.1%	71.8%
41		1	628	37.4%	24.2%	24.2%	30.6%	0.0%	100.0%	26.6%	24.5%	28.2%	28.9%	28.2%
42	データダッシュボード開発	0	1433	48.0%	58.0%	58.0%	52.8%	56.2%	60.7%	100.0%	38.6%	53.5%	43.4%	64.5%
43		1	1067	52.0%	42.0%	42.0%	47.2%	43.8%	39.3%	0.0%	61.4%	46.5%	56.6%	35.5%
44	SNS運用支援	0	2085	72.1%	84.3%	83.5%	82.8%	80.1%	93.2%	78.4%	86.8%	81.7%	92.8%	84.4%
45		1	415	27.9%	15.7%	16.5%	17.2%	19.9%	6.8%	21.6%	13.2%	18.3%	7.2%	15.6%
46	インフォグラフィック活用支援	0	2068	81.0%	82.9%	82.9%	81.3%	84.2%	78.2%	80.8%	84.9%	85.6%	77.1%	80.8%
47		1	432	19.0%	17.1%	17.1%	18.7%	15.8%	21.8%	19.2%	15.1%	14.4%	22.9%	19.2%
48	インフルエンサ ーPR実行支援	0	2380	97.2%	95.0%	94.7%	98.3%	93.8%	99.4%	92.5%	97.2%	98.0%	95.2%	92.2%
49		1	120	2.8%	5.0%	5.3%	1.7%	6.2%	0.6%	7.5	2.8%	2.0%	4.8%	7.8%
50	動画活用支援	0	1535	65.9%	61.1%	61.8%	58.9%	55.0%	80.6%	53.5	69.4%	67.8%	77.7%	65.7%
51		1	965	34.1%	38.9%	38.2%	41.1%	45.0%	19.4%	46.	30.6%	32.2%	22.3%	34.3%
52	SNS	0	1740	55.9%	70.7%	70.1%	66.5%	70.7%	66.4%	72	67.5%	65.3%	74.7%	69.8%
53		1	760	44.1%	29.3%	29.9%	33.5%	29.3%	33.6%	27	32.5%	34.7%	25.3%	30.2%
54	講演	0	2263	87.2%	90.8%	93.3%	73.2%	90.7%	90.1%	9	89.7%	89.1%	92.8%	91.2%
55		1	237	12.8%	9.2%	6.7%	26.8%	9.3%	9.9%	%	10.3%	10.9%	7.2%	8.8%
56	書籍	0	987	35.8%	39.8%	40.4%	33.8%	39.6%	39.0%	4 %	31.7%	40.6%	33.7%	45.1%
57		1	1513	64.2%	60.2%	59.6%	66.2%	60.4%	61.0%	5 %	68.3%	59.4%	66.3%	54.9%
58	弊社員からの案内	0	2136	80.4%	85.8%	86.6%	77.8%	86.3%	83.0%	[illegible]	86.4%	85.1%	80.7%	86.4%
59		1	364	19.6%	14.2%	13.4%	22.2%	13.7%	17.0%	[illegible]	13.6%	14.9%	19.3%	13.6%
60	その他（WEB検索等）	0	1715	62.6%	69.1%	70.1%	59.2%	73.1%	55.3%	7 %	65.9%	77.2%	66.9%	69.0%
61		1	785	37.4%	30.9%	29.9%	40.8%	26.9%	44.7%	2 %	34.1%	22.8%	33.1%	31.0%
62	役割	WEBマーケティング	452	22.9%	17.7%	18.3%	16.9%	20.0%	12.3%	2	0.0%	0.0%	0.0%	0.0%
63		マーケティング全体	756	46.4%	29.0%	31.4%	23.0%	30.5%	29.5%	20	100.0%	0.0%	0.0%	0.0%
64		経営または経営企画	202	10.1%	7.9%	4.0%	33.5%	7.7%	9.1%	7	0.0%	100.0%	0.0%	0.0%
65		広報	166	9.5%	6.4%	6.9%	5.2%	6.3%	7.6%	5.0	0.0%	0.0%	100.0%	0.0%
66		宣伝	924	11.2%	38.9%	39.5%	21.3%	35.4%	41.6%	41.6	0.0%	0.0%	0.0%	100.0%
67														
68														

図2-7-10

「条件付き書式」を使う例として、ここでは契約した方としていない方の回答内容の差を探るための一例を紹介します。【**D38:D66**】を選択した状態で「ホーム」タブの「条件付き書式」>「カラースケール」>「緑、白のカラースケール」を選択し変更した後、【**D66**】セル右下にマウスを合わせ表示される十字のフィルハンドルを右クリックで【**E66**】までドラッグし、ボタンを離すメニューがポップアップで表示されるので、「書式のみコピー」を選びます（図2-7-11）。

	A	B	C	D	E	F	G	H	I	J
35	縦比			179	2321	2157	343	1872	628	1433
36				契約まで		データドリブン・マーケテ		コンテンツマーケティング		データダッシュ
37	アイテム	カテゴリー	全 体	1	0	0	1	0	1	0 1
38	データドリブン・マーケティング体制支援	0	2157	86.0%	86.3%	100.0%	0.0%	87.3%	83.3%	87.4%
39		1	343	14.0%	13.7%	0.0%	100.0%	12.7%	16.7%	12.6%
40	コンテンツマーケティング運用支援	0	1872	62.6%	75.8%	75.8%	69.4%	100.0%	0.0%	73.4%
41		1	628	37.4%	24.2%	24.2%	30.6%	0.0%	100.0%	26.6%
42	データダッシュボード開発	0	1433	48.0%	58.0%	58.0%	52.8%	56.2%	60.7%	100.0%
43		1	1067	52.0%	42.0%	42.0%	47.2%	43.8%	39.3%	0.0%
44	SNS運用支援	0	2085	72.1%	84.3%	83.5%	82.8%	80.1%	93.2%	78.4%
45		1	415	27.9%	15.7%	16.5%	17.2%	19.9%	6.8%	21.6%
46	インフォグラフィック活用支援	0	2068	81.0%	82.9%	82.9%	81.3%	84.2%	78.2%	80.8%
47		1	432	19.0%	17.1%	17.1%	18.7%	15.8%	21.8%	19.2%
48	インフルエンサ ーPR実行支援	0	2380	97.2%	95.0%	94.7%	98.3%	93.8%	99.4%	92.5%
49		1	120	2.8%	5.0%	5.3%	1.7%	6.2%	0.6%	7.5%
50	動画活用支援	0	1535	65.9%	61.1%	61.8%	58.9%	55.0%	80.6%	53.5%
51		1	965	34.1%	38.9%	38.2%	41.1%	45.0%	19.4%	46.5%
52	SNS	0	1740	55.9%	70.7%	70.1%	66.5%	70.7%	66.4%	72.6%
53		1	760	44.1%	29.3%	29.9%	33.5%	29.3%	33.6%	27.4%
54	講演	0	2263	87.2%	90.8%	93.3%	73.2%	90.7%	90.1%	91.2%
55		1	237	12.8%	9.2%	6.7%	26.8%	9.3%	9.9%	8.8%
56	書籍	0	987	35.8%	39.8%	40.4%	33.8%	39.6%	39.0%	45.5%
57		1	1513	64.2%	60.2%	59.6%	66.2%	60.4%	61.0%	54.5%
58	弊社員からの案内	0	2136	80.4%	85.8%	86.6%	77.8%	86.3%	83.0%	86.4%
59		1	364	19.6%	14.2%	13.4%	22.2%	13.7%	17.0%	13.6%
60	その他（WEB検索等）	0	1715	62.6%	69.1%	70.1%	59.2%	73.1%	55.3%	71.5%
61		1	785	37.4%	30.9%	29.9%	40.8%	26.9%	44.7%	28.5%
62	役割	WEBマーケティング	452	22.9%	17.7%	18.3%	16.9%	20.0%	12.3%	25.5%
63		マーケティング全体	756	46.4%	29.0%	31.4%	23.0%	30.5%	29.5%	20.4%
64		経営または経営企画	202	10.1%	7.9%	4.0%	33.5%	7.7%	9.1%	7.5%
65		広報	166	9.5%	6.4%	6.9%	5.2%	6.3%	7.6%	5.0%
66		宣伝	924	11.2%	38.9%	39.5%	21.3%	35.4%	41.6%	41.6%
67										

図2-7-11

こうすることで、契約をした方としていない方、それぞれの縦比の上位から下位までを色分けして把握できます。D列とE列の値に差がある項目が「契約」の判別に影響を持つ要素として、カテゴリースコアの絶対値が高くなる傾向があります。

　【C35】 セルに全ユーザー数「2500」を記載し、**【D38:D66】** をコピーし、**【C38:C66】** まで（書式も値も全て）貼り付ければ、表頭の2500に対する縦比の表を作成できます（図2-7-12）。

	A	B	C	D	E	F	G
35	縦比		2500	179	2321	2157	343
36				契約まで		データドリブン・マーケテ
37	アイテム	カテゴリー	全 体	1	0	0	1
38	データドリブン・マーケティング体制支援	0	86.3%	86.0%	86.3%	100.0%	0.0%
39		1	13.7%	14.0%	13.7%	0.0%	100.0%
40	コンテンツマーケティング運用支援	0	74.9%	62.6%	75.8%	75.8%	69.4%
41		1	25.1%	37.4%	24.2%	24.2%	30.6%
42	データダッシュボード開発	0	57.3%	48.0%	58.0%	58.0%	52.8%
43		1	42.7%	52.0%	42.0%	42.0%	47.2%
44	SNS運用支援	0	83.4%	72.1%	84.3%	83.5%	82.8%
45		1	16.6%	27.9%	15.7%	16.5%	17.2%
46	インフォグラフィック活用支援	0	82.7%	81.0%	82.9%	82.9%	81.3%
47		1	17.3%	19.0%	17.1%	17.1%	18.7%
48	インフルエンサーPR実行支援	0	95.2%	97.2%	95.0%	94.7%	98.3%
49		1	4.8%	2.8%	5.0%	5.3%	1.7%
50	動画活用支援	0	61.4%	65.9%	61.1%	61.8%	58.9%
51		1	38.6%	34.1%	38.9%	38.2%	41.1%
52	SNS	0	69.6%	55.9%	70.7%	70.1%	66.5%
53		1	30.4%	44.1%	29.3%	29.9%	33.5%
54	講演	0	90.5%	87.2%	90.8%	93.3%	73.2%
55		1	9.5%	12.8%	9.2%	6.7%	26.8%
56	書籍	0	39.5%	35.8%	39.8%	40.4%	33.8%
57		1	60.5%	64.2%	60.2%	59.6%	66.2%
58	弊社員からの案内	0	85.4%	80.4%	85.8%	86.6%	77.8%
59		1	14.6%	19.6%	14.2%	13.4%	22.2%
60	その他(WEB検索等)	0	68.6%	62.6%	69.1%	70.1%	59.2%
61		1	31.4%	37.4%	30.9%	29.9%	40.8%
62	役割	WEBマーケティング	18.1%	22.9%	17.7%	18.3%	16.9%
63		マーケティング全体	30.2%	46.4%	29.0%	31.4%	23.0%
64		経営または経営企画	8.1%	10.1%	7.9%	4.0%	33.5%
65		広報	6.6%	9.5%	6.4%	6.9%	5.2%
66		宣伝	37.0%	11.2%	38.9%	39.5%	21.3%
67							

図2-7-12

　「エクセル統計」の数量化2類ではクロス集計表も作成してくれます。縦横比グラフを作り、「条件付き書式」を適宜用いることで、自らがより見やすい内容にアレンジし、傾向を把握しましょう。数量化2類では、目的変数の有無などの群（ここでは2群）を判別する際に有効な要因をカテゴリースコアから見極めることができますが、言い換えると「群ごとに差がある要因」のみフォーカスされます。クロス集計の結果を把握せずに数量化2類の結果だけを参照すると、(群ごとの差は無いが)全ての群の回答率が高く、重要と考えられる要因を見落としやすくなります。クロス集計で基本的な傾向を掴んだ上で数量化2類の結果を参照しましょう。

2-8
数量化2類の出力結果を分かりやすく集計【カテゴリースコアランキング】

ここでは数量化2類の分析の「カテゴリースコア」を見やすくする例を紹介します。

「Sheet1」の【A70：C99】範囲をコピーします（図2-8-1）。「ランキング」Sheet の【B2】セルを基準に「値」のみ貼り付けます（図2-8-2）。

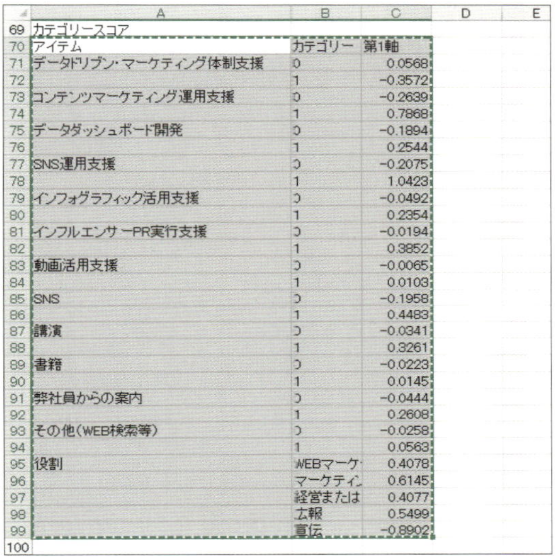

図2-8-1

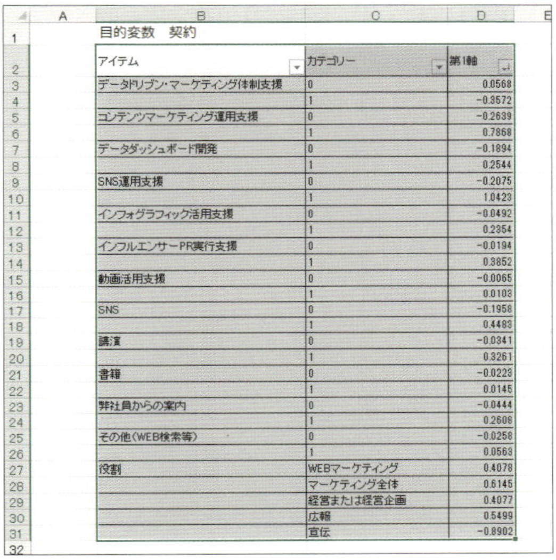

図2-8-2

カテゴリースコアの値の範囲【D3：D31】を選択し、メニュー「ホーム」タブの「条件付き書式」>「カラースケール」>「青、白、赤のカラースケール」を選択します（図2-8-3）。

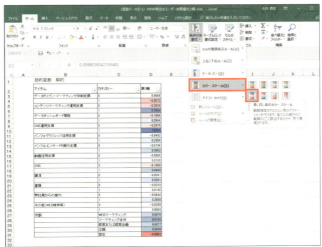

図2-8-3

各アイテム名の空白部分を埋めていきます。【B4】セルに相対参照で「=B3」の数式を入力します（図2-8-4）。

図2-8-4

【B4】の数式をコピーして、【B6】【B8】【B10】【B12】【B14】【B16】【B18】【B20】【B22】【B24】【B26】に貼り付けます（図2-8-5）。

図2-8-5

「役割」はオートフィルを使ってコピーします。【B27】セル右下にマウスを合わせ表示される十字のフィルハンドルを右クリックで【B31】までドラッグし、ボタンを離すとメニューがポップアップで表示されるので、「セルのコピー」または「書式なしコピー」を実行します（図2-8-6）。

図2-8-6

この後でフィルター機能を用いてカテゴリースコア順に並べていきます。

その前に相対参照で引用した文字列を「値」として貼り付け直します。【B3】セルを選択し[Ctrl]+[Shift]+[↓]で【B3：B31】を選択し、コピーしてから同じ範囲に「値」を貼り付けてから【D2】セルでフィルターを実行し降順に並べかえます（図2-8-7）。

カテゴリースコアの大きい順に並べ変えることができました。

	A	B	C	D
1		目的変数　契約		
2		アイテム	カテゴリー	第1軸
3		SNS運用支援	1	1.0423
4		コンテンツマーケティング運用支援	1	0.7868
5		役割	マーケティング全体	0.6145
6		役割	広報	0.5499
7		SNS	1	0.4483
8		役割	WEBマーケティング	0.4078
9		役割	経営または経営企画	0.4077
10		インフルエンサーPR実行支援	1	0.3852
11		講演	1	0.3261
12		弊社員からの案内	1	0.2608
13		データダッシュボード開発	1	0.2544
14		インフォグラフィック活用支援	1	0.2354
15		データドリブン・マーケティング体制支援	0	0.0568
16		その他（WEB検索等）	1	0.0563
17		書籍	1	0.0145
18		動画活用支援	1	0.0103
19		動画活用支援	0	-0.0065
20		インフルエンサーPR実行支援	0	-0.0194
21		書籍	0	-0.0223
22		その他（WEB検索等）	0	-0.0258
23		講演	0	-0.0341
24		弊社員からの案内	0	-0.0444
25		インフォグラフィック活用支援	0	-0.0492
26		データダッシュボード開発	0	-0.1894
27		SNS	0	-0.1958
28		SNS運用支援	0	-0.2075
29		コンテンツマーケティング運用支援	0	-0.2639
30		データドリブン・マーケティング体制支援	1	-0.3572
31		役割	宣伝	-0.8902

図2-8-7

目的変数を「商談」に変更して数量化2類分析を行い、同じ表を「ランキング」Sheet【B36:D65】に記載してみましょう。

【(演習データ②-2Fin)KMW問合せユーザー@数量化2類】Bookに演習結果（エクセル統計の分析結果）を記載します。

2-9 クラスター分析 概要

クラスター分析は「**目的変数をもたない分析手法**」です。膨大なデータを人間が見て傾向を読み解くのではなく、データの傾向をもとに客観的にグループ分けしていきます。分析者が事前に想定していなかったような事実を発見できることがあるかもしれず、仮説検証型と仮説探索型では後者に近い分析手法と言えます。

その方法は「**階層型」クラスター分析**と「**非階層型」クラスター分析**に大別されます。「階層型」と「非階層型」は計算方法が異なり、クラスタリングの結果も必ずしも一致しません。「階層型」は計算量が多いため大きなデータに対しては不向きです。BtoC業種など、大量のターゲットに向けたDM配信やデジタル広告のターゲティングのクラスタリングを行う場合は「非階層型」が用いられるケースがほとんどです。

「エクセル統計」の「非階層型」クラスター分析はk-means法によるものです。k-means法のkはクラスターの個数を意味します。データ全体をあらかじめ決めておいたクラスター数に分類していく方法です。

あらかじめいくつのクラスターに分類するかを指定する必要がありますが、それをいくつにするかを事前に決めるのが難しいところです。例えば、クラスター別に施策を実施する際のコストやリソースを鑑みて検討する、またはいくつかのクラスター数で繰り返し分析することで、その結果を見比べてみて分析者が判断するのが良いと思います。

対して「階層型」クラスター分析では分類の過程を「**デンドログラム（樹形図）**」というトーナメント表のようなグラフで見ることができます。樹形図では分類の過程でできるクラスターがどのように結合されていくかを1つひとつ確認できます。

「エクセル統計」の「階層型」クラスター分析に似たものを1つずつ順番にまとめていく「**凝集法**」によるものです。分析の際はクラスター数を指定する必要がありますが、樹形図を見ることで、どのようにまとめられたのかを把握することで、後からクラスター数を決め直すことができるため、クラスター数の設定にそこまで頭を悩ませる必要がありません。

「階層型」は計算量が多いため、「エクセル統計」の「階層型」クラスター分析で「個体」を分類する際のデータ数（行数）の上限は250ですが、「変数」を分類する際は60,000まで対応可能です。「非階層型」クラスター分析も同様に60,000まで対応可能です。一部の顧客やアンケートなどの標本の分析には十分使えるものです。変数の類似性を元に描いた樹形図で、視覚的に変数同士の関係性を把握し、新たな仮説を見出すことができるかもしれません。

2-10 「階層型」クラスター分析（変数分類）を行う

【（演習データ③-1）KMW問合せユーザー＠クラスター分析】の「クラスター分析（エクセル統計）」Sheetを開きます（図2-10-1）。

クラスター分析は量的データを扱う分析になるため、数量化2類で使用していた文字列が使えないので、その列をU列に移動したものです。

図2-10-1

分析するデータのラベル行となる【B6:T6】範囲を選択し「エクセル統計」タブの「多変量解析」＞「クラスター分析」を選択し（図2-10-2）、実行します。

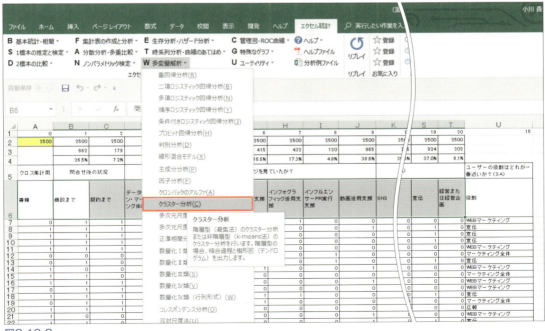

図2-10-2

ナビゲーションウィンドウの「クラスタリング手法」というタブを選択し、デフォルトで選択されている「階層型−凝集法」のチェックボックスをそのままにして、「データの内容」のチェックボックスを「変数分類」に変更します（図2-10-3）。

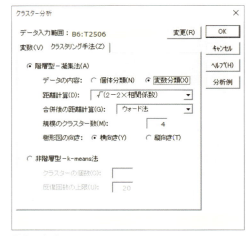

図2-10-3

「合併後の距離計算」と「規模のクラスター数」はそれぞれデフォルトの「ウォード法」「4」のままとします。「樹形図の向き」も同様にデフォルトで選択されている「横向き」のままとします。

「合併後の距離計算」はデータの類似性を計算するための方法が複数あります。最も近い点から測る「最短距離法」、最も遠い点から測る「最長距離法」、クラスターの重心から測る「重心法」、他にもメディアン法や群平均法がありますが、比較的よく用いられるのは「ウォード法」です。「**ウォード法**」はクラスター内のデータの平方和を最小にするように考慮された方法で、データ全体がバランスよく分類されやすいため、よく用いられる方法です。

「エクセル統計」では樹形図を横型、縦型どちらでも出力することができます。筆者は変数の文字列が見やすい「横型」を良く使います。

設定内容を確認したら「OK」を押します。新規Sheetに分析結果が出力されます（**図2-10-4**）。出力された内容のいくつかを説明します。

図2-10-4

基本統計量

「**基本統計量**」(図 2-10-5) では各変数の平均や標準偏差といった集計値が出力されています。これらは**第 3章 -2**で Excel の「分析ツール」の機能を用いて MMM に用いる売上数の各種統計量を分析する演習で補足します。

	A	B	C	D	E	F	G	H
35	基本統計量							
36	変　数	n	平　均	不偏分散	標準偏差	最小値	最大値	
37	商談まで	2500	0.265	0.195	0.441	0.000	1.000	
38	契約まで	2500	0.072	0.067	0.258	0.000	1.000	
39	データドリブン・マーケティング体制支援	2500	0.137	0.118	0.344	0.000	1.000	
40	コンテンツマーケティング運用支援	2500	0.251	0.188	0.434	0.000	1.000	
41	データダッシュボード開発	2500	0.427	0.245	0.495	0.000	1.000	
42	SNS運用支援	2500	0.166	0.138	0.372	0.000	1.000	
43	インフォグラフィック活用支援	2500	0.173	0.143	0.378	0.000	1.000	
44	インフルエンサーPR実行支援	2500	0.048	0.046	0.214	0.000	1.000	
45	動画活用支援	2500	0.386	0.237	0.487	0.000	1.000	
46	SNS	2500	0.304	0.212	0.460	0.000	1.000	
47	講演	2500	0.095	0.086	0.293	0.000	1.000	
48	書籍	2500	0.605	0.239	0.489	0.000	1.000	
49	弊社員からの案内	2500	0.146	0.124	0.353	0.000	1.000	
50	その他(WEB検索等)	2500	0.314	0.215	0.464	0.000	1.000	
51	WEBマーケティング	2500	0.181	0.148	0.385	0.000	1.000	
52	マーケティング全体	2500	0.302	0.211	0.459	0.000	1.000	
53	広報	2500	0.066	0.062	0.249	0.000	1.000	
54	宣伝	2500	0.370	0.233	0.483	0.000	1.000	
55	経営または経営企画	2500	0.081	0.074	0.273	0.000	1.000	
56								

図2-10-5

相関行列

「**相関行列**」(図 2-10-6) は、2種類のデータの関係を示す「**相関係数**」を変数の組み合わせ行列に記載したものです。

	A	B	C	D	E	F	G	H	I	J	K	L
57	相関行列											
58		商談まで	契約まで	データドリ	コンテンツ	データダッシ	SNS運用支	インフォグラ	インフルエ	動画活用支	SNS	講演
59	商談まで	1.000	0.463	0.014	0.031	0.092	0.030	−0.018	0.031	−0.027	0.100	0.0
60	契約まで	0.463	1.000	0.002	0.079	0.052	0.085	0.013	−0.026	−0.026	0.083	0.0
61	データドリブン・マーケティング体制支援	0.014	0.002	1.000	0.050	0.037	0.006	0.015	−0.057	0.021	0.027	0.2
62	コンテンツマーケティング運用支援	0.031	0.079	0.050	1.000	−0.039	−0.152	0.069	−0.113	−0.228	0.040	0.0
63	データダッシュボード開発	0.092	0.052	0.037	−0.039	1.000	−0.155	−0.059	−0.145	−0.187	0.075	0.0
64	SNS運用支援	0.030	0.085	0.006	−0.152	−0.155	1.000	−0.067	−0.080	0.061	0.065	0.0
65	インフォグラフィック活用支援	−0.018	0.013	0.015	0.069	−0.059	−0.067	1.000	−0.058	−0.154	−0.021	0.0
66	インフルエンサーPR実行支援	0.031	−0.026	−0.057	−0.113	−0.145	−0.080	−0.058	1.000	−0.143	−0.010	−0.0
67	動画活用支援	−0.027	−0.026	0.021	−0.228	−0.187	0.061	−0.154	−0.143	1.000	−0.022	0.0
68	SNS	0.100	0.083	0.027	0.040	0.075	0.065	−0.021	−0.010	−0.022	1.000	0.0
69	講演	0.001	0.032	0.236	0.008	0.027	0.057	0.018	−0.054	0.041	0.047	1.0
70	書籍	0.066	0.021	0.046	0.006	0.143	−0.003	−0.269	−0.048	0.057	0.004	0.0
71	弊社員からの案内	0.040	0.039	0.086	0.041	0.031	0.023	0.030	0.003	−0.027	0.070	0.0
72	その他(WEB検索等)	0.016	0.036	0.081	0.167	0.073	−0.005	0.051	−0.043	−0.009	0.046	0.1
73	WEBマーケティング	−0.037	0.035	−0.012	−0.088	−0.223	0.131	−0.011	−0.033	0.300	−0.033	0.0
74	マーケティング全体	0.146	0.098	−0.063	−0.010	0.249	−0.060	−0.038	−0.062	−0.109	0.031	0.0
75	広報	0.058	0.032	−0.022	0.023	0.075	−0.067	0.040	0.000	−0.089	−0.030	−0.0
76	宣伝	−0.152	−0.148	−0.130	0.055	−0.111	−0.021	0.038	0.107	−0.068	−0.003	−0.0
77	経営または経営企画	0.022	0.020	0.372	0.021	0.023	0.014	−0.023	−0.039	−0.039	0.027	0.0
78												

図2-10-6

! 相関係数について第3章-4、第3章-5の演習で詳細を解説します。

距離行列

変数分類の際は√（2-2×相関係数）の計算で各変数の距離が求められ、ここでは行列として記載されます（図2-10-7）。この距離が短い2変数の組み合わせから結合されていきます。その過程が次の「統合過程」に記載されます。

	A	B	C	D	E	F	G	H	I	J	K	L	M
84	距離行列												
85		商談まで	契約まで	データドリブ	コンテンツマ	データダッシ	SNS運用支	インフォグラ	インフルエン	動画活用支	SNS	講演	書籍
86	商談まで	0.000	1.037	1.405	1.392	1.347	1.393	1.427	1.392	1.433	1.342	1.414	1
87	契約まで	1.037	0.000	1.413	1.357	1.377	1.353	1.405	1.433	1.432	1.354	1.391	1
88	データドリブン・マーケティング体制支援	1.405	1.413	0.000	1.378	1.388	1.410	1.404	1.454	1.400	1.395	1.236	1
89	コンテンツマーケティング運用支援	1.392	1.357	1.378	0.000	1.442	1.518	1.364	1.492	1.567	1.385	1.409	1
90	データダッシュボード開発	1.347	1.377	1.388	1.442	0.000	1.520	1.455	1.513	1.541	1.360	1.395	1
91	SNS運用支援	1.393	1.353	1.410	1.518	1.520	0.000	1.461	1.470	1.370	1.367	1.373	1
92	インフォグラフィック活用支援	1.427	1.405	1.404	1.364	1.455	1.461	0.000	1.455	1.519	1.429	1.401	1
93	インフルエンサーPR実行支援	1.392	1.433	1.454	1.492	1.513	1.470	1.455	0.000	1.512	1.421	1.452	1
94	動画活用支援	1.433	1.432	1.400	1.567	1.541	1.370	1.519	1.512	0.000	1.430	1.385	1
95	SNS	1.342	1.354	1.395	1.385	1.360	1.367	1.429	1.421	1.430	0.000	1.380	1
96	講演	1.414	1.391	1.236	1.409	1.395	1.373	1.401	1.452	1.385	1.380	0.000	1
97	書籍	1.367	1.399	1.381	1.410	1.309	1.416	1.593	1.448	1.373	1.412	1.373	0
98	弊社員からの案内	1.386	1.386	1.352	1.385	1.392	1.398	1.393	1.412	1.433	1.364	1.380	1
99	その他(WEB検索等)	1.403	1.388	1.356	1.291	1.362	1.418	1.378	1.444	1.420	1.382	1.325	1
100	WEBマーケティング	1.440	1.389	1.423	1.475	1.564	1.318	1.422	1.437	1.183	1.437	1.411	1
101	マーケティング全体	1.307	1.343	1.458	1.421	1.226	1.456	1.441	1.458	1.489	1.392	1.401	1
102	広報	1.372	1.391	1.430	1.398	1.360	1.461	1.386	1.414	1.476	1.435	1.429	1
103	宣伝	1.518	1.515	1.503	1.375	1.491	1.429	1.387	1.336	1.461	1.417	1.427	1
104	経営または経営企画	1.399	1.400	1.120	1.399	1.398	1.405	1.430	1.442	1.442	1.395	1.404	1
105													

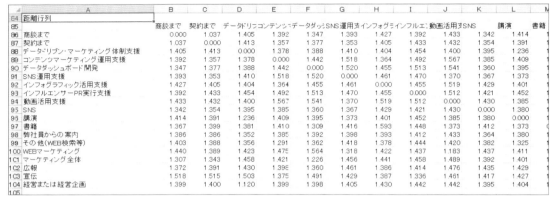

図2-10-7

統合過程

107行目のステップ数では、C列のステップ1からT列のステップ18まで、距離の近い2変数から順番に結合された過程が記載されています（図2-10-8）。108行目の「合併後距離」は各ステップで結合された2変数の距離です。例えばステップ1（C列）では「商談まで」と「契約まで」の2変数が結合され、「合併後距離」は「1.037」となり、ステップ2（D列）では「データドリブン・マーケティング体制支援」と「経営または経営企画」が結合され、「合併後距離」は「1.120」となっています。今回のデータでは、「契約まで」に該当するユーザーの全てが「商談まで」にも該当するため、相関係数も高く、距離も最も短くなったため、一番早く結合されたと考えられます。

	A	B	C	D	E	F	G	H	I	J	K	L	M
106	結合過程												
107		ステップ数	1	2	3	4	5	6	7	8	9	10	
108	変　数	合併後距離	1.037	1.120	1.183	1.226	1.291	1.336	1.355	1.364	1.373	1.386	1
109	商談まで	1	1	1	1	1	1	1	1	1	1	1	
110	契約まで	2	1	1	1	1	1	1	1	1	1	1	
111	データダッシュボード開発	5	4	4	4	4	4	4	4	4	4	4	
112	マーケティング全体	16	15	15	14	4	4	4	4	4	4	4	
113	書籍	12	11	11	11	11	11	11	4	4	4	4	
114	データドリブン・マーケティング体制支援	3	2	2	2	2	2	2	2	2	2	2	
115	経営または経営企画	19	18	2	2	2	2	2	2	2	2	2	
116	コンテンツマーケティング運用支援	4	3	3	3	3	3	3	3	3	3	3	
117	その他(WEB検索等)	14	13	13	13	13	3	3	3	3	3	3	
118	インフォグラフィック活用支援	7	6	6	6	6	6	6	6	6	6	6	
119	広報	17	16	16	15	14	13	13	12	11	10	6	
120	SNS運用支援	6	5	5	5	5	5	5	5	5	5	5	
121	講演	11	10	10	10	10	10	10	10	10	5	5	
122	SNS	10	9	9	9	9	9	9	9	9	9	9	
123	弊社員からの案内	13	12	12	12	12	12	12	11	9	9	9	
124	インフルエンサーPR実行支援	8	7	7	7	7	7	7	7	7	7	7	
125	宣伝	18	17	17	16	15	14	7	7	7	7	7	
126	動画活用支援	9	8	8	8	8	8	8	8	8	8	8	
127	WEBマーケティング	15	14	14	8	8	8	8	8	8	8	8	
128		合併変数N	1	3	9	5	4	8	5	10	6	7	
129		合併変数N	2	19	15	16	14	18	12	13	11	17	
130													

図2-10-8

クラスター別変数分類

クラスター分析を行う際のナビゲーションウィンドウの「規模のクラスター数」で設定した「4」（デフォルト値）に対応した変数分類が記載されています（図2-10-9）。

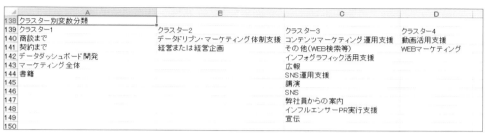

図2-10-9

樹形図

「統合過程」で出力された内容と対応する**樹形図**が描画されています（図2-10-10）。各変数名の横にある線の長さが「合併後距離」（= 短い = 類似性が高い）を表しています。左から線の短いものから順にくっついていったことが分かります。樹形図を左から見ていくことで類似性が高い変数からくっついていった過程が分かります。図中に引かれた点線は分類線です。分類線と横線との交点がクラスター数に対応します。分類線と交点の左にある変数のまとまり4つは「クラスター別変数分類」と同じになっていることが分かります。

「階層別」クラスター分析の変数分類は該当サンプルが似た傾向にある変数をまとめていく手法です。樹形図の意味を知った上で、どの変数の類似性が強いかを見て新たな仮説のヒントを見つけましょう。

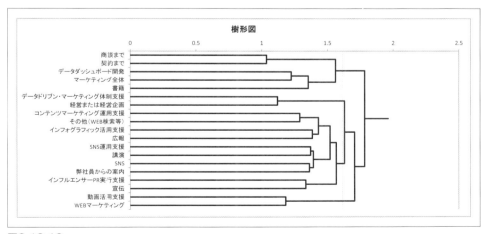

図2-10-10

2-11
「非階層型」クラスター分析を行う

　次に「非階層型」クラスター分析を行っていきます。初期のクラスター数をいくつにするか、その正解はありません。今までの集計結果を見て考えてみます。

　分析の目的は「KMWの契約を増やすために、ターゲットのクラスターを分類し、注力ターゲットを設定し、数量化2類の結果も踏まえて、特に伸ばすべきコンテンツや集客手法を考えること」とします。

　目的変数を「契約」とした数量化2類分析結果の「レンジ」が1番大きいのはユーザーの「役割」で次いでどのページを見ていたか？の「SNS運用支援」「コンテンツマーケティング運用支援」と続き、何をきっかけにKMWを知ったか？の「SNS」となっていました（図2-11-1）。

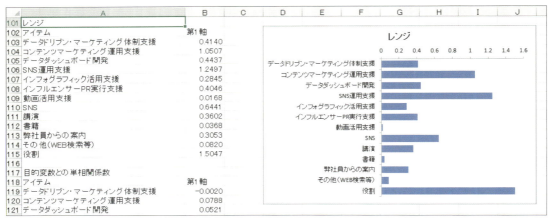

図2-11-1

　分析で作成した縦比グラフを見ると、レンジが1番高かった「役割」の「全体」（C列）は「宣伝（37.0%）」「マーケティング全体（30.2%）」、次いで「Webマーケティング（18.1%）」「経営または経営企画（8.1%）」と「広報（6.6%）」でした。「マーケティング全体」はD列の「契約まで」の値はC列より高く、D列の「宣伝」はC列より低いことから「マーケティング全体」のほうが契約に至る傾向がありそうです。

　レンジが2番目に高かった「SNS運用支援（該当者）」の「全体」（C列）は16.6%、レンジが3番目に高かった「コンテンツマーケティング運用支援（該当者）」は25.1%、4番目の「SNS（該当者）」は30.4%です（図2-11-2）。

　再度、数量化2類（目的変数「契約」）のカテゴリースコアランキング表（図2-11-3）を確認します。

074

	A	B	C	D	E
35	縦比		2500	179	2321
36				契約まで	デ
37	アイテム	カテゴリー	全 体	1	0	0
38	データドリブン・マーケティング体制支援	0	86.3%	86.0%	86.3%
39		1	13.7%	14.0%	13.7%
40	コンテンツマーケティング運用支援	0	74.9%	62.6%	75.8%
41		1	25.1%	37.4%	24.2%
42	データダッシュボード開発	0	57.3%	48.0%	58.0%
43		1	42.7%	52.0%	42.0%
44	SNS運用支援	0	83.4%	72.1%	84.3%
45		1	16.6%	27.9%	15.7%
46	インフォグラフィック活用支援	0	82.7%	81.0%	82.9%
47		1	17.3%	19.0%	17.1%
48	インフルエンサーPR実行支援	0	95.2%	97.2%	95.0%
49		1	4.8%	2.8%	5.0%
50	動画活用支援	0	61.4%	65.9%	61.1%
51		1	38.6%	34.1%	38.9%
52	SNS	0	69.6%	55.9%	70.7%
53		1	30.4%	44.1%	29.3%
54	講演	0	90.5%	87.2%	90.8%
55		1	9.5%	12.8%	9.2%
56	書籍	0	39.5%	35.8%	39.8%
57		1	60.5%	64.2%	60.2%
58	弊社員からの案内	0	85.4%	80.4%	85.8%
59		1	14.6%	19.6%	14.2%
60	その他（WEB検索等）	0	68.6%	62.6%	69.1%
61		1	31.4%	37.4%	30.9%
62	役割	WEBマーケティング	18.1%	22.9%	17.7%
63		マーケティング全体	30.2%	46.4%	29.0%
64		経営または経営企画	8.1%	10.1%	7.9%
65		広報	6.6%	9.5%	6.4%
66		宣伝	37.0%	11.2%	38.9%
67					

図2-11-2

	A	B	C	D
1		目的変数　契約		
2		アイテム	カテゴリー	第1軸
3		SNS運用支援	1	1.0423
4		コンテンツマーケティング運用支援	1	0.7868
5		役割	マーケティング全体	0.6145
6		役割	広報	0.5499
7		SNS	1	0.4483
8		役割	WEBマーケティング	0.4078
9		役割	経営または経営企画	0.4077
10		インフルエンサーPR実行支援	1	0.3852
11		講演	1	0.3261
12		弊社員からの案内	1	0.2608
13		データダッシュボード開発	1	0.2544
14		インフォグラフィック活用支援	1	0.2354
15		データドリブン・マーケティング体制支援	0	0.0568
16		その他（WEB検索等）	1	0.0563
17		書籍	1	0.0145
18		動画活用支援	1	0.0103
19		動画活用支援	0	-0.0065
20		インフルエンサーPR実行支援	0	-0.0194
21		書籍	0	-0.0223
22		その他（WEB検索等）	0	-0.0258
23		講演	0	-0.0341
24		弊社員からの案内	0	-0.0444
25		インフォグラフィック活用支援	0	-0.0492
26		データダッシュボード開発	0	-0.1894
27		SNS	0	-0.1958
28		SNS運用支援	0	-0.2075
29		コンテンツマーケティング運用支援	0	-0.2639
30		データドリブン・マーケティング体制支援	1	-0.3572
31		役割	宣伝	-0.8902
32				

図2-11-3

カテゴリースコアの高い順に、1位の「SNS運用支援」から「コンテンツマーケティング運用支援」、「（役割）マーケティング全体」、「（役割）広報」、5位の「SNS」と続き、全体縦比37.0％の「（役割）宣伝」がワースト1です。

問い合わせユーザーの役割の30.2％を占める「マーケティング全体」が特に契約に至る傾向がありますが、全体37.0％を占める「宣伝」は契約に至りづらいようです。筆者はこうしたケースではさらに「役割」ごとに分割した標本でクラスター分析を行ってみようと考えます。「マーケティング全体」の中にもさらに注力すべきクラスターとそうでないクラスターがいるかもしれません。前者の特徴が分かれば、契約率を上げる有益な打ち手（どんなページを見せるべきか？　どんなきっかけで問合せてもらうか？）を発見できるのではないかと考えます。「宣伝」の中にも契約しやすいクラスターがいるかもしれません。そのクラスターの特徴が分かれば打ち手のヒントが得られるかもしれません。そういった視点で深堀分析をしていきます。

ここでは、その例として役割ごとに「非階層型」クラスター分析を実行していきます（クラスター数は「4」で行っていきます）。

役割「マーケティング全体」を4クラスターに分類

「マーケティング全体（エクセル統計）」Sheetを開きましょう（図2-11-4）。これは「マスタ」Sheetから「マーケティング役割」以外のデータ（行）を削除した756ユーザーのデータです。

図2-11-4

【B6:O6】までを選択した状態でメニューの「エクセル統計」タブから「多変量解析」>「クラスター分析」を選択し実行します。ナビゲーションウィンドウの「クラスタリング手法」のタブを選択し、「非階層型」を選択し、クラスターの個数「4」と入力し、「反復回数の上限」は20回（デフォルト）で実行します（図2-11-5）。

新規Sheetに結果が出力されました（図2-11-6）。はじめて出てきた項目を中心に解説します。

図2-11-5

図2-11-6

クラスターの中心の変化

「クラスターの中心の変化」（図2-11-7）には、「非階層型」クラスター分析の実行過程が記載されています。分析は（1）～（4）の手順で実行されます。

(1) k個のシード（仮のクラスターの中心）を設定します。kの数（得たいクラスターの数）は分析者が事前に指定します。今回はk=4です。

(2) 各データを最も距離の近いクラスターに分類します。

(3) 各クラスターに分類されたデータを用いてクラスターの中心を計算しなおします。

(4) (2)から(3)を中心が動かなくなる(収束する)まで反復します。

今回のケースでは、反復回数19回で収束しました※。

	A	B	C	D	E
87	クラスターの中心の変化				
88		クラスター			
89	反復回数	1	2	3	4
90	1	1.512	1.564	1.297	1.319
91	2	0.066	0.178	0.167	0.263
92	3	0.099	0.120	0.182	0.138
93	4	0.094	0.032	0.040	0.160
94	5	0.046	0.029	0.088	0.065
95	6	0.018	0.011	0.057	0.052
96	7	0.017	0.009	0.085	0.059
97	8	0.046	0.013	0.097	0.082
98	9	0.033	0.033	0.106	0.057
99	10	0.013	0.011	0.054	0.021
100	11	0.007	0.025	0.072	0.000
101	12	0.013	0.000	0.034	0.000
102	13	0.008	0.000	0.023	0.000
103	14	0.017	0.018	0.000	0.000
104	15	0.031	0.036	0.000	0.000
105	16	0.037	0.047	0.000	0.000
106	17	0.024	0.030	0.000	0.007
107	18	0.010	0.013	0.000	0.000
108	19	0.000	0.000	0.000	0.000
109					

図2-11-7

※　収束するのにかかる回数が20回を超えるケースでは、「反復回数の上限」の数値を増やしましょう。

クラスターの中心の初期値

「クラスターの中心の初期値」(図2-11-8)は、シードと呼ばれるものです。「クラスターの中心の変化」の反復回数1回目はこのシードを元に各データを最も距離の近いクラスターに分類します。

	A	B	C	D	E
69	クラスターの中心の初期値				
70		クラスター			
71	変　数	1	2	3	4
72	商談まで	0.000	0.000	1.000	1.000
73	契約まで	0.000	0.000	1.000	1.000
74	データドリブン・マーケティング体制支援	0.000	0.000	0.000	1.000
75	コンテンツマーケティング運用支援	0.000	0.000	0.000	1.000
76	データダッシュボード開発	1.000	0.000	0.000	1.000
77	SNS運用支援	0.000	0.000	1.000	0.000
78	インフォグラフィック活用支援	0.000	0.000	1.000	0.000
79	インフルエンサーPR実行支援	0.000	1.000	0.000	0.000
80	動画活用支援	1.000	0.000	1.000	0.000
81	SNS	0.000	1.000	1.000	1.000
82	講演	1.000	0.000	0.000	1.000
83	書籍	0.000	1.000	0.000	1.000
84	弊社員からの案内	1.000	1.000	0.000	0.000
85	その他(WEB検索等)	0.000	1.000	0.000	1.000
86					

図2-11-8

クラスターの中心間の距離

「クラスターの中心間の距離」(図2-11-9)は、分析で求められたクラスターの中心間の距離が行列として出力されます。どのクラスター同士が似ているかの目安となります。

	A	B	C	D	E
148	クラスターの中心間の距離				
149	クラスター	1	2	3	4
150	1	0.000	0.841	1.323	1.190
151	2	0.841	0.000	1.270	1.256
152	3	1.323	1.270	0.000	1.070
153	4	1.190	1.256	1.070	0.000

図2-11-9

分散分析表

各変数が分類に貢献しているかを分散分析によって評価しています（図2-11-10）。有意水準を5%とした場合は、「データドリブン・マーケティング体制支援」「インフォグラフィック活用支援」「講演」「弊社員からの案内」以外は（クラスターごとに）有意な違いがあると言えます。

変数	クラスター平方和	自由度	平均平方和	誤差平方和	自由度	平均平方和	F値	P値
商談まで	173.697	3	57.899	0.996	752	0.001	43700.6616	P < 0.001
契約まで	16.139	3	5.380	57.748	752	0.077	70.0559	P < 0.001
データドリブン・マーケティング体制支援	0.305	3	0.102	70.440	752	0.094	1.0850	0.3547
コンテンツマーケティング運用支援	27.096	3	9.032	112.633	752	0.150	60.3036	P < 0.001
データダッシュボード開発	70.993	3	23.664	108.224	752	0.144	164.4321	P < 0.001
SNS運用支援	3.341	3	1.114	83.432	752	0.111	10.0364	P < 0.001
インフォグラフィック活用支援	0.936	3	0.312	95.873	752	0.127	2.4475	0.0626
インフルエンサーPR実行支援	0.280	3	0.093	20.136	752	0.027	3.4917	0.0154
動画活用支援	20.264	3	6.755	140.153	752	0.186	36.2429	P < 0.001
SNS	3.039	3	1.013	162.913	752	0.217	4.6760	0.0030
講演	0.162	3	0.054	69.790	752	0.093	0.5830	0.6263
書籍	13.984	3	4.661	149.826	752	0.199	23.3953	P < 0.001
弊社員からの案内	0.215	3	0.072	88.752	752	0.118	0.6066	0.6109
その他（WEB検索等）	19.759	3	6.586	150.194	752	0.200	32.9766	P < 0.001

図2-11-10

クラスターの中心の最終結果

各クラスターに所属するデータ（ユーザー）の平均値がグループの中心となっています（図2-11-11）。各変数は全て0か1かのダミー変数となっているため、例えば、【D113】と【D114】の値が1.0となっていることから、クラスター3とクラスター4の全ユーザーが商談に至っていることが分かります。

グラフも自動で出力されます。「条件付き書式」で分かりやすくします。

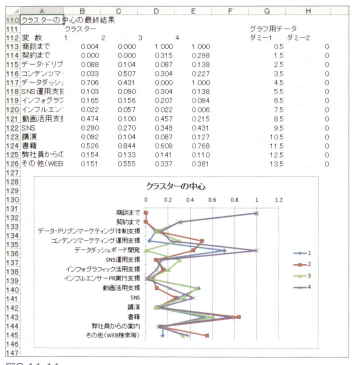

図2-11-11

【B113:B126】を選択した状態で「ホーム」タブの「条件付き書式」>「カラースケール」>「緑、白のカラースケール」を選択します（図 2-11-12）。

【B126】セル右下にマウスを合わせ表示される十字のフィルハンドルを右クリックで**【E126】**までドラッグし、ボタンを離すとメニューが表示されるので、「書式のみコピー」を選び実行します（図 2-11-13）。

役割「マーケティング全体」の中でもクラスター1と2は商談や契約に至っていないクラスターです。対してクラスター3と4の100%が商談まで行い、契約率もそれぞれ3割前後となっています。クラスター3ではデータダッシュボード開発が「0」となっているのに対して、クラスター4は「1」となっているなど、契約に至るユーザーにも傾向差があることが分かります。

	A	B	C	D	E
110	クラスターの中心の最終結果				
111		クラスター			
112	変　数	1	2	3	4
113	商談まで	0.004	0.000	1.000	1.000
114	契約まで	0.000	0.000	0.315	0.298
115	データドリブン・マーケティング体制支援	0.088	0.104	0.087	0.138
116	コンテンツマーケティング運用支援	0.033	0.507	0.304	0.227
117	データダッシュボード開発	0.706	0.431	0.000	1.000
118	SNS運用支援	0.103	0.090	0.304	0.138
119	インフォグラフィック活用支援	0.165	0.156	0.207	0.094
120	インフルエンサーPR実行支援	0.022	0.057	0.022	0.006
121	動画活用支援	0.474	0.100	0.457	0.215
122	SNS	0.290	0.270	0.348	0.431
123	講演	0.092	0.104	0.087	0.127
124	書籍	0.526	0.844	0.609	0.768
125	弊社員からの案内	0.154	0.133	0.141	0.110
126	その他(WEB検索等)	0.151	0.555	0.337	0.381
127					

図2-11-12

	A	B	C	D	E
110	クラスターの中心の最終結果				
111		クラスター			
112	変　数	1	2	3	4
113	商談まで	0.004	0.000	1.000	1.000
114	契約まで	0.000	0.000	0.315	0.298
115	データドリブン・マーケティング体制支援	0.088	0.104	0.087	0.138
116	コンテンツマーケティング運用支援	0.033	0.507	0.304	0.227
117	データダッシュボード開発	0.706	0.431	0.000	1.000
118	SNS運用支援	0.103	0.090	0.304	0.138
119	インフォグラフィック活用支援	0.165	0.156	0.207	0.094
120	インフルエンサーPR実行支援	0.022	0.057	0.022	0.006
121	動画活用支援	0.474	0.100	0.457	0.215
122	SNS	0.290	0.270	0.348	0.431
123	講演	0.092	0.104	0.087	0.127
124	書籍	0.526	0.844	0.609	0.768
125	弊社員からの案内	0.154	0.133	0.141	0.110
126	その他(WEB検索等)	0.151	0.555	0.337	0.381
127					

図2-11-13

所属クラスター

各データがそれぞれどのクラスターに振り分けられたが記載されています（図 2-11-14）。各データがどのクラスターに分類されたかという情報を分析元のデータテーブルに追加することで、クラスターごとに数量化2類分析やクロス集計をし直すなど、さらなる深堀が可能になります。

	A	B	C	D	E	F
179	所属クラスター					
180			クラスターの中心との距離			
181	No.	クラスター	1	2	3	4
182	1	1	1.464	1.583	1.770	2.043
183	2	3	1.799	1.768	1.407	1.601
184	3	3	2.096	2.214	1.497	1.857
185	4	1	1.089	1.317	1.430	1.793
186	5	3	2.261	2.527	1.707	2.198
187	6	1	1.287	1.697	1.602	1.972
188	7	4	1.982	2.086	1.739	1.383
189	8	1	1.089	1.273	1.475	1.784
190	9	1	1.362	1.519	1.662	1.999
191	10	1	1.287	1.697	1.602	1.972
192	11	1	1.267	1.442	1.575	1.822
193	12	3	1.679	1.633	1.295	1.558
194	13	3	1.980	1.937	1.311	1.666
195	14	1	1.113	1.556	1.504	1.937
196	15	1	1.464	1.583	1.770	2.043
197	[illegible]	4	1.887	2.166	1.675	1.531
[illegible]	27	[illegible]	2.051	1.945	1.745	[illegible]
209	28	4	[illegible]	[illegible]	[illegible]	1.313
210	29	3	2.204	1.934	1.453	1.822
211	30	3	2.161	2.108	1.460	1.892
212	31	3	2.215	2.131	1.483	1.972
213	32	4	2.151	2.059	1.830	1.466
214	33	4	1.887	2.140	1.714	1.520
215	34	4	1.329	1.661	1.475	1.088
216	35	4	1.771	1.879	1.623	1.090
217	36	1	0.909	1.600	1.806	1.659
218	37	4	2.050	2.151	1.854	1.598

マスタ | Sheet1 | マーケティング全体 | Sheet2 | 宣伝 | 契約 | クラスター4

図2-11-14

【B182：B937】 をコピーし、「マーケティング全体（エクセル統計）」Sheet の **【A7：A762】** に貼り付けて、フィルターで「4」のみを抽出し全員がデータダッシュボード開発のページを見ていたクラスター 4のデータのみ集計したとします（図 2-11-15）。

	A	B	C	D	E	F	G	H	I	J	K	L	M	N	O
1	0	1	2	3	4	5	6	7	8	9	10	11	12	13	
2	181	181	181	181	181	181	181	181	181	181	181	181	181	181	
3		181	54	25	41	181	25	17	1	39	78	23	139	20	
4		100.0%	29.8%	13.8%	22.7%	100.0%	13.8%	9.4%	0.6%	21.5%	43.1%	12.7%	76.8%	11.0%	
5	クロス集計用	問合せ後の状況		ユーザーはどのページを見ていたか？							ユーザーは何をきっかけにKMWを知ったか？(MA)				
6	クラスタ分類	商談まで	契約まで	データドリブン・マーケティング体制支援	コンテンツマーケティング運用支援	データダッシュボード開発	SNS運用支援	インフォグラフィック活用支援	インフルエンサーPR実行支援	動画活用支援	SNS	講演	書籍	弊社員からの案内	その他(検索等)
7	4	1	1	0	0	1	1	0	0	0	1	0	1	0	
8	4	1	1	0	0	1	1	0	0	1	0	0	1	0	
9	4	1	1	0	0	1	1	0	0	0	0	0	1	0	
10	4	1	1	0	0	1	1	0	0	0	1	0	1	1	
11	4	1	1	0	0	1	0	0	0	0	1	0	0	0	
12	4	1	1	0	0	1	1	0	0	0	1	0	1	0	
13	4	1	1	0	0	1	1	0	0	0	0	0	0	0	
14	4	1	0	0	0	1	0	0	0	0	0	0	0	0	
15	4	1	1	0	0	1	0	0	0	0	1	0	1	0	
16	4	1	1	0	0	1	1	0	0	0	0	0	1	1	
17	4	1	1	0	0	1	0	0	0	0	1	0	1	0	

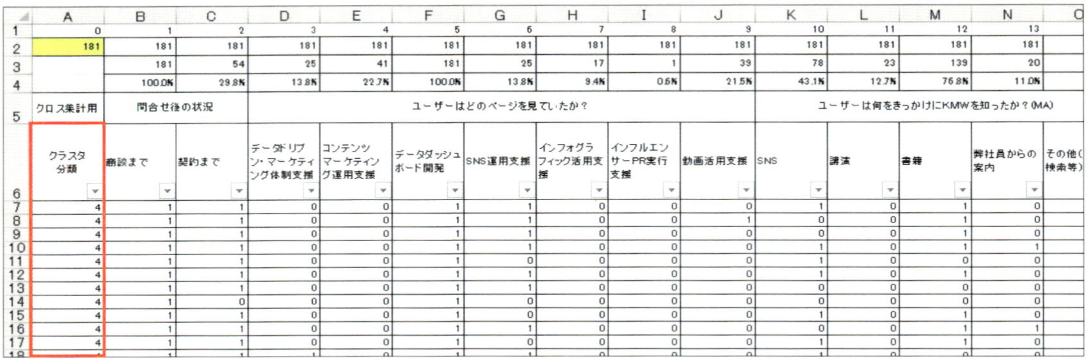

図2-11-15

「(エクセル統計)」という記述がSheet名に含まれるSheetは、本書の演習用に「エクセル統計」体験版でデータ分析ができるように処理をしています。そのため、数値や書式など一切の編集ができません。

クラスター 4のうち、「契約」と「非契約」を分ける要因は何でしょうか？　このクラスターで目的変数を「契約」とした数量化 2類モデルを作ってみましょう。

「クラスター 4（エクセル統計）」Sheet を開いて **【C6:O6】** を選択し、「エクセル統計」タブから「多変量解析」＞「数量化 2類」を選択し実行します。目的変数を「契約まで」にします。説明変数のうち「データダッシュボード開発」は全ての変数の値が「1」となっているため、外します。それ以外の変数を全て選択します（図 2-11-16）。

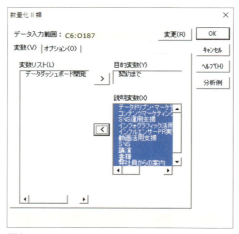

図2-11-16

内容を確認し「OK」で実行します（予測値の出力の指定は今回省略します）。新規 Sheet に出力された分析結果のうち「レンジ」を見てみます（図2-11-17）。カテゴリースコアが最も高いのは「講演」で、次いで「SNS運用支援」となっています。講演が影響するというのは標本全数（2500ユーザー）の分析では得られなかった発見です。

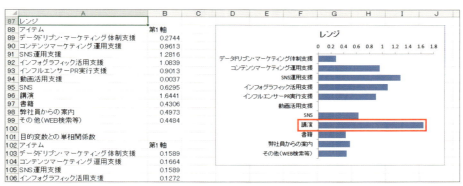

図2-11-17

こうした発見によって「マーケティング全体」の担当者のうち、「データダッシュボード開発」に興味がある方に対しては「SNS運用支援」のコンテンツを訴求する、講演を案内することに注力すれば契約につながりやすい問い合わせが得られるのではないか？　といった打ち手が見えてきます。

今回のデモデータに問い合わせ内容などの自由入力のテキスト情報はありませんが、実際にはそうしたテキスト情報（商談時にヒアリングした情報などが）があるはずです。これを全標本に対して細かく見ていくのは非効率ですが、今まで行ってきた分析手順のようにクラスター分析を行い、「マーケティング全体」のクラスター3または4のように重要なクラスターのみを抽出し、テキスト情報を読み解けばさらに有益な示唆が得られるかもしれません。

 役割「宣伝」のみを抽出した「宣伝（エクセル統計）」Sheetで「非階層型」クラスター分析を行ってみましょう。

2-12
「階層型」クラスター分析（個体分類）

計算量が多い「階層型」クラスター分析の「**個体分類**」を「エクセル統計」で行う上限データ数は250です。今回のケースの2500ユーザーの全数は分析できなくても、特定のクラスターの深堀分析には活用できそうです。クラスター分析の最後の演習は「契約」に至ったユーザーに対して「階層型」クラスター分析の「個体分類」を行っていきます。そのユーザーのみ抽出した「契約（エクセル統計）」Sheetを開きます（図2-12-1）。

	A	B	C	D	E	F	G	H	I	J	K	L	M	N	O	
1	0	1	2	3	4	5	6	7	8	9	10	11	12	13	14	
2	179	179	179	179	179	179	179	179	179	179	179	179	179	179	179	
3		179	179	25	67	93	50	34	5	61	79	23	115	35	67	
4		100.0%	100.0%	14.0%	37.4%	52.0%	27.9%	19.0%	2.8%	34.1%	44.1%	12.8%	64.2%	19.6%	37.4%	
5	クロス集計用	問合せ後の状況		ユーザーはどのページを見ていたか？							ユーザーは何をきっかけにKMWを知ったか？(MA)					
6	社名	商談まで	契約まで	データドリブン・マーケティング体制支援	コンテンツマーケティング運用支援	データダッシュボード開発	SNS運用支援	インフォグラフィック活用支援	インフルエンサーPR実行支援	動画活用支援	SNS	講演	書籍	弊社員からの案内	その他（WEB検索等）	WE
7	株式会社A	1	1	0	1	0	0	1	0	0	1	0	0	0	0	
8	株式会社B	1	1	0	0	0	1	0	0	1	1	0	1	0	0	
9	株式会社C	1	1	0	0	1	1	0	0	0	1	0	1	1	0	
10	株式会社D	1	1	0	0	0	1	0	0	0	1	0	1	0	0	
11	株式会社E	1	1	1	0	0	1	0	0	0	0	0	1	1	0	
12	株式会社F	1	1	1	1	0	0	0	0	1	0	0	1	1	1	
13	株式会社G	1	1	0	1	0	0	0	0	0	1	0	0	0	0	
14	株式会社H	1	1	0	0	0	1	1	0	0	0	1	1	0	0	
15	株式会社I	1	1	0	0	0	1	0	0	0	1	0	0	0	0	
16	株式会社J	1	1	0	0	0	0	0	0	0	1	0	1	1	0	
17	株式会社K	1	1	0	1	0	0	1	0	0	1	0	0	0	0	
18	株式会社L	1	1	1	0	0	0	0	0	1	0	0	1	0	1	

図2-12-1

A列のデータは「株式会社A」等の社名に変えています。今回はこれをデータラベルとしてクラスター分類の樹形図を作ります。社名ラベルとなる【**A6**】をクリックし［Ctrl］キーを押した状態で【**D6：O6**】をドラッグして選択してから「エクセル統計」タブから「多変量解析」>「クラスター分析」を選択し実行します（図2-12-2）。

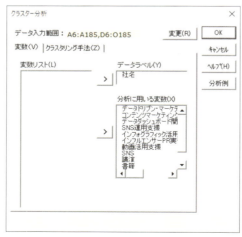

図2-12-2

「データラベル」に「社名」が入っていることを確認してから、「クラスタリング手法」タブを指定し、「階層型」のチェックボックスを入れ、設定が（図2-12-3）の状態になっていることを確認したら「OK」を押します。

分析結果の出力には少し時間がかかるかもしれません（筆者のノートPCでは1分前後かかりました）。

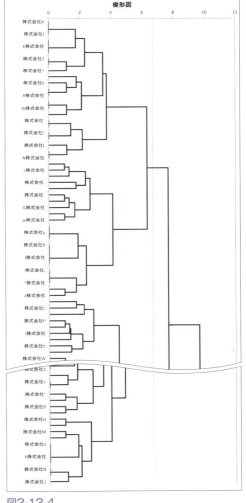

図2-12-3

新規Sheetに分析結果が出力されます。樹形図（図2-12-4）を見てみましょう。変数分類の時と同様、距離の近いユーザーを結合していった過程が全て出力されています。距離の計算方法が変数分類の時と変わっており、個体分類の場合は「ユークリッドの距離」または「基準化されたユークリッドの距離」を用いて距離を計算します。ここでは前者が用いられています。クラスター統合過程を見ていくことで、近い傾向を持つユーザーの類似性から新たな気づきを得ることができるかもしれません。

統計WEBブログでは、他にも階層型クラスター分析の事例を紹介していますので、ぜひご覧ください。

参照文献

統計WEB ブログより
「クラスター分析 - エクセル統計による解析事例」
(https://bellcurve.jp/statistics/blog/12271.html)
「ビールの成分データでクラスター分析を学ぶ」
(https://bellcurve.jp/statistics/blog/13554.html)

図2-12-4

【(演習データ③-2 Fin)KMW問合せユーザー＠クラスター分析】
Bookに演習結果(エクセル統計の分析結果)を記載します。

2-13 顧客データ(質的データ)をクロスセクションデータとして分析(まとめ)

　本章ではクロスセクションデータを分析してきました。Excel操作のウォームアップを兼ねて、この章では操作方法を丁寧に説明しました(以降は簡略化していきます)。最後に3つの分析法の演習のゴールを振り返ります。

「独立性の検定」演習のゴール

　アンケートの回答率などが偶然によるものではないことを確かめるために(「エクセル統計」または「CHISQ.TEST」関数や自動計算を活用して)、独立性の検定を行う。

・観測度数の行列と期待度数の行列を求めることで「CHISQ.TEST」関数を用いて「独立性の検定」のP値を求める(演習①Sheet参照)
・アンケートの回答者のABの回答率の差には意味があるか？複数の項目に渡って一気に検定するためにCHISQ.TEST関数の活用例を把握する(演習②Sheet参照)

「数量化2類」演習のゴール

　アンケート回答や顧客データなどのクロスセクションデータを分析、クロス集計を行い、マーケティング目的への影響を判別分類するモデルを作ることでその影響要因を定量的に把握する。

・数量化2類の機能として出力されるクロス集計表を有効活用し、縦比横比のグラフを作り、「条件付き書式」の機能を用いて視覚的に分かりやすく、数値の傾向を掴む
・レンジやカテゴリースコアから各説明変数の目的変数への影響を定量的に把握
・カテゴリースコアを各データに代入したサンプルスコアから、各群の中心への距離が近いもの(or群)に判別するやり方を理解する。そうすることで数量化2類の結果から新しい標本に対しての判別(予測)ができるようにする

クラスター分析演習のゴール

　人間には対応できない客観的なグループ分けをするクラスター分析から新たな分析視点を発見する、各クラスターの深堀分析(数量化2類やクロス集計)を行い新たなヒントを得る仮説探索型のアプローチを体験する。

- 階層型クラスター分析と非階層型クラスター分析の違いを理解
- 階層型クラスター分析で出力される内容を理解(樹形図の読み解き方による新たな課題の仮説)
- 非階層型クラスター分析で出力される内容を理解
- 重要クラスターに対して更に深堀分析を行うために、分類されたクラスター番号を分析対象データに付与する

Column
クロスセクションデータのための拡張アナリティクスツール紹介

大量の顧客データを分析して、優良顧客になりやすいのはどういった要因か、購買金額を増やすどんな要因があるかを、重回帰分析またはロジスティック回帰を用いて示唆を出す、クロスセクションデータのための拡張アナリティクスツール「dataDiver(データダイバー)」を紹介します。

このソフトは、53万部を超える販売実績を誇る『統計学が最強の学問である』シリーズの著者、西内 啓氏が多くの企業のデータ分析コンサルティングを手掛けてきたノウハウを元に、統計解析の知識がないユーザーでも、多変量解析を用いて有益な示唆を最短距離で得るために設計されたものです。

「何を増やしたい」「どんな顧客カテゴリーの中で探索したい」など、直観的な入力方法や、分析結果も分かりやすい言語で表現するなど、徹底的に使いやすさにこだわったものです。世界的なIT調査会社であるガートナー社は近年のレポートでこうしたソフトウェアを拡張アナリティクスツールという分類で呼んでいます。

ロジスティック回帰とは:
たとえばある商品の「購入するか/しないか」などの2値しかとりえない値を目的変数として用いて、説明変数からその発生確率を予測する手法です。「エクセル統計」で分析可能な手法です。

参照文献
西内 啓(著)『統計学が最強の学問である』ダイヤモンド社、2013年
西内 啓(著)『統計学が最強の学問である[実践編]』ダイヤモンド社、2014年
西内 啓(著)『統計学が最強の学問である[ビジネス編]』ダイヤモンド社、2016年
西内 啓(著)『統計学が最強の学問である[数学編]』ダイヤモンド社、2017年

ユーザーは、顧客IDや購買商品IDや商品購入金額や値引き有無などの購買履歴、性別、居住エリアなどのデモグラフィックデータ、ダイレクトメールの送付履歴などのプロモーション履歴などのデータを取り込んで分析していきます。

データの基本情報を確認する際も、例えば、10代～60代男女などの年代データをグラフで把握する場合はヒストグラムのような棒グラフが直観的にわかりやすいだろうといったマーケターとしての視点を元に、データの種類に応じて自動でグラフを描画してくれます(図2-C-1)。

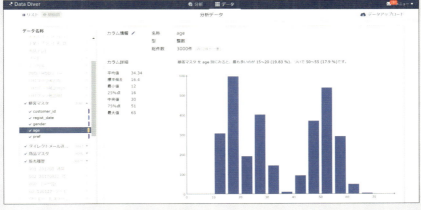
図2-C-1

表中に「顧客マスタをage別にみると、最も多いのが15〜20（19.83%）…」という文言が記載されていますが、このようにグラフの自然言語での説明が自動的に生成されるのも同ソフトウェアの特徴です。

実際のマーケティングの現場でよくあることですが、顧客の購買データを管理している部署と、DMの発送履歴の管理部署が違うなどの際、両者のデータテーブルがバラバラなので、顧客のIDをキーにつなぎ合わせるといったデータ整形処理が必要になります。そうした前処理は労力がかかるのですが、そうしたことにも対応し、各データテーブルの関係図を整理し、統合して把握ができます（図2-C-2）。

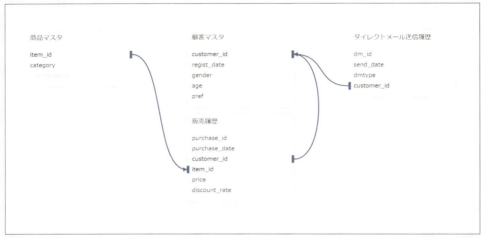

図2-C-2

さらにデータ整形に特化した「dataFerry（データフェリー）」というソフトウェアを用いることで、データ収集と変換が、ブラウザー上で可能になります。複数のシステムから抽出したデータをクリック&ドラッグしてつなげるだけで、同じファイル上で扱うことができるようになります。通常はSQLを用いて行うような手間のかかる作業が、簡略化できます。

分析を行う際のインターフェースも直観的なものです。解析目的をおおまかな課題として入力します。例えば、会員顧客ランクによる違いや、退会率の違いなど、ある特定の商品やサービスの購買率や利用率による違いなど、様々な軸で設定し、また特定カテゴリーのみ（男性30代東京エリアのみ等）で設定することができます。

（図2-C-3）画面では顧客（customer_id）ごとに見た購買金額（price）の合計が少ないことの課題であり、それを解決するためのヒントを得るためと設定しています。これを元に購買金額を押し下げている、または押し上げている要因を探索的に発見していきます。

図2-C-3

設定を完了し分析を実行すると、クラウド上でデータの加工がはじまり、購入された商品や曜日やDM送付などの組み合わせから一時的に数百列のデータを作り出し、最適なモデルを自動で探索します。分析に応じて必要な解析手法（重回帰分析またはロジスティック回帰）が選択されます。両方とも説明変数は量的データを用いる分析手法ですが、裏側でダミー変数化して処理する等で、男女や年代といったカテゴリーデータにも対応しています。

また、多重共線性を回避するためにLassoという手法を応用しています（Lassoに関しては、第8章の回帰分析の最終モデル選択の際に必要な知識の一覧表の中で、簡単に紹介しています）。
有効な示唆につながりそうなモデルを予測精度の指標を元に選定し、その結果を言語化して最大30個一覧で提示されます（図2-C-4）。

図2-C-4

一覧のうち、気になる結果をクリックすると、それに対応するグラフ等が描画され、より深堀りして見ていくことができます（図2-C-5）。
顧客データのようなクロスセクションデータを分析していく際は、男女別、制年代別、購買金額別など、データ項目のうち特定の値を選択してデータを絞り込む（スライス）、データの集計レベルを全国、県、市区町村など掘り下げていく（ドリルダウン）など、様々な軸で見ていくのが分析の基本となりますが、BIツールで見るのもExcelのピボットテーブルを使うのも基本的には一緒で、どんな軸で見ていくべきなのか？有効な示唆を得るには分析者の仮説やスキルが要求されます。

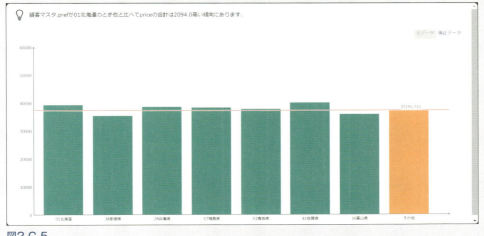

図2-C-5

「dataDiver」は分析者が設定した課題に応じて、探索すべきアウトカム(≒目的変数)やそれに用いるべき解析アルゴリズムと説明変数を選択し、大量に探索したモデルのうち、有効な示唆が見出せそうなモデルを一覧にしてくれますので、打ち手を見出すためにスピード感のある分析が可能です。

「dataDiver」は統計家でありマーケターである西内氏の経験に基づき、有益な示唆に最短距離でたどり着けるように作られたものです。そのため、データ整形や前処理工程、様々な軸で探索的にモデルを作る煩雑さの負担を圧倒的に軽減するように仕上げられました。統計解析を知らない方はもちろん、統計解析ソフトやBIツールを駆使するデータサイエンティストにとっても有効なツールです。大量の顧客データ分析を行ってきた方のほうが驚きは大きいはずです。皆さんも本書演習をきっかけにExcelでできる統計解析をある程度経験した上でこうしたツールを使ったほうがより有効に活用できるはずです。

参照URL

dataDiver 紹介ページ (https://www.dtvcl.com/product/datadiver/)
dataFerry 紹介ページ (https://www.dtvcl.com/product/dataferry/)

DATA-DRIVEN MARKETING

第3章

アルコール飲料の売上の予測モデルを作る準備（データをチェック）

3-1
折れ線グラフで各変数の形をチェック

　第3章〜第4章では、（架空の）アルコール飲料の売上数や広告出稿量などのマーケティング施策の量的データを主に用いて、それを time series data として扱う MMM 分析の準備を行います。分析に用いるデータの分布などの状態を把握していく手順を理解します。

　第3章では、Excel の「**分析ツール**」を使ってデータの確認を行うための折れ線グラフやヒストグラムの作り方や基本統計量の見方を知る演習と相関係数を把握する演習を行います。複数の変数の影響を考慮する**偏相関係数**と、季節性を月別の指数として把握する**期別平均法**をエクセル統計で体験します。

　分析を行う前に各変数の特徴を掴むことが重要です。線グラフにプロットして推移を確認することからはじめます。縦軸に販売数や金額、横軸には時間軸をとった2軸のグラフを作り、それぞれの広告が影響しているかを予めチェックします。【(演習データ④-1) アルコール飲料売上ローデータ】の「ローデータ」Sheet を開きます。各変数の単位は「売上数」は缶アルコール飲料の売上本数、「TVCM」は GRP※、「紙媒体」と「OOH※」は出稿金額、「WEB 広告」はクリック数です（図3-1-1）。

	A	B	C	D	E	F
1	日付	売上数	TVCM	紙媒体	OOH	WEB広告
2	2015/9/7	5,554,981	58.8675	20340000	5890000	23,080
3	2015/9/14	6,071,669	235.18125	15470000	5740000	29,979
4	2015/9/21	5,798,657	252.18375	8325000	0	23,784
5	2015/9/28	6,235,157	75.255	0	0	26,732
6	2015/10/5	6,861,105	0	0	0	28,823
7	2015/10/12	5,987,676	44.62125	0	0	24,929
8	2015/10/19	5,975,534	50.1675	0	0	29,918
9	2015/10/26	5,996,415	46.60875	0	8360000	25,121
10	2015/11/2	5,712,700	115.46625	15900000	8710000	25,303
11	2015/11/9	5,863,532	185.6625	7835000	9050000	26,184
12	2015/11/16	6,169,764	223.53375	8405000	9600000	32,256
13	2015/11/23	6,721,802	188.91	23295000	4690000	33,227
14	2015/11/30	6,336,372	79.38	15450000	0	37,083
15	2015/12/7	5,702,610	41.49	9930000	0	36,760
16	2015/12/14	5,478,818	0	16280000	0	29,743
17	2015/12/21	5,442,228	81.2625	13350000	5890000	33,915
18	2015/12/28	7,605,299	44.5725	15030000	9150000	48,590

図3-1-1

　デモデータは全国の GRP を推計した想定です。「関東地区」「関西地区」など地区ごとの GRP に各地区の（全国に対する）世帯含有率を係数とした重みづけ計算を行い、その値を合計した推計値です（日本では、各地区ごとに放送局が違うため、全国単位の視聴率という調査は行われていないため）。交通広告と紙媒体（うち雑誌など）は、例えば出稿期間が30日間で300万円の媒体の場合には、

用語解説

　GRP：グロス・レーティング・ポイントの略。TVCM の「延べ視聴率」のことです。
　OOH：アウト・オブ・ホームメディアの略。広告業界用語で、屋外広告や交通広告などを示します。

1日10万円で均等に割り付けて集計したものになります。

　目的変数（売上）と各説明変数（TVCM等）の関連性を見るための線グラフを作成します。範囲【A1:C106】を選択し、「挿入」タブから「マーカー付き折れ線」を挿入します（図3-1-2）。

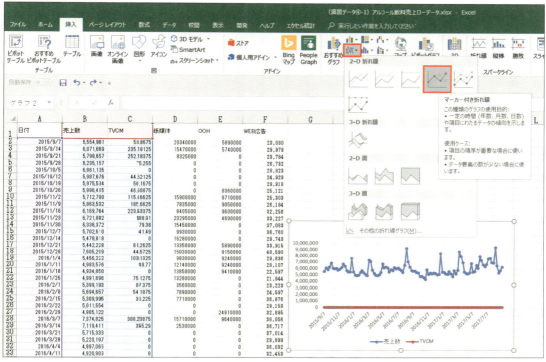

図3-1-2

　出力されたグラフのTVCMの系列を選択します。選択した範囲の上で右クリックし「系列グラフの種類の変更」を選択して（図3-1-3）実行します。

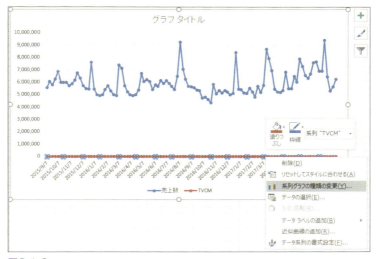

図3-1-3

系列名「TVCM」のグラフの種類を「集合縦棒」を選択して（図3-1-4）、「第2軸」のチェックボックスをオンにします（図3-1-5）。

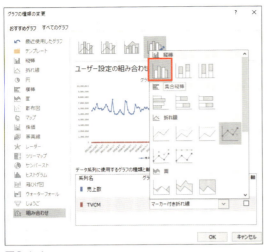

図3-1-4

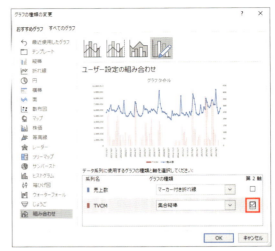

図3-1-5

OKを押すと、線グラフ（売上数）と棒グラフ（TVCM）の混合グラフが作成されます（図3-1-6）。

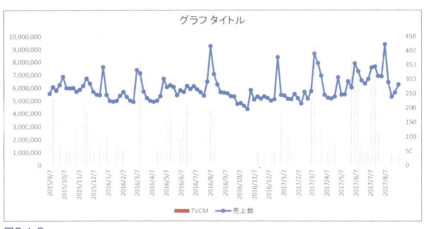

図3-1-6

このようなグラフを作成することで、目的変数（売上数）に説明変数（ここではTVCM）が影響していそうかを視認します。

❗ 紙媒体、OOH、WEB広告に関しても、グラフを作成して確認しましょう（それぞれの変数を【C1:C106】にデータを入力する等）。

❗ 「ローデータ」Sheetは他の演習で再度使用するため、グラフを作ったSheetは任意の別名Sheetにコピーしましょう。

3-2
基本統計量とヒストグラムを使ってデータの形をチェック

次は、Excel の「分析ツール」を使って、【(演習データ④-1) アルコール飲料売上ローデータ】の特徴を掴みます。

分析ツール「基本統計量」を使う

各変数の平均値などの基本的な指標を調べるために分析ツールの「**基本統計量**」という機能を使います。【**(演習データ④-1) アルコール飲料売上ローデータ**】「ローデータ」Sheet を開いた状態で「データ」タブを選択、「データ分析」より「基本統計量」を選択し（図3-2-1）、OK を押します。

図3-2-1

入力画面で入力範囲を売上数のラベルと変数となる【B1：B106】の範囲に設定し、「先頭行をラベルとして使用」のチェックボックスと、出力オプションの「統計情報」のチェックボックスをオンにした状態（図3-2-2）でOKを押します。
Excel の新規 Worksheet が出力されます（図3-2-3）。

図3-2-2

	A	B
1	売上数	
2		
3	平均	5937047
4	標準誤差	94286.57
5	中央値 (メジアン)	5685093
6	最頻値 (モード)	#N/A
7	標準偏差	966149.9
8	分散	9.33E+11
9	尖度	2.175782
10	歪度	1.392248
11	範囲	5047603
12	最小	4335326
13	最大	9382929
14	合計	6.23E+08
15	データの個数	105

図3-2-3

「平均」や「合計」など馴染みのある単語が並ぶ一方で、分散などの馴染みの無い用語もあるのではないでしょうか？　いくつかの指標について説明します。

■最頻値（モード）
最も頻度が多い値を指します。

「アルコール飲料売上ローデータ.xlsm」の売上数では同じ値を持つ2個以上のデータが無いため、「＃N/A（参照の対象が見つからない）」と表示されています。

■中央値
　平均は「標本（ここでは売上数）の各値を足し合わせ、標本数（※正しくは「サンプルサイズ」または「標本サイズ」）で割った値」ですが、中央値は、「標本を数値の大きい（小さい）値から順番に並べたとき、ちょうど真ん中に位置する値」です。標本サイズが偶数の場合は、中央の2つの標本の値の平均をとります。平均も中央値も「真ん中を見つける解析手法」ですが、平均値はとびぬけて大きな値（外れ値）の影響を受けやすくなります。

参照URL

統計WEB　ブログ「平均値と中央値の違い」（https://bellcurve.jp/statistics/blog/14299.html）

Excelでは「標本数」という単語を使っていますが、統計学や統計分析の分野で分析対象となるデータサンプルの数を示す場合は「サンプルサイズ」または「標本サイズ」という用語を用います。本書では以降「標本サイズ」で統一します。

■標準偏差
　標準偏差は、値のバラつきを把握するためのものです。いわば「標本の平均値からの各値の距離を平均化した値」です。各標本の値から平均を引いた「偏差」の平均を求めたいのですが、偏差はマイナスの値とプラスの値があり、そのまま足すとその合計は「0」になってしまいます。そこで、偏差を二乗した値の和（偏差平方和）を標本サイズで割った値（分散）の平方根を取ることで標準偏差が算出できます。

　【(解説補足データ)】 Bookの「Ⅲ-②」Sheet（図3-2-4）の内容を見てイメージを掴みましょう。
　Excelには標準偏差を求める2つの関数があります。分析ツールの「基本統計量」機能で算出する標準偏差は②の方法で計算されます。

① 「**STDEV.P 関数**」偏差平方和をサンプルサイズで割って分散を計算します（与えられたデータが母集団全体であるという前提の時）。
② 「**STDEV.S 関数**」偏差平方和をサンプルサイズ－1の値で割って分散を計算します（与えられたデータが母集団からの標本、または母集団の一部と見なす時）。

	A	B	C	D	E
1					
2		A	B	C(A-B)	D(Cの2乗)
3	日付	売上数	平均	偏差	偏差平方
4	2015/9/7	5,554,981	5,937,047	-382,066	145,974,171,922
5	2015/9/14	6,071,669	5,937,047	134,622	18,123,004,798
6	2015/9/21	5,798,657	5,937,047	-138,390	19,151,828,076
7	2015/9/28	6,235,157	5,937,047	298,110	88,869,316,825
8	2015/10/5	6,861,105	5,937,047	924,058	853,883,320,907
9	2015/10/12	5,987,676	5,937,047	50,629	2,563,262,452
10	2015/10/19	5,975,534	5,937,047	38,487	1,481,260,941
11	2015/10/26	5,996,415	5,937,047	59,368	3,524,572,377
12	2015/11/2	5,712,700	5,937,047	-224,347	50,331,736,499
13	2015/11/9	5,863,532	5,937,047	-73,515	5,404,494,117
14	2015/11/16	6,169,764	5,937,047	232,717	54,157,100,091
15	2015/11/23	6,721,802	5,937,047	784,755	615,839,749,709
16	2015/11/30	6,336,372	5,937,047	399,325	159,460,124,863
17					54,960,558,146
94	2017/5/29	6,029,318	5,937,047	92,271	6,513,909,782
95	2017/6/5	7,888,141	5,937,047	1,951,094	3,806,766,617,735
96	2017/6/12	7,269,255	5,937,047	1,332,208	1,774,777,644,913
97	2017/6/19	6,563,835	5,937,047	626,788	392,862,923,939
98	2017/6/26	6,320,607	5,937,047	383,560	147,118,364,364
99	2017/7/3	6,668,065	5,937,047	731,018	534,386,935,043
100	2017/7/10	7,562,207	5,937,047	1,625,160	2,641,145,950,446
101	2017/7/17	7,635,181	5,937,047	1,698,133	2,883,657,237,102
102	2017/7/24	6,894,076	5,937,047	957,029	915,904,321,244
103	2017/7/31	6,873,155	5,937,047	936,108	876,298,687,369
104	2017/8/7	9,382,929	5,937,047	3,445,882	11,874,102,102,095
105	2017/8/14	6,424,589	5,937,047	487,542	237,697,146,480
106	2017/8/21	5,308,052	5,937,047	-628,995	395,634,543,189
107	2017/8/28	5,637,103	5,937,047	-299,944	89,966,422,880
108	2017/9/4	6,250,997	5,937,047	313,950	98,564,560,500
109					
110				0	97,078,343,213,964
111					↑偏差平方和
112					933,445,607,827
113				↑分散(偏差平方和／104(標本数105-1)	
114					966,150
115				↑標準偏差(分散の平方根)	

116 エクセルには標準偏差を求める2つの関数があります。分析ツールの基本統計量機能による標準偏差は②の
117 方法で計算されます。
118 ①「STDEVP関数」標準偏差の引数nが母集団全体であるという前提で、分散を求める際の偏差平方和の分母
　　をnで計算します。
119 ②「STDEV 関数」標準偏差の引数nを母集団の標本数と見なし、分散を求める際の偏差平方和の分母をn-1で
120 計算します。

図3-2-4

　標準偏差を見ることで、そのデータの値のバラツキの大きさを判断します。統計学でよく用いられる正規分布（ガウス分布）では、標準偏差はσ（シグマ）が用いられます。正規分布では、平均値±標準偏差（±1σ）内に全データの約68.3%が入ります（図3-2-5）。

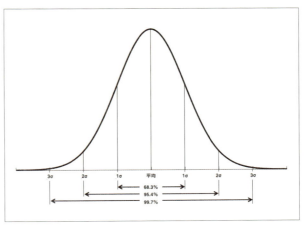

図3-2-5

学校のテストで例えると（分布が正規分布となっていることが前提の場合）、平均点が50点で標準偏差が10点であれば、全体の約68.3%の学生が40点～60点であることがわかります。平均点50点で標準偏差が20点の場合は、約68.3%の学生が30～70点であることが分かります。「偏差値」は、平均値が50、標準偏差が10となるようにデータを変換したもので偏差値40～60の中に全体の約68.3%のデータが入ることになります。

■尖度

　データの分布の裾の長さを測る尺度です。正規分布は釣鐘形の形状をしており、分布の頂点が中央にあり左右対称に裾を引いています。

　正規分布の尖度は0となります。尖度が0より大きい場合は、正規分布よりも尖った分布になっている（データが平均付近に集中し、分布の裾が長い）ことを表します（図3-2-6）。尖度が0より小さい場合は、正規分布より扁平な分布となっている（データが平均付近から散らばっていて分布の裾が短い）ことを表します（図3-2-7）。アルコール飲料の売上数の尖度は2.17…となり、0を上回るため、正規分布より尖った分布であるといえます。

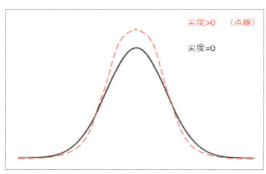

図3-2-6

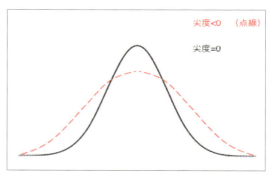

図3-2-7

■歪度

　歪度とは、分布の非対称性を表す値のことです。どちらか一方に裾が長い分布（左右非対称）の場合は、中央値と平均値に乖離が出ます。反対に、歪度が0（左右対称）の場合は中央値と平均値は同じ値になります（図3-2-8）。アルコール飲料の売上数の歪度は1.39…となり、0を上回るため、右に裾が長い分布であるといえます。

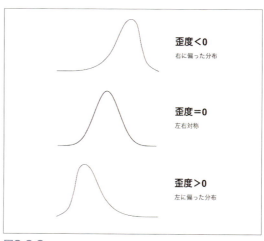

図3-2-8

ヒストグラム（度数分布図）を用いて
データの分布を把握する

　次は数値の分布を把握する「**ヒストグラム（度数分布図）**」を作ってみます。基本統計量の尖度や歪度を見れば、正規分布に対して裾が長いのか短いのか？　左右どちらの裾が長いのか？　などを予め想像できます。ヒストグラムを作ることで実際に視覚化してデータの分布を把握できるため、基本統計量のチェックと併せて実施することを推奨します。

【（演習データ④-1）アルコール飲料売上ローデータ】「ローデータ」Sheet を開いた状態でデータタブを選択、「データ分析」より「ヒストグラム」を選択し（図 3-2-9）、OK を押します。

図3-2-9

「ヒストグラム」入力画面の入力範囲で売上数【B1：B106】を選択、「ラベル」のチェックボックスと、出力オプションの「グラフ作成」のチェックボックスをオンにした状態（図3-2-10）で OK を押します。

新規 Sheet に出力された表（図 3-2-11）のデータ区間は、それぞれのデータ区間の上限値を示しています。

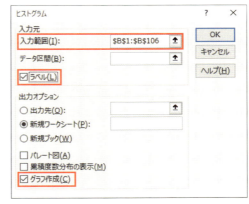

図3-2-10

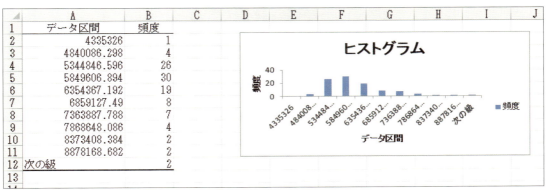

図3-2-11

「次の級」というデータ区間は、8,878,164から「データの最大値」までの区間となります。出力された棒グラフを選択し（グラフ全体ではなく、下の図のようにグラフを選択し）、右クリックで「データ系列の書式設定」を選択してから「要素の間隔」を「0%」に変更します（図3-2-12）。

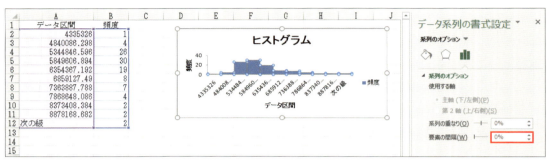

図3-2-12

「系列のオプション」のメニューの「塗りつぶしと線」を選択し、「枠線」のチェックボックスを「線なし」から「線（単色）」に変更し、黒色を指定します（図3-2-13）。

グラフのサイズを整えると、統計解析ソフトの描画機能で作成するような階段状のヒストグラムになります（図3-2-14）。

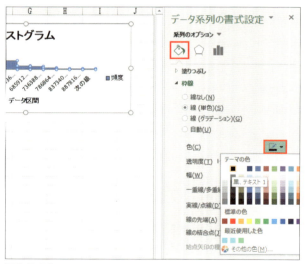

図3-2-13

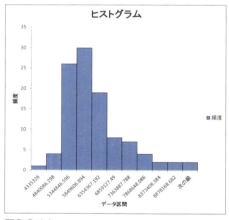

図3-2-14

基本統計量とヒストグラムで、データの偏りとバラつきを把握

　作成したヒストグラムを見ると、右側にあるデータサンプルに平均を押し上げる大きな値のデータがあり、左に偏った（右に裾が長い）分布になっています。基本統計量で把握していた歪度1.41…（0より大きい左に偏った分布）と対応しています。基本統計量でデータの「平均」「中央値」「最大値」「最小値」「標準偏差」「尖度」「歪度」を見て、更にヒストグラムも描画することで、各変数のデータ分布の偏りやバラつきを掴むことができます。

 TVCMなどのマーケティング施策の変数のうち「0」の値(マーケティング施策を実施していない時)を除外した変数を作り、その変数の基本統計量とヒストグラムを見て「マーケティング施策を実施した時のデータの分布」を掴みましょう。

3-3 データの形のチェック（まとめ）

　前節では、目的変数と説明変数を線グラフにプロットして、それぞれの推移を見る方法と、基本統計量とヒストグラムで各変数の分布や分布の歪みを見る方法を紹介しました。

　これらを回帰分析の前段階として行っておくと、分析の過程で想定外の結果が出てしまった際に、その対処法を見出しやすくなります（除外すべき異常値を含んでいた等などの要因をつきとめやすい）。データの分布や形を把握するこれら前段階の準備は、特に効果を把握したいマーケティング施策の説明変数に関しては行っておくことを推奨します。

 第4章以降にも、データの分布を詳細に見て外れ値を把握し、推定結果にもたらす影響を考える演習があります。

3-4 どの変数が目的変数に影響がありそうか？ 相関係数でチェック

次はExcelの「**相関分析**」を実行します。「相関係数」とは2種類のデータの関係を示す指標です。例えば夏の海水浴客数と気温、湿度、雨量のデータが得られたとします。このデータについて、次のような散布図が得られたとき、次のように解釈することができます。「気温が高いと客数が増える」のは**正の相関**であり、「湿度の高さは客数と関係が無い」のは無相関、「雨量が多いと客数が減る」のは**負の相関**となります（図3-4-1）。

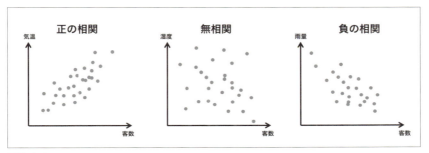

図3-4-1

相関係数は-1から1までの値を取ります。相関係数がどの程度の値なら2変数のデータ間に相関があるかという統一的な基準は決まっていませんが、図3-4-2の基準が目安としてよく用いられています。

回帰分析を行う前に、KGIまたはKPIとなる売上数などの「目的変数」と実行してきたTVCMなどのマーケティング施策の「説明変数」の候補となる変数に正の相関が見られそうか？　説明変数同士が強すぎる相関関係になっていないか等をExcel分析ツールの「相関」分析機能を用いて確認します。

相関係数の値		相関
0.7	～　1	強い正の相関
0.4	～　0.7	正の相関
0.2	～　0.4	弱い正の相関
－0.2	～　0.2	ほとんど相関がない
－0.4	～　－0.2	弱い負の相関
－0.7	～　－0.4	負の相関
－1	～　－0.7	強い負の相関

図3-4-2

説明変数同士の相関が強すぎると推定結果が信用できなくなる「**多重共線性**」というエラーが発生することがあります。回帰分析を行う際に用いる説明変数同士の相関係数が±0.7以上となっている場合は、多重共線性のリスクが高いので注意します。

それでは、実際に「相関」分析を行ってみましょう。

「多重共線性」エラーについては第5章-3で詳細を補足します。

【(演習データ④-1) アルコール飲料売上ローデータ】「ローデータ」Sheet を開いた状態でデータタブを選択、「データ分析」より「相関」を選択し（図3-4-3）OK を押します。

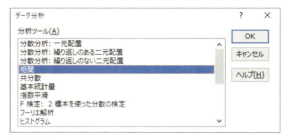

図3-4-3

「相関」入力画面の入力範囲【B1:F106】を指定し、「先頭行をラベルとして使用」のチェックボックスをオンにして（図3-4-4）、OK を押します。

新規 Worksheet に各変数の相関係数行列が出力されます（図3-4-5）。

相関行列を作る際には「入力範囲」の変数行列の左端の列に目的変数を配置することで、相関行列の左端の列を見れば、目的変数と各説明変数との相関係数を把握できるようになります。売上数に対する相関係数は相関が強い順に WEB 広告、TVCM、紙媒体の順番となり、OOH はほとんど相関がありません。

図3-4-4

	A	B	C	D	E	F
1		売上数	TVCM	紙媒体	OOH	WEB広告
2	売上数	1				
3	TVCM	0.50521	1			
4	紙媒体	0.435052	0.47105	1		
5	OOH	0.098626	0.317986	0.447858	1	
6	WEB広告	0.679399	0.526497	0.371966	0.226459	1
7						
8						

図3-4-5

3-5 相関係数を参考にする際の注意「疑似相関」

　相関係数は2変数間の直線的な関係値を表す値です。たとえば、「売上数」と「OOH」の2変数の相関は高くても、「売上数」に対する他の変数「TVCM」「紙媒体」「WEB広告」の影響を除外すると、実は相関が低かったといったことが良くあります。目的変数と各説明変数の相関係数はいわば「1対1」の相性チェックなので注意が必要です。目的変数に影響がある他の変数を加えた「1対多」の関係で見ると実は相性が悪かったとなるケースがあるためです。これを**「見かけ上の相関」**または**「疑似相関」**と言います。

　これを見抜くための手法の1つとして、**偏相関係数**という指標があります。これはExcelの分析ツールの標準機能では分析できませんが、「エクセル統計」では偏相関係数を用いた偏相関行列を作成することができます。次の**第3章-6**の演習でエクセル統計による偏相関係数の分析を体験します。

第8章で因果推論について解説します。見かけの上の相関や、疑似相関が起こる状況とはどういったものかを説明します。
統計WEBのコラムでは偏相関係数や疑似相関について分かりやすい事例で紹介しています。

参照URL

統計WEB 用語集より
「偏相関係数」（https://bellcurve.jp/statistics/glossary/821.html）
統計WEB コラムより
「偏相関係数」（https://bellcurve.jp/statistics/course/9593.html）
「相関行列と偏相関行列―エクセル統計による解析事例」（https://bellcurve.jp/statistics/blog/12168.html）

3-6
「エクセル統計」で偏相関係数行列と「無向グラフ」を作成

「エクセル統計」の機能を用いることで相関係数と偏相関係数の行列と変数間の関連性を示す「**無向グラフ**」※を同時に出力できます。体験してみましょう。

【(演習データ⑤-1) 相関偏相関／期別平均法】 Book の「ローデータ（エクセル統計）」Sheet を開きます。変数ラベルとなる【B1:F1】を選択した状態で「エクセル統計」タブから「基本統計・相関」>「相関行列と偏相関行列」を選択し（図3-6-1）実行します。

参照URL

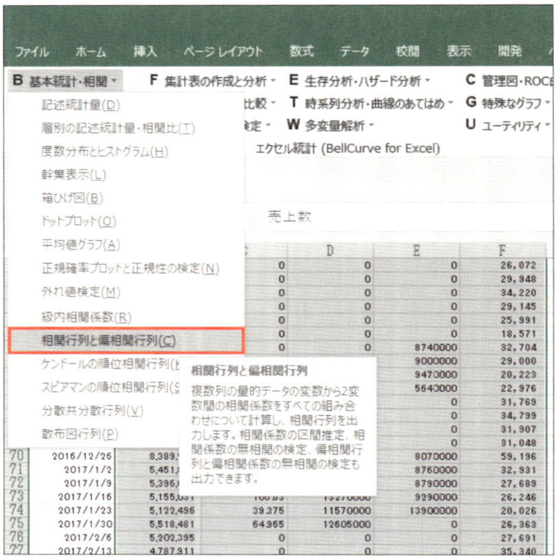

エクセル統計搭載機能
「相関係数と偏相関係数」(https://bellcurve.jp/ex/function/correlmat.html)

図3-6-1

> ※ 「無向グラフ」が作成できる変数の数の上限は10です。

ナビゲーションウィンドウの「相関係数」タブを選択し「相関行列を出力する」にチェックが入っている状態を確認します（図3-6-2）。次に「偏相関係数」タブを選択し「偏相関行列を出力する」と「無向グラフを出力する」のチェックボックスを入れて実行します（図3-6-3）。

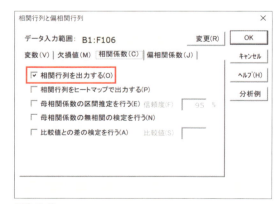

図3-6-2

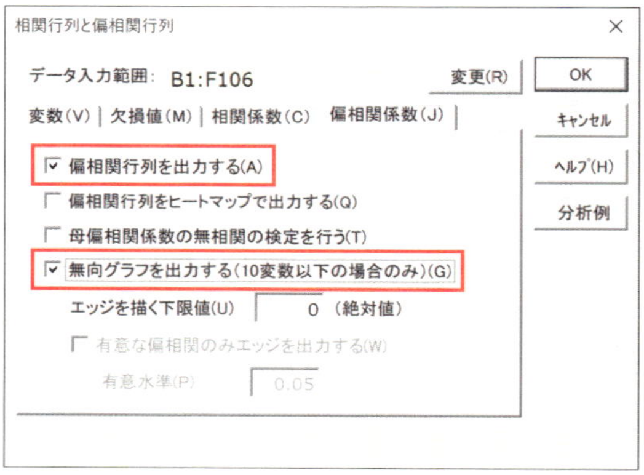

図3-6-3

新規 Workesheet に相関行列と、偏相関行列と無向グラフ（図 3-6-4）が出力されました。

売上に対する相関行列と偏相関行列を見比べると、WEB 広告はいずれも 0.5 以上の正の相関ですが、TVCM、紙媒体、OOH の値は大きく変わっています。ここで変数として使用したマーケティング施策以外にも、売上に影響のある変数がある場合、それを追加することで更に偏相関係数が変わる可能性があります。相関係数はいわば「1 対 1」の相性チェックです。「1 対多」の関係となる偏相関係数を見ると実は相性が悪かったとなるのはこうしたケースです。他の変数の影響によって興味のある変数の関係性（偏相関係数）は変わります。注意が必要です。MMM では主に複数の説明変数を用いた重回帰分析で売上などの目的変数を説明する統計モデルを作ります。目的変数に本来影響のある説明変数をくまなく入れていくことが理想となります。効果把握に興味があるマーケティング施策の変数以外にも、目的変数を説明する（影響の強い）重要な変数がある場合、その変数が説明変数として欠落していると、本来興味があるマーケティング施策の効果把握も信用できないものになる場合があります。

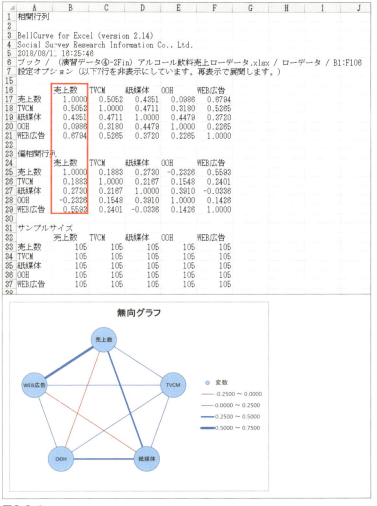

図3-6-4

3-7

「エクセル統計」の「期別平均法」で季節性を把握

第4章より行う回帰分析の準備として、分析対象となる「アルコール飲料売上」の季節性を把握するための分析を行います。12か月、四半期、7曜日、時間などにより一定の周期変動を繰り返すデータから、期別の平均をとり、期別平均の通期平均に対する比として期別指数を計算する「**期別平均法**」を行いましょう。

【(演習データ⑤-1) 相関偏相関／期別平均法】 Book の「5年売上数（エクセル統計）」Sheet を開きます（図 3-7-1）。

	A	B	C	D	E	F
1	年月	売上数				
2	2013年1月	23855873				
3	2013年2月	21169392				
4	2013年3月	27123037				
5	2013年4月	22870090				
6	2013年5月	26411442				
7	2013年6月	26245163				
8	2013年7月	28561595				
9	2013年8月	30984498				
10	2013年9月	24278571				
11	2013年10月	23901606				
12	2013年11月	24014235				
13	2013年12月	26289807				
14	2014年1月	24779476				
15	2014年2月	21545753				
16	2014年3月	27534055				
17	2014年4月	22279253				
18	2014年5月	27297736				
19	2014年6月	25288740				
20	2014年7月	28460146				
21	2014年8月	31375696				
22	2014年9月	23811584				
23	2014年10月	25148353				
24	2014年11月	24281710				
25	2014年12月	26470527				

図3-7-1

これはA社アルコール飲料の5年分の月次の売上数のデータです。データラベルとなる【**B1**】セルを選択し、「エクセル統計」タブの「時系列分析・曲線のあてはめ」から「期別平均法」を選択します（図 3-7-2）。

ナビゲーションウィンドウが出てきます（図 3-7-3）。「データ入力範囲」にはラベル行に対応するデータ範囲が自動で選択されています。「エクセル統計」は、ラベル行を選択した状態で、メニューバーから各分析手法を呼び出すと、自動的にラベル行のデータの一番下までの範囲を選択してくれます。月次で分析する場合は、「1周期のデータの個数」は12個です。この状態のままOKを押します。

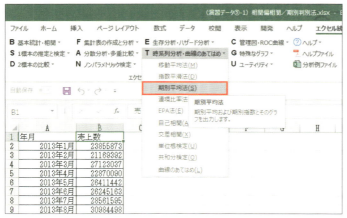

図3-7-2

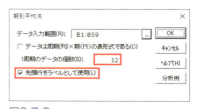

図3-7-3

【B13：G25】にラベルと観測値と期別平均、【H13：H25】にラベルと期別指数の値が出力され（図 3-7-4）、対応するグラフが２つ描画されました（図 3-7-5）。

	A	B	C	D	E	F	G	H
1	期別平均法							
2								
3	BellCurve for Excel (version 2.14)							
4	Social Survey Research Information Co., Ltd.							
5	2018/08/11 16:53:17							
6	ブック / （演習データ⑤-1）期別判別法.xlsx / 5年売上数 / B1:B59							
7	設定オプション（以下4行を非表示にしています。再表示で展開します。）							
12								
13	期	第1周期	第2周期	第3周期	第4周期	第5周期	期別平均	期別指数
14	1	23855873	24779476	22736161	23625790	23769073	23753274.6000	0.9180
15	2	21169392	21545753	23244992	22454998	21885013	22060029.6000	0.8526
16	3	27123037	27534055	28575107	26235506	29844870	27862515.0000	1.0768
17	4	22870090	22279253	22377198	22450989	23393576	22674221.2000	0.8763
18	5	26411442	27297736	27322086	27776729	27647825	27291163.6000	1.0547
19	6	26245163	25288740	27018107	25127312	27958753	26327615.0000	1.0175
20	7	28561595	28460146	29416862	26573014	31478713	28898066.0000	1.1168
21	8	30984498	31375696	31391512	31923075	31242331	31383422.4000	1.2129
22	9	24278571	23811584	24242482	24442619	26280076	24611066.4000	0.9512
23	10	23901606	25148353	27520610	22003869	26193034	24953494.4000	0.9644
24	11	24014235	24281710	25350761	23481832		24282134.5000	0.9384
25	12	26289807	26470527	26417480	26422865		26400169.7500	1.0203
26								

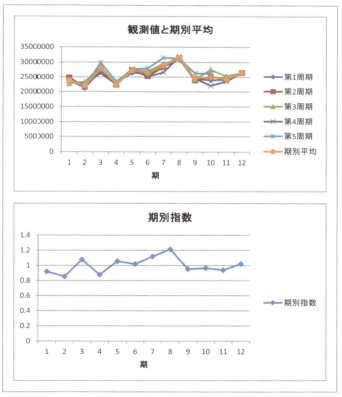

図3-7-4

図3-7-5

5年のデータから各月の指数が判明しました。需要の高い順に8月、7月、3月が上位の3つとなっています。

　ただ、この指数はTVCMなどのマーケティング施策による増加分も含めたものになります。MMMによってそうした施策の影響を定量化することで施策による影響（増加等）を除外した値を元に「期別（月次）指数」を算出すれば、マーケティング施策による影響を除外した変数から「期別（月次）指数」を把握することができます。

　「エクセル統計」には「期別平均法」だけでなく、長期にわたる持続的な変化、周期的な変化、季節的な変化、観測誤差など諸要因による変化の4つの変動要因に分けることで、季節調整を行う「EPA法（モデルX-4C）」など、他の時系列データ分析機能も備えています。

【(演習データ⑤-1)相関偏相関／期別平均法】Bookの「5年売上数(エクセル統計)」Sheetでは「期別判別法」だけでなく「EPA法」と「移動平均法」「指数平滑法」「連環比率法」を試すことができます。分析してみましょう。

参照

エクセル統計　搭載機能紹介ページより
「期別平均法」（https://bellcurve.jp/ex/function/seasonave.html）
「EPA法」（https://bellcurve.jp/ex/function/epa.html）
「移動平均法」（https://bellcurve.jp/ex/function/movingave.html）
「指数平滑法」（https://bellcurve.jp/ex/function/exponent.html）
「連環比率法」（https://bellcurve.jp/ex/function/associate.html）
「搭載機能一覧」（https://bellcurve.jp/ex/all.html）

DATA-DRIVEN MARKETING

第4章

Excel分析ツールを使って回帰分析

4-1
単回帰分析／TVCMで売上数を説明

　マクロや数式を組んだ本書付録「MMM_simulation」Sheet を用いた分析方法を演習する前に、この章で Excel の分析ツールを使用した**回帰分析**を体験していきます。

　回帰分析をどのようにして行っていくのか、Excel の分析ツールを用いた演習で基本的な操作方法と、推定結果で出力される決定係数や P 値などの指標について把握します。月次の季節性を考慮するための「**ダミー変数**」の作り方についても演習します。Excel 単体の機能で行う方法と、エクセル統計のユーティリティ機能の体験の双方を行います。

　まずは**単回帰分析**を行います。【(演習データ④-1) アルコール飲料売上ローデータ】「ローデータ」Sheet を開いた状態※でデータタブを選択、「データ分析」より「回帰分析」を選択し（図 4-1-1）OK を押します。

　「回帰分析」の入力画面の「入力 Y 範囲（Y）」（目的変数）に売上数の範囲【B1:B106】を、「入力 X 範囲（X）」（説明変数）に TVCM の範囲【C1：C106】を選択し、「ラベル」と「残差」と「観測値グラフ」のチェックボックスをオンにした状態（図 4-1-2）で OK を押します。

図 4-1-1

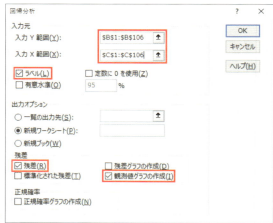

図 4-1-2

　※ 第3章で演習に使用し更新したものではなく、更新前の Book を開きましょう。

110

「回帰分析」入力画面の補足

図 4-1-2 の「回帰分析」入力画面の設定項目を解説します。
- 入力 Y 範囲：目的変数を入力します。※入力範囲は連続している必要があります。
- 入力 X 範囲：説明変数を入力します。※入力範囲は連続している必要があります。
- ラベル：選択範囲の一番上のセルを説明変数ごとのラベルとします。
- 定数に 0 を使用：回帰直線の切片を 0 にします。※通常使う場面はありません
- 有意水準(信頼水準)：各説明変数の係数&切片の信頼区間の下限・上限の値を算出するための「信頼水準」を指定します。※デフォルトは 95％です。

Column
信頼度と信頼区間に関して

母集団から抽出した標本を使って区間推定をするために、その区間の幅（信頼区間）を決める基準が信頼水準です（信頼度、信頼係数とも呼ばれます）。正規分布であれば、平均を中心とした区間の幅が決まります。慣例的によく用いられる基準は95％と99％です（右図）。

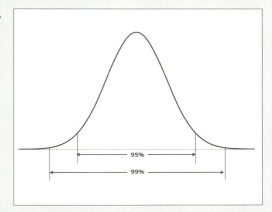

有意水準は帰無仮説を設定したときにそれを棄却する基準となる確率のことで5％や1％といった値がよく使われます。1から信頼水準を引いた数値が有意水準です。信頼水準が95％であれば有意水準は5％となります。

Excelの回帰分析入力画面の「有意水準」はデフォルトが95％となっていることからも分かるようにこれは明らかに「信頼水準」を示しています（正確には「有意水準」ではありません）。

参照文献
統計WEB　統計学の時間
「有意水準と検出力」(https://bellcurve.jp/statistics/course/9313.html)
「第1種の過誤と第2種の過誤」(https://bellcurve.jp/statistics/course/9315.html)

- 出力オプション：Excelのどこに結果を出力するかを指定します。※本書演習で分析ツールの回帰分析を行う際は全て「新規」Sheet（デフォルト）で操作しています。
- 残差：観測値ごとの残差（回帰分析による予測式から導く値と実際の値との差）を出力します。
- 標準化された残差：残差を残差の標準偏差で割って標準化した値を出力します。
- 残差グラフの作成：残差をグラフで表します。
- 観測値グラフの作成：観測値と回帰モデルによる予測値をグラフで表します。
- 正規確率グラフの作成：正規確率グラフを作成することで、目的変数の分布形が正規分布であるか確かめることができます。プロットが直線に近いと、正規分布に近いと判断できます。

「新規」Sheetに出力された分析結果が図4-1-3です。

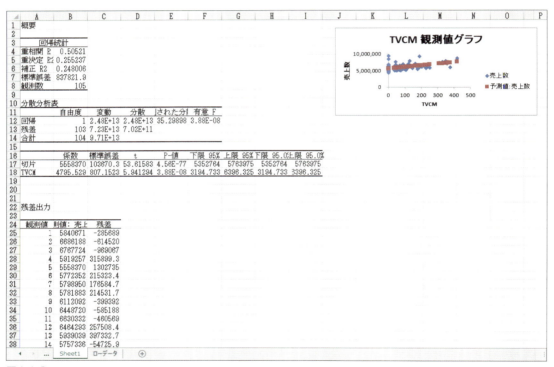

図4-1-3

　「観測値グラフ」は回帰モデルが導いた予測式を用いて算出した目的変数の予測値と、観測値（実績値）をプロットされた内容が出力されます。予測値を結んだ直線が右肩上がりの場合は、説明変数の値が増加すると目的変数の値も増加する正の相関関係となり、右肩下がりの場合は負の相関関係となります。

観測値グラフに回帰直線を入れる

出力された観測値グラフの大きさを見やすく整えてから「予測値：売上数」を選択し右クリックをして（図4-1-4）、「近似曲線のオプション」で「線形近似」のチェックボックスをオンにすると回帰直線入りのグラフができあがります（図4-1-5）。

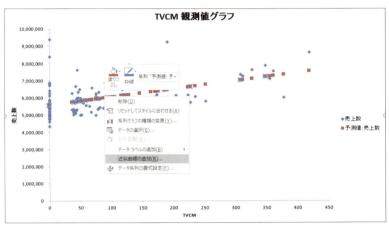

図4-1-4

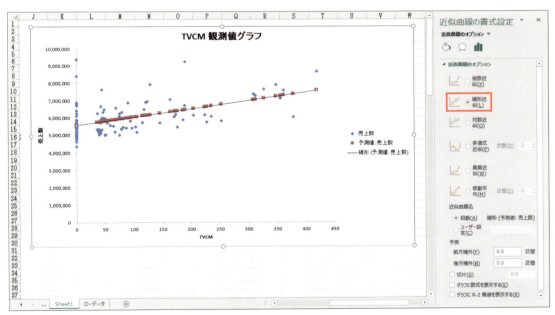

図4-1-5

4-2 回帰分析結果の見方

この節では出力された回帰分析の表（図4-2-1）の見方を説明します。

図4-2-1

マーケティング施策の効果把握の基準となる「係数」の見方

出力結果のTVCMの係数【B18】の値は4795.529…です。これはTVCMの単位（GRP）が1増えるごとにアルコール飲料の売上が4795.529…本増える関係を意味しています。これは先ほど作成した回帰直線つきの観測値グラフ（図4-1-5）の回帰直線の傾きと対応します。またXの値が0の時のYの予測値が切片【B17】で5,558,369…となります。図4-1-5のグラフはY（売上数）＝X（TVCM）× 4795.529…（係数）＋ 5,558,369…（切片）という予測式を表しており、回帰分析の結果と対応しています。

 単回帰の場合は正確には「回帰係数」といいます（重回帰の場合は「偏回帰係数」）。

参照URL

統計WEB　統計用語集　「偏回帰係数」
（https://bellcurve.jp/statistics/glossary/1005.html）

係数が有意であるかチェックするためのt値とP値

　説明変数が目的変数に対して影響がある、回帰分析で導いた係数が0ではないことを対立仮説とし、帰無仮説「係数は0である」を検定した結果がP値【E18】です。t値は【D18】です。信頼水準を95%とした場合（有意水準を5%とした場合）、P値が5%未満である場合は帰無仮説のもとで検定統計量が従う分布の95%より外側に入ることを意味します（図4-2-2）。

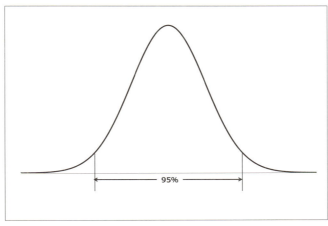

図4-2-2

　信頼水準95%とした場合の係数の検定はP値5%以下とt値の絶対値2以上のどちらを参照してもかまわないと説明される場合もありますが、有意水準5%に対応するとされるt値の絶対値「2」は正確に「2.0」ではありません。正確には**t分布表**から、設定した有意水準に対応するt値の絶対値の基準値を探す必要があります。それは標本サイズによって変動する「自由度」によっても変わります。

参照URL
統計WEB　統計学の時間
「t分布表」(https://bellcurve.jp/statistics/course/8970.html)

　よって、各説明変数が有意であるか否かの判断は、分析者の方針によって設定した有意水準に応じたP値を参照することを推奨します。有意水準は一般的には5%または1%が使用されます(10%とする場合もあります)。

　【F18】と【G18】に出力されている値は、係数推定の95%信頼区間に対応する下限と上限の値です。回帰分析の入力画面の「有意水準（正確には信頼水準）」のチェックボックスを入れ、「95%以外の値（例：90%や99%等）」を入れた場合は【H18】と【I18】に設定した信頼水準の値に対応する推定値が出力されます。

切片のt値とP値

切片のＰ値とｔ値も同様に帰無仮説を「切片は0である」とした検定に伴うものです。説明変数については係数のＰ値が有意水準を上回る場合はモデルから外すなどを検討することが一般的ですが、切片についてはＰ値が有意水準を上回る場合であっても、外さない場合が多いです。係数の「0」は絶対的な意味を持ちますが、切片の「0」は気温と同様に相対的な意味となります（**第1章-4**のデータの種類の比例尺度と感覚尺度で解説した内容です）。そのため、通常は切片のＰ値（またはｔ値）を気にする必要はありません。切片をモデルから除くには回帰分析入力画面で「定数に0を使用する」のチェックボックスを入れて分析をする必要がありますが、切片は「0」であることが予め分かっているなど、よほど強い理由が無いと行いません。

予測精度の目安となる「決定係数」

モデルのあてはまりの良さを表す値が「**決定係数**」です。図4-2-1の「重決定R2」**【B5】**の値が決定係数に該当します。

	A	B	C	D	E	F	G	H	I
1	概要								
2									
3		回帰統計							
4	重相関 R	0.50520959							
5	重決定 R2	0.25523673							
6	補正 R2	0.24800602							
7	標準誤差	837821.866							
8	観測数	105							
9									
10	分散分析表								
11		自由度	変動	分散	測された分散	有意 F			
12	回帰	1	2.4778E+13	2.4778E+13	35.2989793	3.8779E-08			
13	残差	103	7.23E+13	7.0195E+11					
14	合計	104	9.7078E+13						
15									
16		係数	標準誤差	t	P-値	下限 95%	上限 95%	下限 95.0%	上限 95.0%
17	切片	5558369.82	103670.32	53.615826	4.5555E-77	5352764.2	5763975.45	5352764.2	5763975.45
18	TVCM	4795.52921	807.152259	5.94129442	3.8779E-08	3194.73308	6396.32535	3194.73308	6396.32535
19									

図4-2-1（再掲）

これは目的変数の総変動のうち、モデルが説明できる変動の割合を示しており、モデルの「**予測精度**」の目安となります。決定係数がどの程度の値なら予測精度が高いのかという統一的な基準は決まっていません。筆者はそれを80％以上にすることをモデル作成時の目安にしています（回帰分析でMMM分析を行ってきた独自の経験による判断）。現段階のモデルの「重決定R2」は約24.8％です。これは明らかに予測精度不足だと考えます。

説明変数の数によって参照すべき値が変わる2種類の「決定係数」

　決定係数は実際に観測された目的変数の値（実績値）と回帰モデルをあてはめた推定値（予測値）との相関係数から導いた「**重相関係数**」（図4-2-1）「**重相関R**」（**【B4】**）の値を二乗した値に一致します。なお、前章で実施した2変数の相関係数はその2変数で行う単回帰分析の「重相関係数」と同じです。

　一般的に決定係数は説明変数を増やすほど高くなります。目的変数への影響がない変数であっても、たくさん入れれば決定係数が上がります。それを補正した値が「**自由度調整済決定係数**」（図4-2-1の「**補正R2**」**【A6】**）です。説明変数が複数になる重回帰分析では「**補正R2**」を、単回帰分析の際は「**重決定R2**」を参照します。単回帰分析と重回帰分析を別々のものと思っている人がいるかもしれませんが、説明変数1個だけの回帰分析が単回帰分析で説明変数が複数の場合は重回帰分析と呼ぶだけで分析方法は変わりません。どちらも「回帰分析」です。ただし、参照すべき「決定係数」はそれぞれ異なります。

Excel「重決定R2」「補正R2」という用語は統計論文では使えないExcelの独自用語です。ビジネスシーンでもこの用語の使用は避けたほうが良いと思います。正式にはそれぞれ「決定係数」と「自由度調整済決定係数」です。「重相関係数」はExcel独自用語ではないのでそのまま使用して問題ありません。「決定係数」に関して更に詳しく知りたい方は統計WEBのコラムを参照してください。Excelの回帰分析の出力にある「分散分析表」に関しても説明が記載されています。

参照URL
統計WEB 「EXCELで重回帰分析(4)－重相関係数と決定係数」
（https://bellcurve.jp/statistics/blog/14131.html）

本書では「決定係数」「自由度調整済決定係数」を総称して「決定係数」と記載する場合があります。第5章以降の演習で使用する本書付録【MMM_modeling】Bookでは（正式な用語でないことを踏まえた上で）Excelと用語を統一するために「重決定R2」「補正R2」という単語を用いています。

MMMのモデル選択基準

　どのような基準で説明変数や得られたモデルを選択していくかについて解説します。そもそも、研究や分析を行う際にはスタンスとして「説明」または「予測」のいずれを重視するかを決めることが重要です。それによって分析方針（ここではモデル選択基準）が大きく変わります。MMMで「予測」を重視する場合は、目的変数（売上等）の未来の値を予測することが多いと思います。マーケティングテーマとしては「需要予測」に対応するものです。この場合、説明変数と目的変数との関係が原因と結果になっているか（相関ではなく因果関係）については、そこまで厳密に考察しなくても問題ありません。対して、MMMで「説明」を重視する場合は、（広告販促などのマーケティング施策等の）説明変数の一定量を増加させると、目的変数（売上等）にいくつ影響を及ぼすか、介入

効果の推定を重視することが多いと思います。これはマーケティングテーマの「効果検証」に対応するものです。この場合は、説明変数と目的変数との関係が原因と結果になっているか（相関ではなく因果関係）について、より慎重な考察が求められます。マーケターがMMMを行う際のニーズは後者の「説明」に対応するものが多いと思います。本書では説明を重視する際の分析の視点の共有を重視しますが、いったんは「予測」を重視した（簡易的な）モデル選択基準で演習を進めます。どのような手順で分析作用を行い、モデルの予測精度を上げていくか？　まずは演習でその方法を体験した後で、説明を重視する際の考察に必要な統計的因果推論にまつわる基礎知識や、「説明」を重視した場合と、「予測」を重視した場合の説明変数選択視点の違いや、最終的なモデル選択をする際に留意すべき内容について第8章で解説します。

予測重視のモデル選択基準（演習用）

　演習では、目的変数（売上等）を予測するための要因となる候補変数の最適な組み合わせを探索する、または（残存効果などを加味した）変数加工をすることで予測精度の目安となる決定係数を高いモデルに進化させていく手順を体験します。モデル選択基準は下記①～③の優先順位とします。

① 決定係数を上げる（目標目安80％以上）　※ただし、マーケティング施策についてプラスの効果が想定されている際、係数がマイナスになった場合は（決定係数を上げることよりも）係数がプラスになることを優先する。
② モデルに組み込む説明変数の組み合わせを探索する際、P値が設定した有意水準を上回る説明変数は原則外す。有意水準は一般的に用いられる「5％」から多少緩和させ「10％」とする。
③ 効果を把握したいマーケティング施策の説明変数に関しては、最終的に採択するモデルを決定するまで、P値が設定した有意水準10％を上回っていても原則残す。※ただし、作成した複数のモデルから最終的に採択するモデルを判断する段階でマーケティング施策の変数を残すか判断する。10％を上回っていても分析者の主観的判断であえてモデルに残す場合もある。

> 目的変数に対して有意な説明変数をモデルに組み込めば予測精度も上がる傾向にあるため、説明変数のP値も判断基準の1つとします。設定した有意水準(10%)を上回る結果でも分析者の主観的判断で残す場合もあります。また、推定結果に特に興味のある説明変数の推定結果にバイアスをかけないために(P値の値に関わらず)侵用する説明変数もあります(第8章で補足します)。

4-3
予測値と実績値の推移を線グラフに描画して確認する

次に、現時点のモデルの予測精度を目的変数の「**予測値**」と「**実績値**」の推移を折れ線グラフにすることで視覚的に確認します。

回帰分析結果の出力の残差【**C24:C129**】を選択し、右クリックから「セルの挿入」を選択（図 4-3-1）、「右方向にシフト」を実行し挿入します。

新たに作成したC列に「予測値:売上数」と「残差」を合計する数式を入力していきます。【**C25**】に「= B25+D25」と入力し（図 4-3-2）、【**C25:C129**】までオートフィル等で数式をコピーします。

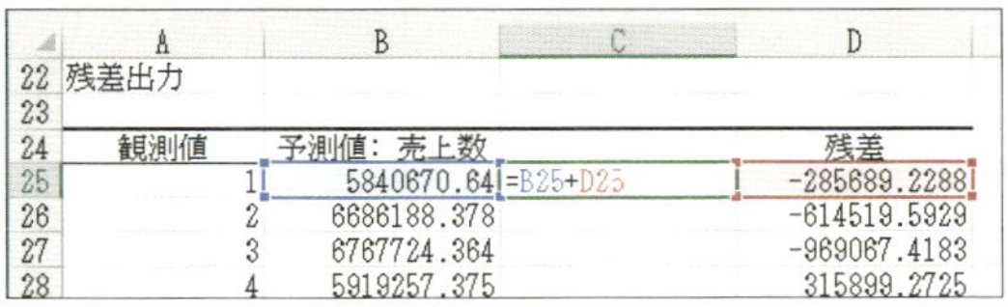

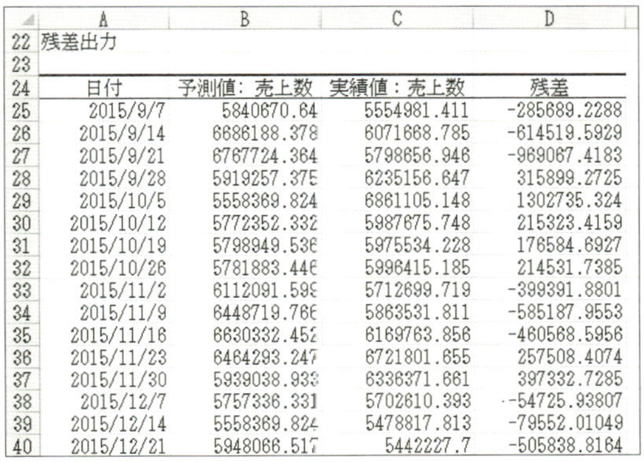

表頭（ラベル）となる【**C24**】に「実績値：売上数」と入力、観測値【**A24**】も「日付」と上書きし、【**A25：A129**】の範囲に「ローデータ」Sheet の日付を上書きします（図 4-3-3）。

データ範囲【**A24：D129**】を選択した状態で「挿入」タブから「マーカー付き折れ線」を選択し（図 4-3-4）、グラフを挿入します。

	A	B	C
22	残差出力		
23			
24	観測値	ｼ測値: 売上数	残差
25	1	5840670.64	-285689.23
26	2	6686188.38	-614519.59
27	3	6767724.36	-969067.42
28	4	5919257.37	315899.273
29	5	5558369.82	1302735.32
30	6	5772352.33	215323.416
31	7	5798949.54	176584.693
32	8	5781883.45	214531.738
33	9	6112091.6	-399391.88
34	10	6448719.77	-585187.96
35	11	6630332.45	-430568.6
36	12	6464293.25	257508.407
37	13	5939038.93	397332.729

図4-3-1

	A	B	C	D
22	残差出力			
23				
24	観測値	予測値: 売上数		残差
25	1	5840670.64	=B25+D25	-285689.2288
26	2	6686188.378		-614519.5929
27	3	6767724.364		-969067.4183
28	4	5919257.375		315899.2725

図4-3-2

	A	B	C	D
22	残差出力			
23				
24	日付	予測値: 売上数	実績値：売上数	残差
25	2015/9/7	5840670.64	5554981.411	-285689.2288
26	2015/9/14	6686188.378	6071668.785	-614519.5929
27	2015/9/21	6767724.364	5798656.946	-969067.4183
28	2015/9/28	5919257.375	6235156.647	315899.2725
29	2015/10/5	5558369.824	6861105.148	1302735.324
30	2015/10/12	5772352.332	5987675.748	215323.4159
31	2015/10/19	5798949.536	5975534.228	176584.6927
32	2015/10/26	5781883.446	5996415.185	214531.7385
33	2015/11/2	6112091.599	5712699.719	-399391.8801
34	2015/11/9	6448719.766	5863531.811	-585187.9553
35	2015/11/16	6630332.452	6169763.856	-460568.5956
36	2015/11/23	6464293.247	6721801.655	257508.4074
37	2015/11/30	5939038.933	6336371.661	397332.7285
38	2015/12/7	5757336.331	5702610.393	-54725.93807
39	2015/12/14	5558369.824	5478817.813	-79552.01049
40	2015/12/21	5948066.517	5442227.7	-505838.8164

図4-3-3

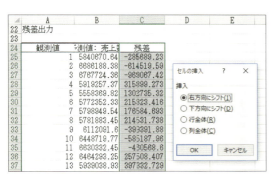

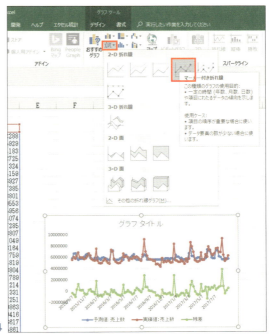

図4-3-4

出力されたグラフのうち、緑色の「残差」の系列の線を選択して右クリックし、「データ系列の書式設定」から、「系列のオプション」第2軸を選択します（図4-3-5）。

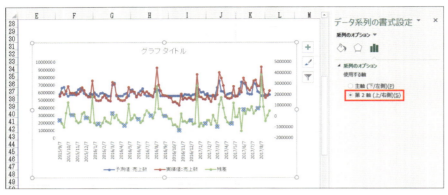

図4-3-5

　グラフ右側の「第2軸の目盛の上」で右クリックし軸の書式設定を選択し、軸のオプションの最大値を入力します。残差が予測値と実績値のグラフに被らないような数値（ここでは15,000,000に設定）に変更します（図4-3-6）。

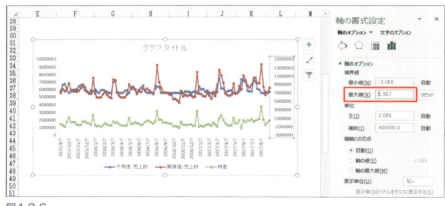

図4-3-6

　実績値と予測値の推移および、その差（残差）を2軸目としてプロットした線グラフができあがります。現時点のモデルの決定係数は24%強で、目標の80%を大きく下回っており、モデルの予測値と実績値の推移も大きくずれています。実績値と残差の相関が強そう（似通った推移）です。モデルの決定係数が高くなると、実績値と残差の相関は低くなります。

> 理想的な回帰モデルでは、実績値と残差は無相関となり、残差の分布は正規分布になります。

> 第5章以降の演習で使用する付録の【MMM_modeling】Bookでは予測値と実績値の推移と残差をプロットした線グラフを自動で描画する仕様となっています。モデルを作り直していくたびに、実績値と予測値の推移を簡単に確認することができます。

4-4

重回帰分析／TVCM以外のマーケティング施策も加えて売上数を説明できるか？

次は、複数の説明変数を用いて重回帰分析を行います。**【（演習データ④-1）アルコール飲料売上ローデータ】**「ローデータ」Sheet を開きます（更新前の Book を開きましょう）。

「データ分析」より「回帰分析」を選択し OK を押します。「回帰分析」の入力画面の「入力 Y 範囲（Y）」に売上数の範囲**【B1：B106】**の範囲を、「入力 X 範囲（X）」に TVCM から WEB 広告までの範囲**【C1：F106】**を設定し、「ラベル」のチェックボックスと、「残差」と「観測値グラフの作成」のチェックボックスをオンにした状態（**図 4-4-1**）で OK を押します。

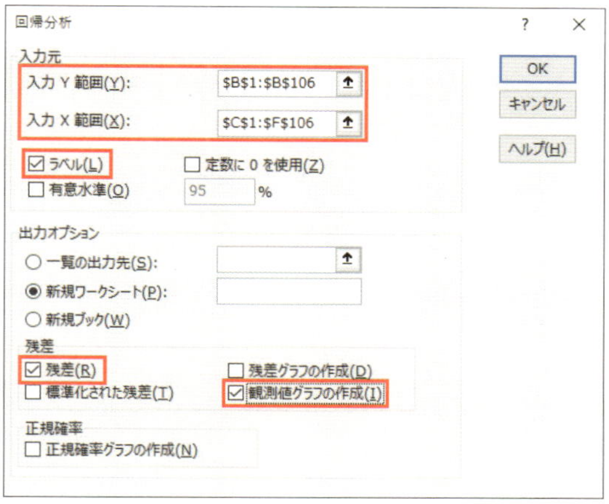

図4-4-1

新規 Sheet に回帰分析の結果が出力されます（**図 4-4-2**）。出力された内容のうち、どの値を見るべきかについてはすでに「単回帰分析／ TVCM で売上数を説明」（**第 4 章 -1**）で解説しました。今回は単回帰ではなく重回帰分析なので、決定係数は「重決定 R2（決定係数）」ではなく「補正 R 2（自由度調整済決定係数）」を参照します。TVCM 以外の説明変数を増やしたことで決定係数（補正 R2）は上がり 52％強になりましたが、OOH の係数はマイナスです。OOH 出稿金額 1円あたり、缶アルコール飲料の売上本数が 0.03067…本減るという結果になっています。

概要

回帰統計	
重相関 R	0.734219
重決定 R2	0.539077
補正 R2	0.52064
標準誤差	668921.8
観測数	105

分散分析表

	自由度	変動	分散	された分散	有意 F
回帰	4	5.23E+13	1.31E+13	29.23899	4.24E-16
残差	100	4.47E+13	4.47E+11		
合計	104	9.71E+13			

	係数	標準誤差	t	P-値	下限 95%	上限 95%	下限 95.0%	上限 95.0%
切片	4549916	168032.5	27.0776	7.77E-48	4216544	4883288	4216544	4883288
TVCM	1561.01	814.2966	1.917005	0.058092	-54.5309	3176.552	-54.5309	3176.552
紙媒体	0.018196	0.006411	2.838146	0.005496	0.005476	0.030916	0.005476	0.030916
OOH	-0.03067	0.012826	-2.39128	0.01866	-0.05612	-0.00522	-0.05612	-0.00522
WEB広告	32.06061	4.751758	6.747106	9.95E-10	22.63326	41.48796	22.63326	41.48796

残差出力

観測値	予測値: 売上	残差
1	5571230	-16248.1
2	5983628	88040.55
3	5857591	-58933.8
4	5524434	710722.4
5	5473999	1387106
6	5418809	568866.4
7	5587418	388116.7
8	5171662	824753.5
9	5563569	149130.4
10	5544211	319320.6
11	5791504	378260.1

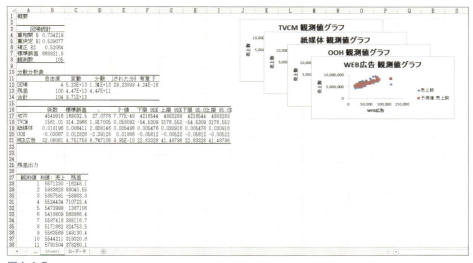

図4-4-2

4-5 決定係数を高める（予測精度を上げる）ためのアプローチとダミー変数

　決定係数を高める（予測精度を上げる）ためには、「**目的変数に影響を与えている説明変数を増やす**」「**目的変数に影響を与えていない説明変数を外す**」2つの方法を繰り返す探索的なアプローチによるモデル探索が必要です。本章ではその2つに加え「**説明変数を加工する**」という方法も加えた探索方法を紹介します。「**加工**」とは、TVCMなどのマーケティング施策の効果のタイムラグや残存効果、非線形な影響を加味した加工を指します。うち、残存効果と非線形な影響に関しては、本書付録【MMM_modeling】BookでExcelのソルバーを用いて探索する方法を第5章で紹介します。

決定係数を高めるための方法とは？

1. 目的変数に影響を与えている説明変数を増やす
2. 目的変数に影響を与えていない説明変数を外す
3. 説明変数を加工する（タイムラグや効果の残存などを加味）

　➡ これらの方法を繰り返す探索的なアプローチ

　MMMの実務で回帰モデルを作る際に決定係数が低い理由の大半は、目的変数に影響を与えている説明変数が足りていないケースです。アルコール飲料の売上本数を説明する要因は広告だけでしょうか？　夏の暑さなど、季節性が大きいかもしれません。そういった要因を加味する方法の1つとなる「**ダミー変数**」の使い方を紹介します。

　例えば、商品のパッケージデザインを変更した影響を加味したい場合では、変更前の期間を「0」、変更後を「1」とするダミー変数を用いてモデルを作ることで、パッケージデザイン変更によって引き起こされた目的変数への影響を変更後の期間のデータの値「1」の合計×係数の計算結果から把握します。例えば、月次の時系列データで季節性による影響を考慮したい場合は、図4-5-1のようなダミー変数を作ります。

	A	B	C	D	E	F	G	H	I	J	K	L	M	N	O
1		1月	2月	3月	4月	5月	6月	7月	8月	9月	10月	11月	12月		
2	2015年1月	1	0	0	0	0	0	0	0	0	0	0	0		
3	2015年2月	0	1	0	0	0	0	0	0	0	0	0	0		
4	2015年3月	0	0	1	0	0	0	0	0	0	0	0	0		
5	2015年4月	0	0	0	1	0	0	0	0	0	0	0	0		
6	2015年5月	0	0	0	0	1	0	0	0	0	0	0	0		
7	2015年6月	0	0	0	0	0	1	0	0	0	0	0	0		
8	2015年7月	0	0	0	0	0	0	1	0	0	0	0	0		
9	2015年8月	0	0	0	0	0	0	0	1	0	0	0	0		
10	2015年9月	0	0	0	0	0	0	0	0	1	0	0	0		
11	2015年10月	0	0	0	0	0	0	0	0	0	1	0	0		
12	2015年11月	0	0	0	0	0	0	0	0	0	0	1	0		
13	2015年12月	0	0	0	0	0	0	0	0	0	0	0	1		
14	2016年1月	1	0	0	0	0	0	0	0	0	0	0	0		

図4-5-1

日別のデータで曜日ごとの影響を考慮する場合は図 4-5-2のようなダミー変数を作ります。

ダミー変数の作り方のイメージは掴めたでしょうか？　ダミー変数を説明変数として用いる際に注意すべきことがあります。月次や曜日のようなダミー変数を回帰分析で説明変数として使う場合は、1アイテムを構成するカテゴリーのうち、どれか1つのカテゴリーを削除する必要があります。

	A	B	C	D	E	F	G	H	I
1		月曜日	火曜日	水曜日	木曜日	金曜日	土曜日	日曜日	
2	2015年1月1日	0	0	0	1	0	0	0	
3	2015年1月2日	0	0	0	0	1	0	0	
4	2015年1月3日	0	0	0	0	0	1	0	
5	2015年1月4日	0	0	0	0	0	0	1	
6	2015年1月5日	1	0	0	0	0	0	0	
7	2015年1月6日	0	1	0	0	0	0	0	
8	2015年1月7日	0	0	1	0	0	0	0	
9	2015年1月8日	0	0	0	1	0	0	0	
10	2015年1月9日	0	0	0	0	1	0	0	
11	2015年1月10日	0	0	0	0	0	1	0	
12	2015年1月11日	0	0	0	0	0	0	1	
13	2015年1月12日	1	0	0	0	0	0	0	
14	2015年1月13日	0	1	0	0	0	0	0	
15	2015年1月14日	0	0	1	0	0	0	0	
16	2015年1月15日	0	0	0	1	0	0	0	
17	2015年1月16日	0	0	0	0	1	0	0	
18	2015年1月17日	0	0	0	0	0	1	0	
19	2015年1月18日	0	0	0	0	0	0	1	
20	2015年1月19日	1	0	0	0	0	0	0	
21	2015年1月20日	0	1	0	0	0	0	0	
22	2015年1月21日	0	0	1	0	0	0	0	
23	2015年1月22日	0	0	0	1	0	0	0	
24	2015年1月23日	0	0	0	0	1	0	0	
25	2015年1月24日	0	0	0	0	0	1	0	
26	2015年1月25日	0	0	0	0	0	0	1	
27	2015年1月26日	1	0	0	0	0	0	0	
28	2015年1月27日	0	1	0	0	0	0	0	
29	2015年1月28日	0	0	1	0	0	0	0	

図4-5-2

月次のダミー変数活用を例に説明します。「月」を1アイテムとした場合、カテゴリーは1月、2月、3月・・・12月の12個となります。例えば、月次の粒度のデータセットでは各行のカテゴリーの値を足すと次のようになります。

「1月」+「2月」+「3月」+「4月」+「5月」+「6月」+「7月」+「8月」+「9月」+「10月」+「11月」+「12月」＝ 1

そのうちの1つ、例えば「1月」のデータがなくても下記の式で、その月が1月かどうかを判別することができます。

「1月」＝ 1 －「2月」－「3月」－「4月」－「5月」－「6月」－「7月」－「8月」－「9月」
　　　　　－「10月」－「11月」－「12月」

つまり、1月以外の月の値がすべて0であれば、その月は1月だと分かり、逆に1月以外の月の値がどれか1つが1であれば、その月は1月でないと分かります。12か月全てのデータを説明変数として使用すると、同じような情報を重複して使用することになり、信ぴょう性のある回帰分析の解が求まらなくなる「**多重共線性**※」という問題が発生します。多重共線性を避けるためには、曜日7カテゴリー、月次12カテゴリーの説明変数は使えません。どれか1つのカテゴリーを説明変数から外す必要があります。

 参照URL
　　統計WEB 統計用語集「多重共線性」
　　（https://bellcurve.jp/statistics/glossary/1792.html）

 数量化2類における注意点（多重共線性）
【（演習データ②-1）KMW問合せユーザー@数量化Ⅱ類】の「マスタ」Sheetで分析に用いていた「役割」の変数を(QRSTU列)のようにダミー変数化してその全てを説明変数に用いると、「線形結合している変数があるため分析を中止します」というエラーメッセージが出て分析が実行できなくなります。
「エクセル統計」の数量化2類では、計算の途中でP列のようなデータをQRSTU列のように分解しますが、その際、多重共線性を回避する処理を行っています。よって、P列のデータであれば分析が実行できますが、分析者が(QRSTU列)のようにダミー変数化してしまうと、完全な多重共線性となる「一次従属」とみなされ、前述のエラーとなります。

 ※　多重共線性はマルチコとも呼ばれます。

124

4-6

季節性（月次）を考慮するためのダミー変数を活用

【（演習データ④-1）アルコール飲料売上ローデータ】で、月次の影響を加味するためのダミー変数を作り、加えたデータテーブルが図 4-6-1です。

	A	B	C	D	E	F	G	H	I	J	K	L	M
1	日付	1月	2月	3月	4月	5月	6月	7月	8月	9月	10月	11月	12月
2	2015/9/7	0	0	0	0	0	0	0	0	1	0	0	0
3	2015/9/14	0	0	0	0	0	0	0	0	1	0	0	0
4	2015/9/21	0	0	0	0	0	0	0	0	1	0	0	0
5	2015/9/28	0	0	0	0	0	0	0	0	1	0	0	0
6	2015/10/5	0	0	0	0	0	0	0	0	0	1	0	0
7	2015/10/12	0	0	0	0	0	0	0	0	0	1	0	0
8	2015/10/19	0	0	0	0	0	0	0	0	0	1	0	0
9	2015/10/26	0	0	0	0	0	0	0	0	0	1	0	0
10	2015/11/2	0	0	0	0	0	0	0	0	0	0	1	0
11	2015/11/9	0	0	0	0	0	0	0	0	0	0	1	0
12	2015/11/16	0	0	0	0	0	0	0	0	0	0	1	0
13	2015/11/23	0	0	0	0	0	0	0	0	0	0	1	0
14	2016/5/2	0	0	0	0	1	0	0	0	0	0	0	0
37	2016/5/9	0	0	0	0	1	0	0	0	0	0	0	0
38	2016/5/16	0	0	0	0	1	0	0	0	0	0	0	0
39	2016/5/23	0	0	0	0	1	0	0	0	0	0	0	0
40	2016/5/30	0	0	0	0	1	0	0	0	0	0	0	0

月次 | 曜日 | Sheet3 | 正月等 | Sheet1

図4-6-1

各週のラベルとなるA列に対応する月次のダミー変数を作りました。週次の時系列データから月次のダミー変数を作ると、例えば**【D5】**セルの「2015年9月28日」に対応する**【O9】**の数値は「1」となりますが、9月28日～10月4日までの7日間のうち、3日間が9月の日付で残り4日は10月の日付です。これでは9月のダミー変数の意味がありません。そこで、「2015年9月28日」週は9月の日付を3日含み、10月の日付を4日含むという重みづけを加味したダミー変数を作ります。

【（演習データ⑥-1）月次ダミー作成用演習】Bookの「Excel用」Sheetを開きましょう（図4-6-2）。

	A	B	C	D	E	F	G	H	I	J	K	L	M	N
1	日付	1月	2月	3月	4月	5月	6月	7月	8月	9月	10月	11月	12月	
2	2015/9/7	0	0	0	0	0	0	0	0	0	0	0	0	
3	2015/9/8	0	0	0	0	0	0	0	0	0	0	0	0	
4	2015/9/9	0	0	0	0	0	0	0	0	0	0	0	0	
5	2015/9/10	0	0	0	0	0	0	0	0	0	0	0	0	
6	2015/9/11	0	0	0	0	0	0	0	0	0	0	0	0	
7	2015/9/12	0	0	0	0	0	0	0	0	0	0	0	0	
8	2015/9/13	0	0	0	0	0	0	0	0	0	0	0	0	
9	2015/9/14	0	0	0	0	0	0	0	0	0	0	0	0	
10	2015/9/15	0	0	0	0	0	0	0	0	0	0	0	0	
11	2015/9/16	0	0	0	0	0	0	0	0	0	0	0	0	
12	2015/9/17	0	0	0	0	0	0	0	0	0	0	0	0	
13	2015/9/18	0	0	0	0	0	0	0	0	0	0	0	0	
14	2015/9/19	0	0	0	0	0	0	0	0	0	0	0	0	

図4-6-2

B～M列の「○月」それぞれに対応する日を「1」にしていきます。IF関数を用いるなど、いろいろな方法が考えられますが、ここでは**Excelのフィルター機能**を使った方法を紹介します。

図 4-6-3のように分析したいデータテーブルの表頭にあたるセル（ここでは1行目）を選択し、データタブの「フィルター」ボタンを押します。ショートカットキーを使う場合は[Ctrl]＋[Shift]＋[L]となります（ショートカットキーを使った場合は表頭と思われる範囲をExcelが自動認識します）。

	A	B	C	D	E	F	G	H	I	J	K	L	M
1	日付	1月	2月	3月	4月	5月	6月	7月	8月	9月	10月	11月	12月
2	2015/9/7	0	0	0	0	0	0	0	0	0	0	0	0
3	2015/9/8	0	0	0	0	0	0	0	0	0	0	0	0
4	2015/9/9	0	0	0	0	0	0	0	0	0	0	0	0
5	2015/9/10	0	0	0	0	0	0	0	0	0	0	0	0
6	2015/9/11	0	0	0	0	0	0	0	0	0	0	0	0
7	2015/9/12	0	0	0	0	0	0	0	0	0	0	0	0
8	2015/9/13	0	0	0	0	0	0	0	0	0	0	0	0
9	2015/9/14	0	0	0	0	0	0	0	0	0	0	0	0
10	2015/9/15	0	0	0	0	0	0	0	0	0	0	0	0
11	2015/9/16	0	0	0	0	0	0	0	0	0	0	0	0
12	2015/9/17	0	0	0	0	0	0	0	0	0	0	0	0
13	2015/9/18	0	0	0	0	0	0	0	0	0	0	0	0
14	2015/9/19	0	0	0	0	0	0	0	0	0	0	0	0
15	2015/9/20	0	0	0	0	0	0	0	0	0	0	0	0
16	2015/9/21	0	0	0	0	0	0	0	0	0	0	0	0
17	2015/9/22	0	0	0	0	0	0	0	0	0	0	0	0
18	2015/9/23	0	0	0	0	0	0	0	0	0	0	0	0

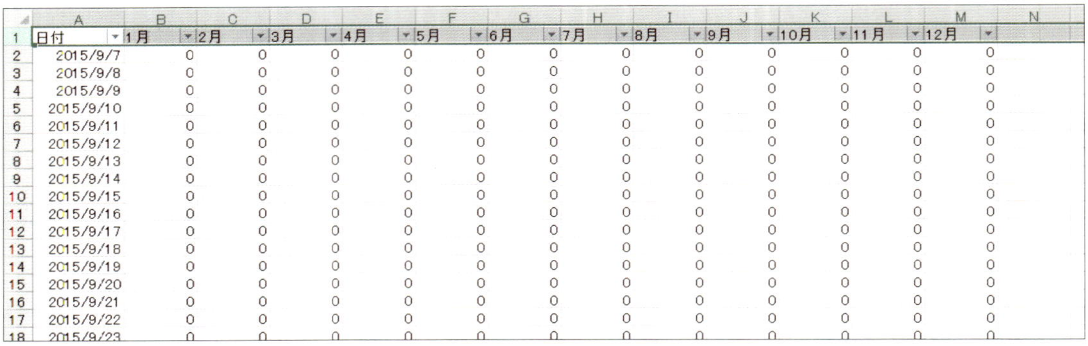

図4-6-3

フィルター対象となる日付の表頭【A1】セルを選択し、「日付フィルター」＞「期間内の全日付」＞「各月」をそれぞれ選択していきます。ショートカットキーを使う場合はA1セルを選択した状態で［Alt］＋［↓］、［F］、［P］と順に入力し、次に各月に対応する( )内のアルファベットを入力します（例として1月は［J］）（図 4-6-4）。

1月のダミー変数を作る際は、日付「1月」でフィルターをかけた状態で、表示されたB列の値を「1」に上書きしていきます。フィルター時に表示された対象セルの一番上のセル【B118】セルの値を1に上書きしてから、そのセルを選択し、ショートカットキー［Ctrl］＋［C］でコピー、［Ctrl］＋［Shift］＋［↓］で表示セルのうちデータ入力された下端のセルまでを選択し、［Ctrl］＋［V］で値を貼り付けます（図 4-6-5）。

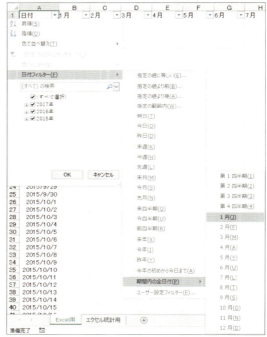

図4-6-4

フィルター解除のショートカットキーはフィルター実行と同様[Ctrl]+[Shift]+[L]です。

エクセル統計のユーティリティ機能を使うと、同じ作業を簡単に実行できます。次節で体験してみましょう。

	A	B	C	D	E	F	G	H	I	J	K	L	M	N
1	日付	1月	2月	3月	4月	5月	6月	7月	8月	9月	10月	11月	12月	
118	2016/1/1	1	0	0	0	0	0	0	0	0	0	0	0	
119	2016/1/2	1	0	0	0	0	0	0	0	0	0	0	0	
120	2016/1/3	1	0	0	0	0	0	0	0	0	0	0	0	
121	2016/1/4	1	0	0	0	0	0	0	0	0	0	0	0	
122	2016/1/5	1	0	0	0	0	0	0	0	0	0	0	0	
123	2016/1/6	1	0	0	0	0	0	0	0	0	0	0	0	
124	2016/1/7	1	0	0	0	0	0	0	0	0	0	0	0	
125	2016/1/8	1	0	0	0	0	0	0	0	0	0	0	0	
126	2016/1/9	1	0	0	0	0	0	0	0	0	0	0	0	
127	2016/1/10	1	0	0	0	0	0	0	0	0	0	0	0	
128	2016/1/11	1	0	0	0	0	0	0	0	0	0	0	0	
129	2016/1/12	1	0	0	0	0	0	0	0	0	0	0	0	
130	2016/1/13	1	0	0	0	0	0	0	0	0	0	0	0	
131	2016/1/14	1	0	0	0	0	0	0	0	0	0	0	0	
132	2016/1/15	1	0	0	0	0	0	0	0	0	0	0	0	

図4-6-5

この操作を12か月分繰り返してフィルターを解除します（図4-6-6）。

	A	B	C	D	E	F	G	H	I	J	K	L	M	N
1	日付	1月	2月	3月	4月	5月	6月	7月	8月	9月	10月	11月	12月	
2	2015/9/7	0	0	0	0	0	0	0	0	1	0	0	0	
3	2015/9/8	0	0	0	0	0	0	0	0	1	0	0	0	
4	2015/9/9	0	0	0	0	0	0	0	0	1	0	0	0	
5	2015/9/10	0	0	0	0	0	0	0	0	1	0	0	0	
6	2015/9/11	0	0	0	0	0	0	0	0	1	0	0	0	
7	2015/9/12	0	0	0	0	0	0	0	0	1	0	0	0	
8	2015/9/13	0	0	0	0	0	0	0	0	1	0	0	0	
9	2015/9/14	0	0	0	0	0	0	0	0	1	0	0	0	
10	2015/9/15	0	0	0	0	0	0	0	0	1	0	0	0	
11	2015/9/16	0	0	0	0	0	0	0	0	1	0	0	0	
12	2015/9/17	0	0	0	0	0	0	0	0	1	0	0	0	
13	2015/9/18	0	0	0	0	0	0	0	0	1	0	0	0	
14	2015/9/19	0	0	0	0	0	0	0	0	1	0	0	0	
15	2015/9/20	0	0	0	0	0	0	0	0	1	0	0	0	
16	2015/9/21	0	0	0	0	0	0	0	0	1	0	0	0	
17	2015/9/22	0	0	0	0	0	0	0	0	1	0	0	0	
18	2015/9/23	0	0	0	0	0	0	0	0	1	0	0	0	
19	2015/9/24	0	0	0	0	0	0	0	0	1	0	0	0	
20	2015/9/25	0	0	0	0	0	0	0	0	1	0	0	0	
21	2015/9/26	0	0	0	0	0	0	0	0	1	0	0	0	
22	2015/9/27	0	0	0	0	0	0	0	0	1	0	0	0	
23	2015/9/28	0	0	0	0	0	0	0	0	1	0	0	0	
24	2015/9/29	0	0	0	0	0	0	0	0	1	0	0	0	
25	2015/9/30	0	0	0	0	0	0	0	0	1	0	0	0	
26	2015/10/1	0	0	0	0	0	0	0	0	0	1	0	0	
27	2015/10/2	0	0	0	0	0	0	0	0	0	1	0	0	
28	2015/10/3	0	0	0	0	0	0	0	0	0	1	0	0	
29	2015/10/4	0	0	0	0	0	0	0	0	0	1	0	0	
30	2015/10/5	0	0	0	0	0	0	0	0	0	1	0	0	
31	2015/10/6	0	0	0	0	0	0	0	0	0	1	0	0	
32	2015/10/7	0	0	0	0	0	0	0	0	0	1	0	0	
33	2015/10/8	0	0	0	0	0	0	0	0	0	1	0	0	
34	2015/10/9	0	0	0	0	0	0	0	0	0	1	0	0	
35	2015/10/10	0	0	0	0	0	0	0	0	0	1	0	0	
36	2015/10/11	0	0	0	0	0	0	0	0	0	1	0	0	
37	2015/10/12	0	0	0	0	0	0	0	0	0	1	0	0	
38	2015/10/13	0	0	0	0	0	0	0	0	0	1	0	0	
717	2017/8/22	0	0	0	0	0	0	0	1	0	0	0	0	
718	2017/8/23	0	0	0	0	0	0	0	1	0	0	0	0	
719	2017/8/24	0	0	0	0	0	0	0	1	0	0	0	0	
720	2017/8/25	0	0	0	0	0	0	0	1	0	0	0	0	
721	2017/8/26	0	0	0	0	0	0	0	1	0	0	0	0	
722	2017/8/27	0	0	0	0	0	0	0	1	0	0	0	0	
723	2017/8/28	0	0	0	0	0	0	0	1	0	0	0	0	
724	2017/8/29	0	0	0	0	0	0	0	1	0	0	0	0	
725	2017/8/30	0	0	0	0	0	0	0	1	0	0	0	0	
726	2017/8/31	0	0	0	0	0	0	0	1	0	0	0	0	
727	2017/9/1	0	0	0	0	0	0	0	0	1	0	0	0	
728	2017/9/2	0	0	0	0	0	0	0	0	1	0	0	0	
729	2017/9/3	0	0	0	0	0	0	0	0	1	0	0	0	
730	2017/9/4	0	0	0	0	0	0	0	0	1	0	0	0	
731	2017/9/5	0	0	0	0	0	0	0	0	1	0	0	0	
732	2017/9/6	0	0	0	0	0	0	0	0	1	0	0	0	
733	2017/9/7	0	0	0	0	0	0	0	0	1	0	0	0	
734	2017/9/8	0	0	0	0	0	0	0	0	1	0	0	0	
735	2017/9/9	0	0	0	0	0	0	0	0	1	0	0	0	
736	2017/9/10	0	0	0	0	0	0	0	0	1	0	0	0	

図4-6-6

「エクセル統計」のユーティリティ機能を使う場合

【(演習データ⑥-1) 月次ダミー作成用演習】Book の「(エクセル統計)」Sheet を開き、【B1】セルを選択した状態で「エクセル統計」タブ＞「ユーティリティ」＞「ダミー変数への変換」を選択し（図 4-6-7）実行します。表示されたナビゲーションウィンドウの「最後のカテゴリーをダミー変数化しない」のチェックボックスを外して（図 4-6-8）、OK を押します。

新規 Sheet にダミー変数化されたデータが出力されます（図 4-6-9）。

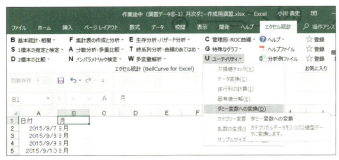

図4-6-7

図4-6-8

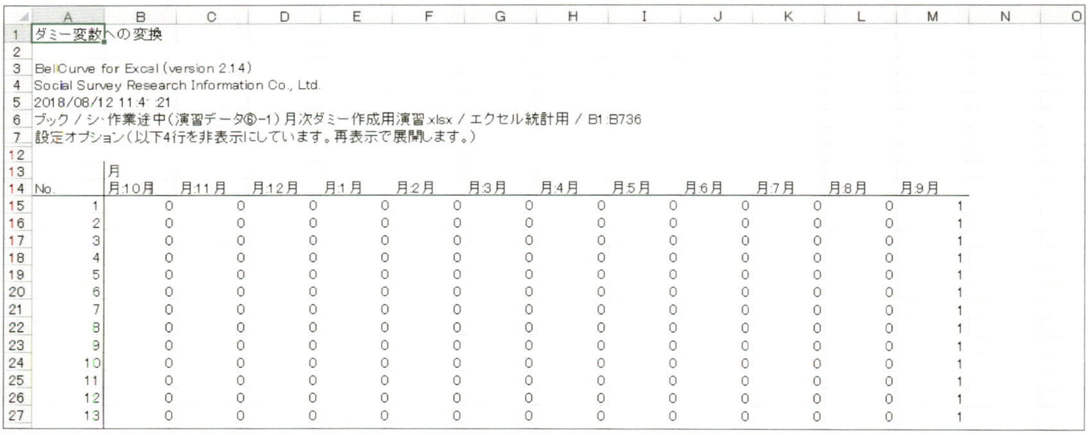

図4-6-9

名前順にチェックボックスを入れて分析したため、文字列の昇順（あいうえお、アルファベット、数字順）になり、このケースでは10月、11月、12月、1月、2月……9月という順番になります。「カテゴリーの順序」を「出現順」にチェックを入れた場合は変数（列）に対して上の行からカテゴリーが出現する順番でダミー変数が生成されます。このケースでは9月、10月、11月、12月、1月…8月という順番になります。エクセル統計のユーティリティ機能を使うことで、素早くダミー変数を作ることができます。また、何点以上何点未満など、複数のカテゴリ変数に変換する機能もあります。

演習再開：日別の月次ダミー変数を週別に加工する

「Excel用」Sheet（図4-6-6の状態）に戻り演習を再開します。

挿入タブからピボットテーブルを挿入します。ナビゲーションウインドウのデータの対象範囲を左上の日付ラベルから右下の12月のダミー変数の下端までの範囲【A1:M736】を選択し、「ピボットテーブルレポートを配置する場所を選択してください。」と書かれた欄の「新規ワークシート」にチェックが入った状態で（図4-6-10）OKを押します。

図4-6-10

新規Sheetに出力されたピボットテーブルのフィールドリストを上から日付、1月、2月…12月まで全て選択します。Excelのバージョン2016以降から、［年］と［四半期］が自動で集計される仕様になっています。年と四半期のチェックを外してから（図4-6-11）、ピボットテーブルのグループ化の機能を用いてこれを7日ごと（週次）で集計します。

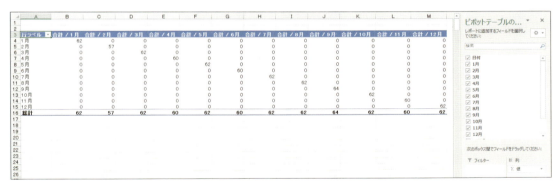

図4-6-11

任意の月のセル（ここでは【A4】）を選択して右クリックで「グループ化」を選択します（図4-6-12）。

表示されたグループ化のウィンドウで、単位を「日」、日数を「7」にして（図4-6-13）、OKを押します。

図4-6-12

図4-6-13

7日ごとに集計されたデータが表示されます（図 4-6-14）。各週1月から12月までの日付が何日含まれるか、重みづけされた変数が作成されました。

行ラベル	合計 / 1月	合計 / 2月	合計 / 3月	合計 / 4月	合計 / 5月	合計 / 6月	合計 / 7月	合計 / 8月	合計 / 9月	合計 / 10月	合計 / 11月	合計 / 12月
2015/9/7 - 2015/9/13	0	0	0	0	0	0	0	0	7	0	0	0
2015/9/14 - 2015/9/20	0	0	0	0	0	0	0	0	7	0	0	0
2015/9/21 - 2015/9/27	0	0	0	0	0	0	0	0	7	0	0	0
2015/9/28 - 2015/10/4	0	0	0	0	0	0	0	0	3	4	0	0
2015/10/5 - 2015/10/11	0	0	0	0	0	0	0	0	0	7	0	0
2015/10/12 - 2015/10/18	0	0	0	0	0	0	0	0	0	7	0	0
2015/10/19 - 2015/10/25	0	0	0	0	0	0	0	0	0	7	0	0
2015/10/26 - 2015/11/1	0	0	0	0	0	0	0	0	0	6	1	0
2015/11/2 - 2015/11/3	0	0	0	0	0	0	0	0	0	0	7	0
2015/11/9 - 2015/11/15	0	0	0	0	0	0	0	0	0	0	7	0
2015/11/16 - 2015/11/22	0	0	0	0	0	0	0	0	0	0	7	0
2015/11/23 - 2015/11/29	0	0	0	0	0	0	0	0	0	0	7	0
2015/11/30 - 2015/12/6	0	0	0	0	0	0	0	0	0	0	1	6
2015/12/7 - 2015/12/13	0	0	0	0	0	0	0	0	0	0	0	7
2015/12/14 - 2015/12/20	0	0	0	0	0	0	0	0	0	0	0	7
2015/12/21 - 2015/12/27	0	0	0	0	0	0	0	0	0	0	0	7
2015/12/28 - 2016/1/3	3	0	0	0	0	0	0	0	0	0	0	4
2016/1/4 - 2016/1/10	7	0	0	0	0	0	0	0	0	0	0	0
2016/1/11 - 2016/1/17	7	0	0	0	0	0	0	0	0	0	0	0
2016/1/18 - 2016/1/24	7	0	0	0	0	0	0	0	0	0	0	0
2016/1/25 - 2016/1/3	7	0	0	0	0	0	0	0	0	0	0	0
2016/2/1 - 2016/2/7	0	7	0	0	0	0	0	0	0	0	0	0
2016/2/8 - 2016/2/14	0	7	0	0	0	0	0	0	0	0	0	0
2016/2/15 - 2016/2/2	0	7	0	0	0	0	0	0	0	0	0	0
2016/2/22 - 2016/2/28	0	7	0	0	0	0	0	0	0	0	0	0
2016/2/29 - 2016/3/6	0	1	6	0	0	0	0	0	0	0	0	0
2016/3/7 - 2016/3/13	0	0	7	0	0	0	0	0	0	0	0	0
2016/3/14 - 2016/3/20	0	0	7	0	0	0	0	0	0	0	0	0

図4-6-14

この変数を追加した新しい演習ファイルが**【(演習データ⑥ -2) 月次ダミー付アルコール飲料売上ローデータ】**です。「ローデータ」Sheet を開きます（図 4-6-15）。

週	売上数	TVCM	紙媒体	OOH	WEB広告	4月	8月	1月	2月	3月	5月
2015/9/7	5,554,981	117.735	40680000	5890000	23,080	0	0	0	0	0	
2015/9/14	6,071,669	470.3625	30940000	5740000	29,979	0	0	0	0	0	
2015/9/21	5,798,657	504.3675	16650000	0	23,784	0	0	0	0	0	
2015/9/28	6,235,157	150.51	0	0	26,732	0	0	0	0	0	
2015/10/5	6,861,105	0	0	0	28,823	0	0	0	0	0	
2015/10/12	5,987,676	89.2425	0	0	24,929	0	0	0	0	0	
2015/10/19	5,975,534	100.335	0	0	29,913	0	0	0	0	0	
2015/10/26	5,996,415	93.2175	0	8360000	25,121	0	0	0	0	0	
2015/11/2	5,712,700	230.9325	31800000	8710000	25,303	0	0	0	0	0	
2015/11/9	5,863,532	371.325	15670000	9050000	26,184	0	0	0	0	0	
2015/11/16	6,169,764	447.0675	16810000	9600000	32,256	0	0	0	0	0	
2015/11/23	6,721,802	377.82	46590000	4690000	33,227	0	0	0	0	0	
2015/11/30	6,336,372	158.76	30900000	0	37,083	0	0	0	0	0	
2015/12/7	5,702,610	82.98	19860000	0	36,760	0	0	0	0	0	
2015/12/14	5,478,818	0	32560000	0	29,743	0	0	0	0	0	
2015/12/21	5,442,228	162.525	26700000	5890000	33,915	0	0	0	0	0	

図4-6-15

1月、2月…12月までのダミー変数は「0」と「1」の値ではないため、厳密には『ダミー変数』ではありませんが、重回帰分析の説明変数として使用する際に、例えば2015年 9月 28日週は 9月の日付を 3日含み、10月の日付を 4日含む重みづけを加味できるものになりました。本書ではこれを「月次ダミー」として活用します。

この「月次ダミー」を説明変数の候補として追加し、季節性を加味することで決定係数を高める（≒予想精度を上げる）アプローチを以降の演習で紹介していきます。

月次ダミーを説明変数に加えて回帰分析（1回目）

【(演習データ⑥-2) 月次ダミー付アルコール飲料売上ローデータ】を開いて回帰分析を行います。「データ分析」より「回帰分析」を選択し OK を押します。

「回帰分析」の入力画面の「入力 Y 範囲（Y）」に売上数の範囲【B1:B106】を、「入力 X 範囲（X）」に TVCM から（12月を外した）11月までの範囲【C1:Q106】の範囲を設定し、「ラベル」と「残差」のチェックボックスをオンにした状態で OK を押すと新規 Sheet に結果が出力されます（図 4-6-16）。

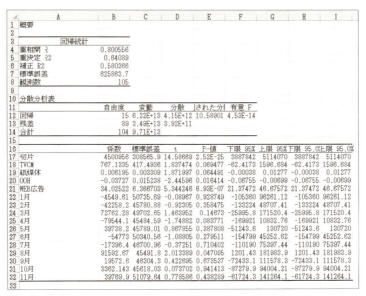

図4-6-16

決定係数（補正 R2）の値が58％強まで上がりましたが、月次ダミーのうち、P 値が10％を上回る説明変数がいくつかあります。

 今回は観測値グラフの出力を省略しています（以降も同様に省略します）。

月次ダミーの説明変数を加えて回帰分析（2回目）

P 値が10％以上となる月次ダミーを説明変数から外し、4月と8月だけ残します。

 第5章では、最適な月次ダミーの組み合わせの探索を付録 Excel の Book のマクロまたはエクセル統計の変数選択機能を用いて行う方法を説明します（ここでは一旦、簡易的な方法で除外します）。

各マーケティング施策はマストで効果を把握したいため、P値が10％を上回っていることも、OOHの係数がマイナスになっている点も無視して残します。4種のマーケティング施策と4月、8月の月次ダミーと6つの説明変数で再度分析を行います。Excelでは説明変数の指定は隣り合ったセルにする必要があるため、列の切り取りと挿入でデータテーブルを並べ変えます（図4-6-17）。

 一度外した説明変数も再度採用することが多いため、使用しない説明変数の列は消去せずに残しておきましょう。

図4-6-17

　再度、分析ツールから回帰分析を実行します。ナビゲーションウィンドウの「入力Y範囲（Y）」（目的変数）は前回同様で、「入力X範囲（X）」（説明変数）をTVCMから8月までの範囲【C1：H106】に変更し、「ラベル」のチェックボックスと、「残差」のチェックボックスをオンにした状態でOKを押します。

　新規Sheetに結果が出力されます（図4-6-18）。

図4-6-18

 今回も観測値グラフの出力を省略しています（以後も同様に省略します）。

132

予測値と実績値を再度プロットしてチェック

　得られた回帰分析の結果（予測値と残差）を元に、**第4章-3**「予測値と実績値の推移を線グラフに描画して確認する」で実施した方法で、予測値及び実績値と残差の2軸の線グラフを作成します（図4-6-19）。

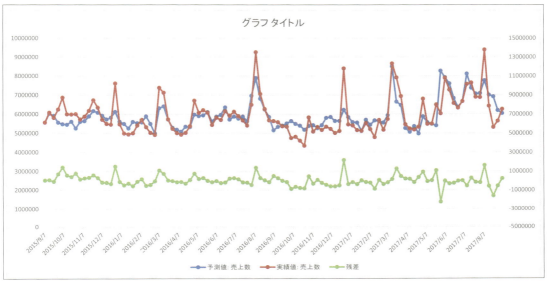

図4-6-19

　ここで、残差が大きい日付を探し、その要因は何かを考え、新たなダミー変数を作成し、その要因をモデルに追加して決定係数を上げていきます。残差が大きい週のうち、「予測値＜実績値」の場合は、その要因となるプラス要因のダミー変数を、「予測値＞実績値」の場合は、マイナス要因のダミー変数の追加が考えられます。

　残差が特に大きい週を見ていくと、追加するダミー変数として、下記の要因が浮かんできました（図4-6-20）。

　次節では「正月」「GW」「お盆」のダミー変数を加えたモデルを作っていきます。

日付（週の開始日）	考えられる要因	予測値：売上数	実績値：売上数	残差
2015年12月28日	年末年始	6,114,889	7,605,299	1,490,411
2016年5月2日	ゴールデンウィーク	5,970,056	6,699,538	729,483
2016年8月8日	お盆休み	7,786,658	9,253,298	1,366,640
2016年12月26日	年末年始	6,218,905	8,389,279	2,170,374
2017年5月1日	ゴールデンウィーク	5,871,932	6,794,945	923,014
2017年8月7日	お盆休み	7,760,493	9,382,929	1,622,436

図4-6-20

4-7 追加のダミー変数を加えて分析

「正月」「GW」「お盆」のダミー変数を加えた新しい演習データ【(演習データ⑥-3) 正月 GW お盆月次ダミー付アルコール飲料売上ローデータ】の「ローデータ」Sheet を開きましょう。

開いた状態から分析ツールの回帰分析を起動し、入力画面の「入力 Y 範囲（Y）」に売上数【B1：B106】を、「入力 X 範囲（X）」に TVCM から 8 月までの範囲【C1：K106】を入力します。「ラベル」のチェックボックスと、「残差」のチェックボックスをオンにして OK を押します。

新規 Sheet に結果が出力されます（図 4-7-1）。

	A	B	C	D	E	F	G	H	I
1	概要								
2									
3	回帰統計								
4	重相関 R	0.876149							
5	重決定 R2	0.767637							
6	補正 R2	0.745624							
7	標準誤差	487284.4							
8	観測数	105							
9									
10	分散分析表								
11		自由度	変動	分散	された分1	有意 F			
12	回帰	9	7.45E+13	8.28E+12	34.87153	2.36E-26			
13	残差	95	2.26E+13	2.37E+11					
14	合計	104	9.71E+13						
15									
16		係数	標準誤差	t	P-値	下限 95%	上限 95%	下限 95.0%	上限 95.0%
17	切片	4877924	128324.7	38.01235	2.89E-59	4623167	5132681	4623167	5132681
18	TVCM	1597.639	312.7049	5.109095	1.67E-06	976.8413	2218.437	976.8413	2218.437
19	紙媒体	0.006913	0.002389	2.893983	0.004718	0.002171	0.011655	0.002171	0.011655
20	OOH	-0.0275	0.009816	-2.80162	0.006162	-0.04699	-0.00801	-0.04699	-0.00801
21	WEB広告	17.92093	3.812498	4.700574	8.77E-06	10.35217	25.4897	10.35217	25.4897
22	正月	2186504	363768.9	6.010694	3.4E-08	1464331	2908676	1464331	2908676
23	GW	1077446	357463.9	3.014139	0.003304	367790.3	1787101	367790.3	1787101
24	お盆	2249009	409003.5	5.498753	3.21E-07	1437035	3060984	1437035	3060984
25	4月	-58867	26646.3	-2.2092	0.029564	-111767	-5967.37	-111767	-5967.37
26	8月	53935.55	30193.72	1.786317	0.077238	-6006.56	113877.7	-6006.56	113877.7

図 4-7-1

決定係数（補正 R2）が 74% 強まで上がりました。新たに加えた「正月」「GW」「お盆」のダミー変数が目的変数へ与える影響が大きいものだったことが分かります。

これより、決定係数を高める（≒予測精度を上げる）ために「目的変数に影響を与えている説明変数を増やす」「目的変数に影響を与えていない説明変数を外す」「説明変数を加工する」という 3 つの方法を用いて探索的なアプローチを行います。

初期のモデルの決定係数が低い理由は「目的変数に影響を与えている説明変数が足りていない」ことが原因であることがほとんどです。不足している説明変数を見つけ出すため、予測値と実績値の推移グラフより、残差が大きい箇所を発見し、その要因を考えることは重要です。

アルコール飲料などの消費財に関しては、店頭販促を行っていた、TV 番組で紹介された、パッケージデザインを変更した、といった要因が考えられます（あくまで一例です）。追加する変数はダミー変数に限らず、量的数値を追加する場合もあります。例として、チラシなどの施策の変数や気温など気候を象徴する要因、競合の広告出稿量などが考えられます。

4-8

タイムラグを仮定した変数加工をして分析

ダミー変数を追加したことで決定係数は上がりましたが、OOH の係数はマイナスのままです。これがプラスとなるモデルを発見したいところです。こうしたケースでは「説明変数を加工する」方法でプラスになる場合があります。本書で紹介する MMM 分析では「施策の効果が遅れる（タイムラグ）」「施策の影響が一定期間持続する（残存効果）」「施策の投下量が増えると効果の増分が逓減または逓増する（非線形な影響）」の 3つの変数加工の方法を紹介します。

本節ではタイムラグの変数加工を紹介します。これはある説明変数（OOH）が当週の目的変数（売上）ではなく、翌週に影響しているのではないか、という仮定を元にしたものです。

【（演習データ⑥ -3）正月 GW お盆月次ダミー付アルコール飲料売上ローデータ】の「ローデータ」の Sheet の OOH の 2015年 9月 7日週の値**【E2】**を選択して右クリックし、「挿入」から下方向にシフトを選択し OK を押します。さらに、「OOH」のデータラベル**【E1】**セルの値を「OOH（t-1)」と変え、挿入したセルに黄色く色をつけておきます（図 4-8-1）。

	A	B	C	D	E	F	G	H	I	J	K	L	
1	週	売上数	TVCM	紙媒体	OOH(t-1)	WEB広告	正月	GW	お盆	4月	8月	1月	2月
2	2015/9/7	5,554,981	117.735	40680000		23,080	0	0	0	0	0	0	
3	2015/9/14	6,071,669	470.3625	30940000	5890000	29,979	0	0	0	0	0	0	
4	2015/9/21	5,798,657	504.3675	16650000	5740000	23,784	0	0	0	0	0	0	
5	2015/9/28	6,235,157	150.51	0	0	26,732	0	0	0	0	0	0	
6	2015/10/5	6,861,105	0	0	0	28,823	0	0	0	0	0	0	
7	2015/10/12	5,987,676	89.2425	0	0	24,929	0	0	0	0	0	0	
8	2015/10/19	5,975,534	100.335	0	0	29,918	0	0	0	0	0	0	
9	2015/10/26	5,996,415	93.2175	0	0	25,121	0	0	0	0	0	0	
10	2015/11/2	5,712,700	230.9325	31800000	8360000	25,303	0	0	0	0	0	0	
11	2015/11/9	5,863,532	371.325	15670000	8710000	26,184	0	0	0	0	0	0	
12	2015/11/16	6,169,764	447.0675	16810000	9050000	32,256	0	0	0	0	0	0	
13	2015/11/23	6,721,802	377.82	46590000	9600000	33,227	0	0	0	0	0	0	
14	2015/11/30	6,336,372	158.76	30900000	4690000	37,083	0	0	0	0	0	0	
15	2015/12/7	5,702,610	82.98	19860000	0	36,760	0	0	0	0	0	0	
16	2015/12/14	5,478,818	0	32560000	0	29,743	0	0	0	0	0	0	
17	2015/12/21	5,442,228	162.525	26700000	0	33,915	0	0	0	0	0	0	
18	2015/12/28	7,605,299	89.145	30060000	5890000	48,590	1	0	0	0	0	3	
19	2016/1/4	5,456,222	206.265	19660000	9150000	29,636	0	0	0	0	0	7	
20	2016/1/11	4,983,576	99.54	24280000	9240000	28,107	0	0	0	0	0	7	
21	2016/1/18	4,934,850	0	27700000	9240000	22,597	0	0	0	0	0	7	
22	2016/1/25	4,991,696	150.255	26560000	9410000	21,844	0	0	0	0	0	7	
23	2016/2/1	5,399,193	174.75	7120000	0	23,223	0	0	0	0	0	0	
24	2016/2/8	5,694,657	108.375	15780000	0	24,597	0	0	0	0	0	0	
25	2016/2/15	5,309,995	72.45	15420000	0	36,676	0	0	0	0	0	0	
26	2016/2/22	5,011,554	0	0	0	29,153	0	0	0	0	0	0	

図4-8-1

これは筆者がタイムラグの変数加工をした履歴を忘れないように行っていることです。(t − 1) はタイムラグ1期という意味です。2期ずらす場合は (t − 2) となります。ラグの変数加工は「1期のラグを取る」「2期のラグを取る」と言います。OOH (t − 1) のデータで再度、回帰分析を行います。「2015年9月7日週」のOOHのデータが無くなってしまったため、分析対象範囲は「2015年9月14日週」以降とします。Excelの回帰分析の入力範囲は（縦にも横にも）連続している必要があるため、「2015年9月7日週」に対応する行を選択し、切り取り、一番上の行に挿入します（図4-8-2）。

 仮に前期の2015年8月31日週のOOHのデータが分かれば、その値を9月7日週のOOHのセルに入力して全データを活用することも可能です。

図4-8-2

分析ツールの回帰分析を起動し、入力画面の「入力Y範囲（Y）」に売上数の範囲【B2：B106】を、「入力X範囲（X）」にTVCMから8月までの範囲【C2：K106】の範囲を指定した状態でOKを押すと新規Sheetに結果が出力されます（図4-8-3）。

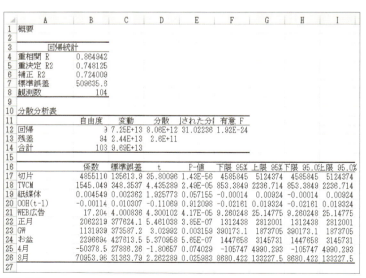

図4-8-3

やや分析結果が変わりました。OOHの係数はマイナスのままですが、若干0に近づきました。重回帰分析における1つの特定の説明変数（ここでは「OOH」を示す）の係数は、目的変数と説明変数の相関と、説明変数同士の相関の両方の影響によって変わります。他の説明変数による影響を除外した目的変数との関係から導かれるイメージです。例えば、特定の月次ダミーやマーケティング施策の変数など、一旦は外した説明変数であっても、モデルが進化する（モデルを作り直すことで決定係数を上げていく）過程で再度採用することもあります。

決定係数80％以上を目標とした場合、まずはタイムラグなどの変数加工に頼らず影響のある説明変数を見つけましょう。本来、目的変数に大きな影響を与えている要因（説明変数）が不足している状態でマーケティング施策の変数加工（「タイムラグ」「残存効果」「非線形な影響」を考慮）をして予測精度が上がると、不足している要因（説明変数）の効果を取り込み、過大評価となる可能性があります。

日別の粒度でラグを使う場合

タイムラグは0期（無し）または1期という2択でのみ探索することを推奨します。マーケティング施策の効果が2期（2週間）以上遅れて効果が出る（1期先と当週には効果がない）という前提はあまりあてはまらないと筆者は考えています。仮に2期、3期、あるいはそれ以上の長いラグを取った際に、モデルの決定係数が上がる場合（説明変数のP値も10％以下）にその説明変数を採用することが教科書通りの正解かもしれませんが、2週も遅れて効果が出ている前提の結果を信じて良いのか？　判断は分析者に委ねられます。筆者は過去、日別の粒度のデータでもMMM分析を行ってきましたが、その場合「1期、2期（日）のラグ」では符号がプラスだが「3期のラグ」ではマイナスとなり、「4期のラグ」ではプラスに転じるといったケースによく遭遇しました。このような場合にはどのラグを採用するかの判断が難しくなります。ラグに関しては、複数のラグの説明変数を同時に用いるなど、様々な手法があります。他にも高次の多項式を用いる「アーモンラグ」や1期前の目的変数を用いる「コイックラグ」など様々な方法があり、「ラグ」は非常に奥深いテーマです（ラグの種類などの詳細な説明は計量経済学などの専門書に委ねます）。

4-9 Excelの分析ツールを使った回帰分析（まとめ）

本章では Excel の分析ツールを用いた回帰分析で決定係数を高めるための方法を実践してきました。

決定係数を高めるための方法とは？

1. 目的変数に影響を与えている説明変数を増やす
2. 目的変数に影響を与えていない説明変数を外す
3. 説明変数を加工する（タイムラグや効果の残存などを加味）

➡ これらの方法を繰り返す探索的なアプローチ

次章からは、モデル探索の作業効率を高め、決定係数を高めるために説明変数加工を行うため、本書付録【MMM_modeling】Book を用いて分析を行っていきましょう。

週次で118の標本サイズを使用

【MMM_modeling】Book では、解釈の難しいラグの採用を避けるため、日次データの使用を避け、週次の粒度のデータを用いてラグ無し（0）と有り（1）のみを探索する方法を推奨します。なお、月次データを用いる場合は、標本サイズが一気に減ります。理想的には3年分位のデータが欲しいところですが、筆者の経験より3年以上のデータを集めるハードルは高いと考えます。

そこで、【MMM_modeling】Book では月次の季節性を考慮するためにおよそ2年（105週）の学習期間と予測精度の検証期間（9週）と学習期間以前のマーケティング施策のタイムラグや残存効果を考慮するための予備期間（4週）を加えた118週の標本サイズを用いて分析を行います。

本書付録「MMM_modeling」Sheet の分析期間

・回帰分析を行う対象となる期間105週（約2年）を「学習期間」とする。
・学習期間の前4週はラグや残存効果を考慮する「予備期間」とする。
・109週の翌週から9週の期間を「検証期間」とし、学習期間で導いたモデルから予測した予測値と実績値を比較する期間とする。

DATA-DRIVEN MARKETING

第5章

残存効果などを加味して予測精度を上げる

5-1
「MMM予測モデル探索ツール」
（7Sheet構成）の概要

　第5章冒頭では本書付録の【MMM 予測モデル探索ツール】（以降【MMM_modeling】Book）の各Sheetの概要を紹介します。その後は「アルコール飲料売上数」のデータを分析していきます。【MMM_modeling】Book を使用し、マクロを用いて回帰分析の実行作業を効率化し、ソルバーを用いて、残存効果やマーケティング施策の投下量に応じて効果の増分が逓減する非線形な影響を考慮することで、予測精度の高いモデルを探索する手順を演習します。さらにモデル探索の効率を上げる「エクセル統計」の重回帰分析の「説明変数選択機能」も体験します。その後で残存効果や非線形な影響を加味する計算とはどのようなものか、（Excel 標準の）ソルバーとはどんなものか、を追加の演習で理解していきます。

　【（演習データ⑦-1）MMM_modeling_@ アルコール飲料売上数】Book を開きましょう。「ローデータ」「ソルバー回帰」「相関行列」「試算まとめ準備」「転記用」「記録用」「ローデータ（105S）」

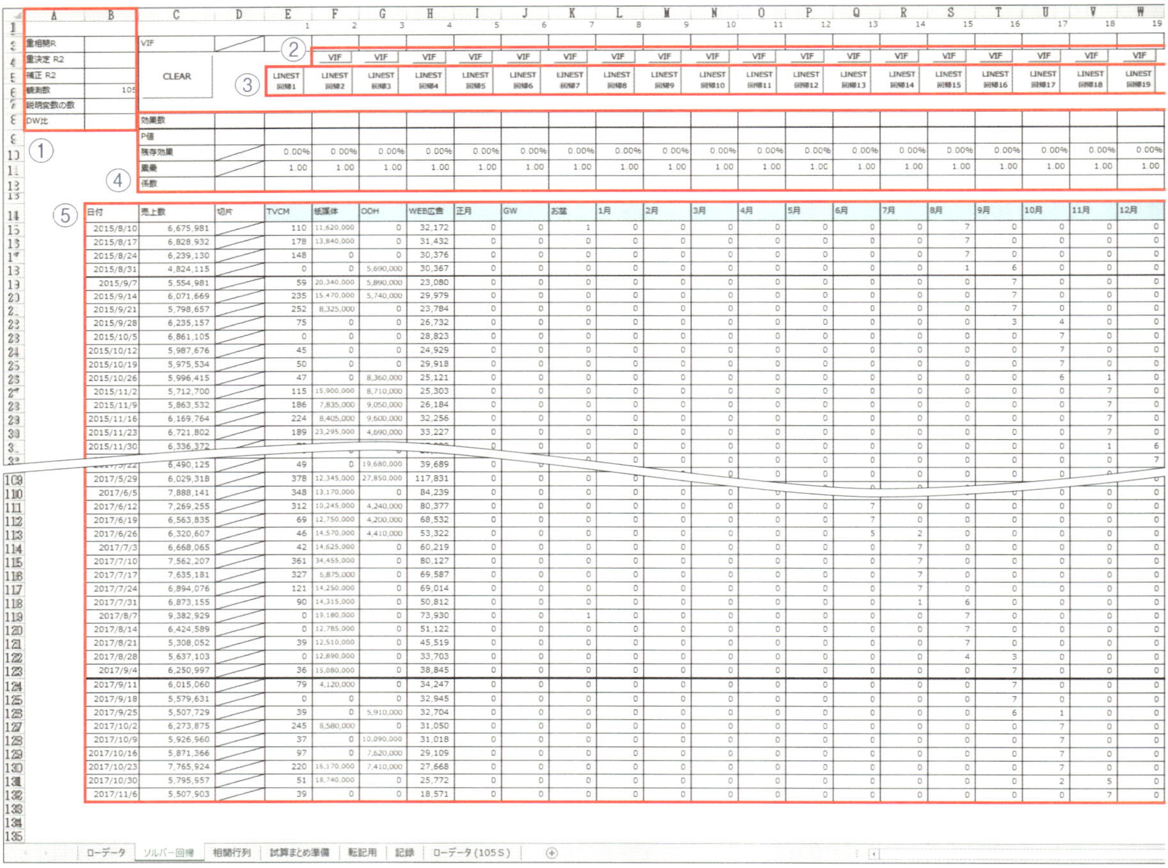

図5-1-1

の7Sheet構成です。

　分析者が値を入力または更新するセルは「水色」に着色しています。それ以外のセルは、ソルバーまたはマクロの実行とExcelの数式による自動計算によって値が記載されるセルですので、書き換えないようにしましょう。列と行の削除も同様です。数式が入力されているセルは「データの入力規則」の機能を使い、入力できる値を制限しています。

 VBAのプログラムコードは閲覧および書き換えを防止する処理をしています。BookまたはSheetによっては保護をかけて編集内容を制限しています。保護の際に使用したパスワードは非開示です。

「ソルバー回帰」Sheet

　モデルを探索するためにメインとして使用し分析作業を行うSheetです（図5-1-1）。

　分析ツールの回帰分析では、説明変数の上限は16ですが、回帰分析の結果を導く「LINEST」という関数を用いたマクロを用いることで、最大20までの説明変数の回帰分析に対応しています。スピーディに回帰モデルを探索するための様々な工夫をしています。

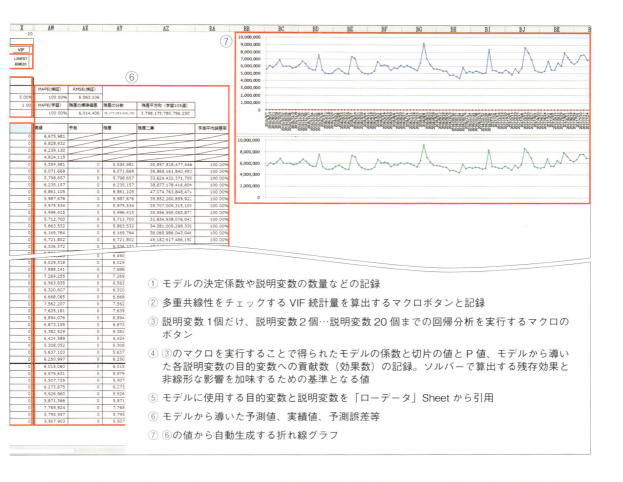

① モデルの決定係数や説明変数の数量などの記録
② 多重共線性をチェックするVIF統計量を算出するマクロボタンと記録
③ 説明変数1個だけ、説明変数2個…説明変数20個までの回帰分析を実行するマクロのボタン
④ ③のマクロを実行することで得られたモデルの係数と切片の値とP値、モデルから導いた各説明変数の目的変数への貢献数（効果数）の記録。ソルバーで算出する残存効果と非線形な影響を加味するための基準となる値
⑤ モデルに使用する目的変数と説明変数を「ローデータ」Sheetから引用
⑥ モデルから導いた予測値、実績値、予測誤差等
⑦ ⑥の値から自動生成する折れ線グラフ

残存効果などを加味して予測精度を上げる　第5章

「ローデータ」Sheet

　スポーツで例えるならば、「ソルバー回帰」Sheet で扱う最大20名の選手（説明変数の数）の控え選手100名（エクセル統計で扱える説明変数の最大数）が待機するベンチの役割を担う Sheet です（図 5-1-2）。標本サイズ118（週）に対応する日付と目的変数と説明変数候補の最大100までを記載しておくことで、各変数の合計、平均、目的変数との相関係数を自動計算で把握できます。

　「ソルバー回帰」Sheet で用いたい変数があれば、同 Sheet の説明変数のラベル名に相応する【E14:X14】に用いたい変数ラベル名を記載するだけで、「ローデータ」Sheet に記載した変数（列）のラベル【D5:CY5】と一致するデータを「HLOOKUP」関数を用いて検索し、「ソルバー回帰」Sheet の【E15:X132】にデータが反映されます。

図5-1-2

「相関行列」Sheet

　「ソルバー回帰」Sheet に記載した最大20個の説明変数の相関行列を自動表示させる Sheet です（図 5-1-3）。分析対象期間は学習期間の105週です。「条件付き書式」で正の相関は青と薄青、負の相関は赤と薄赤色に自動着色します。

- 0.4 から 0.7 は水色
- 0.7 から 1 未満は青色
- 1 は灰色
- −0.4 から −0.7 は桃色
- −0.7 から −1 未満は赤色

　また、「相関係数」の1対1の関係ではなく、1対多変数の関係を考慮した（その他の説明変数の

影響を除去した）相関を示す指標となる「偏相関係数」を算出するマクロも組んでおり、これは主に月次ダミーの選択など、説明変数の選択を行う際に使用します。「ソルバー回帰」Sheet の次に使用頻度の高い Sheet です。

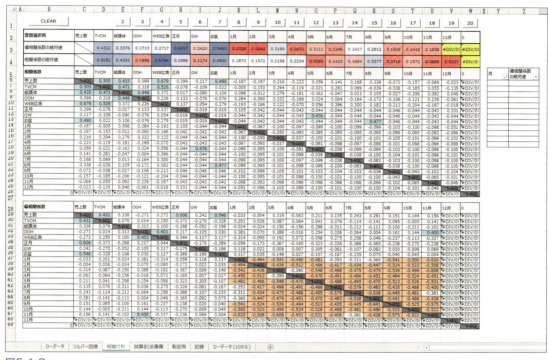

図5-1-3

「記録」Sheet

モデルを進化させていく過程を記録するための Sheet です（図 5-1-4）。モデルを作り変えていくと、前のモデルと何が変わっているのか分からなくなりがちです。「ソルバー回帰」Sheet の情報（モデルに対応する説明変数ラベルと係数などの値）をマクロでこの Sheet にコピーでき、メモができます。例えば、「決定係数」を上げることのみを目的としてモデルを進化させている過程で、行った変更が「決定係数」を下げ、モデルが退化する事態もよくあることです。前のモデルからどんな視点で、何を変えたのか？ 皆さん自身が履歴を把握できるようにしましょう。

図5-1-4

残存効果などを加味して予測精度を上げる　第5章

「試算まとめ準備」Sheet

最良（と思われる）モデルを作った上で、そのモデルを元に効果を算出し集計するマクロを組み込んだSheetです（図5-1-5）。集計したデータテーブルを付録の【MMM_simulation】Bookに貼り付けることで、第6章で演習する予算配分シミュレーションを可能にします。

	A	B	C	D	E	F	G	H	K	L	M	O	P	Q
1		TVCM	係数	累乗	残存効果	UNIT COST	COST	効果数	ROI	ROAS	効果数あたり売上	売上	利益率	利益
2		0	0	1	0.00%	¥1.0	¥0	0	#DIV/0!	#DIV/0!	¥1	¥0	0%	¥0

3 | 1 | 2 | 3 | 4 | 5 | 6 | 7 | 8 | 9 | 10 | 11 | 12 | 13 | 14 | 15 | 16 | 17 | 18 | 19 | 20

	A	B	C	D	E	F	G	H
4	施策カテゴリ	TVCM	係数	累乗	残存効果	UNITCOST	COST	効果数
5	TVCM	0	0.00	1.00	0.00%	¥1	¥0	0
6	TVCM	0	0.00	1.00	0.00%	¥1	¥0	0
7	TVCM	0	0.00	1.00	0.00%	¥1	¥0	0
8	TVCM	0	0.00	1.00	0.00%	¥1	¥0	0
9	TVCM	0	0.00	1.00	0.00%	¥1	¥0	0
10	TVCM	0	0.00	1.00	0.00%	¥1	¥0	0
11	TVCM	0	0.00	1.00	0.00%	¥1	¥0	0
12	TVCM	0	0.00	1.00	0.00%	¥1	¥0	0
13	TVCM	0	0.00	1.00	0.00%	¥1	¥0	0
14	TVCM	0	0.00	1.00	0.00%	¥1	¥0	0
15	TVCM	0	0.00	1.00	0.00%	¥1	¥0	0
16	TVCM	0	0.00	1.00	0.00%	¥1	¥0	0
17	TVCM	0	0.00	1.00	0.00%	¥1	¥0	0
18	TVCM	0	0.00	1.00	0.00%	¥1	¥0	0
19	TVCM	0	0.00	1.00	0.00%	¥1	¥0	0
20	TVCM	0	0.00	1.00	0.00%	¥1	¥0	0
21	TVCM	0	0.00	1.00	0.00%	¥1	¥0	0
22	TVCM	0	0.00	1.00	0.00%	¥1	¥0	0
23	TVCM	0	0.00	1.00	0.00%	¥1	¥0	0
24	TVCM	0	0.00	1.00	0.00%	¥1	¥0	0
25	TVCM	0	0.00	1.00	0.00%	¥1	¥0	0
26	TVCM	0	0.00	1.00	0.00%	¥1	¥0	0
27	TVCM	0	0.00	1.00	0.00%	¥1	¥0	0
28	TVCM	0	0.00	1.00	0.00%	¥1	¥0	0
29	TVCM	0	0.00	1.00	0.00%	¥1	¥0	0
30	TVCM	0	0.00	1.00	0.00%	¥1	¥0	0
31	TVCM	0	0.00	1.00	0.00%	¥1	¥0	0
32	TVCM	0	0.00	1.00	0.00%	¥1	¥0	0
33	TVCM	0	0.00	1.00	0.00%	¥1	¥0	0

ローデータ | ソルバー回帰 | 相関行列 | 試算まとめ準備 | 記録 | 転記用 | ローデータ（105Ｓ）

図5-1-5

「転記用」Sheet

「ソルバー回帰」Sheetの分析対象となる学習期間105（週）を引用転記したSheetです（図5-1-6）。「エクセル統計」の実行またはそれ以外の各種統計ソフトにデータテーブルを転記する際の使用を想定したSheetです。

	A	B	C	D	E	F	G	H	I	J	K	L	M	N	O	P	Q	R	S	T	U	V
1	日付	売上数	TVCM	紙媒体	OOH	WEB広告	正月	GW	お盆	1月	2月	3月	4月	5月	6月	7月	8月	9月	10月	11月	12月	0
2	2015/9/7	5554981.411	58.8675	20340000	5890000	23080	0	0	0	0	0	0	0	0	0	0	0	7	0	0	0	0
3	2015/9/14	6071668.785	235.18125	15470000	5740000	29979	0	0	0	0	0	0	0	0	0	0	0	7	0	0	0	0
4	2015/9/21	5798656.946	252.18375	8325000	0	23784	0	0	0	0	0	0	0	0	0	0	0	7	0	0	0	0
5	2015/9/28	6235156.647	75.255	0	0	26732	0	0	0	0	0	0	0	0	0	0	0	3	4	0	0	0
6	2015/10/5	6861105.148	0	0	0	28823	0	0	0	0	0	0	0	0	0	0	0	0	7	0	0	0
7	2015/10/12	5987675.748	44.62125	0	0	24929	0	0	0	0	0	0	0	0	0	0	0	0	7	0	0	0
8	2015/10/19	5975534.228	50.1675	0	0	29918	0	0	0	0	0	0	0	0	0	0	0	0	7	0	0	0
9	2015/10/26	5996415.185	46.60875	0	8360000	25121	0	0	0	0	0	0	0	0	0	0	0	0	6	1	0	0
10	2015/11/2	5712699.719	115.46625	15900000	8710000	25303	0	0	0	0	0	0	0	0	0	0	0	0	0	7	0	0
11	2015/11/9	5863531.811	185.6625	7835000	9050000	26184	0	0	0	0	0	0	0	0	0	0	0	0	0	7	0	0
12	2015/11/16	6169763.856	223.53375	8405000	9600000	32256	0	0	0	0	0	0	0	0	0	0	0	0	0	7	0	0
13	2015/11/23	6721801.655	188.91	23295000	4690000	33227	0	0	0	0	0	0	0	0	0	0	0	0	0	7	0	0
14	2015/11/30	6336371.661	79.38	15450000	0	37083	0	0	0	0	0	0	0	0	0	0	0	0	0	1	6	0
15	2015/12/7	5702610.393	41.49	9930000	0	36760	0	0	0	0	0	0	0	0	0	0	0	0	0	0	7	0
16	2015/12/14	5478817.813	0	16280000	0	29743	0	0	0	0	0	0	0	0	0	0	0	0	0	0	7	0
17	2015/12/21	5442227.7	81.2625	13350000	5890000	33915	0	0	0	0	0	0	0	0	0	0	0	0	0	0	7	0
18	2015/12/28	7605299.309	44.5725	15030000	9150000	48590	1	0	0	3	0	0	0	0	0	0	0	0	0	0	4	0
19	2016/1/4	5456222.258	103.1325	9830000	9240000	29636	0	0	0	7	0	0	0	0	0	0	0	0	0	0	0	0
20	2016/1/11	4983575.932	49.77	12140000	9240000	28107	0	0	0	7	0	0	0	0	0	0	0	0	0	0	0	0
21	2016/1/18	4934849.645	0	13850000	9410000	22597	0	0	0	7	0	0	0	0	0	0	0	0	0	0	0	0
22	2016/1/25	4991695.731	75.1275	13280000	0	21844	0	0	0	7	0	0	0	0	0	0	0	0	0	0	0	0
23	2016/2/1	5399193.056	87.375	3560000	0	23223	0	0	0	0	7	0	0	0	0	0	0	0	0	0	0	0
24	2016/2/8	5694656.838	54.1875	7890000	0	24597	0	0	0	0	7	0	0	0	0	0	0	0	0	0	0	0
25	2016/2/15	5309994.883	36.225	7710000	0	36676	0	0	0	0	7	0	0	0	0	0	0	0	0	0	0	0

ローデータ | ソルバー回帰 | 相関行列 | 試算まとめ準備 | 記録 | 転記用 | ローデータ（105Ｓ）

図5-1-6

ローデータ(105S) Sheet

「ローデータ」Sheet の118週のうち、モデル作成に使用する（回帰分析の対象となる）学習期間105週のデータを引用するためのSheetです（図 5-1-7）。

初期のモデル構築時に「エクセル統計」の重回帰分析の説明変数選択機能を用いて、最適な説明変数の組み合わせを探索する際に使用する想定です。左上の「転記」というマクロ実行ボタンを押すと、「ローデータ」Sheetに記載されたデータテーブルのうち105週分を転記し、【CLEAR】ボタンを押すと、値がクリアされます。

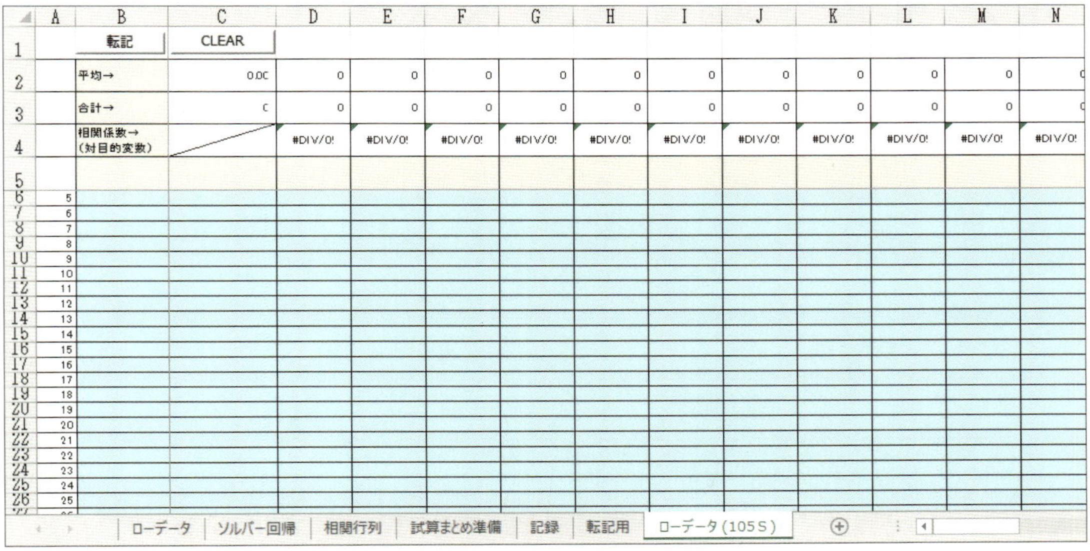

図5-1-7

5-2 「ソルバー回帰」Sheetを使って回帰分析

【(演習データ⑦-1) MMM_modeling_@アルコール飲料売上数】の「ソルバー回帰」Sheetを開きます（図5-2-1）。

前章で演習した「アルコール飲料売上」と対応する説明変数（プロモーション施策、正月GWお盆と月次のダミー変数）が14行から132行まで計118週分記述されています。E列〜X列（5〜6行目）に20個設置してある【LINEST回帰】マクロのボタンに記載した数値は、説明変数の左端E列を1列目と、そこから数えて何列目までの説明変数を用いるかを示しています。【LINEST回帰1】ボタンは説明変数が1つ（TVCM）、【LINEST回帰2】ボタンは説明変数が2つ（TVCM、紙媒体）の回帰分析の結果を出力します。

❗ 【LINEST回帰1〜20】までのマクロボタンを押してみましょう。

❗ 【CLEAR】ボタンは以前の分析結果を消してデフォルトの値に戻すマクロの実行ボタンです。目的変数や説明変数を変更しモデルを作り直す際に適宜使用します。

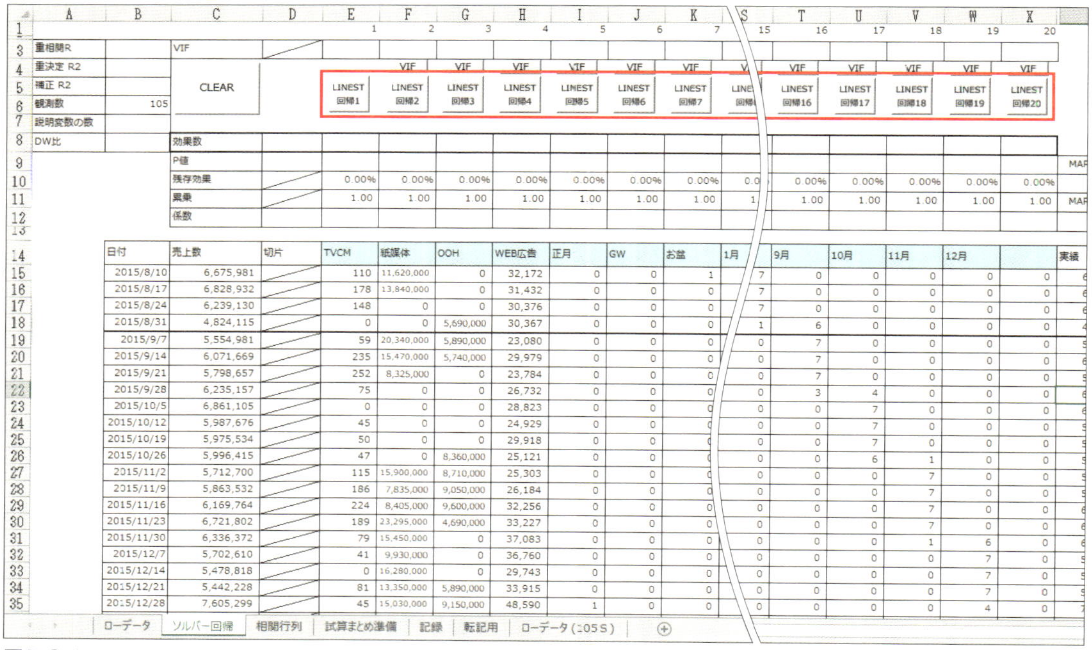

図5-2-1

5-3 「ソルバー回帰」Sheetで得られる回帰分析の結果と、DW比とVIF

　第4章-5では多重共線性により、1月～12月までの月次ダミーを全て入れて分析をしてはいけないと説明しましたが、ここでは敢えてそれを実行してみます。【LINEST 回帰19】マクロのボタンを押し、その上部にある【VIF】ボタンを押します（図5-3-1）。

　この時点のモデルの分析結果を元に、「ソルバー回帰」Sheetで出力される値や仕様について説明していきます。

図5-3-1

回帰分析モデルの基本指標と「ダービン＝ワトソン比」

　【B3:B7】は分析ツールの回帰分析の出力結果と同様の「重相関R」「重決定R2（決定係数）」「補正R2（自由度調整済決定係数）」「観測数」「説明変数の数」です。

　【B8】のDW比は「ダービン＝ワトソン比」のことで、回帰分析を時系列データに対して行う際の検定の一種で、系列相関の有無を調べます。0～4の値をとり、一般的には2に近ければそのモデルに問題はないとされています（4に近い場合は負の系列相関ありでNG）。その基準は標本サイズと説明変数の個数によって変わります。インターネットで「**ダービン＝ワトソンの統計量**」などのキーワードをヒントに調べてみてください。

参照URL

統計WEB 統計用語集
「ダービン＝ワトソン比」（https://bellcurve.jp/statistics/glossary/1707.html）
「系列相関」（https://bellcurve.jp/statistics/glossary/1285.html）

係数【D12:X12】・P値【D9:X12】

　12行目が各説明変数の係数です。また、9行目がＰ値です。図5-3-1の結果では1月から12月までの全てのダミー変数を入れてしまったことで、**第4章-5**で紹介した「多重共線性」が発生しています。いずれかのダミー変数の係数を求めることができなくなります。このケースでは【L9】の「1月」の係数が求められなくなり、値が0でＰ値がエラーとなっています。「条件付き書式」によって、係数がマイナスの値の場合は文字が赤く、Ｐ値がエラーまたは10％以上の場合はセルの色が黄色になります。

効果数【D8:X8】

　切片と各説明変数の目的変数への貢献数量のことです。
　分析に用いた105週のデータそれぞれの値と係数を掛けて合計し算出しています。

残存効果【E10:X10】・累乗（非線形を加味するための値）【E11:X11】

　第5章-8で解説します。

VIF【F3:X3】

　多重共線性というエラーをチェックするための統計量がVIFです。相関が非常に強い説明変数ＡとＢがある場合、（目安として、相関係数0.9以上はかなり疑わしく、0.7以上で疑わしくなります）その2つを説明変数として同時に採用すると、ＡまたはＢのいずれか1つだけ使用した時の係数の推定値から大幅に変化し、時には符号が逆転する等の様々な現象（症状）が起きます。VIFが10以上ならば多重共線性の疑いがあります。例えば、インターネットによる新規会員申込みを目的変数にした際に、自然検索による流入数と有料検索（リスティング広告等）による流入数という2つの変数とその他のデジタル広告やTVCMなどを説明変数として採用したモデルを作った時に、自然検索と有料検索のVIFがそれぞれ10以上になっていた場合は、合算して「検索流入」という1つの説明変数にする、または2つのうち1つの説明変数を外すなどの対処をします。どちらの説明変数を選ぶかは、片方を説明変数から外したモデルを2つ作り、決定係数の高さ、またはＰ値の低さから客観的に決定しますが、主観的な判断から選択を決定する場合もあります。図5-3-1の結果では月次ダミー全て（【L3：W3】）が10以上の異常値になっています。これは、12か月分のダミー変数を全て入れたことで、完全な**多重共線性**（**一次結合**または**線形結合**と言います）があることを示しています。VIFの値が記載されるセル（【F3：X3】）はエラーまたは10以上になると「条件付き書式」で黄色になります。多重共線性のエラーがあるモデルは分析結果の信ぴょう性が著し

く低くなります。

VIFは多重共線性をチェックするための指標です。モデルを作る度に必ずしも毎回行う必要はありません。最終に近いモデルができた段階など、分析者がチェックの必要性を感じた時にだけ実施するのが良いでしょう。

　本節では12か月全ての月次ダミーを用いて多重共線性が発生したモデルの分析結果を元に、「ソルバー回帰」Sheet に出力される内容と VIF 統計量の値を確認する方法を紹介しました。次節から、「ソルバー回帰」Sheet を使ったモデル探索手順を体験していきます。

参照URL

　　統計 WEB　関連記事
　　統計 WEB ブログ「多重共線性をチェックする」(https://bellcurve.jp/statistics/blog/14186.html)
　　統計用語集「多重共線性」(https://bellcurve.jp/statistics/glossary/1792.html)

5-4
最適な月次ダミーの組み合わせを「素早く」探索

　ここでは、月次ダミーの最適な組み合わせを探索する方法を紹介していきます。多重共線性を避けるために12か月のダミー変数のうち何を外すか？　まずは、その選択から行います。月次ダミーを1つ外した後の11個の月次ダミーの組み合わせは何千通りもあります。その中から、最適な組み合わせを探索するには、**第4章-6**の演習で行ったように11個の月次ダミーを用いて回帰分析を行い、P値が10%を上回る月次ダミーを外してしまう方法では難しいです。一般的に説明変数を多く用いたほうが決定係数は上がる傾向にあるため、「月次ダミーの全てのP値を10%未満にしつつ、最も多く月次ダミー変数を用いることができる組み合わせを探索すること」が「決定係数が高く、かつP値が有意水準を下回るモデル」の発見につながります。本書で紹介するMMMのモデル探索ではモデルを進化させる度に適宜月次ダミーの組み合わせを再探索する方法を紹介します。
　【MMM_modeling】Bookで探索する手順を2パターン紹介します。作業スピードを重視した通常の手順（以降「月次ダミー選択通常法」）と、エクセル統計に実装されている重回帰分析の説明変数選択法4種のうち1種の「減少法」を半自動で行う手順（以降「月次ダミー選択減少法」）の2パターンです。

「月次ダミー選択通常法」はExcel単体機能のみで（有料アドインソフトを使用せず）筆者が組んだマクロを活用して分析する方法として紹介するものです。「通常法」という言葉は「減少法」と区別するために用いているものであり、MMMにおける月次ダミーの選択は「通常」この方法を用いるといった意味はありません。

「月次ダミー選択通常法」12個から1つ外すダミー変数を決定する

　ここでは目的変数の予測に有効な月次ダミーの組み合わせを探索します。まずは多重共線性を回避するために12か月の月次ダミーのうち、どれを外すかを決めます。12か月の月次ダミーを同じ条件で比較して「最も目的変数に影響がなさそうな変数」を外す判断をするために相関係数を参照します。「相関行列」Sheetを開きます（図5-4-1）。
　「ソルバー回帰」Sheetの最大20の説明変数の相関行列を【C6：W26】セル範囲に自動計算しています（対象データ期間は105週（「ソルバー回帰」Sheet19行目から123行目）です）。【C29：W49】セル範囲に「偏相関係数」の行列をマクロで計算する仕様となっています。

B	C	D	E	F	G	H	I	J	K	L	M	N	O	P	Q	R	S	T	U	V	W
CLEAR			2	3	4	5	6	7	8	9	10	11	12	13	14	15	16	17	18	19	20
変数選択用	売上数	TVCM	紙媒体	OOH	WEB広告	正月	GW	お盆	1月	2月	3月	4月	5月	6月	7月	8月	9月	10月	11月	12月	0
偏相関係数の絶対値		#DIV/0!	#DIV/0!	#DIV/0!	#DIV/0!	#DIV/0!	#DIV/0!	#DIV/0!	#DIV/0!	#DIV/0!	#DIV/0!	#DIV/0!	#DIV/0!	#DIV/0!	#DIV/0!	#DIV/0!	#DIV/0!	#DIV/0!	#DIV/0!	#DIV/0!	#DIV/0!
相関係数の絶対値		0.5052	0.4351	0.0986	0.6794	0.2986	0.1174	0.4900	0.1870	0.1972	0.2158	0.2234	0.0593	0.1413	0.1684	0.3377	0.0716	0.1572	0.0685	0.0227	#DIV/0!
相関係数	売上数	TVCM	紙媒体	OOH	WEB広告	正月	GW	お盆	1月	2月	3月	4月	5月	6月	7月	8月	9月	10月	11月	12月	0
売上数	1.000	0.505	0.435	0.099	0.679	0.299	0.117	0.490	-0.187	-0.197	0.216	-0.223	0.059	0.141	0.168	0.338	-0.072	-0.157	-0.069	-0.023	#DIV/0!
TVCM	0.505	1.000	0.471	0.318	0.526	-0.078	-0.109	0.022	-0.005	-0.153	0.294	-0.119	-0.021	0.281	0.069	-0.039	-0.038	-0.185	0.055	-0.135	#DIV/0!
紙媒体	0.435	0.471	1.000	0.448	0.372	0.017	-0.090	0.106	0.098	-0.012	0.279	-0.181	-0.162	-0.047	0.013	0.105	-0.027	-0.206	0.092	0.046	#DIV/0!
OOH	0.099	0.318	0.448	1.000	0.226	0.133	-0.076	-0.076	0.284	-0.090	0.332	-0.169	0.024	0.004	-0.164	-0.172	-0.106	-0.121	0.239	-0.061	#DIV/0!
WEB広告	0.679	0.526	0.372	0.226	1.000	0.137	0.054	0.279	-0.193	-0.166	0.122	-0.070	0.056	0.396	0.300	0.182	-0.213	-0.204	-0.187	-0.018	#DIV/0!
正月	0.299	-0.078	0.017	0.133	0.137	1.000	-0.019	-0.019	0.105	-0.042	-0.044	-0.043	-0.044	-0.044	-0.044	-0.044	-0.046	-0.044	-0.043	0.331	#DIV/0!
GW	0.117	-0.109	-0.090	-0.076	0.054	-0.019	1.000	-0.019	-0.044	-0.042	-0.044	-0.043	0.476	-0.044	-0.044	-0.044	-0.046	-0.044	-0.043	-0.044	#DIV/0!
お盆	0.490	0.022	0.106	-0.076	0.279	-0.019	-0.019	1.000	-0.044	-0.042	-0.044	-0.043	-0.044	-0.044	-0.044	0.477	-0.046	-0.044	-0.043	-0.044	#DIV/0!
1月	-0.187	-0.005	0.098	0.284	-0.193	0.105	-0.044	-0.044	1.000	-0.067	-0.100	-0.097	-0.099	-0.100	-0.099	-0.099	-0.103	-0.100	-0.098	-0.051	#DIV/0!
2月	-0.197	-0.153	-0.012	-0.090	-0.166	-0.042	-0.042	-0.042	-0.067	1.000	-0.050	-0.093	-0.095	-0.095	-0.095	-0.095	-0.099	-0.095	-0.093	-0.096	#DIV/0!
3月	0.216	0.294	0.279	0.332	0.122	-0.044	-0.044	-0.044	-0.100	-0.050	1.000	-0.037	-0.100	-0.101	-0.100	-0.101	-0.105	-0.101	-0.099	-0.102	#DIV/0!
4月	-0.223	-0.119	-0.181	-0.169	-0.070	-0.043	-0.043	-0.043	-0.097	-0.093	-0.037	1.000	-0.081	-0.098	-0.097	-0.098	-0.101	-0.098	-0.096	-0.099	#DIV/0!
5月	0.059	-0.021	-0.162	0.024	0.056	-0.044	0.476	-0.044	-0.099	-0.095	-0.100	-0.081	1.000	-0.038	-0.099	-0.099	-0.103	-0.100	-0.098	-0.100	#DIV/0!
6月	0.141	0.281	-0.047	0.004	0.396	-0.044	-0.044	-0.044	-0.100	-0.095	-0.101	-0.098	-0.038	1.000	-0.038	-0.100	-0.104	-0.101	-0.098	-0.101	#DIV/0!
7月	0.168	0.069	0.013	-0.164	0.300	-0.044	-0.044	-0.044	-0.099	-0.095	-0.100	-0.097	-0.099	-0.038	1.000	-0.083	-0.103	-0.100	-0.098	-0.100	#DIV/0!
8月	0.338	-0.039	0.105	-0.172	0.182	-0.044	-0.044	0.477	-0.099	-0.095	-0.101	-0.098	-0.099	-0.100	-0.083	1.000	-0.038	-0.100	-0.098	-0.100	#DIV/0!
9月	-0.072	-0.038	-0.027	-0.106	-0.213	-0.046	-0.046	-0.046	-0.103	-0.099	-0.105	-0.101	-0.103	-0.104	-0.103	-0.038	1.000	-0.043	-0.102	-0.104	#DIV/0!
10月	-0.157	-0.185	-0.206	-0.121	-0.204	-0.044	-0.044	-0.044	-0.100	-0.095	-0.101	-0.098	-0.100	-0.101	-0.100	-0.100	-0.043	1.000	-0.065	-0.101	#DIV/0!
11月	-0.069	0.055	0.092	0.239	-0.187	-0.043	-0.043	-0.043	-0.098	-0.093	-0.099	-0.096	-0.098	-0.098	-0.098	-0.098	-0.102	-0.065	1.000	-0.049	#DIV/0!
12月	-0.023	-0.135	0.046	-0.061	-0.018	0.331	-0.044	-0.044	-0.051	-0.096	-0.102	-0.099	-0.100	-0.101	-0.100	-0.100	-0.104	-0.101	-0.049	1.000	#DIV/0!
0	#DIV/0!	#DIV/0!	#DIV/0!	#DIV/0!	#DIV/0!	#DIV/0!	#DIV/0!	#DIV/0!	#DIV/0!	#DIV/0!	#DIV/0!	#DIV/0!	#DIV/0!	#DIV/0!	#DIV/0!	#DIV/0!	#DIV/0!	#DIV/0!	#DIV/0!	#DIV/0!	1.000

月	偏相関係数の絶対値

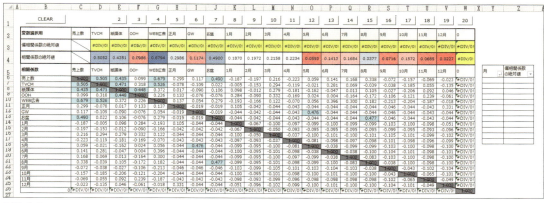

図5-4-1

ここでは、4行目の「相関係数の絶対値」を参照します。**【D4：W4】**は目的変数と各説明変数の相関係数の絶対値を表示し、「条件付き書式」で値の大きい順に青、水色、桃色、赤色で自動着色され、対象セル範囲の値が下位50%は赤系の色＋斜線、上位50%は青系の色になる仕様です（図5-4-2）。

説明変数選択の際、目的変数との「相関係数の絶対値が最も低い」変数を見つけやすくするためのものです。12か月の月次ダミーのうち、絶対値が最も低いのは12月です。12月の月次ダミーを除いてモデルを作ります。

B	C	D	E	F	G	H	I	J	K	L	M	N	O	P	Q	R	S	T	U	V	W
CLEAR			2	3	4	5	6	7	8	9	10	11	12	13	14	15	16	17	18	19	20
変数選択用	売上数	TVCM	紙媒体	OOH	WEB広告	正月	GW	お盆	1月	2月	3月	4月	5月	6月	7月	8月	9月	10月	11月	12月	0
偏相関係数の絶対値		#DIV/0!	#DIV/0!	#DIV/0!	#DIV/0!	#DIV/0!	#DIV/0!	#DIV/0!	#DIV/0!	#DIV/0!	#DIV/0!	#DIV/0!	#DIV/0!	#DIV/0!	#DIV/0!	#DIV/0!	#DIV/0!	#DIV/0!	#DIV/0!	#DIV/0!	#DIV/0!
相関係数の絶対値		0.5052	0.4351	0.0986	0.6794	0.2986	0.1174	0.4900	0.1870	0.1972	0.2158	0.2234	0.0593	0.1413	0.1684	0.3377	0.0716	0.1572	0.0685	0.0227	#DIV/0!

図5-4-2

「月次ダミー選択通常法」11か月のダミー変数でモデルを作り、最適な月次ダミーの組み合わせを「素早く」探す

「ソルバー回帰」Sheetに戻り、12月の月次ダミー変数（**【W14】**セル）の値を消して、【CLEAR】マクロボタンを押してから、【LINEST回帰18】マクロボタンと【VIF】を押します（図5-4-3）。

A	B	C	D	E	F	G	H	I	J	K	L	M	N	O	P	Q	R	S	T	U	V	W	X	AW	
				1	2	3	4	5	6	7	8	9	10	11	12	13	14	15	16	17	18	19	20		
重相関R	0.90376	VIF		2.056	1.859	2.184	3.663	1.279	1.389	1.477	2.524	1.933	2.425	2.023	2.507	2.466	2.307	2.314	2.077	2.051	2.524	1.000	1.000		
重決定 R2	0.816790	CLEAR			VIF	VIF	VIF	VIF	VIF	VIF	VIF	VIF	VIF	VIF	VIF	VIF	VIF	VIF	VIF	VIF	VIF	VIF	VIF		
補正 R2	0.778443			LINEST 回帰1	LINEST 回帰2	LINEST 回帰3	LINEST 回帰4	LINEST 回帰5	LINEST 回帰6	LINEST 回帰7	LINEST 回帰8	LINEST 回帰9	LINEST 回帰10	LINEST 回帰11	LINEST 回帰12	LINEST 回帰13	LINEST 回帰14	LINEST 回帰15	LINEST 回帰16	LINEST 回帰17	LINEST 回帰18	LINEST 回帰19	LINEST 回帰20		
観測数	105																								
説明変数の数	18																								
DW比	1.69079	効果数	497,417,591	23,080,256	13,703,256	-9,825,029	53,892,987	5,183,806	1,770,170	4,774,155	-710,645	-75,623	7,229,207	1,204,864	4,651,985	2,920,808	5,168,661	6,079,636	3,109,116	2,861,856	3,362,614	0	0		
		P値	0.00%	0.00%	0.13%	1.06%	1.04%	0.00%	2.31%	0.00%	76.12%	96.91%	0.25%	55.86%	4.83%	21.11%	2.27%	0.80%	16.15%	18.02%	14.71%	0.00%	0.00%	MAPE(検証)	RM
		残存効果		0.00%	0.00%	0.00%	0.00%	0.00%	0.00%	0.00%	0.00%	0.00%	0.00%	0.00%	0.00%	0.00%	0.00%	0.00%	0.00%	0.00%	0.00%	0.00%	0.00%	5.18%	
		累乗		1.0C	1.00	1.00	1.00	1.00	1.00	1.00	1.00	1.00	1.00	1.00	1.00	1.00	1.00	1.00	1.00	1.00	1.00	1.00	1.00	MAPE(学習)	残差
		係数	4737310.392	2783.67E	0.016	-0.030	13.570	2591903.207	885065.178	2387077.544	11462.012	-1326.721	116600.114	20081.065	75032.011	48680.139	83365.505	98058.641	48579.930	46158.962	56043.559			5.16%	
	日付	売上数	切片	TVCM	紙媒体	OOH	WEB広告	正月	GW	お盆	1月	2月	3月	4月	5月	6月	7月	8月	9月	10月	11月			実績	予測
	2015/8/10	6,675,981		11C	11,620,000	0	32,172	0	0	1	0	0	0	0	0	0	0	7	0	0	0	0	0	6,675,981	
	2015/8/17	6,828,932		17E	13,840,000	0	31,432	0	0	0	0	0	0	0	0	0	0	7	0	0	0	0	0	6,828,932	

図5-4-3

「相関行列」Sheet に戻ります。今用いた説明変数の組み合わせに対する偏相関係数を算出するための【18】のマクロボタンを押します。3行目の偏相関係数の絶対値と、29行目～47行目の偏相関係数行列が更新されます。次に1月～11月の偏相関係数、図中の赤枠【K2：U3】のセル範囲をコピーします（図5-4-4）。

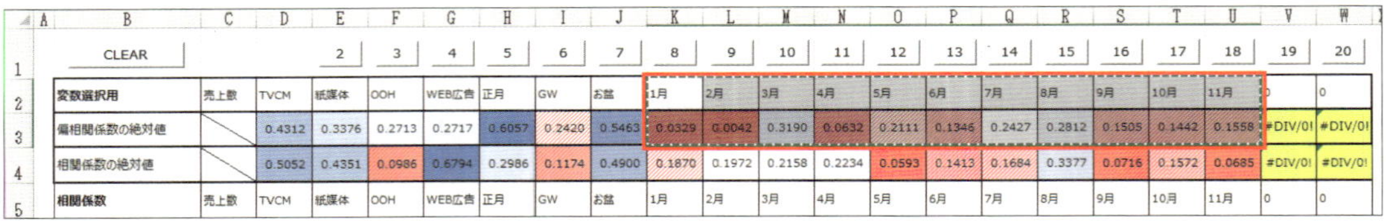

図5-4-4

【Y6】セルを選択し、右クリックで表示されるメニューバーから「形式を選択して貼り付け」を選び、「値」と「行列を入れ替える」のチェックボックスを選択し（図5-4-5）、「OK」を押し、行列を入れ替えて値を貼り付けます（図5-4-6）。

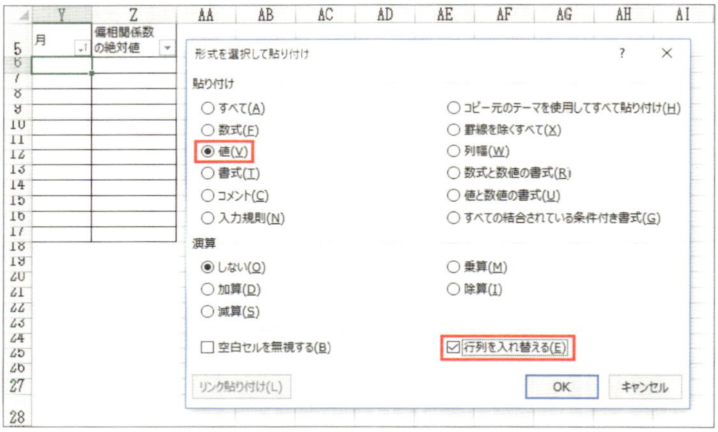

図5-4-5

図5-4-6

「偏相関係数の絶対値」のセル右下のフィルター部を選択し、降順（偏相関係数が大きい順）で並べ変えます。並び変えた月の範囲【Y6：Y16】を選択しコピーします（図5-4-7）。

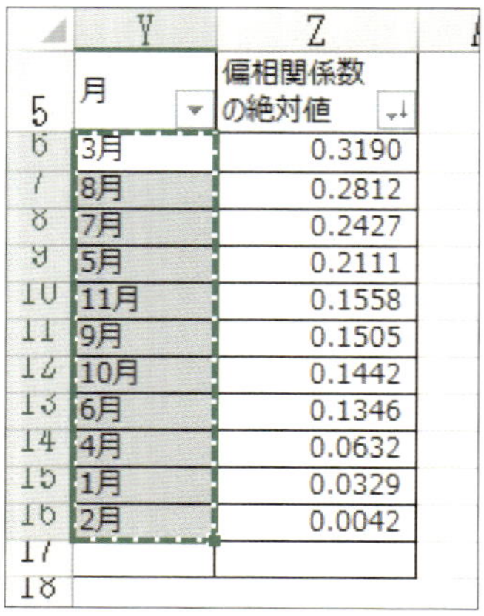

図5-4-7

「ソルバー回帰」Sheetに戻り、一番左端の月次ダミーのセル（ここでは1月【L14】）を選択し、行列を入れ替えて値のみを貼り付けます（図5-4-8）。

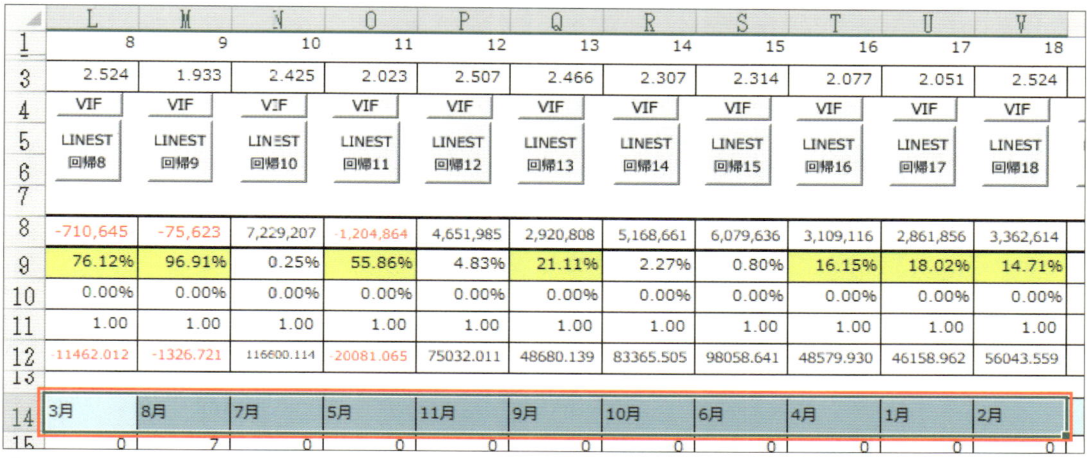

図5-4-8

12か月の月次ダミーを左から「偏回帰係数」の高い順に並び替えた状態になりました。次に【LINEST回帰8】から順番に【LINEST回帰18】までを実行していきます。P値10%未満の月次ダミーを最も多く使える組み合わせを探していきます。その組み合わせは【LINEST回帰15】の組み合わせになります（図5-4-9）。

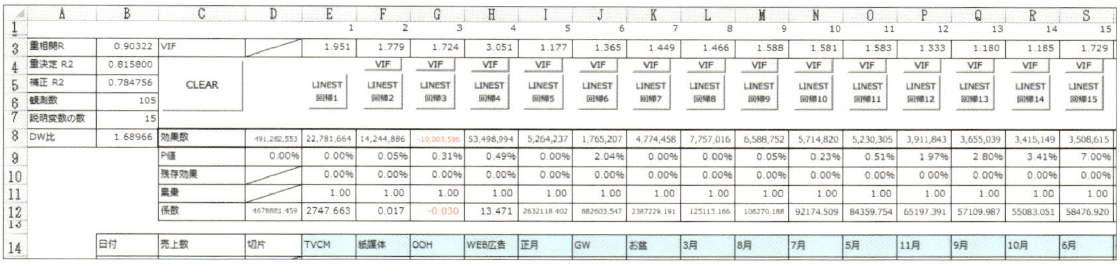

図5-4-9

「月次ダミー選択通常版」の探索手順（まとめ）

① 「相関行列」Sheetで12か月の月次ダミーの（目的変数との）相関係数の絶対値を確認し、それが最も低い月次ダミーを外す。

② 「ソルバー回帰」Sheetで11か月の月次ダミーでモデルを作る。

③ 「相関行列」Sheetのマクロを実行し②のモデルに対応する11か月の偏相関係数を算出し、【Y6】セルに行列を入れ替えて値を貼り付け、フィルターで偏相関係数の絶対値が大きい順番に並び替える。

④ ③の順番（偏相関係数の高い順）に左から右へ「ソルバー回帰」Sheet の月次ダミーを並べ変える。
⑤ 月次ダミーの上部にある【LINEST 回帰】マクロを左端の月次ダミーから順番に実行し最も多く月次ダミーを使えるモデル（全ての係数の P 値が 10% 未満）を発見する。

予測値と実績値のグラフを確認する

「ソルバー回帰」Sheet では、得られたモデルに対応する実績値と予測値と残差は自動計算される仕様となっています（図 5-4-10）。

ここで初めて出てきた「**予測平均誤差率**」**【BA19：BA132】**は、残差の絶対値 / 実績値で算出しています。実績値に対してどれくらいの誤差が発生したかを示す指標です。

「ソルバー回帰」Sheet では実績、予測、残差の値を自動で折れ線グラフとして BB から BN 列の上部に表示します。グラフの内容を確認してみましょう（図 5-4-11）。

	AW	AX	AY	AZ	BA
14	実績	予測	残差	残差二乗	予測平均誤差率
15	6,675,981				
16	6,828,932				
17	6,239,130				
18	4,824,115				
19	5,554,981	5,712,992	(158,010)	24,967,234,890	2.84%
20	6,071,669	6,213,380	(141,711)	20,082,030,950	2.33%
21	5,798,657	6,231,374	(432,717)	187,243,737,680	7.46%
22	6,235,157	5,637,423	597,734	357,285,371,008	9.59%
23	6,861,105	5,452,735	1,408,371	1,983,507,654,605	20.53%
24	5,987,676	5,522,883	464,793	216,032,247,432	7.76%
25	5,975,534	5,605,329	370,206	137,052,205,015	6.20%
26	5,996,415	5,287,066	709,349	503,175,966,556	11.83%
27	5,712,700	5,795,037	(82,337)	6,779,433,432	1.44%
28	5,863,532	5,854,391	9,141	83,555,341	0.16%
29	6,169,764	6,033,080	136,684	18,682,458,681	2.22%
30	6,721,802	6,349,548	372,254	138,572,960,940	5.54%
31	6,336,372	5,720,463	615,909	379,343,754,336	9.72%
32	5,702,610	5,454,365	248,246	61,625,878,612	4.35%
33	5,478,818	5,352,179	126,639	16,037,374,667	2.31%
34	5,442,228	5,403,655	38,573	1,487,853,160	0.71%
35	7,605,299	8,061,742	(456,442)	208,339,650,081	6.00%
36	5,456,222	5,245,383	210,839	44,453,148,154	3.86%
37	4,983,576	5,116,848	(133,272)	17,761,520,148	2.67%
38	4,934,850	4,929,344	5,505	30,309,161	0.11%
39	4,991,696	5,401,958	(410,262)	168,315,168,384	8.22%
40	5,399,193	5,291,411	107,782	11,617,038,596	2.00%
41	5,694,657	5,291,244	403,413	162,742,019,988	7.08%
42	5,309,995	5,401,590	(91,595)	8,389,595,077	1.72%

図5-4-10

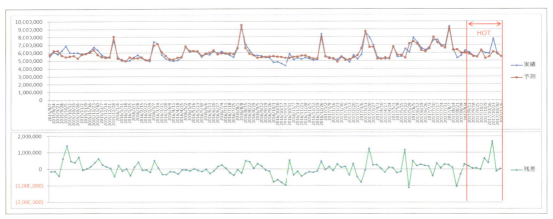

図5-4-11

HOT（Hold Out Test）とは

グラフ内の右端に「HOT」と記載されているのは「Hold Out Test」の略です。これは、19行目から123行目の105週を「学習期間」として、この期間のデータで分析したモデルの各説明変数の係数と切片によって残りの9週の「検証期間」の予測を行い、実績値と予測値のあてはまりを確認

するためのものです。

　HOT（Hold Out Test）に関する指標について説明します（図5-4-12）。

	AW	AX	AY	AZ
9	MAPE(検証)	RMSE(検証)		
10	5.24%	618,263		
11	MAPE(学習)	残差の標準偏差	残差の分散	残差平方和（学習105週）
12	5.20%	412,678	170,302,778,334	17,881,791,725,090

図5-4-12

　【AX10】RMSEは「二乗平均平方根誤差」というもので、「RMSE（検証9週）」は検証期間9週の予測誤差の平均目安で「残差の標準偏差」は学習期間105週の予測誤差の平均目安です。このケースでは検証期間の誤差の絶対値のほうが大きいことが分かります。

　「MAPE（Mean Absolute Percentage Error）」は各期の予測平均誤差率を合計し、それを標本サイズ（期の数量）で割った値です。【AW10】では9期の検証期間からそれを求め、【AW12】では105期の学習期間からそれを求めています。

　「一般的に需要予測の誤差は20％以下でとても有効、30％以内で活用可能な水準（山口, 2018）」と言われています。例えば「競合企業の広告出稿」が自社の売上をマイナスすることがあらかじめ想定されるケースでは説明変数に入れるべきですが、そのモデルを需要予測（未来の売上等の予測）に活用する場合は、「競合企業の広告出稿」も推測しないと予測がブレます。気候や景気要因など、未来の予測が困難だが、自社の売上に影響するものが他にある場合も同様です。

　本書で紹介するMMMは効果検証が主目的となるため、未来の予測は困難だが、過去の売上の説明に使える外的要因の変数を用いる場合が多いです。

　比較的十分な過去データが得られた状態からマーケティング施策などの変数が目的変数にどの程度の影響を与えるかをモデル化し、推定することが主な目的となるMMMではMAPE10％以下を目指しましょう。「需要予測」についてより詳しく知りたい方は引用文献を参照いただければと思います。

引用文献

山口雄大（著）『この1冊ですべてわかる需要予測の基本　SCMとマーケティングを劇的に変える』
日本経済新聞出版社、2018年

参照URL

統計WEB　統計学の時間
「27-3　予測値と残差」（https://bellcurve.jp/statistics/course/9704.html）

5-5
「記録用」Sheetを用いて、作ったモデルを記録する

　前節では、「月次ダミー選択通常法」を紹介しましたが、実務の分析では月次ダミーだけでなく、その他の変数を何度も入れ替えたり、本書の分析法ではソルバーを用いて「残存効果」や「累乗（非線形な影響）」を加味した説明変数の加工をしたりしてモデルを進化させていくことになります。どの段階のモデルの評価が良いか分からなくなりがちです。それを防ぐために適宜記録することを推奨します。ここではその手順を紹介します。「記録」Sheet を開きましょう（図5-1-4）。

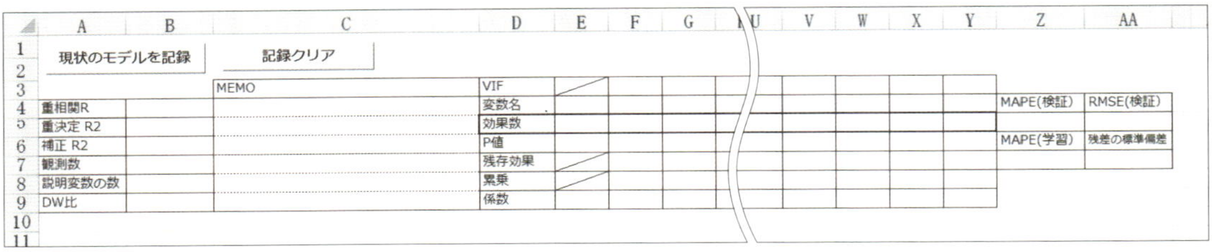

図5-1-4（再掲）

　【現状のモデルを記録】マクロボタンを押すと、「ソルバー回帰」Sheet の現状の情報が記載されます。【記録クリア】のマクロボタンは記載した値を空白に戻すものです。

　実際に記録してみましょう。「記録」Sheet の【現状のモデルを記録】マクロを押します（図5-5-1）。

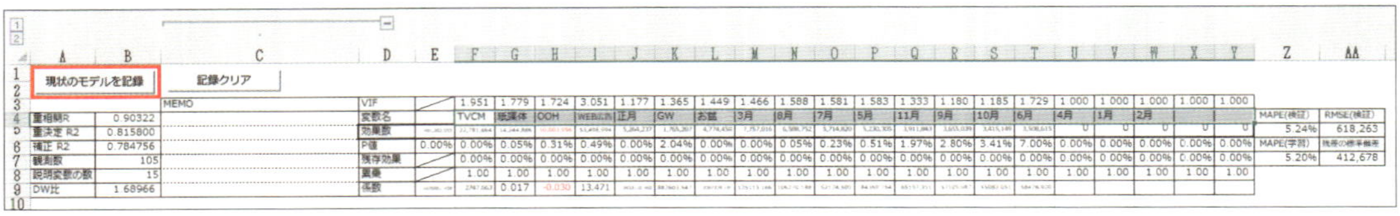

図5-5-1

　C列のメモ欄に、モデルを実行した手順を記録しましょう。ここでは、図5-5-2のように記載しました。

　F列より右の列に各説明変数のラベルや係数などは記載されており、そこを見れば使用した説明変数は分かるため、分析手順として「月代ダミー選択通常法」を行い、次に「回帰分析」を行ったことのみを記載しました。

 演習では、モデルを更新する度に都度「記録」Sheetに記載することについて解説しません（説明が冗長になるためです）。ここで示したMEMO活用例を参考に、皆さん自身が分析過程を理解できるメモをルール化して記載することを推奨します。

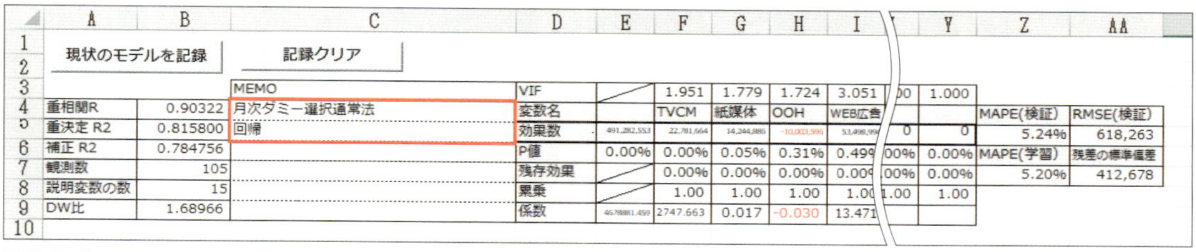

図5-5-2

「ソルバー回帰」Sheetの情報をマクロで3行目から9行目まで記載したら10行目以下に貼り付け、モデルを追加する度に下の行に追加していきます（図5-5-3）。

> 「記録」Sheetの情報は他のSheetの計算結果に影響しないため、「値」のみではなく、書式ごと貼り付けても問題ありません。

> メモ欄が表示上邪魔な場合はD列上部の「-」マークをクリックしてください（「グループ化」の機能を使っています）。

> 演習ファイル【（演習データ⑦-2Fin）MMM_modeling_＠アルコール飲料売上数】の「記録」Sheetには本章の演習の過程の全てを記録する筆者流メモを記載します。本章演習終了後に確認してみましょう。
> 「MMM_modeling」Sheetを実践で使用する場合は、モデルを作り変える度に、「記録」Sheetにそれを記録して、複数のモデル（分析結果）を比較できるようにしておきましょう。

図5-5-3

次節では、候補となる説明変数から指定したP値を下回る説明変数の選択を「エクセル統計」を用いて素早く探索する方法を体験します。

5-6

「エクセル統計」の説明変数選択機能「減少法」を体験

本書で紹介するMMMでは「エクセル統計」が無くてもある程度の分析ができるようにしていますが、「エクセル統計」を併用することで、特にモデル構築の初期の作業時間を「圧倒的に短縮」することができます。その鍵を握る機能が「エクセル統計」の重回帰分析の「説明変数選択機能」です。さっそく体験しましょう。**【(演習データ⑧-1) エクセル統計変数選択体験】**Bookの「V-⑥」Sheetを開きます(図5-6-1)。

	A	B	C	D	E	F	G	H	I	J	K	L	M	N	O	P	
1																	
2		平均→	5,282,965.62	75	7,732,909	2,993,455	36,104	75	7,595,818	3,045,182	36,027	0	0	0	1	1	
3		合計→	623,389,943	8,291	850,620,000	329,280,000	3,971,449	8,255	835,540,000	334,970,000	3,962,971	2	2	2	62	57	
4		相関係数→ (対目的変数)		0.51	0.44	0.10	0.68	0.51	0.31	0.21	0.47	0.30	0.12	0.49	−0.19	−0.20	
5		日付	売上数	TVCM	紙媒体	OOH	WEB広告	TVCM(t−1)	紙媒体(t−1)	OOH(t−1)	WEB広告(t−1)	正月	GW	お盆	1月	2月	3月
6	5	2015/9/7	5,554,981	59	20,340,000	5,890,000	23,080	0	0	5,690,000	30,367	0	0	0	0	0	
7	6	2015/9/14	6,071,669	235	15,470,000	5,740,000	29,979	59	20,340,000	5,890,000	23,080	0	0	0	0	0	
8	7	2015/9/21	5,798,657	252	8,325,000	0	23,784	235	15,470,000	5,740,000	29,979	0	0	0	0	0	
9	8	2015/9/28	6,235,157	75	0	0	26,732	252	8,325,000	0	23,784	0	0	0	0	0	
10	9	2015/10/5	6,861,105	0	0	0	28,823	75	0	0	26,732	0	0	0	0	0	
11	10	2015/10/12	5,987,676	45	0	0	24,929	0	0	0	28,823	0	0	0	0	0	
12	11	2015/10/19	5,975,534	50	0	0	29,918	45	0	0	24,929	0	0	0	0	0	
13	12	2015/10/26	5,996,415	47	0	8,360,000	25,121	50	0	0	29,918	0	0	0	0	0	
14	13	2015/11/2	5,712,700	115	15,900,000	8,710,000	25,303	47	0	8,360,000	25,121	0	0	0	0	0	
15	14	2015/11/9	5,863,532	186	7,835,000	9,050,000	26,184	115	15,900,000	8,710,000	25,303	0	0	0	0	0	
16	15	2015/11/16	6,169,764	224	8,405,000	9,600,000	32,256	186	7,835,000	9,050,000	26,184	0	0	0	0	0	
17	16	2015/11/23	6,721,802	189	23,295,000	4,690,000	33,227	224	8,405,000	9,600,000	32,256	0	0	0	0	0	
18	17	2015/11/30	6,336,372	79	15,450,000	0	37,083	189	23,295,000	4,690,000	33,227	0	0	0	0	0	
19	18	2015/12/7	5,702,610	41	9,930,000	0	36,760	79	15,450,000	0	37,083	0	0	0	0	0	
20	19	2015/12/14	5,478,818	0	16,280,000	0	29,743	41	9,930,000	0	36,760	0	0	0	0	0	
21	20	2015/12/21	5,442,228	81	13,350,000	5,890,000	33,915	0	16,280,000	0	29,743	0	0	0	0	0	
22	21	2015/12/28	7,605,299	45	15,030,000	9,150,000	48,590	81	13,350,000	5,890,000	33,915	1	0	0	3	0	
23	22	2016/1/4	5,456,222	103	9,830,000	9,240,000	29,636	45	15,030,000	9,150,000	48,590	0	0	0	7	0	
24	23	2016/1/11	4,983,576	50	12,140,000	9,240,000	28,107	103	9,830,000	9,240,000	29,636	0	0	0	7	0	
25	24	2016/1/18	4,934,850	0	13,850,000	9,410,000	22,597	50	12,140,000	9,240,000	28,107	0	0	0	7	0	
26	25	2016/1/25	4,991,696	75	13,280,000	0	21,844	0	13,850,000	9,410,000	22,597	0	0	0	7	0	
27	26	2016/2/1	5,399,193	87	3,560,000	0	23,223	75	13,280,000	0	21,844	0	0	0	0	7	
28	27	2016/2/8	5,694,657	54	7,890,000	0	24,597	87	3,560,000	0	23,223	0	0	0	0	7	
29	28	2016/2/15	5,309,995	36	7,710,000	0	36,676	54	7,890,000	0	24,597	0	0	0	0	7	
30	29	2016/2/22	6,011,554	0	0	0	29,153	36	7,710,000	0	36,676	0	0	0	0	7	
31	30	2016/2/29	4,905,122	0	0	24,910,000	32,895	0	0	0	29,153	0	0	0	0	1	
32	31	2016/3/7	7,374,825	308	15,710,000	9,640,000	38,056	0	0	24,910,000	32,895	0	0	0	0	0	
33	32	2016/3/14	7,119,411	355	2,530,000	0	36,717	308	15,710,000	9,640,000	38,056	0	0	0	0	0	
34	33	2016/3/21	5,715,333	0	0	0	37,014	355	2,530,000	0	36,717	0	0	0	0	0	
35	34	2016/3/28	5,223,197	0	0	0	29,899	0	0	0	37,014	0	0	0	0	0	
36	35	2016/4/4	4,997,066	0	0	0	36,032	0	0	0	29,899	0	0	0	0	0	
37	36	2016/4/11	4,920,903	0	0	0	32,453	0	0	0	36,032	0	0	0	0	0	
38	37	2016/4/18	5,010,664	52	0	0	38,168	0	0	0	32,453	0	0	0	0	0	
39	38	2016/4/25	5,351,626	79	0	0	33,106	52	0	0	38,168	0	0	0	0	0	
40	39	2016/5/2	6,699,538	0	0	0	45,871	79	0	0	33,106	0	1	0	0	0	
41	40	2016/5/9	6,064,412	170	2,175,000	0	31,305	0	0	0	45,871	0	0	0	0	0	
42	41	2016/5/16	6,139,710	173	0	0	33,350	170	2,175,000	0	31,305	0	0	0	0	0	
43	42	2016/5/23	6,070,151	75	7,365,000	0	42,156	173	0	0	33,350	0	0	0	0	0	
44	43	2016/5/30	5,426,320	0	0	0	33,443	75	7,365,000	0	42,156	0	0	0	0	0	
45	44	2016/6/6	5,803,473	94	0	0	36,010	0	0	0	33,443	0	0	0	0	0	
46	45	2016/6/13	5,635,093	146	0	0	35,966	94	0	0	36,010	0	0	0	0	0	

V-⑥ V-⑥(エクセル統計)

図5-6-1

このデータテーブルは演習ファイルの**【(演習データ⑦-1) MMM_modeling_@アルコール飲料売上数】**Bookを開いた直後に「ローデータ(105S)」Sheet**【転記用】**マクロを実行し、「ローデータ」Sheet118週から学習期間105週のデータを転記した内容です。

!「ローデータ(105S)」Sheetは「ローデータ」の118週から分析期間として用いる105週を転記し、「エクセル統計」で重回帰分析を行うことを想定したSheetです。このSheetは列を自由に組み替えても問題ありません。説明変数の組み合わせを変えて「エクセル統計」で重回帰分析を行うことを想定しています。

「エクセル統計」で変数選択機能付き重回帰分析を実行

ここでは、一旦は1期のタイムラグを用いた変数を候補変数から除外します。H列からK列を選択して切り取ります（図5-6-2）。

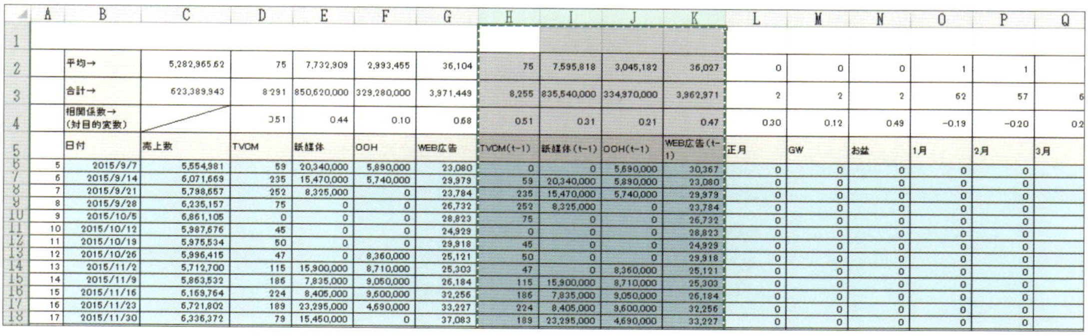

図5-6-2

そしてAA列を選択し、「切り取ったセルの挿入」を実行し、「12月」の月次ダミーの右の列に配置しておきます（図5-6-3）。

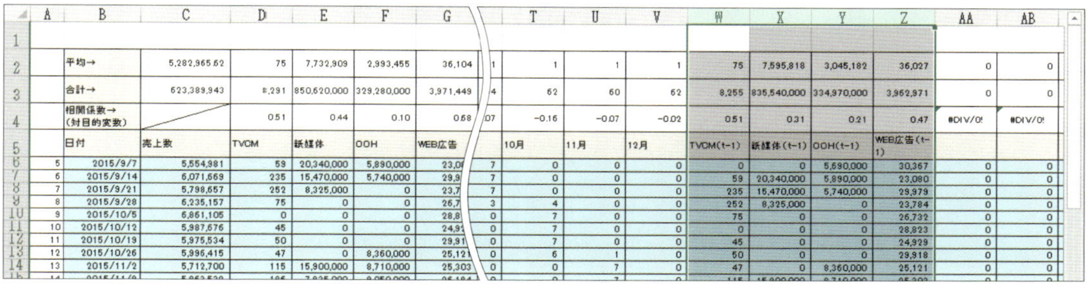

図5-6-3

ここまでの操作を反映したデータテーブルの「Ⅴ-⑥（エクセル統計）」Sheetを開きます。目的変数のラベル行となる【C5】をクリックし、［Ctrl］キーを押した状態で【D5：V5】をドラッグして選択してから「エクセル統計」タブから「多変量解析」>「重回帰分析」を選択し実行します（図5-6-4）。

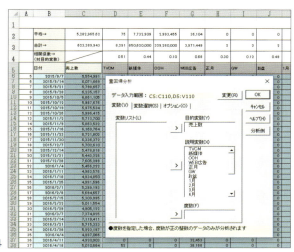

図5-6-4

残存効果などを加味して予測精度を上げる　第5章

ナビゲーションウィンドウ上の「変数選択」タブを選択します。「方法：」の「減少法」のチェックボックスをオンにして「基準：」の除去の値を 0.1 にします。これは説明変数の P 値が 10％ 以上の変数を除去していきながら、全説明変数から P 値 10％ 未満の説明変数だけを用いたモデルを探索する設定です。「変数選択の過程を出力する」のチェックボックスをオンにして、複数の回帰モデルの実行経緯を出力する設定にします（図 5-6-5）。

　さらに「オプション」タブをクリックし、図 5-6-6 のようにチェックボックスを入れます。

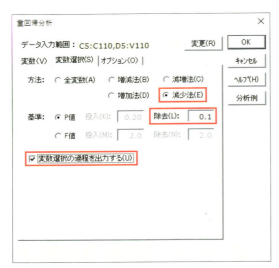

図5-6-5

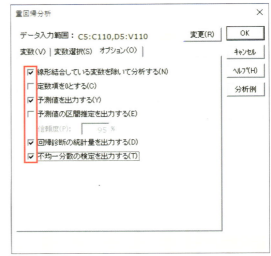

図5-6-6

　この状態で OK を押すと、新規 Sheet に分析結果が出力されます（図 5-6-7）。

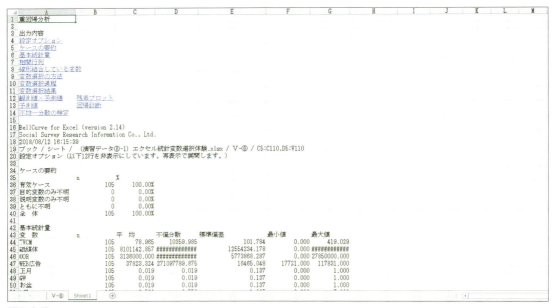

図5-6-7

160

Sheet の左上に「設定オプション」「ケースの要約」「基本統計量」「相関行列」「線形結合している変数」「変数選択の方法」「変数選択過程」「変数選択結果」「観測値×予測値」「残差プロット」「予測値」「回帰診断」「不均一分散の検定」のハイパーリンクが設定されており、それぞれの対応箇所に遷移できます。

　うちいくつかを説明します。

【線形結合している変数】

　「線形結合している変数」のハイパーリンクをクリックしましょう（図 5-6-8）。

　1月～12月の全てのダミー変数は完全なる多重共線性が発生しているため、線形結合となります。うち、エクセル統計では一番右の列にある変数を除外します。そのため、12月が除かれています。

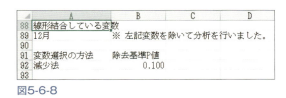

図5-6-8

【変数選択過程】

　次は「変数選択過程」のハイパーリンクをクリックしましょう（図 5-6-9）。

　98行目のステップ 0 の【I98】セルに「2月」と記載されています。これは線形結合していた「12月」を除く全ての説明変数を用いたモデルより、「2月」を除外する判断をしたという意味です。除外対象の選択基準は偏回帰係数の P 値が指定した値（今回は 0.1）以上のものです。99行目のステップ 1 では、ステップ 0 の説明変数から 2月を除いた説明変数のモデルの偏回帰係数の P 値が 0.1 以上かつ最も大きい「1月」を除去する判断をしたという意味です。101行目のステップ 3 までその手順で実行していった結果除外対象となる説明変数がなくなったため、除外対象の変数は「なし」と判断し、ステップ 3 を最終的なモデルとした、という過程を示しています。

	A	B	C	D	E	F	G	H	I
94	変数選択過程								
95	回帰式の精度								
96		重相関係数		決定係数				変数選択の結果	
97	ステップ	R	修正R	R2乗	修正R2乗	ダービン=ワトソン	AIC	投入	除去
98	ステップ0	0.9038	0.8823	0.8168	0.7784	1.6908	2752.8231		2月
99	ステップ1	0.9038	0.8837	0.8168	0.7810	1.6907	2750.8250		1月
100	ステップ2	0.9036	0.8850	0.8166	0.7832	1.6964	2748.9567		4月
101	ステップ3	0.9032	0.8859	0.8158	0.7848	1.6897	2747.3886		(なし)
102									

図5-6-9

【変数選択結果】

「変数選択結果」のハイパーリンクをクリックしましょう。「変数選択過程」で実行した最終モデル「ステップ3」の分析結果が202行目以下に出力されています（図5-6-10）。

「TVCM」「紙媒体」「OOH」「WEB広告」「正月」「GW」「お盆」と、月次ダミーでは「3月」「5月」「6月」「7月」「8月」「9月」「10月」「11月」の月次ダミーが選択されました。**第5章-4**で実行した「月次ダミー選択通常法」の月次ダミーの組み合わせと同様になっています。

 今回は一致しましたが、これは必ずしも一致するわけではありません。

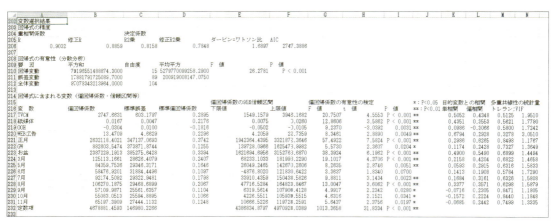

図5-6-10

エクセル統計の重回帰分析で出力される指標

Excel「分析ツール」と同様の回帰分析の基本指標（決定係数等）と**第5章-3**で紹介した「ダービン＝ワトソン比」「VIF」に加え、新たな指標が出力されています。このうちいくつかを紹介します。

- **「AIC」（赤池情報量規準）【F206】**
  値が小さいほどモデルの予測力が良いことを表す。モデル間で相対的に精度を比較するために用いる

- **「トレランス」【M217：M231】**
  VIF同様、説明変数間の多重共線性を検出するための指標。値が小さいほど多重共線性が強い。多重共線性が強い説明変数を分析から除く場合、0.1を基準とすることが多い

- **「単相関係数」【K217：K231】**
  目的変数と説明変数との1対1の相関係数

- **「偏相関係数」【L217：L231】**
  目的変数と説明変数との偏相関係数

【不均一分散の検定】

最後に「不均一分散の検定」のハイパーリンクをクリックしましょう。図5-6-11の結果が出力されています。

回帰分析（最小二乗法）の仮定では、想定しているモデルの誤差が時間やサンプルを通じて一定であるとしています（均一分散）。不均一分散とは、その仮定が満たされない状態です。不均一分散の検定では、帰無仮説は「全ての誤差項の分散は等しい」、対立仮説は「少なくとも1つは分散の異なる誤差項がある」として、「Breusch-Pagan」と「White」という2つの方法で検定した結果が出力されます。帰無仮説が「誤差項の分散は均一である」となるため、有意水準を5%とした場合は、「Breusch-Pagan」と「White」いずれかの手法の検定結果のP値が5%を上回る必要があります。今回のケースでは「White」の検定方法ではそれを大きく上回っています。「エクセル統計」の「重回帰分析」で得られるこれらの指標について詳しく知りたい方は統計WEBの該当ページをご覧ください。

	A	B	C	D
358	不均一分散の検定			
359	手法	カイ二乗値	自由度	P値
360	Breusch-Pagan	45.5481	15	P < 0.001
361	White	80.6569	134	0.9999

図5-6-11

参照URL

統計WEB　統計用語集「不均一分散の検定」（https://bellcurve.jp/statistics/glossary/1097.html）
ブログ「重回帰分析―エクセル統計による解析事例」（https://bellcurve.jp/statistics/blog/12176.html）
エクセル統計　機能紹介ページ「重回帰分析」（https://bellcurve.jp/ex/function/mreg.html）

「エクセル統計」の変数選択の手順4種の違い

変数選択の手順は下記4種から選択することができます。今回用いた方法は減少法です。

- 増減法：説明変数を含まない回帰式からスタートし、1つずつ変数を増加させたり減少させたりする
- 減増法：説明変数をすべて含む回帰式からスタートし、1つずつ変数を増加させたり減少させたりする
- 増加法：説明変数を含まない回帰式からスタートし、1つずつ変数を増加させていく
- 減少法：説明変数をすべて含む回帰式からスタートし、1つずつ変数を減少させていく

【(演習データ⑧-1)エクセル統計変数選択体験】の「Ⅴ-⑥(エクエル統計)」Sheetで、「減少法」以外の「増減法」「減増法」「増加法」の変数選択でも重回帰分析を行い、得られたモデルの内容を比較してみましょう。

「エクセル統計」の説明変数選択機能ではできないこと

「エクセル統計」では「恣意的に特定の説明変数を残す」ことができません。すなわち候補となる説明変数のうち、P値が有意水準10％を下回ることができない変数を恣意的に残し、他の変数候補から変数を選択するといったことができません。次の**第5章-7**で演習する「月次ダミー選択減少法」では恣意的にモデルに採用したい説明変数を残し、それ以外の変数を「減少法」で探索することができます。

「エクセル統計」併用メリット①【初期モデルの変数選択】

「エクセル統計」の変数選択機能は、いくつかの説明変数候補から探索するモデル構築の初期段階で非常に強力なツールとなります。Excel分析ツールの「回帰分析」機能の説明変数の上限数は16ですが、本書付録の「ソルバー回帰」SheetはLINEST関数を用いて上限数20まで対応可能にしました。「エクセル統計」では説明変数の上限数は100となります。「ローデータ」Sheetに目的変数と最大100の説明変数候補を記載しており、更に「ローデータ（105S）」Sheetでは学習期間105週のデータを引用しています。「エクセル統計」を用いて「ローデータ（105S）」Sheetのデータで説明変数選択機能を用いた重回帰分析を行えば、最大100の説明変数から指定したP値を下回る説明変数の組み合わせを探索してくれますので、作業時間を大幅に短縮できます。

「エクセル統計」のこの機能を用いずに、手動で何度も変数を組み替えてモデルを作り直す作業は骨が折れます。仮に説明変数候補が数十を超えるような場合は膨大なパターンから有効な組み合わせを探索する必要があります。手動で最適な組み合わせを探すことはほぼ不可能です。

「エクセル統計」併用メリット②【統計的検定】

　「ソルバー回帰」Sheet で最終形のモデルを作った際に「転記用」Sheet に自動引用されているデータテーブルから「エクセル統計」の重回帰分析を実行することで、Excel の分析ツールでは得ることができない AIC、ダービン＝ワトソン比、VIF 統計量、不均一分散の検定などの指標を見ることで、得られたモデルが妥当なものかを確認することができます。「転記用」Sheet は「残存効果」や「非線形な影響」を加味するために加工した変数となります。どのような変数加工をするかは、**第5章-8〜10**で演習しながら解説していきます。

Excel の分析ツールでは得られない指標の例
- AIC：モデルの予測力
- ダービン＝ワトソン比：系列相関の有無
- VIF：多重共線性の有無
- 不均一分散の検定：想定しているモデルの誤差が時間やサンプルを通じて一定であるという仮定を満たしているかを確認する

> ❗ 上記のうちダービン＝ワトソン比と VIF 統計量は「ソルバー回帰」Sheet でも算出可能です。

> ❗ 【(演習データ⑧-2Fin)エクセル統計変数選択体験】Book に5章-6の分析結果を記載します。

5-7
最適な月次ダミーの組み合わせを「丁寧に」探索

【(演習データ⑦-1) MMM_modeling_@アルコール飲料売上数】の「ソルバー回帰」Sheet に戻りましょう。エクセル統計の説明変数選択の「減少法」に近い手順を半自動で行う手順(以降「月次ダミー選択減少法」)を紹介します。これまでの演習ファイルを「記録」Sheet に記録するか、別名で保存した上で、「ソルバー回帰」Sheet の【CLEAR】マクロ(図5-7-1)を実行してから、新たなモデルを作っていきます。

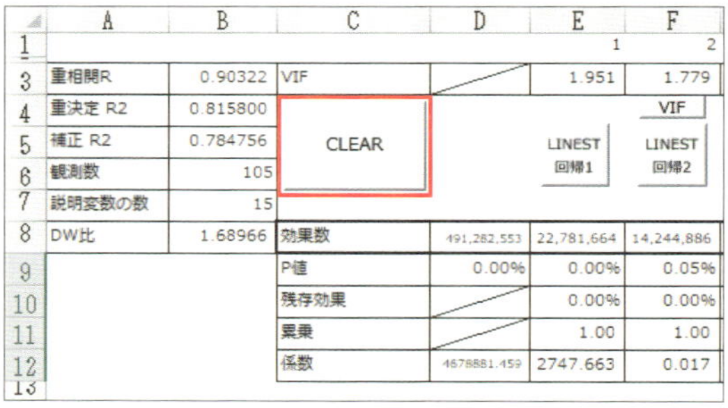

図5-7-1

月次ダミーを1月～11月に戻します。【L14】の値を「1月」にしてからセル右下にマウスを合わせ表示される十字のフィルハンドルを右クリックで【V14】までドラッグし、ボタンを離すと表示されるポップアップから「連続データ」を選び(図5-7-2)実行します。

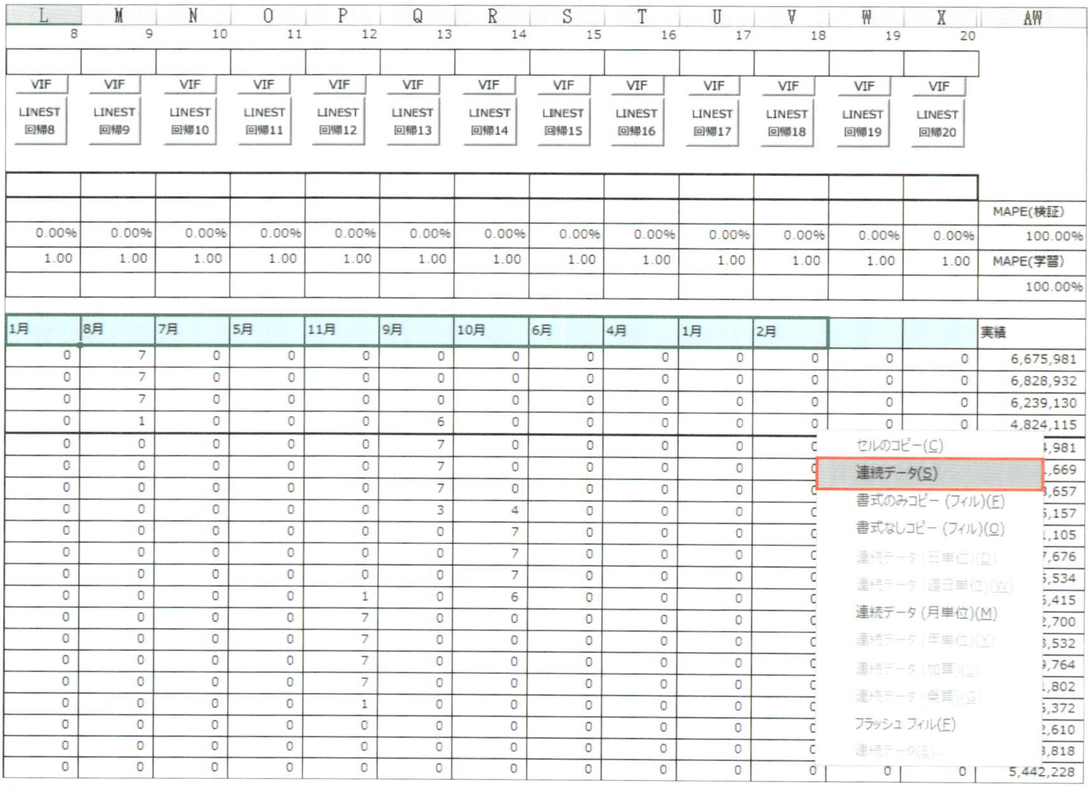

図5-7-2

「エクセル統計」の減少法では線形結合している変数（ここでは12個の月次ダミーがそれにあたります）がある場合、一番右にあるデータ（ここでは「12月」）が外されます。**【MMM_modeling】Book** を用いた「月次ダミー選択減少法」では「月次ダミー選択通常法」と同様、12か月の月次ダミーのうち、目的変数との相関係数の絶対値が最も低いものを外しましょう。

> ! 第5章 -4の演習で、12月の相関係数の絶対値が最も低いことが分かっています。

以降、「月次ダミー選択減少法」では①～⑤の手順を繰り返します。

① ○個の月次ダミーを用いたモデルを作る
② P 値が 10% 以上の月次ダミーがあれば、次に外す月次ダミーを決める
③ ○個の月次ダミーを用いたモデルの偏相関係数を求める
④ 目的変数との偏相関係数が最も低い月次ダミーを外す
⑤ ①～④の手順を繰り返す。P 値が 10% 以上の月次ダミーがなくなれば終了

実際に行っていきましょう。まず、【LINEST 回帰 18】を実行し 11個の月次ダミーを用いたモデルを作ります（図 5-7-3）。

	A	B	C	D	E	F	G	H	I	J	K	L	M	N	O	P	Q	R	S	T	U	V
1					1	2	3	4	5	6	7	8	9	10	11	12	13	14	15	16	17	18
3	重相関R	0.90376	VIF																			
4	重決定 R2	0.816790	CLEAR			VIF	VIF	VIF	VIF	VIF	VIF	VIF	VIF	VIF	VIF	VIF	VIF	VIF	VIF	VIF	VIF	VIF
5	補正 R2	0.778443			LINEST 回帰1	LINEST 回帰2	LINEST 回帰3	LINEST 回帰4	LINEST 回帰5	LINEST 回帰6	LINEST 回帰7	LINEST 回帰8	LINEST 回帰9	LINEST 回帰10	LINEST 回帰11	LINEST 回帰12	LINEST 回帰13	LINEST 回帰14	LINEST 回帰15	LINEST 回帰16	LINEST 回帰17	LINEST 回帰18
6	観測数	105																				
7	説明変数の数	18																				
8	DW比	1.69079	効果数	497,417,591	23,080,256	13,703,256	-9,825,029	53,892,987	5,183,806	1,770,170	4,774,155	-710,645	-75,623	7,229,207	-1,204,864	4,651,985	2,920,808	5,168,661	6,079,636	3,109,116	2,861,856	3,362,614
9			P値	0.00%	0.00%	0.13%	1.06%	1.04%	0.00%	2.31%	0.00%	76.12%	96.91%	0.25%	55.86%	4.83%	21.11%	2.27%	0.80%	16.15%	18.02%	14.71%
10			残存効果		0.00%	0.00%	0.00%	0.00%	0.00%	0.00%	0.00%	0.00%	0.00%	0.00%	0.00%	0.00%	0.00%	0.00%	0.00%	0.00%	0.00%	0.00%
11			累乗		1.00	1.00	1.00	1.00	1.00	1.00	1.00	1.00	1.00	1.00	1.00	1.00	1.00	1.00	1.00	1.00	1.00	1.00
12			係数	4737310.392	2783.676	0.016	-0.030	13.570	2591903.207	885085.178	2387077.544	-11462.012	-1326.721	116600.114	20081.065	75032.011	48680.139	83365.505	98058.641	48579.930	46158.962	56043.559
14		日付	売上数	切片	TVCM	紙媒体	OOH	WEB広告	正月	GW	お盆	1月	2月	3月	4月	5月	6月	7月	8月	9月	10月	11月
15		2015/8/10	6,675,981		110	11,620,000	0	32,172	0	0	1	0	0	0	0	0	0	0	7	0	0	0
16		2015/8/17	6,828,932		178	13,840,000	0	31,432	0	0	0	0	0	0	0	0	0	0	7	0	0	0
17		2015/8/24	6,239,130		148	0	0	30,376	0	0	0	0	0	0	0	0	0	0	7	0	0	0
18		2015/8/31	4,824,115		0	0	5,690,000	30,367	0	0	0	0	0	0	0	0	0	0	1	6	0	0

図5-7-3

P 値が 10% 以上の月次ダミーがあるため、偏相関係数から、次に外す月次ダミーを決めます。「相関行列」Sheet を開き【18】のマクロを実行し、偏相関係数の絶対値を求めます（図 5-7-4）。

	B	C	D	E	F	G	H	I	J	K	L	M	N	O	P	Q	R	S	T	U
1	CLEAR			2	3	4	5	6	7	8	9	10	11	12	13	14	15	16	17	18
2	変数選択用	売上数	TVCM	紙媒体	OOH	WEB広告	正月	GW	お盆	1月	2月	3月	4月	5月	6月	7月	8月	9月	10月	11月
3	偏相関係数の絶対値		0.4312	0.3376	0.2713	0.2717	0.6057	0.2420	0.5463	0.0329	0.0042	0.3190	0.0632	0.2111	0.1346	0.2427	0.2812	0.1505	0.1442	0.1558
4	相関係数の絶対値		0.5052	0.4351	0.0986	0.6794	0.2986	0.1174	0.4900	0.1870	0.1972	0.2158	0.2234	0.0593	0.1413	0.1684	0.3377	0.0716	0.1572	0.0685
5	相関係数	売上数	TVCM	紙媒体	OOH	WEB広告	正月	GW	お盆	1月	2月	3月	4月	5月	6月	7月	8月	9月	10月	11月

図5-7-4

【K3：U3】セル範囲に出力された11個の月次ダミーに対応する偏相関係数の絶対値が最も小さい「2月」を外すことを決めます。「ソルバー回帰」Sheetに戻り「2月」のラベルを消すために3月～11月と空白のラベルの範囲【N14：W14】を選択しコピーして（図5-7-5）、2月の値の【M14】セルに値のみ貼り付けて上書きし、2月を除いた10個の月次ダミー変数で【LINEST回帰17】を実行します（図5-7-6）。

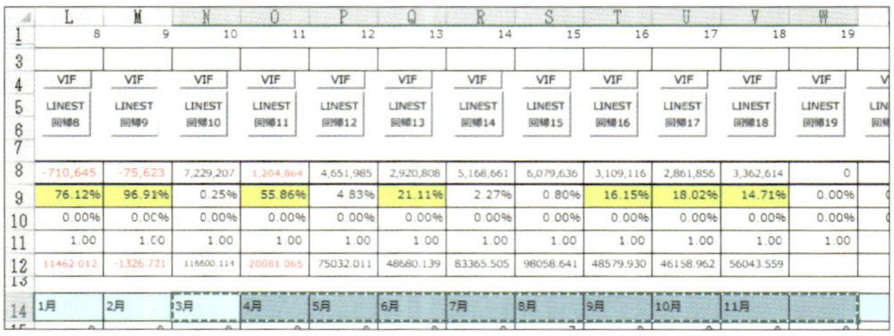

	L	M	N	O	P	Q	R	S	T	U	V	W
1	8	9	10	11	12	13	14	15	16	17	18	19
4	VIF	VIF	VIF	VIF	VIF	VIF	VIF	VIF	VIF	VIF	VIF	VIF
5-6	LINEST 回帰8	LINEST 回帰9	LINEST 回帰10	LINEST 回帰11	LINEST 回帰12	LINEST 回帰13	LINEST 回帰14	LINEST 回帰15	LINEST 回帰16	LINEST 回帰17	LINEST 回帰18	LINEST 回帰19
8	-710,645	-75,623	7,229,207	1,204,864	4,651,985	2,920,808	5,168,661	6,079,636	3,109,116	2,861,856	3,362,614	0
9	76.12%	96.91%	0.25%	55.86%	4.83%	21.11%	2.27%	0.80%	16.15%	18.02%	14.71%	0.00%
10	0.00%	0.00%	0.00%	0.00%	0.00%	0.00%	0.00%	0.00%	0.00%	0.00%	0.00%	0.00%
11	1.00	1.00	1.00	1.00	1.00	1.00	1.00	1.00	1.00	1.00	1.00	1.00
12	11462.012	-1326.721	116600.114	20081.065	75032.011	48680.139	83365.505	98058.641	48579.930	46158.962	56043.559	
14	1月	2月	3月	4月	5月	6月	7月	8月	9月	10月	11月	

図5-7-5

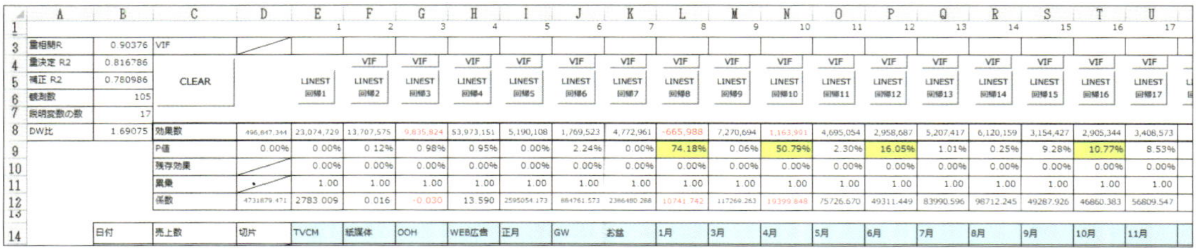

	A	B	C	D	E	F	G	H	I	J
1					1	2	3	4	5	6
3	重相関R	0.90376	VIF							
4	重決定 R2	0.816786	CLEAR			VIF	VIF	VIF	VIF	VIF
5	補正 R2	0.780986			LINEST 回帰1	LINEST 回帰2	LINEST 回帰3	LINEST 回帰4	LINEST 回帰5	LINEST 回帰6
6	観測数	105								
7	説明変数の数	17								
8	DW比	1.69075	効果数	496,847,344	23,074,729	13,707,575	9,835,824	53,973,151	5,190,108	1,769,523
9			P値	0.00%	0.00%	0.12%	0.98%	0.95%	0.00%	2.24%
10			残存効果		0.00%	0.00%	0.00%	0.00%	0.00%	0.00%
11			累乗		1.00	1.00	1.00	1.00	1.00	1.00
12			係数	4731879.471	2783.009	0.016	-0.030	13.590	2595054.173	884761.573
14		日付	売上数	切片	TVCM	紙媒体	OOH	WEB広告	正月	GW

	K	L	M	N	O	P	Q	R	S	T	U
1	7	8	9	10	11	12	13	14	15	16	17
4	VIF	VIF	VIF	VIF	VIF	VIF	VIF	VIF	VIF	VIF	VIF
5	LINEST 回帰7	LINEST 回帰8	LINEST 回帰9	LINEST 回帰10	LINEST 回帰11	LINEST 回帰12	LINEST 回帰13	LINEST 回帰14	LINEST 回帰15	LINEST 回帰16	LINEST 回帰17
8	4,772,961	-665,988	7,270,694	1,163,991	4,695,054	2,958,687	5,207,417	6,120,159	3,154,427	2,905,344	3,408,573
9	0.00%	74.18%	0.06%	50.79%	2.30%	16.05%	1.01%	0.25%	9.28%	10.77%	8.53%
10	0.00%	0.00%	0.00%	0.00%	0.00%	0.00%	0.00%	0.00%	0.00%	0.00%	0.00%
11	1.00	1.00	1.00	1.00	1.00	1.00	1.00	1.00	1.00	1.00	1.00
12	2386480.288	10741.742	117269.263	19399.848	75726.670	49311.449	83990.596	98712.245	49287.926	46860.383	56809.547
14	お盆	1月	3月	4月	5月	6月	7月	8月	9月	10月	11月

図5-7-6

P値が10%を上回るダミー変数があるため、「相関行列」Sheetを開き【17】のマクロを実行し、偏相関係数を求めます（図5-7-7）。

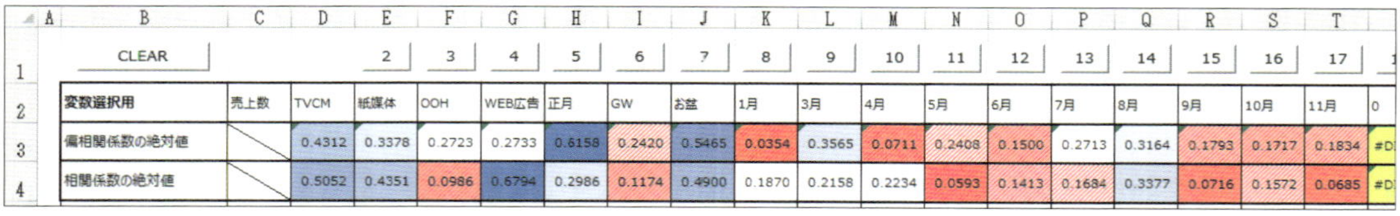

	B	C	D	E	F	G	H	I	J	K	L	M	N	O	P	Q	R	S	T	U
1	CLEAR			2	3	4	5	6	7	8	9	10	11	12	13	14	15	16	17	
2	変数選択用	売上数	TVCM	紙媒体	OOH	WEB広告	正月	GW	お盆	1月	3月	4月	5月	6月	7月	8月	9月	10月	11月	0
3	偏相関係数の絶対値		0.4312	0.3378	0.2723	0.2733	0.6158	0.2420	0.5465	0.0354	0.3565	0.0711	0.2408	0.1500	0.2713	0.3164	0.1793	0.1717	0.1834	#DI
4	相関係数の絶対値		0.5052	0.4351	0.0986	0.6794	0.2986	0.1174	0.4900	0.1870	0.2158	0.2234	0.0593	0.1413	0.1684	0.3377	0.0716	0.1572	0.0685	#DI

図5-7-7

【K3：T3】セル範囲に出力された10個の月次ダミーに対応する偏相関係数の絶対値が最も小さい「1月」を外すことを決めます。

以降、同様の手順を繰り返します。次は1月を外した9個の月次ダミーでモデルを作ります（【LINEST回帰16】を実行）。P値10%以上のダミー変数があるため、再度偏相関行列を求め、次は「4月」を外すことを決めます。「4月」を外して【LINEST回帰15】を実行すると、P値が10%以上の月次ダミー変数がなくなります（図5-7-8）（※ここでは【VIF】も実行しています）。

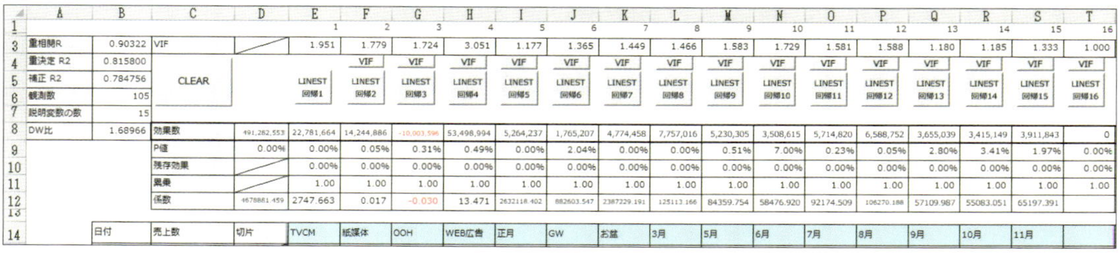

	A	B	C	D	E	F	G	H	I	J	K	L	M	N	O	P	Q	R	S	T
1					1	2	3	4	5	6	7	8	9	10	11	12	13	14	15	16
3	重相関R	0.90322	VIF		1.951	1.779	1.724	3.051	1.177	1.365	1.449	1.466	1.583	1.729	1.581	1.588	1.180	1.185	1.333	1.000
4	重決定 R2	0.815800	CLEAR			VIF	VIF	VIF	VIF	VIF	VIF	VIF	VIF	VIF	VIF	VIF	VIF	VIF	VIF	VIF
5	補正 R2	0.784756			LINEST 回帰1	LINEST 回帰2	LINEST 回帰3	LINEST 回帰4	LINEST 回帰5	LINEST 回帰6	LINEST 回帰7	LINEST 回帰8	LINEST 回帰9	LINEST 回帰10	LINEST 回帰11	LINEST 回帰12	LINEST 回帰13	LINEST 回帰14	LINEST 回帰15	LINEST 回帰16
6	観測数	105																		
7	説明変数の数	15																		
8	DW比	1.68966	効果数	491,282,553	22,781,664	14,244,886	-10,003,596	53,498,994	5,264,237	1,765,207	4,774,458	7,757,016	5,230,305	3,508,615	5,714,820	6,588,752	3,655,039	3,415,149	3,911,843	0
9			P値	0.00%	0.00%	0.05%	0.31%	0.49%	0.00%	2.04%	0.00%	0.00%	0.51%	7.00%	0.23%	0.05%	2.80%	3.41%	1.97%	0.00%
10			残存効果		0.00%	0.00%	0.00%	0.00%	0.00%	0.00%	0.00%	0.00%	0.00%	0.00%	0.00%	0.00%	0.00%	0.00%	0.00%	0.00%
11			累乗		1.00	1.00	1.00	1.00	1.00	1.00	1.00	1.00	1.00	1.00	1.00	1.00	1.00	1.00	1.00	1.00
12			係数	4678861.459	2747.663	0.017	-0.030	13.471	2632118.402	882603.547	2387229.191	125113.166	84359.754	58476.920	92174.509	106270.188	57109.987	55083.051	65197.391	
13																				
14		日付	売上数	切片	TVCM	紙媒体	OOH	WEB広告	正月	GW	お盆	3月	5月	6月	7月	8月	9月	10月	11月	

図5-7-8

第 5章 -6で「エクセル統計」の変数選択で減少法を用いて分析した結果と同じモデルができました。「エクセル統計」の減少法では線形結合している変数がある場合、強制的に一番右にある変数が除外されます（「月次ダミー選択減少法」では相関係数の絶対値が小さいものを選択し除外）。また、「エクセル統計」の減少法では、全ての変数でＰ値 10% 以上の説明変数がなくなるまで、除外変数を選択し、次のモデルを作り続けます。

線形結合している変数を外した後は、エクセル統計ではステップごとに、偏回帰係数のＰ値が指定した値（今回は 0.1）を上回る変数のうち、Ｐ値が最も大きい（有意でない）変数を除外します。「月次ダミー選択減少法」では、偏相関係数の絶対値が最も小さい変数を除外します。

今回は「エクセル統計」の減少法と「月次ダミー選択減少法」の（変数選択の）結果が同じものになっています。選択手法に違いがあるため、結果が異なることがあります。

「月次ダミー選択減少法」の探索手順（まとめ）

① 線形結合している場合は「目的変数」との相関係数の絶対値が最も低い変数を外すことを決める（月次ダミー 12 か月からそれを選ぶ）。

② 前の手順で決めた月次ダミーを除いた月次ダミーの組み合わせでモデルを作る。

③ P 値が 10% 以上の月次ダミーがある場合は偏相関係数の絶対値が最も小さい月次ダミーを外すことを決め、②の手順に戻りモデルを作り、P 値が 10% 以上の月次ダミーがなくなるまで繰り返す。

「月次ダミー選択減少法」は「月次ダミー選択通常版」と比較して、作業手順が多くなるため、モデル探索の最終段階までは「月次ダミー選択通常法」を用いることを推奨します。

「月次ダミー選択減少法」では分析者が「偏相関係数の絶対値」を基準に手作業で変数除外を行うため、恣意的に特定の説明変数を残した上で「減少法」を行うこともできます（「エクセル統計」では実施できない方法です）。ある特定のマーケティング施策の変数の偏回帰係数のP値が有意水準を上回るが、恣意的にその変数を残し、他の変数の組み合わせでモデルを進化させたい（予測に有効な変数の組み合わせを探索）時には重宝する方法です。

5-8 ソルバーを用いて「残存効果」や「非線形な影響」を加味したモデルを探索

　ここからはExcelの「ソルバー」を用いて、マーケティング施策の「残存効果」や、目的変数に対する「非線形な影響」を加味することで予測精度を上げるモデルを発見する方法を実行していきます。ここでいう「残存効果」とは広告などのマーケティング施策の効果が投下の翌週以降も残存するという前提で、その効果を推定するものです。本書のMMMでは図5-8-1のように残存効果が40%の場合は、今週の投下が100GRPだった場合は次の週に40%ずつ効果が残存すると仮定して変数を加工します。予測に伴い、最もあてはまりが良いのは何パーセントであるかを探索します。非線形な影響とは週ごとの投下量が増えても（売上や利益等のKPIまたはKPIへの影響）効果の増分が一定なのか？あるいは増加に伴い効果の増分が逓減していくのか？といったことを考慮するための変数加工を行います。

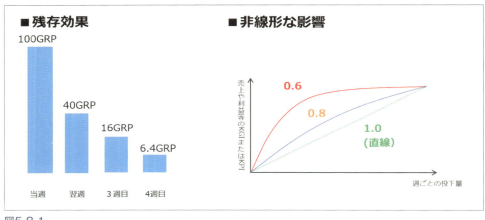

図5-8-1

予測モデル探索時に活用するソルバー機能とは

　ソルバーは、数式の計算結果（目標値）を先に指定して、その結果を得るためにいくつかの制約条件を設定し、任意のセルを変化させて最適な数値を導きだす機能です。ここでは「各説明変数と切片の値」のセルと「残存効果」「累乗（非線形な影響）」の変数加工の「基準値」のセルをソルバーによって任意に変化させていきながら、回帰分析と同じ計算で「最小二乗法」の残差を二乗した値の総和（残差平方和）を最小にする値を探していきます。まずは実際にその手順を体験していきましょう。

残存効果や非線形な影響を加味するための変数加工を具体的にどのように計算でしているかは第5章-10、第5章-11節の演習で詳しく解説します。

【LINEST 回帰 15】を実行した状態（図 5-7-8）から演習を再開します。

	A	B	C	D	E	F	G	H	I	J	K	L	M	N	O	P	Q	R	S	T
1					1	2	3	4	5	6	7	8	9	10	11	12	13	14	15	16
3	重相関R	0.90322	VIF		1.951	1.779	1.724	3.051	1.177	1.365	1.449	1.466	1.583	1.729	1.581	1.588	1.180	1.185	1.333	1.000
4	重決定 R2	0.815800				VIF	VIF	VIF	VIF	VIF	VIF	VIF	VIF	VIF	VIF	VIF	VIF	VIF	VIF	VIF
5	補正 R2	0.784756	CLEAR		LINEST 回帰1	LINEST 回帰2	LINEST 回帰3	LINEST 回帰4	LINEST 回帰5	LINEST 回帰6	LINEST 回帰7	LINEST 回帰8	LINEST 回帰9	LINEST 回帰10	LINEST 回帰11	LINEST 回帰12	LINEST 回帰13	LINEST 回帰14	LINEST 回帰15	LINEST 回帰16
6	観測数	105																		
7	説明変数の数	15																		
8	DW比	1.68966	効果数	491,282,553	22,781,664	14,244,886	-10,003,596	53,498,994	5,264,237	1,765,207	4,774,458	7,757,016	5,230,305	3,508,615	5,714,820	6,588,752	3,655,039	3,415,149	3,911,843	0
9			P値	0.00%	0.00%	0.05%	0.31%	0.49%	0.00%	2.04%	0.00%	0.00%	0.51%	7.00%	0.23%	0.05%	2.80%	3.41%	1.97%	0.00%
10			残存効果		0.00%	0.00%	0.00%	0.00%	0.00%	0.00%	0.00%	0.00%	0.00%	0.00%	0.00%	0.00%	0.00%	0.00%	0.00%	0.00%
11			累乗		1.00	1.00	1.00	1.00	1.00	1.00	1.00	1.00	1.00	1.00	1.00	1.00	1.00	1.00	1.00	1.00
12			係数	4678881.459	2747.663	0.017	-0.030	13.471	2632118.402	882603.547	2387229.191	125113.166	84359.754	58476.920	92174.509	106270.188	57109.987	55083.051	65197.391	
13																				
14		日付	売上数	切片	TVCM	紙媒体	OOH	WEB広告	正月	GW	お盆	3月	5月	6月	7月	8月	9月	10月	11月	

図5-7-8（再掲）

「データ」タブの「ソルバー」を押して「ソルバーのパラメーター」ウィンドウを表示します（図 5-8-2）。

まずは上部の「目的セルの設定」を行います。これは任意のセルを変化させて求める「最適化の目的となる値」を意味します。ソルバーの目的を、最小二乗法の「残差平方和を最小にする」とします。「ソルバー回帰」Sheet でそれを計算している **【AZ12】** セル（図 5-8-3）を指定し「目標値:」は最小値を選択します。

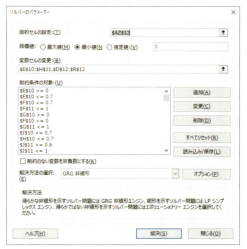

図5-8-2

	AW	AX	AY	AZ
9	MAPE(検証)	RMSE(検証)		
10	5.24%	618,263		
11	MAPE(学習)	残差の標準偏差	残差の分散	残差平方和（学習105週）
12	5.20%	412,678	170,302,778,334	17,881,791,725,090

図5-8-3

次に、「変数セルの変更」を指定します。これは変化させる任意のセルを意味します。マーケティング施策の TVCM・紙媒体・OOH・WEB 広告の残存効果と累乗（非線形な影響を加味するための値）**【E10：H11】** を指定し、次に［Ctrl］キーを押しながら切片と係数 **【D12：S12】** を指定します（図 5-8-4）。

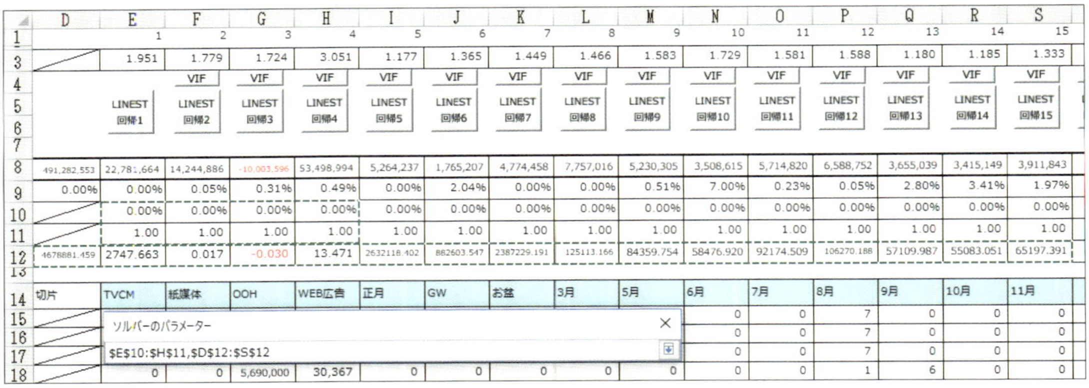

図5-8-4

ここまで設定した内容が図5-8-5の状態になっているか確認した上で、「解決」ボタンを押します。

ソルバー設定内容

・「制約条件の対象」：
　① 残存効果を考慮するための変数加工基準値セル範囲【E10：X10】は0以上、0.7以下
　② 非線形な影響を考慮するための変数加工基準値【E11：X11】は0.6以上、1以下
・「制約のない変数を非負数にする」：チェックボックスオフ
・「解決方法の選択」：GRG 非線形

図5-8-5

「解決」ボタンを押すと、ソルバーが実行され、ウィンドウ左下の「試行状況の表示」と「目的セル」（残差平方和の最小化）の値が目まぐるしく変化します。前者は試行回数に応じて増加し、後者は減少していきます（図5-8-6）。

図5-8-6

ソルバーは【LINEST 回帰】の実行によって得た切片と係数の値と「残存効果」0% 及び「累乗」1.0 を初期値とした変数セルの値を少しずつ変化させながら、目的セル（残差平方和）を最小にする値を探索しています。

しばらくすると、「ソルバーの結果」というウィンドウが出現します。

ここでは、「ソルバーの結果」から詳細なレポートを出す方法を紹介しておきます。ウインドウ右上の「レポート」の「解答」をクリックし、「アウトライン レポート」のチェックボックスを入れて（図 5-8-7）「OK」を押します。

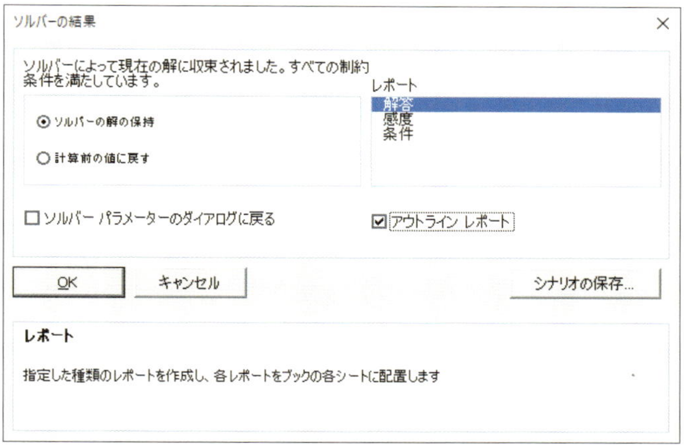

図5-8-7

解答レポートについて

「解答レポート」という名称の新規 Sheet が出力されます。行がいくつかグループ化されていますので「+」マークを全て押して展開してみましょう（図 5-8-8）。

ここでは出力された「解答レポート」内容の一部を解説します。

1 Microsoft Excel 16.0 解答レポート
2 ワークシート名: [0812（演習データ⑦-1）MMM_modeling_@アルコール飲料売上数.xlsm]ソルバー回帰
3 レポート作成日: 2018/08/13 10:34:02
4 値: ソルバーによって現在の解に収束されました。すべての制約条件を満たしています。
5 ソルバー エンジン
6 エンジン: GRG 非線形
7 解決にかかる時間: 6.375 秒間
8 反復回数: 56 子問題: 0
9 ソルバー オプション
10 最大時間 無制限, 反復回数 無制限, Precision 0.000001, 自動サイズ調整を使用する
11 収束 0.0001, 母集団のサイズ 100, ランダム シード 0, 微分係数/中央
12 子問題の最大数 無制限, 最大整数解数 無制限, 整数の公差 0%
13
14 目的セル（最小値）

行	セル	名前	計算前の値	最終値
16	$AZ$1:	係数 残差平方和（学習105週）	17,881,791,725,090	12,427,657,872,074

19 変数セル

行	セル	名前	計算前の値	最終値	整数
21	$E$10:$H$11				
22	$E$10	残存効果	0.00%	59.59%	連続
23	$F$10	残存効果	0.00%	23.03%	連続
24	$G$10	残存効果	0.00%	0.00%	連続
25	$H$10	残存効果	0.00%	17.67%	連続
26	$E$11	累乗	1.00	0.93	連続
27	$F$11	累乗	1.00	1.00	連続
28	$G$11	累乗	1.00	0.96	連続
29	$H$11	累乗	1.00	0.93	連続
30					
31	$D$12:$S$12				
32	$D$12	係数	4678881.459	4455933.688	連続
33	$E$12	係数	2747.663	4202.970	連続
34	$F$12	係数	0.017	0.016	連続
35	$G$12	係数	-0.030	-0.025	連続
36	$H$12	係数	13.471	14.417	連続
37	$I$12	係数	2632118.402	2768296.572	連続
38	$J$12	係数	882603.547	930245.053	連続
39	$K$12	係数	2387229.191	2554946.140	連続
40	$L$12	係数	125113.166	95902.802	連続
41	$M$12	係数	84359.754	101665.589	連続
42	$N$12	係数	58476.920	40914.247	連続
43	$O$12	係数	92174.509	92550.466	連続
44	$P$12	係数	106270.188	104043.231	連続
45	$Q$12	係数	57109.987	66471.424	連続
46	$R$12	係数	55083.051	70609.594	連続
47	$S$12	係数	65197.391	62994.628	連続

51 制約条件

行	セル	名前	セルの値	数式	ステータス	条件との差
53	$I$10	残存効果	0.00%	$I$10<=0.7	部分的に満たす	0.7
54	$I$10	残存効果	0.00%	$I$10>=0	満たす	0.00%
55	$I$11	累乗	1.00	$I$11>=0.6	部分的に満たす	0.40
56	$J$10	残存効果	0.00%	$J$10<=0.7	部分的に満たす	0.7
57	$J$10	残存効果	0.00%	$J$10>=0	満たす	0.00%
58	$K$10	残存効果	0.00%	$K$10<=0.7	部分的に満たす	0.7
59		残存効果	1.00	$J$11>=0.6	部分的に満たす	
123	$F$11	累乗				0.40
124	$H$10	残存効果	17.67%	$H$10>=0	部分的に満たす	17.67%
125	$H$10	残存効果	17.67%	$H$10<=0.7	部分的に満たす	0.523340452
126	$G$11	累乗	0.96	$G$11<=1	部分的に満たす	0.039405969
127	$F$10	残存効果	23.03%	$F$10<=0.7	部分的に満たす	0.469739936
128	$H$11	累乗	0.93	$H$11>=0.6	部分的に満たす	0.33
129	$H$11	累乗	0.93	$H$11<=1	部分的に満たす	0.067702718
130	$G$11	累乗	0.96	$G$11>=0.6	部分的に満たす	0.36
131	$F$10	残存効果	23.03%	$F$10>=0	部分的に満たす	23.03%

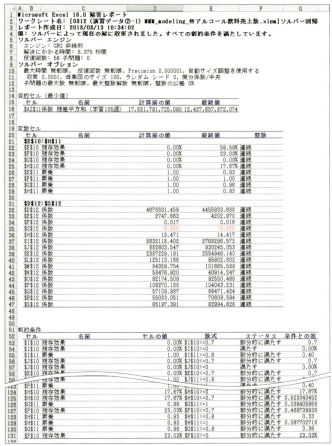

図5-8-8

【5行目～8行目「ソルバーエンジン」】

ソルバーに使用するエンジンは3種類あり、本書では「GRG非線形」と「エボリューショナリー」という2種のエンジンを使います。ここでは前者を用いた記録と計算時間が記載されています。筆者の環境では約6.4秒かかりました。

【9行目～12行目「ソルバーオプション」】

ソルバーを実行する際には「すべての方法」「GRG非線形」「エボリューショナリー」という3つのオプション設定があります。先ほどのソルバー実行では、あらかじめ演習ファイルに記録されていた設定を用いていました。ここでは「すべての方法」と「GRG非線形」のオプション設定画面キャプチャ（図5-8-9）（図5-8-10）を掲載します。

 今回は「GRG非線形」エンジンを用いたため、「エボリューショナリー」のオプション設定は関係がありません。

図5-8-9　　　　　　　　　　　　　図5-8-10

「解答レポート」の出力は必須ではありません。本書では演習で紹介する各ソルバーの筆者環境の計算所要時間を参照するために「解答レポート」を使用していますが、解説ではその内容について紹介しません。また、ソルバーの計算時間はマシンスペックなど、それぞれの環境により都度変動します。あくまで参考としてください。

Excelのソルバーでは、唯一の最適解(大域的またはグローバルな最適解)が求められる問題と、必ずしも求められない問題があります。本書で紹介するものは全て後者にあたります。最適解が求められる保証のない問題です(第5章-11で詳しく解説します)。問題の性質やソルバーの設定によって計算所要時間や解が変動します。同じPCであっても実行時のパフォーマンスなどによって変動します。本書で扱うソルバーを用いた最適化問題は同じ設定条件であっても実行する度に解が変わる問題を含みます。その他ソルバーの設定や扱い方は第7章にかけての演習の中で順次解説します。

感度レポートと条件レポートはMMMを行う際に特に必要性が無いため、本書では紹介しません。「条件レポート」の出力を実行すると「ソルバー回帰」Sheetの一部の列のSheetの幅が変更されてしまい崩れてしまいます。試しに実行する場合はファイルをバックアップしてから実行ください。

【ソルバー実行後の画面】

ソルバー実行の結果、変更された変数セルの値が図5-8-11となります。TVCM、紙媒体、OOH、WEB広告のそれぞれの予測精度を上げるための残存効果と累乗の値が変更され、切片と係数の値も変化しています。

	C	D	E	F	G	H	I	J	K	L	M	N	O	P	Q	R	S	T
1			1	2	3	4	5	6	7	8	9	10	11	12	13	14	15	16
3	VIF		1.951	1.779	1.724	3.051	1.177	1.365	1.449	1.466	1.583	1.729	1.581	1.588	1.180	1.185	1.333	
4				VIF	VIF	VIF	VIF	VIF	VIF	VIF	VIF	VIF	VIF	VIF	VIF	VIF	VIF	VIF
5	CLEAR		LINEST 回帰1	LINEST 回帰2	LINEST 回帰3	LINEST 回帰4	LINEST 回帰5	LINEST 回帰6	LINEST 回帰7	LINEST 回帰8	LINEST 回帰9	LINEST 回帰10	LINEST 回帰11	LINEST 回帰12	LINEST 回帰13	LINEST 回帰14	LINEST 回帰15	LINEST 回帰16
6																		
7																		
8	効果数	491,282,553	22,781,664	14,244,886	-10,003,596	53,498,994	5,264,237	1,765,207	4,774,458	7,757,016	5,230,305	3,508,615	5,714,820	6,588,752	3,655,039	3,415,149	3,911,843	0
9	P値	0.00%	0.00%	0.05%	0.31%	0.49%	0.00%	2.04%	0.00%	0.00%	0.51%	7.00%	0.23%	0.05%	2.80%	3.41%	1.97%	0.00%
10	残存効果		59.59%	23.03%	0.00%	17.67%	0.00%	0.00%	0.00%	0.00%	0.00%	0.00%	0.00%	0.00%	0.00%	0.00%	0.00%	0.00%
11	累乗		0.93	1.00	0.96	0.93	1.00	1.00	1.00	1.00	1.00	1.00	1.00	1.00	1.00	1.00	1.00	1.00
12	係数	4455933.688	4202.970	0.016	-0.025	14.417	2768296.572	930245.053	2554946.140	95902.802	101665.589	40914.247	92550.466	104043.231	66471.424	70609.594	62994.628	
13																		
14	売上数	切片	TVCM	紙媒体	OOH	WEB広告	正月	GW	お盆	3月	5月	6月	7月	8月	9月	10月	11月	

図5-8-11

この状態で再度【LINEST 回帰15】と【VIF】を実行します。「係数」の値が変化し、自由度調整済決定係数が85%強まで上がりました(図5-8-12)。

	C	D	E	F	G	H	I	J	K	L	M	N	O	P	Q	R	S	T
1			1	2	3	4	5	6	7	8	9	10	11	12	13	14	15	16
3	VIF		2.289	1.995	1.729	3.529	1.171	1.342	1.408	1.513	1.610	1.912	1.632	1.641	1.170	1.206	1.337	
4				VIF	VIF	VIF	VIF	VIF	VIF	VIF	VIF	VIF	VIF	VIF	VIF	VIF	VIF	VIF
5	CLEAR		LINEST 回帰1	LINEST 回帰2	LINEST 回帰3	LINEST 回帰4	LINEST 回帰5	LINEST 回帰6	LINEST 回帰7	LINEST 回帰8	LINEST 回帰9	LINEST 回帰10	LINEST 回帰11	LINEST 回帰12	LINEST 回帰13	LINEST 回帰14	LINEST 回帰15	LINEST 回帰16
6																		
7																		
8	効果数	467,814,260	58,284,170	16,844,627	-4,174,518	32,888,523	5,540,199	1,876,493	5,150,482	5,854,708	6,381,533	2,410,732	5,767,562	6,375,164	4,224,998	4,461,625	3,689,386	0
9	P値	0.00%	0.00%	0.01%	13.87%	8.99%	0.00%	0.31%	0.00%	0.02%	0.01%	15.40%	0.03%	0.01%	0.25%	0.12%	0.87%	0.00%
10	残存効果		59.59%	23.03%	0.00%	17.67%	0.00%	0.00%	0.00%	0.00%	0.00%	0.00%	0.00%	0.00%	0.00%	0.00%	0.00%	0.00%
11	累乗		0.93	1.00	0.96	0.93	1.00	1.00	1.00	1.00	1.00	1.00	1.00	1.00	1.00	1.00	1.00	1.00
12	係数	4455373.907	4255.358	0.015	-0.024	14.172	2770099.460	938246.346	2575241.163	94430.771	102927.944	40178.859	93025.193	102825.229	66015.595	71961.687	61489.767	
13																		
14	売上数	切片	TVCM	紙媒体	OOH	WEB広告	正月	GW	お盆	3月	5月	6月	7月	8月	9月	10月	11月	

図5-8-12

説明変数ラベル【E14:S14】の左右の順番を並べ変えて回帰分析を実行しても、計算結果は変わりませんが、ソルバーの実行による解は図5-8-11の結果と違うものになることがあります。また、変数セルを指定する順番を変える(残存効果&累乗と、切片&係数の範囲選択を逆にする等)ことで計算結果が変わることがあります。注意してください。

図5-8-12の状態からもう一度ソルバーを実行すると、より良い解が得られます。同じ設定で複数回ソルバーの実行を繰り返すことで、より良い解に改善していく場合があります。

VIFは多重共線性の疑いを確認したい時にだけ実施すれば良いですが、演習では実施していることが多いです。

「6月」のP値が10%を上回っているため、一旦外すために7月以降（右側）の【**O14：T14**】範囲をコピーし、6月の【**N14**】セルで値のみを貼り付けてから、【LINEST 回帰14】マクロを実行します（図5-8-13）。

	C	D	E	F	G	H	I	J
1			1	2	3	4	5	6
3	VIF		2.289	1.995	1.729	3.529	1.171	1.342
4				VIF	VIF	VIF	VIF	VIF
5	CLEAR		LINEST 回帰1	LINEST 回帰2	LINEST 回帰3	LINEST 回帰4	LINEST 回帰5	LINEST 回帰6
6								
7								
8	効果数	461 087,735	60,437,508	14,827,930	-4,153,675	45,535,558	5,375,123	1,840,678
9	P値	0.00%	0.00%	0.03%	14.29%	0.94%	0.00%	0.39%
10	残存効果		59.59%	23.03%	0.00%	17.67%	0.00%	0.00%
11	累乗		0.93	1.00	0.96	0.93	1.00	1.00
12	係数	4394311.759	4412.575	0.013	-0.024	19.621	2687561.723	920339.096
13								
14	売上数	切片	TVCM	紙媒体	OOH	WEB広告	正月	GW

	C	K	L	M	N	O	P	Q	R	S
1		7	8	9	10	11	12	13	14	15
3	VIF	1.408	1.513	1.610	1.912	1.632	1.641	1.170	1.206	1.337
4		VIF	VIF	VIF	VIF	VIF	VIF	VIF	VIF	VIF
5	CLEAR	LINEST 回帰7	LINEST 回帰8	LINEST 回帰9	LINEST 回帰10	LINEST 回帰11	LINEST 回帰12	LINEST 回帰13	LINEST 回帰14	LINEST 回帰15
6										
7										
8	効果数	5,030,349	5,251,678	5,839,422	4,870,663	5,773,784	4,021,856	4,137,160	3,514,174	0
9	P値	0.00%	0.05%	0.02%	0.09%	0.02%	0.39%	0.24%	1.24%	0.00%
10	残存効果	0.00%	0.00%	0.00%	0.00%	0.00%	0.00%	0.00%	0.00%	0.00%
11	累乗	1.00	1.00	1.00	1.00	1.00	1.00	1.00	1.00	1.00
12	係数	2515174.269	84704.488	94184.233	78559.075	93125.541	62841.503	66728.386	58569.569	
13										
14	売上数	お盆	3月	5月	7月	8月	9月	10月	11月	

図5-8-13

OOHの係数がマイナスです。OOHの真の係数がマイナスである可能性も否定できませんが、真の係数がプラスであったとしても、本来必要な説明変数が不足している、または逆に不必要な変数を入れてしまっている、データ分布の極端な偏りや外れ値の影響、効果が小さく標本サイズが足りないなど、様々な要因によって、マイナスの効果が推定されてしまう場合があります。

マーケティング施策の効果を測り最適化することが目的となっているMMMにおいてはこれがプラスとなるモデルを探索したいところです。

第4章-8で解説したように、特定の説明変数の係数は目的変数と説明変数の相関と説明変数同士の相関の両方の影響によって変わります。

OOHの係数がプラスとなるモデルを探索するアプローチとしては、他の説明変数を変更する（加えるまたは外す）または今モデルに用いている「説明変数を加工する」方法があります。先ほどのソルバーでは後者を行っていました。

AW列の上部にある「+」マーク（図5-8-14）をクリックしてみてください。

	U	V	W	X	AW	AX	AY	AZ
					+			
1	17	18	19	20				
3	1.000	1.000	1.000	1.000				
4	VIF	VIF	VIF	VIF				
5	LINEST 回帰17	LINEST 回帰18	LINEST 回帰19	LINEST 回帰20				
6								
7								
8	0	0	0	0				
9	0.00%	0.00%	0.00%	0.00%	MAPE(検証)	RMSE(検証)		
10	0.00%	0.00%	0.00%	0.00%	4.78%	518,392		
11	1.00	1.00	1.00	1.00	MAPE(学習)	残差の標準偏差	残差の分散	残差平方和（学習105週）
12					4.19%	347,938	121,061,079,634	12,711,413,361,539

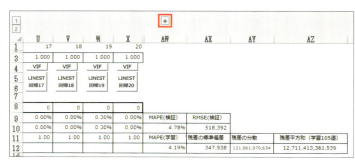

図5-8-14

グループ化で非表示にしていたY列〜AV列が表示されます（図5-8-15）。「ソルバー回帰」Sheetに設置した【LINEST回帰】のマクロでは、通常は非表示にしているこの列の上部の105週分のデータを元に回帰分析を行っています。この範囲の値は先ほど計算したソルバーで探索した残存効果や累乗の値を基準として元の変数から加工された値です。

 変数加工の計算方法は第5章-10で補足します。

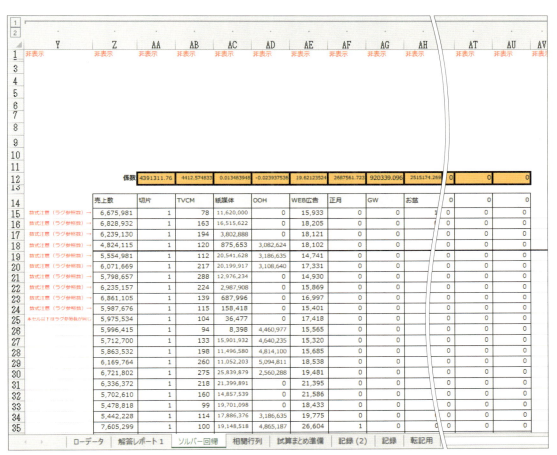

図5-8-15

　先ほど実施したソルバーで「残存効果」と非線形な影響を考慮するための「累乗」を加味した変数加工をTVCM、紙媒体、OOH、WEB広告の4つに対して同時に行った状態が図5-8-11、そこから回帰分析をやり直した状態が図5-8-12で、6月のP値が10％以上となったため、それを外して回帰分析をやり直した状態が図5-8-13です。「残存効果」と「累乗」の変数加工と6月を外してモデルを作り直した結果、決定係数が78.4…から84.8…になり、約6.4ポイント上がり、予測精度が上がってきました。以後の演習では非開示列を表示しておく必然性がないため、再度閉じておきましょう。次節では、OOHの係数をプラスにするモデルを探索します。

5-9

タイムラグを取った状態で「残存効果」と「累乗（非線形な影響）」を加味したモデルを探索

本節ではOOHのタイムラグを取ります。タイムラグをとる判断は慎重に行いましょう。該当の説明変数が当週の目的変数に対して「影響を持たない」仮定での変数加工とそれを元にした分析となります。その仮定が現象として実際にありえることなのかを慎重に考察すべきです。商品の店舗販売数を目的変数として、ある広告施策の変数をタイムラグ1期（週）とって分析したところ、予測精度が著しく上がり、詳細を調べたらその広告施策では発売日前の1～2週間前の出稿がほとんどだったことがあります。そうした根拠がある場合はタイムラグをとった変数を使う判断をして良いと思います。反対に根拠がない場合は、なるべくタイムラグはとらないほうが良いでしょう。モデル探索時は目的変数への影響が遅れて現れることを加味する変数加工については「残存効果」の探索を優先し、「タイムラグ」は最後の手段とすることをおすすめします。このケースではこれまで作ったモデル（ソルバーで残存効果と累乗を探索）でOOHの係数の符号はプラスにならなかったため、やむなくここで「タイムラグ」を取ることになりました。

OOHの残存効果【G10】の値が「0」、累乗【G11】が「1」のデフォルトの値になっているかを確認します（デフォルトの値でない場合は、それぞれデフォルトに変更します）。「ローデータ」Sheetの【J5】をコピーし「ソルバー回帰」Sheetの変数ラベル【G14】に値を貼り付け、「OOH(t-1)」に上書きします。OOHの説明変数をこれまで使っていた変数加工後の内容から、1期のラグを取ったものに差し替えた状態になります（図5-9-1）。

	A	B	C	D	E	F	G	H	I	J	K	L	M	N	O	P	Q	R
1					1	2	3	4	5	6	7	8	9	10	11	12	13	14
3	重相関R	0.93223	VIF		2.206	1.769	1.729	2.787	1.125	1.340	1.384	1.395	1.512	1.365	1.521	1.157	1.172	1.327
4	重決定 R2	0.86■060	CLEAR			VIF	VIF	VIF	VIF	VIF	VIF	VIF	VIF	VIF	VIF	VIF	VIF	VIF
5	補正 R2	0.84■692			LINEST 回帰1	LINEST 回帰2	LINEST 回帰3	LINEST 回帰4	LINEST 回帰5	LINEST 回帰6	LINEST 回帰7	LINEST 回帰8	LINEST 回帰9	LINEST 回帰10	LINEST 回帰11	LINEST 回帰12	LINEST 回帰13	LINEST 回帰14
6	観測数	105																
7	説明変数の数	14																
8	DW比	1.9■315	効果数	461,087,735	60,437,508	14,827,930	4,153,675	45,535,558	5,375,123	1,840,678	5,030,349	5,251,678	5,839,422	4,870,663	5,773,784	4,021,856	4,137,160	3,514,174
9			P値	0.00%	0.00%	0.03%	14.29%	0.94%	0.00%	0.39%	0.00%	0.05%	0.02%	0.09%	0.02%	0.39%	0.24%	1.24%
10			残存効果		59.59%	23.03%	0.00%	17.67%	0.00%	0.00%	0.00%	0.00%	0.00%	0.00%	0.00%	0.00%	0.00%	0.00%
11			累乗		0.93	1.00	1.00	0.93	1.00	1.00	1.00	1.00	1.00	1.00	1.00	1.00	1.00	1.00
12			係数	4391311.759	4412.575	0.013	-0.024	19.621	2687561.723	920339.096	2515174.269	84704.488	94184.233	78559.075	93125.541	62841.503	66728.386	58569.569
13																		
14		日付	売上数	切片	TVCM	紙媒体	OOH (t-1)	WEB広告	正月	GW	お盆	3月	5月	7月	8月	9月	10月	11月
15		2015/8/10	6,675,981		110	11,620,000	0	32,172	0	0	1	0	0	0	7	0	0	0

図5-9-1

この状態で【LINEST回帰14】と【VIF】を実行します（図5-9-2）。

	A	B	C	D	E	F	G	H	I	J	K	L	M	N	O	P	Q	R
1					1	2	3	4	5	6	7	8	9	10	11	12	13	14
3	重相関R	0.93063	VIF		2.113	1.573	1.694	2.694	1.117	1.310	1.380	1.384	1.501	1.390	1.522	1.157	1.183	1.308
4	重決定 R2	0.866069				VIF	VIF	VIF	VIF	VIF	VIF	VIF	VIF	VIF	VIF	VIF	VIF	VIF
5	補正 R2	0.845236	CLEAR		LINEST 回帰1	LINEST 回帰2	LINEST 回帰3	LINEST 回帰4	LINEST 回帰5	LINEST 回帰6	LINEST 回帰7	LINEST 回帰8	LINEST 回帰9	LINEST 回帰10	LINEST 回帰11	LINEST 回帰12	LINEST 回帰13	LINEST 回帰14
6	観測数	105																
7	説明変数の数	14																
8	DW比	1.91818	効果数	463,818,953	62,863,379	12,594,623	997,198	37,651,220	5,306,213	1,984,438	5,123,837	4,557,422	5,598,151	5,477,905	6,382,940	4,056,837	4,222,773	2,754,053
9			P値	0.00%	0.00%	0.12%	72.41%	2.97%	0.00%	0.19%	0.00%	0.25%	0.03%	0.03%	0.01%	0.40%	0.23%	4.94%
10			残存効果		59.59%	23.03%	0.00%	17.67%	0.00%	0.00%	0.00%	0.00%	0.00%	0.00%	0.00%	0.00%	0.00%	0.00%
11			累乗		0.93	1.00	1.00	0.93	1.00	1.00	1.00	1.00	1.00	1.00	1.00	1.00	1.00	1.00
12			係数	4417323.362	4589.689	0.011	0.003	16.224	2653106.596	992219.042	2561918.633	73506.807	90292.759	88353.300	102950.652	63388.080	68109.247	45900.879
14		日付	売上数	切片	TVCM	紙媒体	OOH (t-1)	WEB広告	正月	GW	お盆	3月	5月	7月	8月	9月	10月	11月

図5-9-2

ラグをとったことでOOHの符号がプラスになりました。決定係数は下がっていますが、ここでは符号をプラスにする選択を優先します。P値が高いことが気になります。この状態で再度ソルバーを実行し、ラグを取った状態から更に「残存効果」と「累乗」で変数加工をすることで、さらに目的変数に対して有意な変数にならないか（P値の値が小さくならないか）探索します。「データ」タブの「ソルバー」を押して「ソルバーのパラメーター」ウィンドウを表示します。変数セルは4つの施策の残存効果と累乗**【E10:H11】**を選択してから、次に切片から11月までの係数**【D12:R12】**を指定します（図5-9-3）。

	D	E	F	G	H	I	J	K	L	M	N	O	P	Q	R	S
1		1	2	3	4	5	6	7	8	9	10	11	12	13	14	
3		2.113	1.573	1.594	2.694	1.117	1.310	1.380	1.384	1.501	1.390	1.522	1.157	1.183	1.308	1.
4			VIF	VIF	VIF	VIF	VIF	VIF	VIF	VIF	VIF	VIF	VIF	VIF	VIF	VIF
5		LINEST 回帰1	LINEST 回帰2	LINEST 回帰3	LINEST 回帰4	LINEST 回帰5	LINEST 回帰6	LINEST 回帰7	LINEST 回帰8	LINEST 回帰9	LINEST 回帰10	LINEST 回帰11	LINEST 回帰12	LINEST 回帰13	LINEST 回帰14	LINES 回帰1
6																
7																
8	463,818,953	62,863,379	12,594,623	997,198	37,651,220	5,306,213	1,984,438	5,123,837	4,557,422	5,598,151	5,477,905	6,382,940	4,056,837	4,222,773	2,754,053	
9	0.00%	0.00%	0.12%	72.41%	2.97%	0.00%	0.19%	0.00%	0.25%	0.03%	0.03%	0.01%	0.40%	0.23%	4.94%	0.
10		59.59%	23.03%	0.00%	17.67%	0.00%	0.00%	0.00%	0.00%	0.00%	0.00%	0.00%	0.00%	0.00%	0.00%	0.
11		0.93	1.00	1.00	0.93	1.00	1.00	1.00	1.00	1.00	1.00	1.00	1.00	1.00	1.00	1
12	4417323.362	4589.689	0.011	0.003	16.224	2653106.596	992219.042	2561918.633	73506.807	90292.759	88353.300	102950.652	63388.080	68109.247	45900.879	
14	切片	TVCM	紙媒体	OOH (t-1)	WEB広告	正月	GW	お盆	3月	5月	7月	8月	9月	10月	11月	
15		110	11,620,000	0										0	0	
16		178	13,840,000	0										0	0	
17		148	0	0										0	0	
18		0	0	0	30,367	0	0	0	0	0	0	1	6	0	0	

ソルバーのパラメーター

$E$10:$H$11,$D$12:$R$12

図5-9-3

変数セル以外の設定は前回同様とします（図5-9-4）。

図5-9-4

ソルバー設定内容

- 「制約条件の対象」：予め設定された内容（※前回同様のためここでは省略）
- 「制約のない変数を非負数にする」：チェックボックスオフ
- 「解決方法の選択」：GRG 非線形

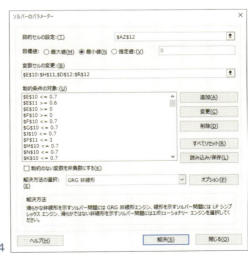

内容を確認した上で「解決」ボタンを押します。しばらくすると、ソルバーの結果ウィンドウが出現しソルバーが終了します。筆者の環境での計算時間は約14.0秒でした。

再度【LINEST 回帰 14】と【VIF】を実行します（図 5-9-5）。決定係数はあまり変わらず、OOH の P 値も大きく改善はしませんでした。

	A	B	C	D	E	F	G	H	I	J	K	L	M	N	O	P	Q	R
2					1	2	3	4	5	6	7	8	9	10	11	12	13	14
3	重相関R	0.93114	VIF		2.044	1.552	1.688	2.647	1.110	1.308	1.364	1.377	1.497	1.404	1.537	1.151	1.189	1.316
4	重決定 R2	0.867025				VIF	VIF	VIF	VIF	VIF	VIF	VIF	VIF	VIF	VIF	VIF	VIF	VIF
5	補正 R2	0.846340	CLEAR		LINEST 回帰1	LINEST 回帰2	LINEST 回帰3	LINEST 回帰4	LINEST 回帰5	LINEST 回帰6	LINEST 回帰7	LINEST 回帰8	LINEST 回帰9	LINEST 回帰10	LINEST 回帰11	LINEST 回帰12	LINEST 回帰13	LINEST 回帰14
6	観測数	105																
7	説明変数の数	14																
8	DW比	1.93805	効果数	439,785,671	69,400,725	12,562,533	881,371	54,506,882	5,262,411	1,958,944	5,079,547	4,780,511	5,567,955	5,388,697	6,066,393	4,370,343	4,603,717	3,174,241
9			P値	0.00%	0.00%	0.10%	75.37%	0.81%	0.00%	0.21%	0.00%	0.14%	0.03%	0.03%	0.01%	0.20%	0.09%	2.39%
10			残存効果		59.63%	21.56%	0.00%	24.00%	0.00%	0.00%	0.00%	0.00%	0.00%	0.00%	0.00%	0.00%	0.00%	0.00%
11			累乗		0.79	1.00	1.00	0.81	1.00	1.00	1.00	1.00	1.00	1.00	1.00	1.00	1.00	1.00
12			係数	4188434.961	10718.870	0.012	0.003	78.197	2631205.296	979472.000	2539773.523	77105.020	89805.732	86914.475	97845.051	68286.607	74253.505	52904.025
13																		
14		日付	売上数	切片	TVCM	紙媒体	OOH (t-1)	WEB広告	正月	GW	お盆	3月	5月	7月	8月	9月	10月	11月

図5-9-5

月次ダミーを入れ替えてみる

OOH の係数がプラスとなるモデルを探索するアプローチとして、現状のモデルに用いている「説明変数を加工する」方法を何度か行いましたが、変化がないようです。次に他の説明変数を変更する（加えるまたは外す）アプローチとして、月次ダミーの入れ替えを再び行ってみます。

「月次ダミー探索通常版」を再び行います。あらかじめ、12月を外すことは分かっています（相関性の絶対値が低いことより）。「月次ダミー以外」の説明変数はそのままに**【L14：V14】**のラベルを1月から11月とし、月次ダミーを入れ替えて【LINEST 回帰 18】と【VIF】を実行します（図 5-9-6）。

	A	B	C	D	E	F	G	H	I	J	K	L	M	N	O	P	Q	R	S	T	U	V
1					1	2	3	4	5	6	7	8	9	10	11	12	13	14	15	16	17	18
3	重相関R	0.93902	VIF		2.113	1.573	1.694	2.694	1.117	1.310	1.380	1.384	1.501	1.390	1.522	1.157	1.183	1.308	1.000	1.000	1.000	1.000
4	重決定 R2	0.881766				VIF	VIF	VIF	VIF	VIF	VIF	VIF	VIF	VIF	VIF	VIF	VIF	VIF	VIF	VIF	VIF	VIF
5	補正 R2	0.857019	CLEAR		LINEST 回帰1	LINEST 回帰2	LINEST 回帰3	LINEST 回帰4	LINEST 回帰5	LINEST 回帰6	LINEST 回帰7	LINEST 回帰8	LINEST 回帰9	LINEST 回帰10	LINEST 回帰11	LINEST 回帰12	LINEST 回帰13	LINEST 回帰14	LINEST 回帰15	LINEST 回帰16	LINEST 回帰17	LINEST 回帰18
6	観測数	105																				
7	説明変数の数	18																				
8	DW比	1.99633	効果数	477,706,849	69,840,788	15,173,072	5,038,128	19,496,616	5,533,733	2,064,273	5,322,204	-4,656,980	260,095	3,105,520	-1,213,029	5,062,430	1,304,519	5,718,029	5,943,341	2,903,732	3,742,009	1,044,614
9			P値	0.00%	0.00%	0.03%	11.35%	43.19%	0.00%	0.09%	0.00%	1.54%	86.88%	9.98%	47.16%	0.71%	50.93%	0.29%	0.18%	10.29%	3.10%	57.07%
10			残存効果		59.63%	21.56%	0.00%	24.00%	0.00%	0.00%	0.00%	0.00%	0.00%	0.00%	0.00%	0.00%	0.00%	0.00%	0.00%	0.00%	0.00%	0.00%
11			累乗		0.79	1.00	1.00	0.81	1.00	1.00	1.00	1.00	1.00	1.00	1.00	1.00	1.00	1.00	1.00	1.00	1.00	1.00
12			係数	4549589.042	10786.837	0.014	0.015	27.970	2766866.312	1032136.521	2661102.182	-75112.588	4563.077	50089.025	-20217.144	81652.102	21741.981	92226.269	95860.342	45370.811	60354.979	17410.228
13																						
14		日付	売上数	切片	TVCM	紙媒体	OOH (t-1)	WEB広告	正月	GW	お盆	1月	2月	3月	4月	5月	6月	7月	8月	9月	10月	11月

図5-9-6

「相関行列」Sheet の【18】マクロを実行します。11個の月次ダミーと偏回帰係数の値**【K2：U3】**をコピーし、**【Y6】**を選択し行列を入れ替えて値のみを貼り付けてから、偏相関係数の絶対値の高い順にソートします（図 5-9-7）。

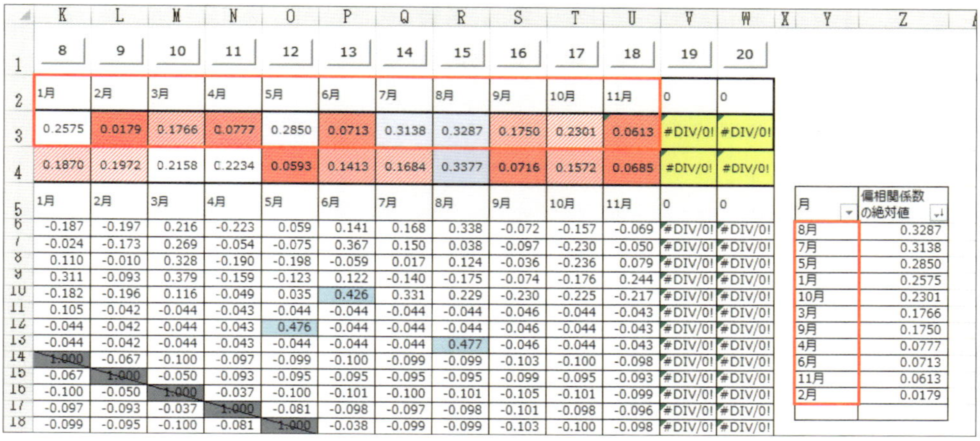

図5-9-7

並び変えた「月」の範囲【Y6：Y16】をコピーし、「ソルバー回帰」Sheet に戻り、行列を入れ替えて値のみを貼り付け、【LINEST 回帰8】から【LINEST 回帰18】まで実行していきます。

月次ダミー全ての P 値が 10% を下回る組み合わせは【LINEST 回帰14】のモデルと判明しました（図5-9-8）。

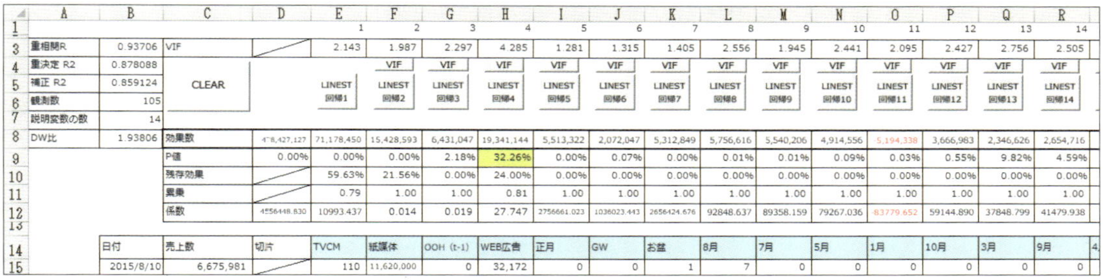

図5-9-8

決定係数及び OOH の係数の P 値は改善しましたが、WEB 広告の係数の P 値は 32% 強となっています。ソルバーの変数加工を実行することで改善できないか探索します。「データ」タブの「ソルバー」を実行します。変数セルの指定も含め、全て前回と同様です（図5-9-9）。

ソルバー設定内容

・「制約条件の対象」：予め設定された内容（※省略）
・「制約のない変数を非負数にする」：チェックボックスオフ
・「解決方法の選択」：GRG 非線形

図5-9-9

残存効果などを加味して予測精度を上げる

第5章

設定を確認した上で「解決」ボタンを押します。しばらくすると、ソルバーの結果ウィンドウが出現しソルバーが終了します。筆者の環境での計算時間は約 25.0秒でした。

再度【LINEST 回帰 14】と【VIF】を実行します（図 5-9-10）。

	A	B	C	D	E	F	G	H	I	J	K	L	M	N	O	P	Q	R	
1					1	2	3	4	5	6	7	8	9	10	11	12	13	14	
3	重相関R	0.93746	VIF		2.177	1.498	1.890	2.755	1.125	1.308	1.345	1.593	1.441	1.494	1.400	1.193	1.399	1.163	
4	重決定 R2	0.878825	CLEAR			VIF	VIF	VIF	VIF	VIF	VIF	VIF	VIF	VIF	VIF	VIF	VIF	VIF	
5	補正 R2	0.859975			LINEST 回帰1	LINEST 回帰2	LINEST 回帰3	LINEST 回帰4	LINEST 回帰5	LINEST 回帰6	LINEST 回帰7	LINEST 回帰8	LINEST 回帰9	LINEST 回帰10	LINEST 回帰11	LINEST 回帰12	LINEST 回帰13	LINEST 回帰14	
6	観測数	105																	
7	説明変数の数	14																	
8	DW比	1.92248	効果数	478,172,444	65,865,859	14,509,869	7,309,732	24,775,318	5,548,938	2,074,781	5,349,076	5,914,243	5,553,010	4,980,539	5,164,420	3,543,721	2,309,924	2,646,908	
9			P値	0.00%	0.00%	0.00%	1.71%	35.24%	0.00%	0.07%	0.00%	0.01%	0.01%	0.07%	0.03%	0.70%	10.21%	4.62%	
10			残存効果		59.80%	16.61%	10.84%	34.24%	0.00%	0.00%	0.00%	0.00%	0.00%	0.00%	0.00%	0.00%	0.00%	0.00%	
11			累乗		0.87	1.00	1.00	0.64	1.00	1.00	1.00	1.00	1.00	1.00	1.00	1.00	1.00	1.00	
12			係数	4554023.280	6612.529	0.014	0.019	210.368	2774469.161	1037390.271	2674537.972	95391.024	89564.675	80331.274	83297.095	57156.785	37256.841	41357.932	
13																			
14		日付	売上数	切片	TVCM	紙媒体	OOH (t-1)	WEB広告	正月	GW	お盆	8月	7月	5月	1月	10月	3月	9月	4月

図5-9-10

「WEB 広告」の P 値も決定係数も改善されていません。月次ダミーの入れ替えも、残存効果と累乗の変数加工もあまり影響がなかったため、WEB 広告においてもタイムラグを取ることを試みます。繰り返しますが、タイムラグはあまりとりたくありません。しかし、ここでは変数の入れ替え（月次ダミー）と変数加工（残存効果 & 累乗）の双方のアプローチでも改善が見られないため、やむを得ず実行します。

また、ここでは「3月」の P 値が 10% を超えていますが、0.2% 程度の超過となります。タイムラグを取った変数に入れ替えてモデルを作る際に P 値が改善する可能性に期待し、ここでは 3月を残します。WEB 広告の【H10】の残存効果の値を「0」に、累乗の値【H11】を「1」（それぞれデフォルト）にして、ラベル【H14】の値を「WEB 広告（t-1)」に変更します（図 5-9-11）。

変数の引用元となる「ローデータ」Sheetシートのラベルの値【K5】の値を参照しましょう。

	A	B	C	D	E	F	G	H	I	J	K	L	M	N	O	P	Q	R	
1					1	2	3	4	5	6	7	8	9	10	11	12	13	14	
3	重相関R	0.93746	VIF		2.177	1.498	1.890	2.755	1.125	1.308	1.345	1.593	1.441	1.494	1.400	1.193	1.399	1.163	
4	重決定 R2	0.878825	CLEAR			VIF	VIF	VIF	VIF	VIF	VIF	VIF	VIF	VIF	VIF	VIF	VIF	VIF	
5	補正 R2	0.859975			LINEST 回帰1	LINEST 回帰2	LINEST 回帰3	LINEST 回帰4	LINEST 回帰5	LINEST 回帰6	LINEST 回帰7	LINEST 回帰8	LINEST 回帰9	LINEST 回帰10	LINEST 回帰11	LINEST 回帰12	LINEST 回帰13	LINEST 回帰14	
6	観測数	105																	
7	説明変数の数	14																	
8	DW比	1.92248	効果数	478,172,444	65,865,859	14,509,869	7,309,732	24,775,318	5,548,938	2,074,781	5,349,076	5,914,243	5,553,010	4,980,539	5,164,420	3,543,721	2,309,924	2,646,908	
9			P値	0.00%	0.00%	0.00%	1.71%	35.24%	0.00%	0.07%	0.00%	0.01%	0.01%	0.07%	0.03%	0.70%	10.21%	4.62%	
10			残存効果		59.80%	16.61%	10.84%	0.00%	0.00%	0.00%	0.00%	0.00%	0.00%	0.00%	0.00%	0.00%	0.00%	0.00%	
11			累乗		0.87	1.00	1.00	1.00	1.00	1.00	1.00	1.00	1.00	1.00	1.00	1.00	1.00	1.00	
12			係数	4554023.280	6612.529	0.014	0.019	210.368	2774469.161	1037390.271	2674537.972	95391.024	89564.675	80331.274	83297.095	57156.785	37256.841	41357.932	
13																			
14		日付	売上数	切片	TVCM	紙媒体	OOH (t-1)	WEB広告 (t-1)	正月	GW	お盆	8月	7月	5月	1月	10月	3月	9月	4月

図5-9-11

【LINEST 回帰 14】と【VIF】を実行します（図 5-9-12）。

	A	B	C	D	E	F	G	H	I	J	K	L	M	N	O	P	Q	R	S
1					1	2	3	4	5	6	7	8	9	10	11	12	13	14	
3	重相関R	0.93883	VIF		2.042	1.479	1.916	1.981	1.040	1.300	1.319	1.677	1.324	1.469	1.315	1.191	1.404	1.138	
4	重決定 R2	0.881402	CLEAR			VIF	VIF	VIF	VIF	VIF	VIF	VIF	VIF	VIF	VIF	VIF	VIF	VIF	
5	補正 R2	0.862953			LINEST 回帰1	LINEST 回帰2	LINEST 回帰3	LINEST 回帰4	LINEST 回帰5	LINEST 回帰6	LINEST 回帰7	LINEST 回帰8	LINEST 回帰9	LINEST 回帰10	LINEST 回帰11	LINEST 回帰12	LINEST 回帰13	LINEST 回帰14	
6	観測数	105																	
7	説明変数の数	14																	
8	DW比	1.85393	効果数	484,7?8,813	63,541,499	15,511,521	6,752,975	20,032,835	5,659,357	2,150,975	5,551,303	5,412,808	5,426,153	5,104,399	-5,266,976	3,551,629	2,452,767	2,729,885	
9			P値	0.00%	0.00%	0.00%	2.67%	9.49%	0.00%	0.04%	0.00%	0.05%	0.01%	0.04%	0.01%	0.63%	8.01%	3.59%	
10			残存効果		59.80%	16.61%	10.84%	0.00%	0.00%	0.00%	0.00%	0.00%	0.00%	0.00%	0.00%	0.00%	0.00%	0.00%	
11			累乗		0.87	1.00	1.00	1.00	1.00	1.00	1.00	1.00	1.00	1.00	1.00	1.00	1.00	1.00	
12			係数	4616981.078	6379.178	0.015	0.018	5.055	2829678.316	1075487.419	2775651.480	87303.361	87518.591	82329.020	-84951.230	57284.337	39560.762	42654.450	
14		日付	売上数	切片	TVCM	紙媒体	OOH (t-1)	WEB広告 (t-1)	正月	GW	お盆	8月	7月	5月	1月	10月	3月	9月	4月

図5-9-12

決定係数とP値ともに改善しました。タイムラグを取ったほうがよさそうです。再度、残存効果と累乗を探索するソルバーを実行します。「データ」タブの「ソルバー」を押して「ソルバーのパラメーター」ウィンドウを表示します。

変数セルの指定も含め、全て前回と同様です（図 5-9-13）。

図5-9-13

ソルバー設定内容

- 「制約条件の対象」：予め設定された内容（※省略）
- 「制約のない変数を非負数にする」：チェックボックスオフ
- 「解決方法の選択」：GRG 非線形

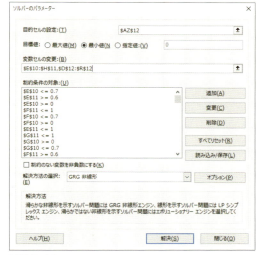

設定を確認した上で「解決」ボタンを押します。しばらくすると、ソルバーの結果ウィンドウが出現しソルバーが終了します。筆者の環境での計算時間は約 9.6秒でした。再度【LINEST 回帰14】と【VIF】を実行します（図 5-9-14）。

	A	B	C	D	E	F	G	H	I	J	K	L	M	N	O	P	Q	R	S
1					1	2	3	4	5	6	7	8	9	10	11	12	13	14	
3	重相関R	0.93916	VIF		1.942	1.437	1.964	1.881	1.040	1.301	1.319	1.673	1.328	1.471	1.313	1.196	1.400	1.137	
4	重決定 R2	0.882029	CLEAR			VIF	VIF	VIF	VIF	VIF	VIF	VIF	VIF	VIF	VIF	VIF	VIF	VIF	
5	補正 R2	0.863678			LINEST 回帰1	LINEST 回帰2	LINEST 回帰3	LINEST 回帰4	LINEST 回帰5	LINEST 回帰6	LINEST 回帰7	LINEST 回帰8	LINEST 回帰9	LINEST 回帰10	LINEST 回帰11	LINEST 回帰12	LINEST 回帰13	LINEST 回帰14	
6	観測数	105																	
7	説明変数の数	14																	
8	DW比	1.87293	効果数	473,478,374	69,039,231	15,309,664	6,521,417	26,062,326	5,656,514	2,193,455	5,560,505	5,178,724	5,595,264	4,908,043	5,489,215	3,864,520	2,583,784	2,927,336	
9			P値	0.00%	0.00%	0.00%	3.64%	2.63%	0.00%	0.03%	0.00%	0.08%	0.01%	0.07%	0.01%	0.30%	6.45%	2.43%	
10			残存効果		55.23%	12.93%	13.27%	0.00%	0.00%	0.00%	0.00%	0.00%	0.00%	0.00%	0.00%	0.00%	0.00%	0.00%	
11			累乗		0.71	1.00	1.00	1.00	1.00	1.00	1.00	1.00	1.00	1.00	1.00	1.00	1.00	1.00	
12			係数	4509317.850	18295.104	0.016	0.017	6.576	2828257.024	1096727.551	2780252.636	83527.814	90246.188	79161.977	-88535.734	62330.974	41673.938	45739.628	
14		日付	売上数	切片	TVCM	紙媒体	OOH (t-1)	WEB広告 (t-1)	正月	GW	お盆	8月	7月	5月	1月	10月	3月	9月	4月

図5-9-14

決定係数が若干向上しました。VIFも問題なさそうです。決定係数8割を超え、各説明変数のP値も10%を下回っており、【B8】の「ダービン＝ワトソン比」も2に近い値となっています。この時点の折れ線推移グラフを確認してみましょう（図5-9-15）。

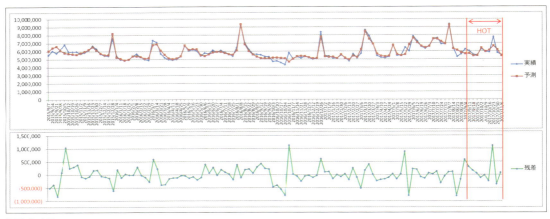

図5-9-15

　学習データ期間の予測値と実績値の推移がかなり近くなっています。ただ、検証期間の予測値と実績値の推移のずれが目立つ箇所があります。MAPEを見ると、検証期間が学習期間より若干大きな値となっています（図5-9-16）。

	AW	AX	AY	AZ
9	MAPE(検証)	RMSE(検証)		
10	4.15%	418,294		
11	MAPE(学習)	残差の標準偏差	残差の分散	残差平方和（学習105週）
12	3.96%	330,259	109,070,942,372	11,452,448,949,093

図5-9-16

　学習データに対してはかなり適合しているが、検証データをうまく予測できていない状態を「**過適合**」や「**過学習**」、「**オーバーフィッティング**」と呼びます。その疑いが若干あります。それらの原因は主にモデルに用いている説明変数が多すぎる、学習データの期間が長すぎる、学習データ期間が典型的な数値の推移でないといった様々な要因が考えられます。「オーバーフィッティング」を起こると予測に役立たないモデルとなってしまいます。このケースでは2017年10月23日の残差が「1,114,657」と特に大きくなっています。その要因が学習期間に説明変数として用いていない新たな要因と判断できる材料があればさほど問題にすることはありません。例えば、店頭値引きキャンペーンを2017年10月23日に実施していたなど、学習データとは異なる要因（傾向）が存在していた場合に、残差が大きくなることが考えられます。

　検証期間の予測誤差が学習期間のMAPEより著しく高く、オーバーフィッティングの疑いがあるがその要因が不明な場合はそれを緩和するためにこれまで作成したモデルのうち、学習期間と検証期間とMAPEの差が少ないモデルを採択することを検討しましょう。

本書で紹介するモデル探索法ではソルバーによって学習期間の残差平方和を最小化するための残存効果や非線形な影響（累乗）の基準値とともに切片と係数の値を探索するアプローチも行います。（残存効果と累乗を加味しない時よりも）より柔軟にモデル探索ができるため、決定係数を上げやすい反面、オーバーフィッティングになりやすい面があります。

> ❗ オーバーフィッティングを回避する手法として線形回帰に正則化項の概念を加えたLassoやRidgeがありますが、高度な内容となるため解説は専門書に譲ります。

> ❗ ここまで演習してきたBookの状態を保存し、「記録」Sheetに演習の過程を記録した【(演習データ⑦-2Fin)MMM_modeling_@アルコール飲料売上数.xlsm】を見直してみてください（図5-9-17）。※PCのスペックとExcelのバージョンなどの諸条件によって、Excelソルバーによる分析結果の値が変わる可能性があります。

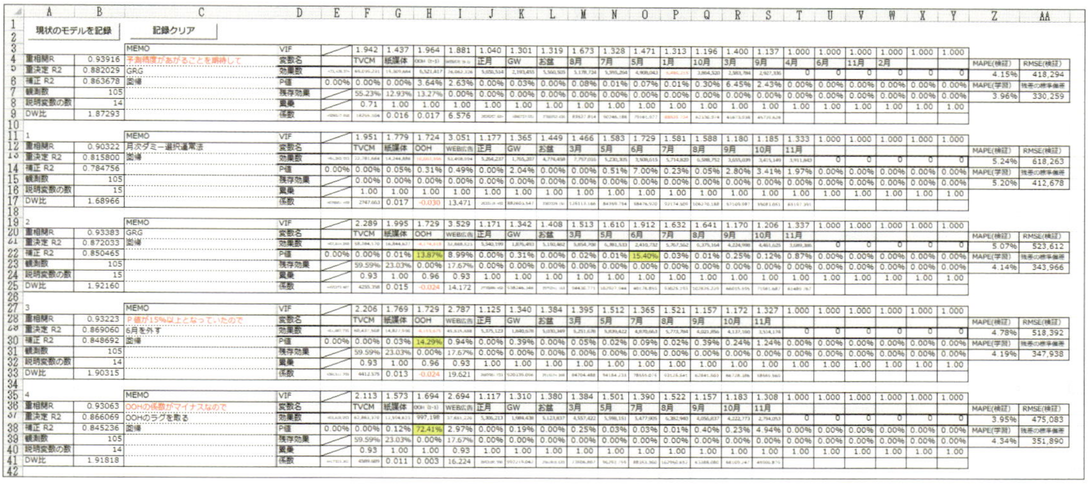

図5-9-17

モデル探索演習（まとめ）

　ここまでは、筆者が演習用に設定したモデル選択基準を元に、「MMM_modeling」Sheetのマクロや、ソルバー、エクセル統計の分析機能を用いて予測精度を上げていく手順をまず体験しました。次節からは「残存効果」と「累乗（非線形な影響）」の変数加工とはどういった計算かを説明します。

5-10

「残存効果」と「累乗（非線形な影響）」とは

【（演習データ⑨-1）残存効果 & 累乗説明】
Bookの「残存効果」Sheetを開きましょう。TVCM100GRPを投下している週が5週並んでいるデータがあり、残存効果**【E10】**には30%の値が入っています（図5-10-1）。

「残存効果」Sheetは**【MMM_modeling】Book**の「ソルバー回帰」Sheetと構成は一緒です。説明変数2～20に対応する列は非表示にしています。

本節では**【MMM_modeling】Book**の「ソルバー回帰」Sheetで、残存効果と非線形な影響（累乗）を加味するためにどのようにして変数加工の計算を行っていたのかを演習形式で解説します。

	A	B	C	D	E	AW	
1					1		
3	重相関R		VIF				
4	重決定 R2						
5	補正 R2				LINEST 回帰1		
6	観測数	105					
7	説明変数の数						
8	DW比		効果数				
9			P値			MAPE(検証)	F
10			残存効果		30.00%	100.00%	
11			累乗		1.00	MAPE(学習)	残
12			係数			100.00%	
13							
14		日付	売上数	切片	TVCM	実績	予
15		2015/8/10			0	0	
16		2015/8/17			0	0	
17		2015/8/24			0	0	
18		2015/8/31			0	0	
19		2015/9/7	6,089,086		100	6,089,086	
20		2015/9/14	6,138,027		100	6,138,027	
21		2015/9/21	6,152,710		100	6,152,710	
22		2015/9/28	6,157,114		100	6,157,114	
23		2015/10/5	6,158,436		100	6,158,436	
24		2015/10/12	5,995,695		0	5,995,695	

図5-10-1

残存効果

AW列の上にある「+」をクリックして非表示部分を表示します（図5-10-2）。

実際の回帰分析の元データとして使用される非表示列AB列のTVCMの値は、残存効果**【E10】**のセルに入力された30%という数値を元に、当週100GRPが翌週に30%、翌々週には30%の2乗の9%、その翌週には30%の3乗の2.7%が持続するという仮定に基づいて計算をしており、10週先までの残存効果を加味するために、当該セルの10週前まで遡って数式で計算しています。

	Y	Z	AA	AB
12		係数	0.00	0
13				
14		売上数	切片	TVCM
15	数式注意（ラグ参照数）→	0	1	0
16	数式注意（ラグ参照数）→	0	1	0
17	数式注意（ラグ参照数）→	0	1	0
18	数式注意（ラグ参照数）→	0	1	0
19	数式注意（ラグ参照数）→	6,089,086	1	100
20	数式注意（ラグ参照数）→	6,138,027	1	130
21	数式注意（ラグ参照数）→	6,152,710	1	139
22	数式注意（ラグ参照数）→	6,157,114	1	142
23	数式注意（ラグ参照数）→	6,158,436	1	143
24	数式注意（ラグ参照数）→	5,995,695	1	43
25	本セル以下はラグ参照数が同じ	5,946,873	1	13
26		5,932,226	1	4
27		5,927,832	1	1
28		5,926,514	1	0
29		5,926,119	1	0
30		5,926,000	1	0
31		5,925,964	1	0
32		5,925,954	1	0
33		5,925,950	1	0
34		5,925,949	1	0

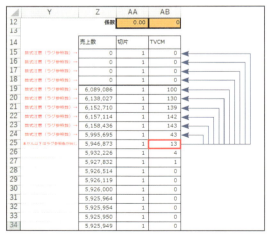

図5-10-2

例えば、**【AB25】**セルの値は、10週前までの元データまでさかのぼって計算されています。15行目～24行目は10週前までは遡れないため、それぞれ遡れる週までの計算式を入れています。

前節で実施したソルバーでは、マーケティング施策の変数（TVCM、紙媒体、OOH、WEB広告）については「残存効果」の変数加工の計算基準値0%～70%の範囲でソルバーで探索していました。

残存効果の基準値を30%から変更して、AB列の値の変化を確認してみましょう。

分析予備期間

「ソルバー回帰」Sheetでは19行目から123行目までの105観測数（週）を「モデル構築期間」として回帰分析を行っています。分析期間の前4週までの期間の影響（残存効果やタイムラグ）を考慮するために、15～18行目までの4週は「予備期間」としています。

累乗

次に「累乗1」Sheetを開きます。TVCMの投下量（GRP）と売上数のデータテーブルが並んでいます。【LINEST回帰1】を押すと図5-10-3の結果となります。TVCMの1単位あたり売上が10個増える線形の関係になっています。

続いて「累乗2」Sheetを開きます。「累乗1」Sheetのデータとは違い累乗の値が「0.5」となっています。【LINEST回帰1】を押すと、図5-10-4のモデルが得られます。このモデルはTVCM1GRPあたり売上が1000個増える線形の関係ではありません。投下量が増えると、売上の増加影響が穏やかになる非線形の関係になっています。

	A	B	C	D	E	AW
1					1	
3	重相関R	1.00000	VIF			
4	重決定 R2	1.000000				
5	補正 R2	1.000000			LINEST 回帰1	
6	観測数	105				
7	説明変数の数	1				
8	DW比	#DIV/0!	効果数	10,400,000	550,000	
9			P値	0.00%	0.00%	MAPE(検証)
10			残存効果		0.00%	0.00%
11			累乗		1.00	MAPE(学習)
12			係数	100000.000	10.000	0.00%
13						
14		日付	売上数	切片	TVCM	実績
15		2015/8/10	0		0	0
16		2015/8/17	0		0	0
17		2015/8/24	0		0	0
18		2015/8/31	0		0	0
19		2015/9/7	200,000		10,000	200,000
20		2015/9/14	190,000		9,000	190,000
21		2015/9/21	180,000		8,000	180,000
22		2015/9/28	170,000		7,000	170,000
23		2015/10/5	160,000		6,000	160,000
24		2015/10/12	150,000		5,000	150,000
25		2015/10/19	140,000		4,000	140,000
26		2015/10/26	130,000		3,000	130,000
27		2015/11/2	120,000		2,000	120,000
28		2015/11/9	110,000		1,000	110,000
29		2015/11/16	100,000		0	100,000
30		2015/11/23	100,000		0	100,000

図5-10-3

	A	B	C	D	E	AW
1					1	
3	重相関R	1.00000	VIF			
4	重決定 R2	1.000000				
5	補正 R2	1.000000			LINEST 回帰1	
6	観測数	105				
7	説明変数の数	1				
8	DW比	0.50000	効果数	10,400,000	710,509	
9			P値	0.00%	0.00%	MAPE(検証)
10			残存効果		0.00%	0.00%
11			累乗		0.50	MAPE(学習)
12			係数	100000.000	1000.000	0.00%
13						
14		日付	売上数	切片	TVCM	実績
15		2015/8/10	0		0	0
16		2015/8/17	0		0	0
17		2015/8/24	0		0	0
18		2015/8/31	0		0	0
19		2015/9/7	200,000		10,000	200,000
20		2015/9/14	194,868		9,000	194,868
21		2015/9/21	189,443		8,000	189,443
22		2015/9/28	183,666		7,000	183,666
23		2015/10/5	177,460		6,000	177,460
24		2015/10/12	170,711		5,000	170,711
25		2015/10/19	163,246		4,000	163,246
26		2015/10/26	154,772		3,000	154,772
27		2015/11/2	144,721		2,000	144,721
28		2015/11/9	131,623		1,000	131,623
29		2015/11/16	100,000		0	100,000
30		2015/11/23	100,000		0	100,000

図5-10-4

AW 列の上にある「+」をクリックして非表示部分を表示します（図 5-10-5）。

説明変数 1（TVCM）の変数加工後のデータテーブル【AB19：123】（赤枠）の値は、元の TVCM の値【E19：123】の各セルの値× 0.5乗【E11】という数式で計算しています。

重決定 R2	1.000000
補正 R2	1.000000
観測数	105
説明変数の数	1
DW比	0.50000

LINEST 回帰1

効果数	10,400,000	710,509
P値	0.00%	0.00%
残存効果		0.00%
累乗		0.50
係数	100000.000	1000.000

係数 100000.00 1000

日付	売上数	切片	TVCM		売上数	切片	TVCM
2015/8/10	0		0	数式注意（ラグ参照数）→	0	1	0
2015/8/17	0		0	数式注意（ラグ参照数）→	0	1	0
2015/8/24	0		0	数式注意（ラグ参照数）→	0	1	0
2015/8/31	0		0	数式注意（ラグ参照数）→	0	1	0
2015/9/7	200,000		10,000	数式注意（ラグ参照数）→	200,000	1	100.00
2015/9/14	194,868		9,000	数式注意（ラグ参照数）→	194,868	1	94.87
2015/9/21	189,443		8,000	数式注意（ラグ参照数）→	189,443	1	89.44
2015/9/28	183,666		7,000	数式注意（ラグ参照数）→	183,666	1	83.67
2015/10/5	177,460		6,000	数式注意（ラグ参照数）→	177,460	1	77.46
2015/10/12	170,711		5,000	数式注意（ラグ参照数）→	170,711	1	70.71
2015/10/19	163,246		4,000	本セル以下はラグ参照数が無し	163,246	1	63.25
2015/10/26	154,772		3,000		154,772	1	54.77
2015/11/2	144,721		2,000		144,721	1	44.72
2015/11/9	131,623		1,000		131,623	1	31.62
2015/11/16	100,000		0		100,000	1	0.00
2015/11/23	100,000		0		100,000	1	0.00
2015/11/30	100,000		0		100,000	1	0.00
2015/12/7	100,000		0		100,000	1	0.00
2015/12/14	100,000		0		100,000	1	0.00

図5-10-5

0.5乗は√（平方根）のことです。Excel の数式では【値 ^0.5】で求められます。2乗や 0.5乗という数は馴染みがあると思いますが、この数式で 0.6乗や 0.7乗といった値も算出できます。

この値が 1の時は X 軸（説明変数の週ごとの値）と Y 軸（目的変数）への影響が線形の関係となり、0.6乗、0.7乗、0.8乗、0.9乗といった値の場合は、非線形の関係になります。「MMM_modeling」Sheet のソルバーの制約条件ではこの値を 0.6以上、1以下という制約条件で探索していました。0.6乗が最も非線形（曲線）のカーブがきつくなり、1に近づくほどカーブが穏やかになり、線形に近づくイメージです。

累乗の変数加工イメージ

【（演習データ⑨ -1）残存効果 & 累乗説明】の「累乗説明グラフ」Sheet を開きます（図 5-10-6）。「累乗 1」と「累乗 2」Sheet で計算したモデルを元に TVCM の GRP（X 軸）に対する効果数（Y 軸）をプロットしたグラフが記載されています。

累乗 1 シートのモデル

累乗 1

投下GRP	計算用変数	係数	効果数1（累乗1）
10000	10000	10	100000
9000	9000	10	90000
8000	8000	10	80000
7000	7000	10	70000
6000	6000	10	60000
5000	5000	10	50000
4000	4000	10	40000
3000	3000	10	30000
2000	2000	10	20000
1000	1000	10	10000
0	0	10	0

「累乗 2」シートのモデル

累乗 0.5

投下GRP	計算用変数	係数	効果数2（累乗0.5）
10000	100	1000	100000
9000	95	1000	94868
8000	89	1000	89443
7000	84	1000	83666
6000	77	1000	77460
5000	71	1000	70711
4000	63	1000	63246
3000	55	1000	54772
2000	45	1000	44721
1000	32	1000	31623
0	0	1000	0

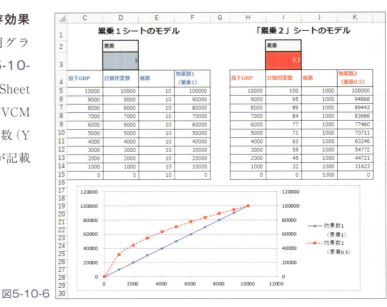

図5-10-6

「累乗2」Sheetのモデルの計算用変数は元の値を0.5乗してから回帰分析の係数を求めることで、元の投下GRPが増えるほど効果の増分が逓減する非線形な関係であるという仮定を取り入れています（図5-10-7）。

【I3】の値を試しに「1.5」にしてみましょう（図5-10-8）。累乗の値を1より大きい値にすると、投下量が増えるほど効果の増分が逓増する仮定となります。

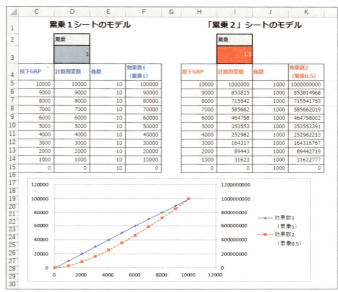

図5-10-7

図5-10-8

筆者が設定した「制約条件」

「ソルバー回帰」Sheetのソルバーにあらかじめ設定していた条件（※再掲）は下記となります。

① 残存効果を考慮するための変数加工基準値セル範囲【E10：X10】は0以上、0.7以下
② 非線形な影響を考慮するための変数加工基準値【E11：X11】は0.6以上1以下

演習で紹介した「ソルバー回帰」Sheetを用いて行うモデル探索法では、（この制約の範囲内で）残存効果と累乗の基準値と切片と係数を少しずつ変化させながら、残差平方和を最小化する値をGRG非線形ソルバーで探索していました。

この「制約条件」の基準は筆者の経験を元に設定しているものですが、皆さんの判断で変更していただいても構いません。

例えば、「累乗」の制約条件の上限「1以下」から「1.5」以下に変えることで、投下量が増えるほど効果の増分が逓増する非線形性を仮定したモデルも探索することができます。また、上限を1未満とする制約をかければ、線形の仮定を排除し、効果の増分が逓減する非線形性のみを仮定した

探索となります。同様に下限を1より大きくする制約をかければ効果の増分が逓増する非線形性のみを仮定した探索となります。

 線形の仮定を排除し、各施策の投下量増加に伴う効果の増分が逓減する前提にしたほうが、第6章、第7章で紹介する予算配分最適化シミュレーションがしやすくなる場合があります。

残存効果と累乗を加味した場合の「効果数」の算出方法

残存効果と累乗の値をソルバーによって探索した際に、各デフォルト値が変わった場合は「加工後の説明変数」×「係数」=「効果数」となります。「元の説明変数」×「係数」=「効果数」ではありません。

説明変数の加工と、係数の変化に関して

例えば、TVCM（GRP）を説明変数として売上数を説明する単回帰分析を行った際の係数が「6000」だったとします。仮にこれを「モデルA」とします。

1GRPあたり10万円を乗じて説明変数の単位をコスト（円）に加工し、再度回帰分析を行った際の係数は「0.06」に変化しました。これを「モデルB」とします。説明変数を単純に10万倍にした分、係数は10万分の1に減ります。そのため、モデルAとBの効果数は同一となります。各説明変数の値に一律で同じ値を乗じたため、説明変数の時系列の推移は変わりません。この場合、モデルAとモデルBの分析結果（効果数）は変わりません。等倍することで変数の値が変わっても変数の推移が変わらなければ、分析結果（効果数）は同一となることを覚えておいてください。残存効果の変数加工をした場合は時系列の推移自体が変化するので分析結果（係数やP値、係数から導く効果数等）も変わります。

残存効果・累乗を加味した際の効果数の求め方

「ソルバー回帰」Sheetの非表示列の【AA141：AU254】では、変数加工後の値×係数で、各施策の週ごとの効果数を計算しており、135行目の【AA135：AU135】で分析期間105週の効果数を合計しています。

 非表示セル【AA135:AU254】と【AA141:AU254】の数式を確認してみましょう。

（仕様上の制約）「ソルバー回帰」Sheetで用いる説明変数の条件

　ソルバー回帰Sheetで用いる説明変数は、負数（マイナス）と非負数（プラス）が混在する値を用いないでください。ソルバー計算時にエラーとなります。

負数と非負数が混在する場合の対処

　例えば図5-10-9のように寒い地域の週ごとの平均気温がこのような値になっている場合は、最小値のマイナスの値を0にするため、最小値の絶対値（この場合は4）を全ての変数に加算して、0と正の値の変数にしてください。

全ての値が負数の場合の対処

　説明変数を絶対値（非負数）に加工しましょう。得られた係数の「符号」を逆にして分析結果を解釈してください。

	平均気温	加工後の平均気温
1週目	1	5
2週目	2	6
3週目	2	6
4週目	1	5
5週目	0	4
6週目	-1	3
7週目	-2	2
8週目	-3	1
9週目	-4	0
10週目	-2	2

図5-10-9

5-11 Excelソルバー補足

　本章では、MMM分析のモデル作成の際「残存効果」と「累乗」を加味した変数加工を行い、それぞれの基準値（残存効果は0〜70%、累乗は0.6〜1）をExcelソルバーで探索することで、予測精度を上げるモデルを発見する方法を紹介しました。次章ではマーケティング施策の予算配分を最適化する演算にソルバーを使用する方法を紹介します。ただし、ソルバーを用いてこれらの解を求める際、本書で紹介する非線形計画法または滑らかではない非線形計画法を解く上では、最適化問題が抱える問題として、「唯一の最適解が求められる」保証がありません。

Excelソルバーの3種のエンジン

　数学的・統計的モデルやアルゴリズムを利用することによって、さまざまな計画に際して最も効率的になるような意思決定を行う科学的技法である「**OR（オペレーションズ・リサーチ）**」という学問分野があります。ORのテーマの1つとして、数理最適化によって様々な問題を解くものがあり、それを解く方法の1つが「**ソルバー**」で、Excel標準ソルバーはそのうちの1つです。同じソルバーでもExcel標準ソルバーと本書第6章末のコラム（P237）で紹介する「Nuorium Optimizer」などの専門ソフトウェアによる機能差・性能差があります。本書の演習で行うソルバー計算において「唯一の最適解が求められる」保障はありません。その理由は主に最適化問題の性質と、Excel標準ソルバーの機能の制約によるものです。

ORに関して詳しく調べる場合には参考文献を参照ください。

参考文献
前澤克樹、後藤順哉、安井雄一郎（共著）『Excelで学ぶOR』オーム社、2011年

Excel 標準ソルバーで問題を解くためのエンジンは下記 3 種となります。

① 線形計画法・整数計画法用の「シンプレックス LP」
② 滑らかな非線形計画法用の「GRG 非線形」
③ 滑らかではない非線形計画法用の「エボリューショナリー」

　本書で紹介する最適化問題に使用するソルバーのエンジンは「GRG 非線形」をメインに使用し、一部「エボリューショナリー」を用います。**第 5 章 -8**、**第 5 章 -9**で実施してきた目的関数（残差平方和）を最小化する問題は、二乗の計算が目的関数に影響するため、線形ではなく非線形の問題となります。これらの問題は「**シンプレックス LP**」エンジンでは解けません。本書演習のソルバーの実行時に「シンプレックス LP」を選択するとエラーメッセージが表示されます。

　「**GRG 非線形**」を用いてソルバーで最適解を解く過程では、変化させるセルの値の初期点を設定し（セルに何も値が入っていない場合は 0）微分係数を元にその値を変化させながら、最適解に近づけていきます。直前の試行において、ソルバーで指定した条件で改善が見られなかった場合に収束した停留点がソルバーの求めた「最適解」となります。解を探索した結果、「大域解」（グローバル最適解または大域的最適解）ではなく、「局所解」（ローカル最適解または局所的最適解）を解としてしまう場合があります（図 5-11-1）。これを「局所解にトラップされる」と言います。

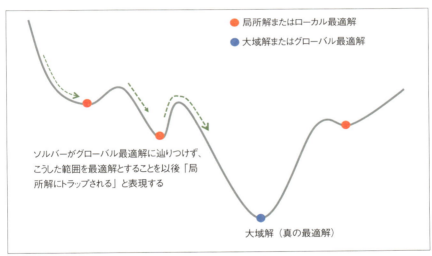

図5-11-1

　ランダム生成した複数の初期点から出発し、大域解を求める「GRG 非線形」エンジン＋「マルチスタート」や同じく初期点を突然変異させながら確率的に探索する「**エボリューショナリー**」エンジンを用いたソルバーを実行すると、実行終了画面で「グローバル最適解が見つかった可能性があります」というメッセージが出てくることがあるのはそのためです（「グローバル最適解が見つかりました」と言い切る表現ではありません）。Excel 標準ソルバーに限らず、ソルバーの実行（最適化問題の求解）においては、解決したい問題を微分可能に定式化された問題にすることを目指しますが、本書で紹介する最適化問題（modeling で使用するものと simulation で使用するもの）双

方ともに「局所解にトラップされる」リスクは完全には回避できません。

　繰り返しになりますが、その理由は主に最適化問題の性質と、Excel 標準ソルバーの機能の制約によるものです。「ソルバー回帰」Sheet でこれまで演習したソルバーを実行する時に、説明変数の（左右の）並び順を変えたり、変数セルの指定の順番を変えるだけで解が変わってしまうのは、おそらく後者によるものです。

「MMM_modeling（予測モデル探索）」で行うソルバー問題の留意点

　「残存効果」や「累乗」の探索にソルバーを実行しても局所解にトラップされるケースもあります。その回避率を高めるために予め【LINEST 関数】マクロによって回帰分析の係数を初期値として入力し、その値を探索の初期値としてソルバーを実行する方法を紹介しています。次の**第 5 章 -11** では、LINEST 回帰を行わず、初期値を空白（ソルバーは「0」と認識）にしたまま「GRG 非線形」でソルバーを実行することで、極端な局所解にトラップされることを体験します。

　そうした事態を解決する方法の 1 つとして「エボリューショナリー」エンジンを使う演習を行います。「エボリューショナリー」はソルバーの初期値を突然変異させながら確率的に探索する方法なので、同じ問題であっても、解が毎回変わります。

　「MMM_modeling」Sheet で行うソルバー計算時間は、筆者の PC で「GRG 非線形」で解く場合で数秒から数十秒程度です。「エボリューショナリー」で解く場合は数分から数十分と計算負荷は大きくなります。

「MMM_modeling」Sheet で行った「ソルバー」設定解説

① **目標値**：残差平方和の最小化を目的とします。

② **変数セルの変更**：LINEST 回帰によって求めた切片と係数と、任意のセルの残存効果「0%」、累乗「1」を初期値として、指定したセルを変化させます。※ GRG 非線形を用いる場合に LINEST 回帰を事前に行わず、切片と係数の値が無い状態（初期値「0」）から探索する場合は、満足な結果が得られない場合がほとんどです。LINEST 回帰によって初期値の値（切片と係数）を入れましょう。

③ **制約条件の対象**：予め設定した制約条件（第 5 章 -8 で解説済み）

④ **制約のない変数を非負数にする**：オフにします。オンにすると、変化させるセル（係数）がマイナスの値を取らなくなります。

⑤ **解決方法の選択**：最適値の探索があまり動かない等のケース以外は原則、GRG 非線形を使いましょう。

図5-11-2
【「ソルバーのパラメータ」】(図5-9-13再掲)

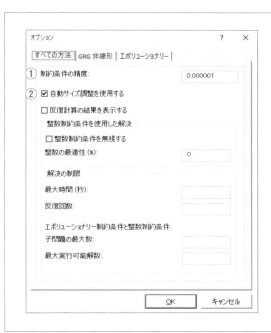

図5-11-3
【オプション「すべての方法」】（図5-8-8再掲）

① **制約条件の精度**：デフォルト0.000001のまま使います。目的セルや変数セルに設定した制約条件の精度です。目的セルを1にした場合は、その値に対して0.000001までの誤差を許容するイメージです。

② **自動サイズ調整を使用する**：ここはオンにします。オフにすると、変数セルの変化をより細かく探索する為、精度は上がりますが計算時間が長くなります。

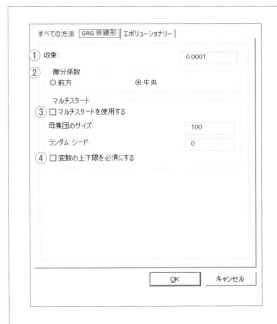

図5-11-4
【オプション「GRG非線形」】（図5-8-9再掲）

① **収束**：デフォルト0.0001のまま使います。この値を更に小さくすると、変数セルの変化をより細かく探索する為、精度は上がりますが計算時間が長くなります。

② **微分係数**：GRG非線形エンジンを用いて最適化計算を行う際は目的関数の「ある方向の傾き」が必要で、それを微分によって計算します。微分にはいくつかの方法があり、微分係数の「前方」「中央」はその方法を選択するオプションとなります。筆者は通常「中央」を用いています。うまくいかない場合（ソルバーが局所解にトラップされ、思ったように最適解の探索が動かない場合）、このオプションを前方に変更することで解が改善する場合があります。

③ **マルチスタートを使用する**：ここではオフにしていますが、「MMM_simulation」ではオンにして使います。「マルチスタート」はExcel2010以降追加された機能です。ランダムに選んだ複数の初期点からGRG非線形法を実行していき、得られた解の中から最も良い解を採用するものです。グローバル最適解が見つかる保証はありませんが、マルチスタートを使えば、それが見つかる可能性が多少上がります。ただし、計算時間は長くなります。

④ **変数の上下限を必須にする**：ここでは、オフにします。「MMM_simulation」の時は全ての変数セルの上限と下限の制約を設定することで、計算範囲を絞って計算時間を短縮します。

5-12
【MMM_modeling】BookでGRG非線形とエボリューショナリーの違いを体験

今までの演習データを別名で保存し、未編集の演習ファイルの【(演習データ⑦-1) MMM_modeling_@アルコール飲料売上数】「ソルバー回帰」Sheetを開いてください。今までは【LINEST回帰】を実行し、ソルバー回帰Sheetの係数の値が初期値として入った状態でソルバーを実行していましたが、初期値を入力せず、空白でソルバーを実行した場合どうなるかを体験しましょう。

「データ」タブの「ソルバー」を押して「ソルバーのパラメーター」ウィンドウを表示します。目的変数を残差平方和【AZ12】の最小化として、変数セルは4つの施策の残存効果と累乗【E10:H11】を選択し、次に切片から11月までの係数【D12：V12】を選択します（図5-12-1）。

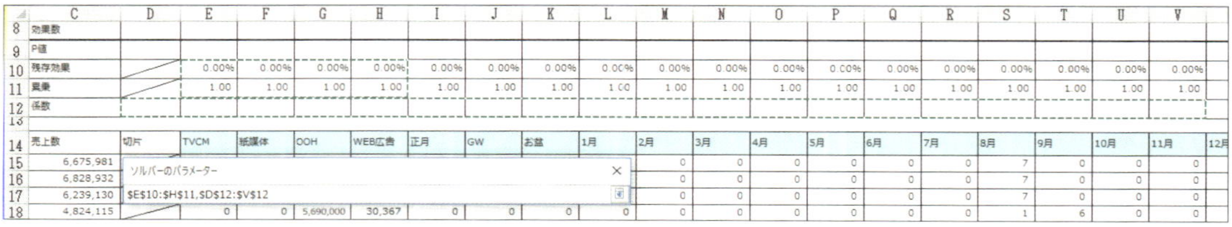

図5-12-1

それ以外の設定は変えずに（図5-12-2）、ウィンドウの状態で「解決」を押します。

図5-12-2

約7.5秒の計算時間を経て、図5-12-3の結果が出力されました。

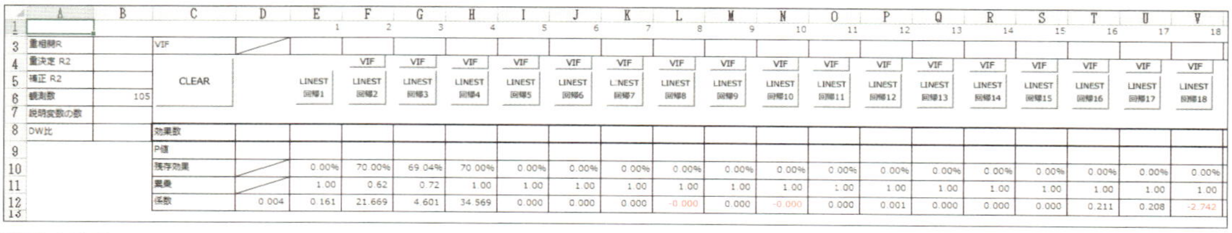

図5-12-3

ここで【LINEST 関数】のマクロは実行せずに、折れ線グラフを確認しましょう（図5-12-4）。予測と実績の乖離が多く、実績の値と残差が近似しています。

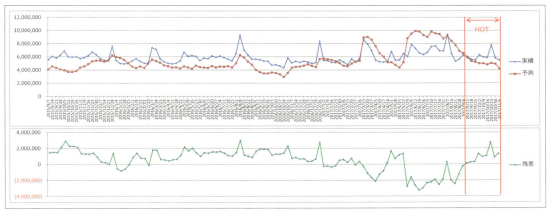

図5-12-4

MAPE などの指標も見てみましょう（図5-12-5）。学習期間の MAPE は15%強で、検証期間の MAPE も20%強となり、10%を下回ることができていません。初期値がない状態から GRG 非線形でソルバーを実行してみましたが、局所解にトラップされた状態と言えるでしょう。

次は、「エボリューショナリー」を実行していきましょう。【CLEAR】マクロを実行してから「データ」タブの「ソルバー」を押して「ソルバーのパラメーター」ウィンドウを表示します。前回の内容と同様の設定で、解決方法の選択を「エボリューショナリー」に変更し（図5-12-6）、「解決」をクリックします。めまぐるしい速さで「子問題」のカウント数が追加されていきます。

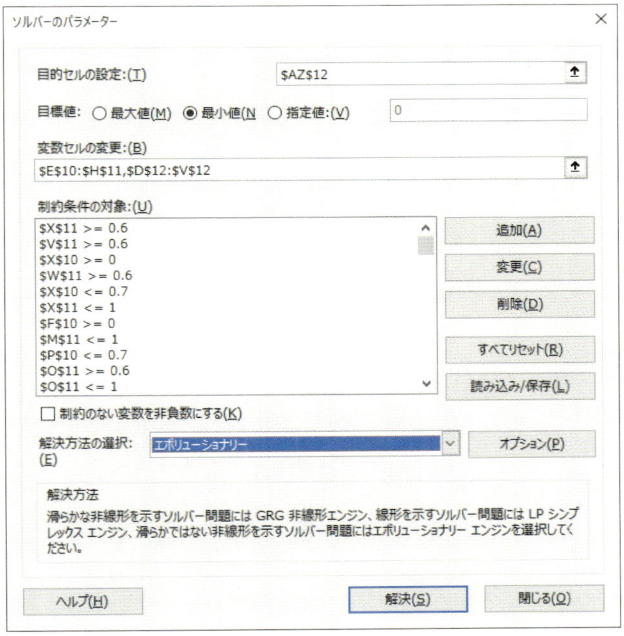

図5-12-5

図5-12-6

残存効果などを加味して予測精度を上げる

第5章

しばらくは目的セルの値は変化しませんが、一定時間から目的セルが変化するはずです（図5-12-7）。

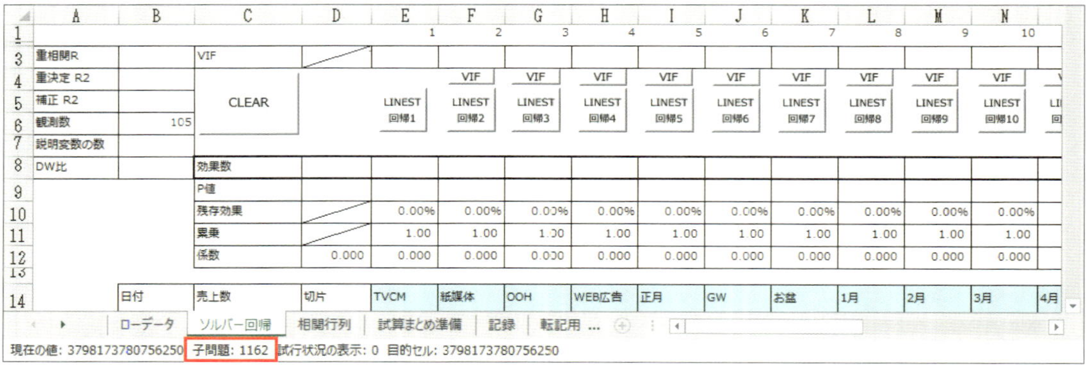

図5-12-7

GRG非線形と比べて時間がかかりましたが、約192.5秒で計算が終わりました（図5-12-8）。

図5-12-8

 皆さん自身が実行した時の解と値が異なる可能性が高いと思います。エボリューショナリーは遺伝的アルゴリズム（GA:Genetic Algorithm）というアルゴリズムを用いており、変数の値を時おり突然変異させながら、確率的に探索する手法となるため、同じ問題、同じ設定であっても全く同じ解が計算されるとは限りません。

「ソルバー回帰」Sheetでは【LINEST回帰】マクロを実行しないとP値や決定係数を求めることができません。【LINEST回帰】を実行せずに現時点（ソルバー終了直後）の決定係数やP値を算出するExcel Bookで決定係数やP値を算出した結果が図5-12-9です。

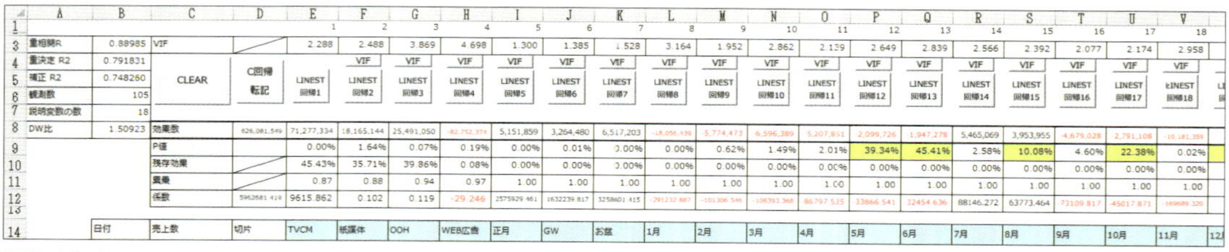

図5-12-9

【LINEST回帰】を実行せずにソルバー終了直後の決定係数やP値を算出するExcel Bookは巻末の「付録演習」で紹介します。ソルバーを用いて回帰分析、またはそれに近い分析を自由な設定で行えるため、恣意的なモデル探索ができます。扱いが難しいため、皆さんのデータを自由に分析ができないように「ローデータ」Sheetのデータを編集できないように制限をかけています。

決定係数は74.8…パーセントとまずまずです。折れ線グラフを見てみましょう（図5-12-10）。

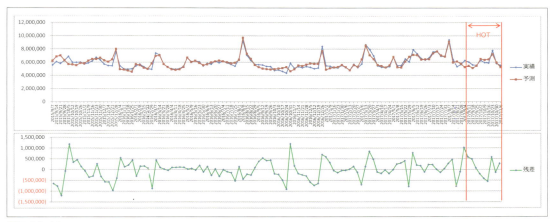

図5-12-10

　MAPEを確認すると、検証期間、学習期間ともに10%以下になっています（図5-12-11）。
　エボリューショナリーはより探索的な解法であるため、極端な局所解にトラップされるリスクが低いのが利点です。ソルバー探索がほとんど動かずに終了してしまうようなケースでは、「エボリューショナリー」を用いることで解決する場合がありますが、GRG非線形と比較して時間がかかる、解が毎回変わるという難点はあります。

	AW	AX	AY	AZ
9	MAPE(検証)	RMSE(検証)		
10	6.14%	416,437		
11	MAPE(学習)	残差の標準偏差	残差の分散	残差平方和（学習105週）
12	5.68%	440,708	194,223,146,056	20,393,430,335,863

図5-12-11

Column
クロスセクションデータを用いたマーケティング施策価値算出ツール「Third Man」

本書で紹介するMMMは時系列データを解析するアプローチですが、消費者アンケートなどクロスセクションデータの分析による効果検証をサポートするツールとして、マーケティングサイエンスに特化した独立系シンクタンクの(株)コレクシアが提供する分析ソリューション「Third Man」(図5-C-1)を紹介します。これは広告などのマーケティング施策の接触や購買などのクロスセクションデータ分析によってマーケティング施策の価値を売上貢献金額や施策による態度変容の起こった人数に換算し定量化するものです。複数の施策の間接効果や相乗効果などを加味した効果検証を行うこともできます。

図5-C-1

基本的な分析方針は対照実験の考え方で各施策の印象ありと印象なしの差を比べる方法となり、"広告などの施策の印象が無ければ購入していなかった人"の出現比率をデータから計算し、広告由来で発生した購買や態度・行動変容の規模を計算します(図5-C-2)。

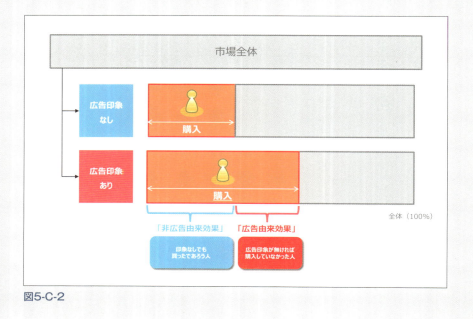

図5-C-2

消費者アンケートのデータで分析する場合は、当該ブランド及び競合ブランドにまつわる行動プロセス、広告やマーケティング施策の印象の強度を質問し、データを収集します。他にも、マーケティング施策間の間接効果を把握するための質問を行う事で、「どの施策がどの順序で影響を与えたパターンが最も効果が高かったか」といった、媒体間動線の分析や、施策接触順序の効果測定も行えます。

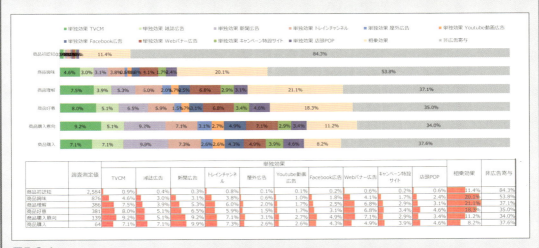

図5-C-3
質問票イメージ

標準的な分析アウトプットでは、各KPI（認知、購入意向、購入、推奨といった態度変容や行動変容）に対する広告施策の貢献量の分析、KPIごとの各施策の貢献比率の算出や、各施策の直接効果と間接効果の分解なども行います（図5-C-4）。

図5-C-4
アウトプットイメージ

残存効果などを加味して予測精度を上げる

第5章

本書で紹介するMMMでは同時に実施された複数の施策の介入効果の定量化はできますが、目的変数となる主な指標は「売上（数量または金額）」や「申込数」などです。一方、当サービスではブランドに対する「興味」や「理解」など、購買に至る行動プロセスや態度変容に対する効果を分析できます。アンケートの聴取時に競合ブランドについても質問することで競合比較での分析も可能です。

媒体の強み・弱み
「今回の車内広告の強みは[共感]の形成、弱みは[購買動機]の形成でした。」

クロスメディアの組み合わせ効果
「ソーシャルメディアと屋外広告を組み合わせると、屋外広告の効果は[1.3倍]になります。」

離反防止人数
「今回のDMがなかったとしたら、[1万8000人]がチャーン(離反)していたと考えられます。」

媒体出稿診断
「TVCMは出稿量が多すぎです。ROIが逓減しています。　逆にWebは出稿量を増やすことで費用対効果が増加します。」

媒体の強み・弱み
「今回の車内広告の強みは[共感]の形成、弱みは[購買動機]の形成でした。」

クロスメディアの組み合わせ効果
「ソーシャルメディアと屋外広告を組み合わせると、屋外広告の効果は[1.3倍]になります。」

離反防止人数
「今回のDMがなかったとしたら、[1万8000人]がチャーン(離反)していたと考えられます。」

媒体出稿診断
「TVCMは出稿量が多すぎです。ROIが逓減しています。　逆にWebは出稿量を増やすことで費用対効果が増加します。」

図5-C-5
「Third Man」で出力される分析結果例

参照URL

「Third Man」サービス紹介ページ（https://collexia.co.jp/402）

DATA-DRIVEN MARKETING

第6章

予算配分最適化シミュレーション

6-1 「MMM予測モデル探索ツール」Bookの「試算まとめ準備」Sheetを活用

本章では、前章で作成した最終モデルを元に、マーケティング施策の予算配分変更による効果の最大化または、予算の最小化を行う方法を紹介します。

【(演習データ⑦-2Fin) MMM_modeling_@アルコール飲料売上数】の「試算まとめ準備」Sheetを開き、3行目に並んだマクロ実行ボタンのうち【1】のマクロを実行します。また、TVCMの1単位（GRP）の1%当たりのコスト（※全国の視聴率として推計したもの）が「300,000」円だったため、その値をUNITCOST【F2】セルに入力します。【M2】には目的変数の数量1個あたりの売上「200」円、【P2】セルには利益率「30」%と入力します（図6-1-1）。

 1から20まで並んだマクロの実行ボタンは、「ソルバー回帰」Sheetの20の説明変数に対応しています。

図6-1-1

このSheetのマクロでは何を集計しているのか？

このマクロでは各説明変数の値の大きい順に降順で並べ変えを行い、各行のB列の説明変数の元の値を10期先までの残存効果と累乗を加味した加工後の値に自動計算して、その値に係数（C列）を乗じることで、各行ごとの「効果数」（H列）を導いています。

図6-1-2（例:5行目）

① (実数（419） ＋ 残存効果10期分（55.23%）の値) ^ 累乗の値（0.71…）
② 加工後の値（非表示列で自動計算）×係数（18295.10…）より H列の「効果数」を算出
③ 1、2行目の白いセルは自動計算される欄です。「水色」のセルは分析者が値を入力します。
5行目〜109行目のデータテーブルの自動計算結果から効果数などの値を求め、**ROI**※ と **ROAS**※ を算出しています（図6-1-3）。

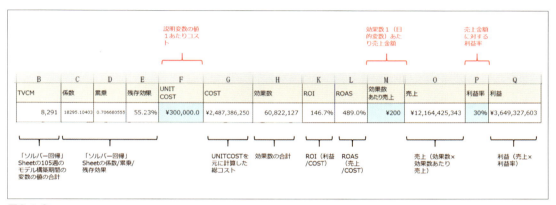

図6-1-3

 用語解説

※ ROI（Return on Investment）：利益／COST（投資対利益比率）
※ ROAS（Return on Advertising Spend）：売上／COST（投資対売上比率）

注意：「効果数」の計算方法の違い

「試算まとめ準備」Sheetで計算された効果数の合計【H5】は約6082万ですが、「ソルバー回帰」Sheet【E8】セルの値は約6903万となっています。この違いは変数加工の計算方法の違いです。
「ソルバー回帰」Sheetでは、当週の変数加工後の値は「過去（10週前までの投下量）」をもとに残存効果と累乗を加味して計算します。その値と係数を掛けて当週の効果数を算出し、全ての投下週の効果を合計します。

 「ソルバー回帰」Sheetの非表示セル【AA137:AU254】の数式を参照してください。

「試算まとめ準備」では、当週の投下量を基準に「未来（10週までの残存効果と累乗を加味）」して計算しています。例えば当週のTVCMの投下量が100GRPで残存効果30%、累乗が1の場合は、当週100+ 翌週30+ 翌々週9+…といった具合で10週先まで続けて変数加工後の数値を計算し、その値に係数を掛けて当週（100GRP）に対応する効果数を求め、全ての投下週の効果を合計します。

このケースで「ソルバー回帰」Sheet で求めた効果数のほうが 800 万以上も多くなっているのは、TVCM の残存効果が 55.2…% あり、2015 年 8 月 10 日からの予備期間 4 週で合計 437GRP の出稿があることから、その分の残存効果が加味された変数加工後の値×係数によって効果数を導いている「ソルバー回帰」Sheet の計算のほうが、効果数が多くなったと思われます（「試算まとめ準備」Sheet では予備期間 4 週の影響は加味されません）。

回帰分析で予測モデルを構築する際は分析に用いる変数加工後の値を「過去 10 週」の残存効果を加味した計算によって求める「ソルバー回帰」Sheet によって行い、予算配分のシミュレーションを行う際は当週の値から「未来 10 週」に続く残存効果を加味した「試算まとめ準備」Sheet の計算方法を使用します。

6-2 「MMM予算配分最適化ツール」Bookの「予算配分試算」Sheetに データを貼り付け

【(演習データ⑦-2Fin) MMM_modeling_@アルコール飲料売上数】Bookの「試算まとめ準備」Sheetを開いたまま、【(演習データ⑩-1) MMM_simulation_@アルコール飲料売上数】の「試算」Sheetを開きましょう（図6-2-1）。

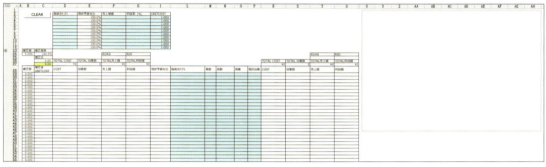

図6-2-1

このSheetに、【(演習データ⑦-2Fin) MMM_modeling_@アルコール飲料売上数】Bookの「試算まとめ準備」Sheetの集計データを貼り付けていきます。

TVCMを集計した状態で、【A5：E70】の範囲を選択しコピーします（図6-2-2）。

上の行からB列のTVCM（GRP）変数の値が大きい順に並んでいますが、0を含む行を1行入れて選択コピーしてください。

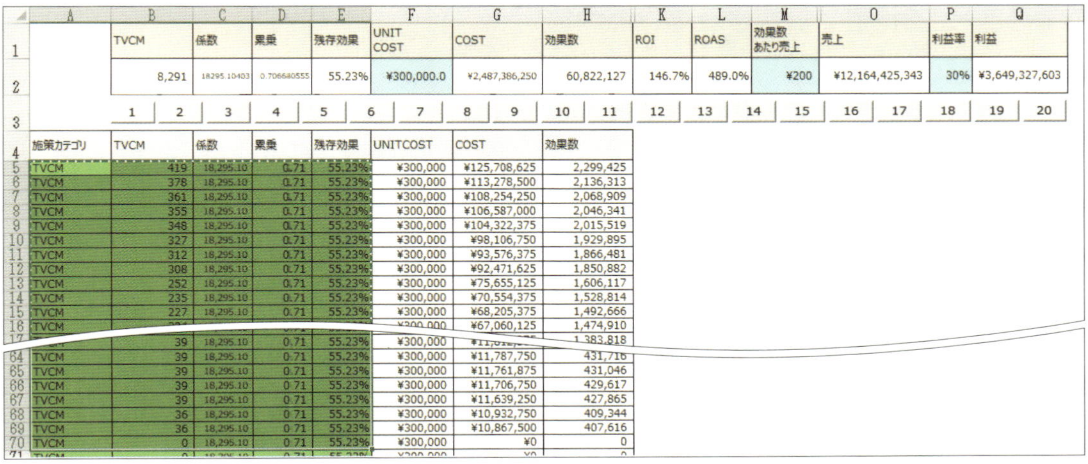

図6-2-2

「試算」Sheet の、【L29】セルを基準に「値」を貼り付けます。

次に【D3】セルに「TVCM」と入力し、【F3：F6】は売上単価の「200」を、【G3：G6】は利益率の「30」を、【I3】セルに単位あたりコストの300,000を入力します。自動計算で値が入力されます（図6-2-3）。

ここからは29行目を例に自動計算内容を説明します。

	A	B	C	D	E	F	G	I	L	M	N	O	P	R	S	T	U
1																	
2		CLEAR		施策カテゴリ	現状予算対比	売上単価	利益率（%）	UNITCOST									
3				TVCM	100.0%	200	30.0	300000.000									
4					100.0%	200	30.0	1.000									
5					100.0%	200	30.0	1.000									
6					100.0%	200	30.0	1.000									
7					100.0%			1.000									
8					100.0%			1.000									
9					100.0%			1.000									
10					100.0%			1.000									
11					100.0%			1.000									
12					100.0%			1.000									
23		補正値	補正基準														
24		0.000	100.0%			ROAS	ROI									ROAS	ROI
25			補正式			489.0%	146.7%									489.0%	146.7%
26			0.00	TOTAL COST	TOTAL 効果数	TOTAL売上額	TOTAL利益額							TOTAL COST	TOTAL 効果数	TOTAL売上額	TOTAL利益額
27			0.00	¥2,487,386,250	60,822,127	¥12,164,425,343	¥3,649,327,603							¥2,487,386,250	60,822,127	¥12,164,425,343	¥3,649,327,603
28		補正値	補正後 UNITCOST	COST	効果数	売上額	利益額	現状予算対比	施策カテゴリ	実数	係数	累乗	残存効果	COST	効果数	売上額	利益額
29		0.000	300,000.00	¥125,708,625	2,299,425	¥459,884,971	¥137,965,491	100%	TVCM	419	18295.10	0.71	55.23%	¥125,708,625	2,299,425	¥459,884,971	¥137,965,491
30		0.000	300,000.00	¥113,278,500	2,136,313	¥427,262,550	¥128,178,765	100%	TVCM	378	18295.10	0.71	55.23%	¥113,278,500	2,136,313	¥427,262,550	¥128,178,765
31		0.000	300,000.00	¥108,254,250	2,068,909	¥413,781,843	¥124,134,553	100%	TVCM	361	18295.10	0.71	55.23%	¥108,254,250	2,068,909	¥413,781,843	¥124,134,553
32		0.000	300,000.00	¥106,587,000	2,046,341	¥409,268,101	¥122,780,430	100%	TVCM	355	18295.10	0.71	55.23%	¥106,587,000	2,046,341	¥409,268,101	¥122,780,430
33		0.000	300,000.00	¥104,322,375	2,015,519	¥403,103,758	¥120,931,128	100%	TVCM	348	18295.10	0.71	55.23%	¥104,322,375	2,015,519	¥403,103,758	¥120,931,128
34		0.000	300,000.00	¥98,106,750	1,929,895	¥385,978,946	¥115,793,684	100%	TVCM	327	18295.10	0.71	55.23%	¥98,106,750	1,929,895	¥385,978,946	¥115,793,684
35		0.000	300,000.00	¥93,576,375	1,866,481	¥373,296,206	¥111,988,862	100%	TVCM	312	18295.10	0.71	55.23%	¥93,576,375	1,866,481	¥373,296,206	¥111,988,862
36		0.000	300,000.00	¥92,471,625	1,850,882	¥370,176,385	¥111,052,916	100%	TVCM	308	18295.10	0.71	55.23%	¥92,471,625	1,850,882	¥370,176,385	¥111,052,916
37		0.000	300,000.00	¥75,655,125	1,606,117	¥321,223,470	¥96,367,041	100%	TVCM	252	18295.10	0.71	55.23%	¥75,655,125	1,606,117	¥321,223,470	¥96,367,041
38		0.000	300,000.00	¥70,554,375	1,528,814	¥305,762,816	¥91,728,845	100%	TVCM	235	18295.10	0.71	55.23%	¥70,554,375	1,528,814	¥305,762,816	¥91,728,845
39		0.000	300,000.00	¥68,205,375	1,492,666	¥298,533,235	¥89,559,970	100%	TVCM	227	18295.10	0.71	55.23%	¥68,205,375	1,492,666	¥298,533,235	¥89,559,970
40		0.000	300,000.00	¥67,060,125	1,474,910	¥294,982,048	¥88,494,614	100%	TVCM	224	18295.10	0.71	55.23%	¥67,060,125	1,474,910	¥294,982,048	¥88,494,614
41		0.000	300,000.00	¥61,275,375	1,383,818	¥276,763,610	¥83,029,083	100%	TVCM	204	18295.10	0.71	55.23%	¥61,275,375	1,383,818	¥276,763,610	¥83,029,083
42		0.000	300,000.00	¥56,937,375	1,313,845	¥262,768,909	¥78,830,673	100%	TVCM	190	18295.10	0.71	55.23%	¥56,937,375	1,313,845	¥262,768,909	¥78,830,673
43		0.000	300,000.00	¥56,673,000	1,309,530	¥261,906,096	¥78,571,829	100%	TVCM	189	18295.10	0.71	55.23%	¥56,673,000	1,309,530	¥261,906,096	¥78,571,829
44		0.000	300,000.00	¥55,698,750	1,293,581	¥258,716,287	¥77,614,886	100%	TVCM	186	18295.10	0.71	55.23%	¥55,698,750	1,293,581	¥258,716,287	¥77,614,886
45		0.000	300,000.00	¥52,818,750	1,245,947	¥249,189,423	¥74,756,827	100%	TVCM	176	18295.10	0.71	55.23%	¥52,818,750	1,245,947	¥249,189,423	¥74,756,827
46		0.000	300,000.00	¥51,900,750	1,230,605	¥246,120,957	¥73,836,287	100%	TVCM	173	18295.10	0.71	55.23%	¥51,900,750	1,230,605	¥246,120,957	¥73,836,287
47		0.000	300,000.00	¥51,089,625	1,216,982	¥243,396,456	¥73,018,937	100%	TVCM	170	18295.10	0.71	55.23%	¥51,089,625	1,216,982	¥243,396,456	¥73,018,937
48		0.000	300,000.00	¥49,009,500	1,181,754	¥236,350,726	¥70,905,218	100%	TVCM	163	18295.10	0.71	55.23%	¥49,009,500	1,181,754	¥236,350,726	¥70,905,218
49		0.000	300,000.00	¥43,691,625	1,089,623	¥217,924,595	¥65,377,379	100%	TVCM	146	18295.10	0.71	55.23%	¥43,691,625	1,089,623	¥217,924,595	¥65,377,379
50		0.000	300,000.00	¥38,496,375	996,378	¥199,275,593	¥59,782,678	100%	TVCM	128	18295.10	0.71	55.23%	¥38,496,375	996,378	¥199,275,593	¥59,782,678
51		0.000	300,000.00	¥37,101,375	970,725	¥194,144,968	¥58,243,491	100%	TVCM	124	18295.10	0.71	55.23%	¥37,101,375	970,725	¥194,144,968	¥58,243,491
52		0.000	300,000.00	¥36,273,375	955,365	¥191,072,959	¥57,321,888	100%	TVCM	121	18295.10	0.71	55.23%	¥36,273,375	955,365	¥191,072,959	¥57,321,888

図6-2-3

29行目の計算

TVCMの実数「419」（M列）とモデルから得られた係数・累乗・残存効果の値（N・O・P列）、TVCMの1単位あたりのコスト【I3】（300,000）、売上数1あたりの単価【F3】（200）、利益率【G3】（30%）を元にCOST（D・R列）、効果数（E・S列）売上額（F・T列）利益額（G・U列）を求めています。30行目以下も同様です。

27行目と25行目で計算されている内容

27行目は、29行目以下の値の合計値です。その値を元に、25行目でROASとROIを自動計算しています。

D列・E列・F列・G列は「現状予算対比で変化」

試しに【E3】セルの「現状予算対比」の値を 100% から 50% に変更してみましょう。I 列の「現状予算比」が 50% になり D 列〜 G 列の値が変化します（図 6-2-4）。

「試算」Sheet では、「現状予算対比」（TVCM の場合は【E3】）のセルの値を変更することで、D 列〜 G 列の「変更後予算の効果指標」が自動計算されます。

図6-2-4

「試算」Sheetで行う計算

各施策の「現状予算対比」のパーセンテージをソルバーで変化させながら、各施策の「現状予算対比」の最適な組み合わせを探索します。分析に用いた現状予算（100%）の投下量を基準にそれを一律で何パーセントに増やすか減らすか、という前提でシミュレーションします。マーケティング目的となる効果数や売上額、利益額などを最大化（または効果数を据え置きで予算を最小化）する各施策の予算配分を導きます。

6-3
各マーケティング施策の効果数への影響をプロットしたグラフを作成

【E3】セルの現状予算比の値を100%に戻しましょう。X列～AH列の上部にあるグラフエリアで右クリックして「データの選択」を選び、「データソースの選択」ナビゲーションウィンドウの「凡例項目」の「追加」ボタンを押します（図6-3-1）。

図6-3-1

「系列の編集」ウィンドウを図6-3-2のように設定し、OKを押します。

ナビゲーションウィンドウが図6-3-3の状態に更新されたのを確認しOKを押します。

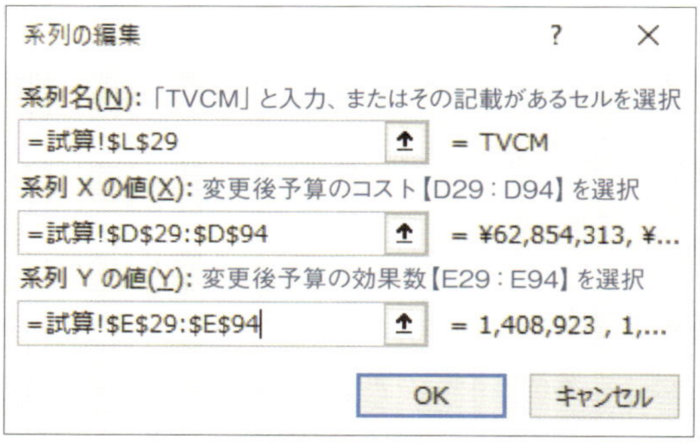

図6-3-2

図6-3-3

XからAK列上部のグラフが更新され、X軸（週ごとの投下金額）とY軸に効果数がプロットされました（図6-3-4）。

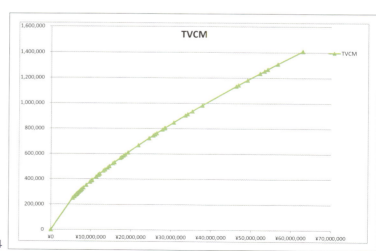

図6-3-4

このようにして、「紙媒体」「OOH（t-1）」「WEB広告（t-1）」の情報を入力していきます。入力完了した状態のデータが、**【（演習データ⑩-2）MMM_simulation_@アルコール飲料売上数】** Bookです。「試算」Sheetを開きましょう（図6-3-5）。

	A	B	C	D	E	F	G	I	L	M	N	O	P	R	S	T	U
1																	
2			CLEAR	施策カテゴリ	現状予算対比	売上単価	利益率（%）	UNITCOST									
3				TVCM	100.0%	200	30.0	300000.00									
4				紙媒体	100.0%	200	30.0	1.00									
5				OOH（t-1）	100.0%	200	30.0	1.00									
6				WEB広告（t-1）	100.0%	200	30.0	150.00									
7					100.0%			1.000									
8					100.0%			1.000									
9					100.0%			1.000									
10					100.0%			1.000									
11					100.0%			1.000									
12					100.0%			1.000									
23		補正値	補正基準														
24		-0.153	94.0%			ROAS	ROI									ROAS	ROI
25			補正式			509.8%	152.9%									509.7%	152.9%
26			0.00	TOTAL COST	TOTAL 効果数	TOTAL売上額	TOTAL利益額							TOTAL COST	TOTAL 効果数	TOTAL売上額	TOTAL利益額
27			0.00	¥4,266,556,452	108,754,573	¥21,750,914,589	¥6,525,274,377							¥4,267,421,900	108,754,573	¥21,750,914,589	¥6,525,274,377
28		補正値	補正後 UNITCOST	COST	効果数	売上額	利益額	現状予算対比	施策カテゴリ	実数	係数	累乗	残存効果	COST	効果数	売上額	利益額
29		0.000	300,000.00	¥125,708,625	2,299,425	¥459,884,971	¥137,965,491	100%	TVCM	419	18295.10	0.71	55.23%	¥125,708,625	2,299,425	¥459,884,971	¥137,965,491
30		0.000	300,000.00	¥113,278,500	2,136,313	¥427,262,550	¥128,178,765	100%	TVCM	378	18295.10	0.71	55.23%	¥113,278,500	2,136,313	¥427,262,550	¥128,178,765
31		0.000	300,000.00	¥108,254,250	2,068,909	¥413,781,843	¥124,134,553	100%	TVCM	361	18295.10	0.71	55.23%	¥108,254,250	2,068,909	¥413,781,843	¥124,134,553
32		0.000	300,000.00	¥106,587,000	2,046,341	¥409,268,101	¥122,780,430	100%	TVCM	355	18295.10	0.71	55.23%	¥106,587,000	2,046,341	¥409,268,101	¥122,780,430
33		0.000	300,000.00	¥104,322,375	2,015,519	¥403,103,758	¥120,931,128	100%	TVCM	348	18295.10	0.71	55.23%	¥104,322,375	2,015,519	¥403,103,758	¥120,931,128
34		0.000	300,000.00	¥98,106,750	1,929,895	¥385,978,946	¥115,793,684	100%	TVCM	327	18295.10	0.71	55.23%	¥98,106,750	1,929,895	¥385,978,946	¥115,793,684
35		0.000	300,000.00	¥93,576,375	1,866,431	¥373,296,206	¥111,988,862	100%	TVCM	312	18295.10	0.71	55.23%	¥93,576,375	1,866,481	¥373,296,206	¥111,988,862
36		0.000	300,000.00	¥92,471,625	1,850,882	¥370,176,385	¥111,052,916	100%	TVCM	308	18295.10	0.71	55.23%	¥92,471,625	1,850,882	¥370,176,385	¥111,052,916
37		0.000	300,000.00	¥75,655,125	1,606,117	¥321,223,470	¥96,367,041	100%	TVCM	252	18295.10	0.71	55.23%	¥75,655,125	1,606,117	¥321,223,470	¥96,367,041
38		0.000	300,000.00	¥70,554,375	1,528,814	¥305,762,816	¥91,728,845	100%	TVCM	235	18295.10	0.71	55.23%	¥70,554,375	1,528,814	¥305,762,816	¥91,728,845
39		0.000	300,000.00	¥68,205,375	1,492,656	¥298,533,235	¥89,559,970	100%	TVCM	227	18295.10	0.71	55.23%	¥68,205,375	1,492,666	¥298,533,235	¥89,559,970
40		0.000	300,000.00	¥67,060,125	1,474,910	¥294,982,048	¥88,494,614	100%	TVCM	224	18295.10	0.71	55.23%	¥67,060,125	1,474,910	¥294,982,048	¥88,494,614

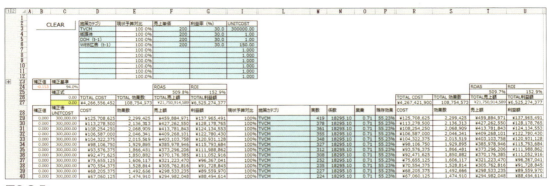

図6-3-5

グラフには4つの施策の効果予測線がプロットされています（図6-3-6）。「MMM予測モデル探索ツール」で作成したモデルを元に各マーケティング施策の効果を比較することができます（Y軸を売上額や利益額にする場合もあります）。

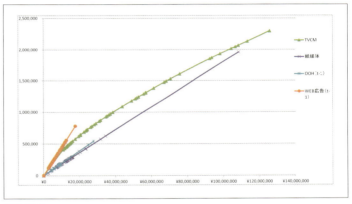

図6-3-6

「WEB広告(-1)」に関しては、「試算まとめ準備」Sheetで集計した際に、投下量0の週がありません。そうした場合は、1行分追記(コピー貼付)し、投下量0の行を加えてください(図6-3-7)。

	A	B	C	D	E	F	G	I	L	M	N	O	P	R	S	T	U
285		0.550	150.00	¥3,567,600	156,415	¥31,282,912	¥9,384,874	100%	WEB広告（t-1）	23,784	6.58	1.00	0.00%	¥3,567,600	156,415	¥31,282,912	¥9,384,874
286		0.550	150.00	¥3,483,450	152,725	¥30,545,033	¥9,163,510	100%	WEB広告（t-1）	23,223	6.58	1.00	0.00%	¥3,483,450	152,725	¥30,545,033	¥9,163,510
287		0.550	150.00	¥3,462,000	151,785	¥30,356,946	¥9,107,084	100%	WEB広告（t-1）	23,080	6.58	1.00	0.00%	¥3,462,000	151,785	¥30,356,946	¥9,107,084
288		0.550	150.00	¥3,446,400	151,101	¥30,220,156	¥9,066,047	100%	WEB広告（t-1）	22,976	6.58	1.00	0.00%	¥3,446,400	151,101	¥30,220,156	¥9,066,047
289		0.550	150.00	¥3,389,550	148,608	¥29,721,660	¥8,916,498	100%	WEB広告（t-1）	22,597	6.58	1.00	0.00%	¥3,389,550	148,608	¥29,721,660	¥8,916,498
290		0.550	150.00	¥3,276,600	143,656	¥28,731,245	¥8,619,373	100%	WEB広告（t-1）	21,844	6.58	1.00	0.00%	¥3,276,600	143,656	¥28,731,245	¥8,619,373
291		0.550	150.00	¥3,033,450	132,996	¥26,599,156	¥7,979,747	100%	WEB広告（t-1）	20,223	6.58	1.00	0.00%	¥3,033,450	132,996	¥26,599,156	¥7,979,747
292		0.550	150.00	¥3,003,900	131,700	¥26,340,043	¥7,902,013	100%	WEB広告（t-1）	20,026	6.58	1.00	0.00%	¥3,003,900	131,700	¥26,340,043	¥7,902,013
293		0.550	150.00	¥2,785,650	122,131	¥24,426,293	¥7,327,888	100%	WEB広告（t-1）	18,571	6.58	1.00	0.00%	¥2,785,650	122,131	¥24,426,293	¥7,327,888
294		0.550	150.00	¥2,658,150	116,541	¥23,308,295	¥6,992,488	100%	WEB広告（t-1）	17,721	6.58	1.00	0.00%	¥2,658,150	116,541	¥23,308,295	¥6,992,488
295		0.550	150.00	¥0	0	¥0	¥0	100%	WEB広告（t-1）	0	6.58	1.00	0.00%	¥0	0	¥0	¥0
296		0.000															
297		0.000															

図6-3-7

予算配分最適化シミュレーション 第6章

6-4 予算配分シミュレーション①

このSheetでソルバーを実行していきましょう。「データ」タブから「ソルバー」を選択して実行します。設定は「MMM_modeling」と異なります。筆者があらかじめ設定した内容を確認します（図6-4-1）（図6-4-2）（図6-4-3）。

ソルバーのパラメーター

① **目的セルの設定**：変更後予算の「効果数の合計」【E27】を最大化

② **変数セルの変更**：TVCM、紙媒体、OOH、WEB広告の変更後予算比率（現状予算対比）を指定【E3：E6】

③ **制約条件の対象**：変更後予算のTOTALCOST【D27】と、現状予算のTOTALCOST【R27】を上回らないという制約を追加。また各変数セル【E3：E6】の上限を20（2,000％）とする制約を追加

④ **制約のない変数を非負数にする**：チェックを入れることで、変数セル【E3：E6】を0以上にする制約を追加

⑤ **解決方法の選択**：「GRG非線形」エンジンを使用

⑥ **オプション**：「MMM_modeling」で用いていた設定と一部変更するため、下記以降で解説

図6-4-1

オプション「すべての方法」

① **制約条件の精度**：デフォルト0.000001のまま使います。目的セルや変数セルに設定した制約条件の精度です。目的セルを1にした場合は、その値に対して0.000001までの誤差を許容するイメージです。

② **自動サイズ調整を使用する**：ここはオンにします。オフにすると、変数セルの変化をより細かく探索するため、精度は上がりますが計算時間が長くなります。

③ **最大時間（秒）**：マルチスタートは時間がかかるため、300秒（5分）の上限を設定します。

図6-4-2

オプション「GRG 非線形」

① **収束**：デフォルト 0.0001 のまま使います。この値を更に小さくすると、変数セルの変化をより細かく探索するため、精度は上がりますが計算時間が長くなります。

② **微分係数**：ソルバーが最適化計算を行っているときには、目的関数の「ある方向の傾き」を調べています。そのために偏微分が必要です。これは、数値微分という考え方で計算するのですが、計算方法がいくつかあります。「微分係数」という項目は計算方法を選択するオプションです。これは「偏微分の定義の相違」ではなく、「数値微分の計算方法の違い」です。筆者は「中央」を用いていますが、ソルバーが局所解にトラップされ、思った様に動かない場合、この設定を変更することで改善する場合があります。

③ **マルチスタートを使用する**：「マルチスタート」は Excel2010 以降追加された機能です。ランダムに選んだ複数の初期点から GRG 非線形法を実行していき、得られた解の中から最も良い解を採用するものです。グローバル最適解が見つかる保証はありませんが、マルチスタートを使えば、それが見つかる可能性が多少上がります。(ただし、マルチスタートを使うと解が毎回若干変動する可能性があり、計算時間も長くかかります。「MMM_simulation」の最適化計算では、局所解を回避する可能性が高いマルチスタートをオンにすることを推奨します。)

④ **変数の上下限を必須にする**：オンにします。「MMM_simulation」では「ソルバーのパラメーター」の制約条件変数セルの上限（ここでは 20）と下限（ここでは 0）の制約を設定しています。範囲をしぼることで計算時間を短縮します。上下限の値は分析者の判断で変えても構いません。

図6-4-3

設定内容を確認したら「解決」ボタンを押してソルバーを実行します。約 32.9 秒で計算が終了し得られた結果が次ページの図 6-4-4 です。

　得られた解では WEB 広告を現状予算の 700% 強にするものとなっていますが、この結果は実践に即していないと考えます。実際に予測モデルから得られた分析結果から得られた効果が投下量を 700% 強にした時に予測どおりの効果が期待できるか疑問が残ります。また、一般的に WEB 広告は「**運用型広告**※」がほとんどです。運用型広告は投下量が増えると単価が逓増する傾向があり、それを加味した試算方法が必要だと考えます。その方法を次節で紹介します。

 用語解説

※　運用型広告:デジタル広告の主流となりつつある広告です。どの媒体のどの配信面のバナーを 1 週間いくらの定価で購入といった「枠買い」とは異なり、広告リスティングやアドネットワークなど、主にリアルタイムに広告毎の入札金額を設定し、獲得効率などを見ながら配信方法やクリエイティブ内容などを調整して運用する広告のことです。パフォーマンス型広告と呼ばれることもあります。リアルタイム入札ではないものありますが、アフィリエイト広告も運用型広告とされることも多いです。

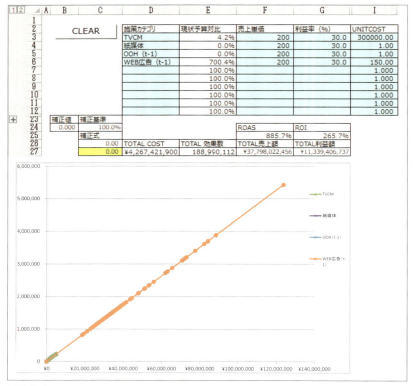

図6-4-4

　既知の数値データ（ここでは実績を元に作成したモデルの偏回帰係数から求めた効果）のデータ範囲の外側で予想される数値を求めることを「**外挿**（または「**補外**」）」といいます。ここで紹介するケースのような極端な結果から実際に予算を700%以上とする意思決定は外挿によって効果予測と実績が乖離するリスクがあり、適切ではありません。「MMM_simulation」Sheetを用いた予算配分最適化試算ではこうした突飛な結果になる場合が多いため、現状予算対比を増やしたほうが良いと分かった施策も、ソルバーの制約で、予算対比の制約で上限値を追加して現実的なプランを検討していく流れを次節以降の演習で紹介します。

> 「MMM_simulation」Sheetを用いた予算配分最適化試算はマルチスタート無しで実行した場合は、局所解と思われる値に収束してしまう傾向があり、それを回避する可能性を高めるために「GRG非線形＋マルチスタート」の方法を推奨しています（マルチスタート無しでも同じ解が得られる場合もあります）。

> 「GRG非線形＋マルチスタート」ではランダムに選んだ複数の初期点から探索を行っているためにソルバーの解が全く同じ解が計算されるとは限りません。皆さん自身が同じ端末、同じ設定で複数回実施した解も一致しない場合もあります。「エボリューショナリー」も同様です。「GRG非線形＋マルチスタート」よりも「エボリューショナリー」のほうがさらに確率的な探索をするため、解の変動がより大きくなる傾向があります。

6-5
予算配分シミュレーション②

WEB広告は投下量を増やすほど単価が逓増する前提を、予算配分最適化シミュレーションに盛り込むために「現状予算対比」を150%にした場合に平均単価（UNITCOST）がいくらになるか？という基準を設定します。このケースでは150%の場合のクリックコストが現状の単価の125%になるのを基準値とし、**【C24】**の補正基準セルに125%と入力します。**【B24】**に「0.550…」の値が算出されます（図6-5-1）。

	A	B	C	D
23		補正値	補正基準	
24		0.550	125.0%	

図6-5-1

この「0.550…」が補正基準となります。この値を「WEB広告（t-1）」の補正値列**【B190：B295】**に入力します（図6-5-2）。

	A	B	C	D	E	
190		0.550	437.84	¥361,332,170	5,427,333	¥1
191		0.550	437.84	¥258,321,331	3,880,075	
192		0.550	437.84	¥246,478,396	3,702,190	
193		0.550	437.84	¥245,711,764	3,690,675	
194		0.550	437.84	¥240,636,658	3,614,445	
195		0.550	437.84	¥226,708,484	3,405,239	
196		0.550	437.84	¥213,390,549	3,205,199	
197		0.550	437.84	¥211,633,428	3,178,806	
198		0.550	437.84	¥210,155,361	3,156,605	
199		0.550	437.84	¥206,779,112	3,105,893	
200		0.550	437.84	¥191,820,584	2,881,211	
287		0.550	437.84	¥184,663,306	[illegible]	
288		0.550	437.84	¥70,456,569	1,058,282	
289		0.550	437.84	¥69,294,354	1,040,825	
290		0.550	437.84	¥66,985,258	1,006,141	
291		0.550	437.84	¥62,014,415	931,478	
292		0.550	437.84	¥61,410,308	922,404	
293		0.550	437.84	¥56,948,509	855,386	
294		0.550	437.84	¥54,341,959	816,235	
295		0.550	437.84	¥0	0	
296		0.000				
297		0.000				

図6-5-2

【CLEAR】マクロボタンを押して、「現状予算対比」の値をすべて100%に戻してから**【E6】**セルを150%にします（図6-5-3）。

	A	B	C	D	E	F	G	I
1								
2		CLEAR		施策カテゴリ	現状予算対比	売上単価	利益率（%）	UNITCOST
3				TVCM	100.0%	200	30.0	300000.00
4				紙媒体	100.0%	200	30.0	1.00
5				OOH（t-1）	100.0%	200	30.0	1.00
6				WEB広告（t-1）	150.0%	200	30.0	150.00

図6-5-3

「WEB広告（t-1）」の補正後クリックコスト**【C190：C295】**が150円の125%となる187.5円になります。これは**【C29：C2008】**のセルに設定されている数式（現状の単価）×（現状予算対比）^（補正値）によって求められており、ここでは現状のクリック単価150円×現状予算対比150%の「0.550…」乗という計算によって187.5円が求められています。WEB広告の「現状予算対比」が1.5倍になるときはUNITCOST（ここではクリック単価）が「1.25倍」になることを基準として、現状予算対比の値が100%より大きくなると単価が逓増し、現状予算対比の値が100%を下回ると単価が逓減する前提を予算配分試算に加味できるようになりました。

デジタル広告の主流が運用型広告であり、そのほとんどがリアルタイム入札方式であるため、こうした補正を加味しています。

演習に戻り、再度ソルバーを実行していきます。【CLEAR】マクロを実行または「WEB広告（t-1）」の現状予算対比を100%に戻し、「データ」タブから「ソルバー」を選択実行し図6-5-4の内容が予め設定されていることを確認し、「解決」を押します。

 前回とソルバーの設定は変わりません。「補正値」を入れたことで、今回は「WEB広告（t-1）」の投下量の増減による単価変動を加味した演算となります（図6-5-4）。

図6-5-4（図6-4-1再掲）

約273.6秒で計算が終了し得られた結果が図6-5-5です。前回の極端な結果より、現実的な試算となったのではないでしょうか？

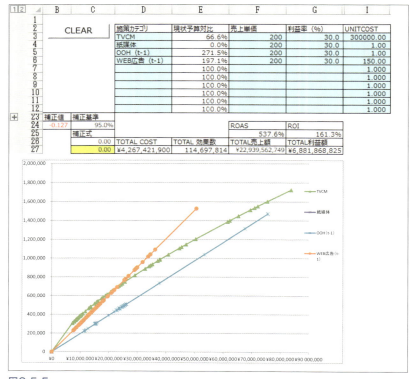

図6-5-5

6-6

予算配分シミュレーション③

各施策の投下量が100%の時のグラフをもう一度見てみましょう（図6-6-1）。

紙媒体とOOHは週あたりの投下量の増減に伴う効果の逓減または逓増がない線形となっているため、傾きのわずかな差によってこうした極端な結果（紙媒体は「0%」）になります。こうした極端な結果を回避するためには、ソルバーの制約条件でいずれかの施策の現状予算対比の値に制約をかけて調整を行う必要があります。

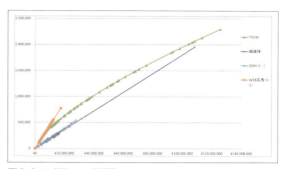

図6-6-1（図6-3-6再掲）
各施策の投下量が100%の時のグラフ

! モデリング時のソルバーでマーケティング施策の「累乗」の上限を1から1を下回る値（0.999）等にすることで線形の前提を除外し、全て非線形にする方法もあります。

デジタル広告は（運用型が主体のため）入札方式の特性を考慮し、投下量の増加に伴い、単価が逓増（またはその逆）という仮定を試算に取り入れました。TVCMなどのオフライン媒体の単価は媒体社が設定した基準をベースに広告主との交渉によって決まるものが多いため、一般的に投下量を増やすほうが単価を下げる交渉がしやすくなります。そこでデジタル広告とは違う計算方式を用いて投下量100%より大きく200%未満までは投下量の増加に応じて単価が逓減する仮定を取り入れる方法を紹介し、これをオフライン媒体（ここでは紙媒体）に適用します。

「補正」Sheetを開きましょう（図6-6-2）。

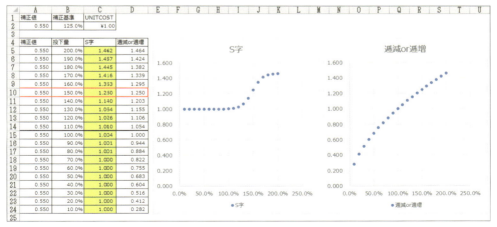

図6-6-2

このSheetは現状予算対比の値に応じた単価変動を自動計算し、散布グラフに描画するものです。【C2】セルはWEB広告の（投下量100%の際の）単価（UNITCOST）「150」円が入力されています。【B2】セルには「125%」という値が入力されています。WEB広告の投下量が150%のときの単価基準です。この基準を元に投下量に応じた単価変動（逓減または逓増）が投下量10%から200%まで10%刻みで【D5：D24】セルに自動計算されており、O列からV列の上部の「逓減or逓増」散布グラフに描画しています。これはデジタル広告を想定した単価変動です。

次に【C2】セルの値を「1」とし、【B2】セルの値を「95%」と入力します（図6-6-3）。

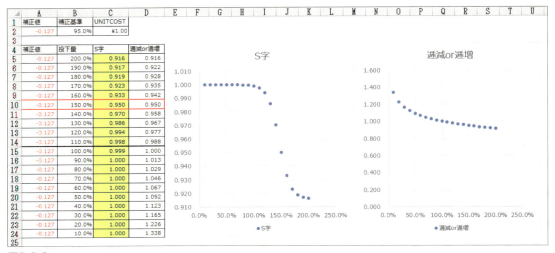

図6-6-3

EからM列の上部で描画されているグラフタイトル「S字」の散布グラフは【C5：C24】で計算された値を元データとしています。これは現状の投下量が100%を上回る時から200%未満までの間、S字カーブで変動する単価を計算しています。

投下量を増やしたほうが単価を下げる交渉がしやすいオフライン媒体を想定した単価変動です。

ただし、投下量が増えつづけると単価が下がり続けるというのも極端な試算結果につながると考えて、現状予算対比100%から200%までの単価変動という前提にしました。

 シグモイド関数という方法でS字の変化を計算しています。

F列からN列上部の「S字」散布グラフでは、紙媒体の現状予算対比の投下量を150%にした時の単価が95%になる基準でS字の単価変動【C5:C24】が描画されています。この仮定を「紙媒体」に適用した予算配分を計算しましょう。「試算シート」に戻り、【C24】セルに「95%」の値を入力します（図6-6-4）。

図6-6-4

【CLEAR】マクロボタンを押し、【B24】セルの補正値「-0.127…」を紙媒体の補正値に該当する【B95:B154】に貼り付けます。S字カーブを仮定した試算をする時はS字を加味する数式が入っている【C27】の黄色いセルをコピーしてC列【C95：C154】に貼り付けます。セルの数式も値も貼り付けて黄色くしておきましょう（図6-6-5）。

この状態から、前回と同じ設定でソルバーを実行します。「データ」タブから「ソルバー」を選択実行し前回と同様の設定を確認し「解決」を押します。

約22.0秒で計算が終了し得られた結果は前回行った図6-5-5と変わりません。

図6-6-5

図6-5-5（部分・再掲）

次は補正基準を94％に変えてみましょう。【C24】セルの補正値を94％に修正し得られる【B24】セルの補正値0.153…をコピーし、紙媒体の補正値列【B95：B154】に値のみ貼り付けし、同じ設定でソルバーを実行すると5分で計算が中断されます。ソルバーを中止して得た計算結果では、今度はOOHの配分が0％になりました（図6-6-6）。

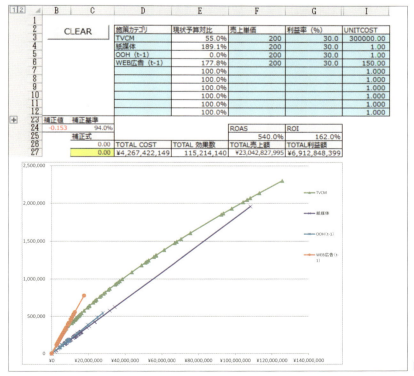

図6-6-6

> 筆者の環境では、あらかじめ設定した計算上限時間300秒を超えて計算が中断されましたが、環境によっては中断されない（300秒より早く計算が終わる）場合もあります。以降の演習も同様です。

「MMM_simulation」Sheetでは「累乗」の値を基準とした（目的変数に対する）非線形な影響と、「補正値」の値を基準に「S字」または「逓減または逓増」によって投下量に応じて非線形で変化する単価変動を考慮しています。図6-6-7はWEB広告の現状予算対比100%・200%・300%に対応する予測線とTVCM（100%）の予測線をプロットしたものです。WEB広告は「現状予算対比」の値の変化に伴い、単価が逓減または逓増し、予測線の傾き（目的変数に対する効果効率）も変化します。WEB広告の現状予算対比によってTVCMの予測線との交点（週ごとの投下金額がいくらで2つの施策の効果が同一になるか）も変わります。ソルバーでは現状予算対比の値を（微分することで）変化させ、最適解を探索していきます。

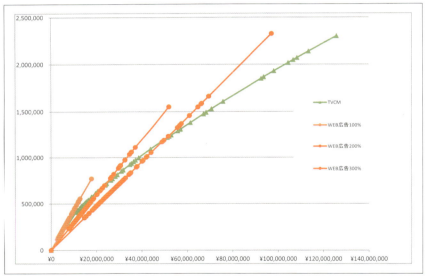

図6-6-7

OOHと紙媒体は両方とも累乗の値が1となり、予測線は直線となります。それぞれの施策の現状予算対比を変化させても、2つの施策の予測線が重なることはあっても交わることはありません。予測線が重なる値を「境目」にして、いずれかの現状予算対比が0になる極端な分析結果となってしまいます。そこで、その「境目」を把握するための指標として、紙媒体とOOHの効果（傾き）が同一になる紙媒体の単価をソルバーで探索します。「集計表」Sheetを開きます（図6-6-8）。

これは各施策の予算と現状を100%とした際のROASを集計したものです。次節ではこのROASを用いて、「境目」となる紙媒体の単価をソルバーで算出します。

	A	B	C	D	E
1	施策名	COST	TOTAL効果数	売上額	ROAS
2	TVCM	¥2,487,386,250	60,822,127	¥12,164,425,343	489%
3	紙媒体	¥849,754,552	15,348,703	¥3,069,740,607	361%
4	OOH	¥334,970,000	6,521,417	¥1,304,283,439	389%
5	WEB広告	¥594,445,650	26,062,326	¥5,212,465,201	877%

図6-6-8

6-7 紙媒体がOOHの効率と同様になるための単価基準を探索

「試算（改）」Sheet を開きます（図6-7-1）。

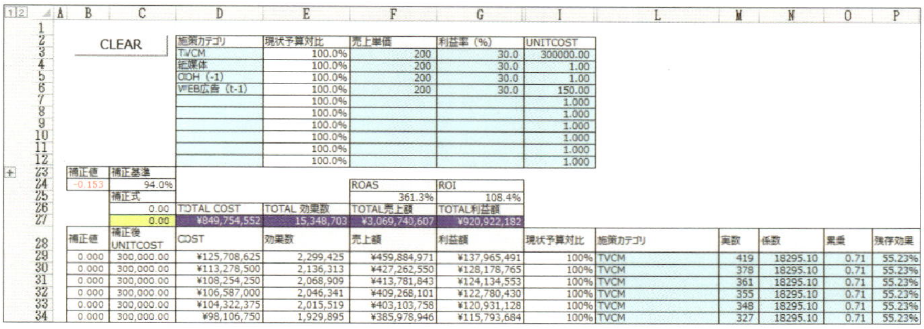

図6-7-1

紫に色を変えた【D27:G27】セルでは「TOTALCOST」「TOTAL 効果数」「TOTAL 売上数」「TOTAL 利益額」それぞれの数式の合計範囲を紙媒体に対応する95行目から154行目に変更しています。この Sheet を用いて、紙媒体の ROAS を目的関数として、紙媒体と OOH と ROAS が同じになる紙媒体の単価をソルバーによって求めます。

「集計表」Sheet に戻り【E4】セルの OOH の ROAS の値をコピーしておきます（図6-7-2）。

図6-7-2

「試算（改）」Sheet を開きデータタブからソルバーを実行します。パラメーターの設定ウィンドウで目的セルを【F25】の ROAS にし、目標値のチェックボックスを「指定値」にして、コピーした OOH の ROAS の値（389.37%）を貼り付けます。変数セルは【I4】セルの紙媒体の UNITCOST を指定します（図6-7-3）。

図6-7-3

「オプション」ボタンを押して、「GRG非線形」のタブを選択しマルチスタートのチェックボックスを外します（図6-7-4）。「OK」を押し、ソルバーのパラメーター設定画面で「解決」を押してソルバーを実行します。

❗ 局所解にトラップされるような難しい問題でないため、ここではマルチスタートを外しました。

図6-7-4

約0.2秒で計算が終わりました。図6-7-5の結果になりました。

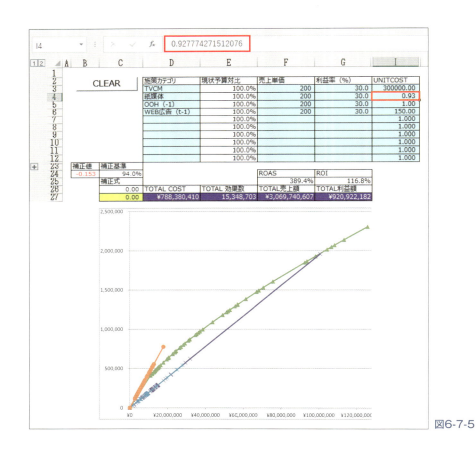

図6-7-5

紙媒体の効率（ROAS）とOOHと同様になる紙媒体の単価が0.927…円と分かりました。線グラフのOOHと紙媒体予測線が重なっています。次に「補正」Sheetを開き【B2】セルの補正基

準を94%に直します（図6-7-6）。

投下量150〜160%の間に単価が0.927…円となる「境目」がありそうです。

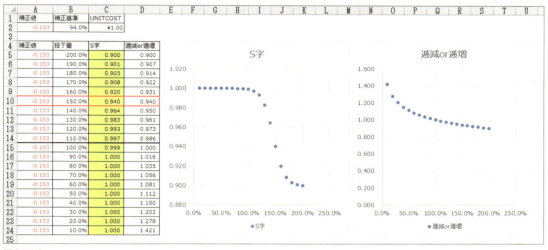

図6-7-6

　紙媒体またはOOH、いずれかの現状予算対比が0%になる極端な結果を回避するためにはソルバーの制約条件を追加する必要があります。どのような制約をかけるべきでしょうか？　紙媒体の単価を0.927…円以下に単価に下げるために紙媒体の現状予算対比を増加させるべきでしょうか？（目安として150〜160%以上）あるいは投下量を現状予算対比100%以下に抑制するべきでしょうか？　実務ではそれぞれの施策の特性など、マーケターの知見も踏まえた判断が必要ですが、本書は施策の特性を議論するものではありませんので、「紙媒体」の投下量の制約を増やすか減らすかを判断するための統計解析の視点を共有するため、「紙媒体」の効果（推定結果）に関して改めて考察していきます。

　テーマは「外れ値」です。「外れ値」がある場合は効果把握の元になる係数にバイアスがかかるリスクがあります。外れ値をみつける前段階の手段として**第3章-2**の演習で紹介した基本統計量とヒストグラムによるデータ分布の確認があります。そこでは目的変数（売上数）に対して「他のマーケティング変数は皆さん自身で分析してみましょう」と案内していました。それをやった方は気づかれたかもしれませんが、「紙媒体」は特に歪んだ分布となっています。その場合、外れ値の存在を疑います。「外れ値」をみなす方法は一律の基準がないため、それはそれで難しいのですが、ここではそれを判断する手法の1つとして**箱ひげ図**を紹介します。その後で（説明変数の）外れ値が推定結果（係数）にバイアスをかける事象を見ていきます。

6-8
基本統計量とヒストグラムを確認する

【(演習データ⑪-1) 箱ひげ図作成＆基本統計量＆ヒストグラム】Bookの「ヒストグラム」Sheetを開きます（図6-8-1）。

「基本統計量」Sheetも確認しましょう（図6-8-2）。

これらは学習期間「105週」のデータテーブルに対応する分析結果です。各変数とも歪度が全て1より大きく左側に寄った分布となっています。特に紙媒体の尖度が38.6…と飛びぬけて高くなっており、偏った分布の疑いがあります。外れ値を確認していきましょう。

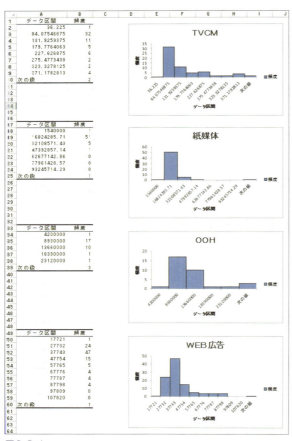

図6-8-1

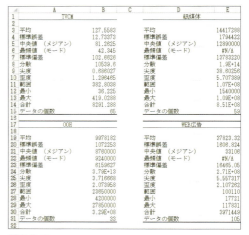

図6-8-2

6-9

箱ひげ図を作り、外れ値を確認する

「エクセル統計」の**箱ひげ図**の機能を体験しましょう。「COST（エクセル統計）」Sheet を開きます。この Sheet は各マーケティング施策の変数を降順で並べたものです。TVCM は 1GRP あたり 30万円、WEB 広告は 1クリックあたり 150円、紙媒体と OOH は 1円のままで COST（円）に単位を統一しています。

4変数のラベル行となる【A1：D1】を選択した状態で「エクセル統計」タブから「基本統計量・相関」>「箱ひげ図」を選択し実行します（図6-9-1）。

ナビゲーションウィンドウの内容を確認し OK を押します。

 ここではデフォルトの設定で問題ありません。

図6-9-1

箱ひげ図が「新規」Sheet に出力されました（図6-9-2）。

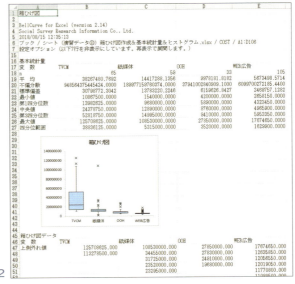

図6-9-2

225

箱ひげ図が何を描画しているか、図 6-9-3 を用いて説明します。

大きい値から数えて総数の 1/4番目にあたる値の第 3四分位と中央値と 3/4番目にあたる値の第 1四分位の範囲（赤枠）が「箱」です。第三四分位数 - 第一四分位数から求められる箱の上限から下限までの距離を四分位範囲（IQR）といいます。緑色の線の範囲をひげといいます。ひげの上限は「第三四分位数 +1.5× IQR」で、ひげの下限は「第一四分位数 -1.5× IQR」で求められます。ひげの上限より大きい、またはひげの下限より小さい値が外れ値となります。

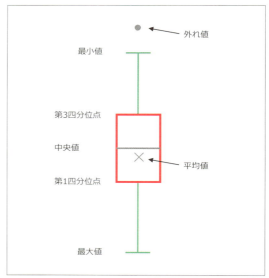

図6-9-3

再び箱ひげ図の「分析結果」Sheet の 45行目以下を見ていきます（図 6-9-4）。

B 列の TVCM ではひげの上限の「第三四分位数 +1.5× IQR」の 108,254,250の値を上回る 2つの上限外れ値が記載されています。紙媒体は 5つの上限外れ値があります。箱ひげ図より、紙媒体の最大値の「108,530,000」が特にとびぬけて大きな外れ値であることが分かります。

	A	B	C	D	E
45	箱ひげ図データ				
46	変　数	TVCM	紙媒体	OOH	WEB広告
47	上側外れ値	125708625.000	108530000.000	27850000.000	17674650.000
48		113278500.000	34455000.000	27830000.000	12635850.000
49			31725000.000	24910000.000	12056550.000
50			23520000.000	19680000.000	12019050.000
51			23295000.000		11770800.000
52					11089500.000
53					10438050.000
54					10352100.000
55					10279800.000
56					10114650.000
57					9382950.000
58					9032850.000
59					8879400.000
60	Q3+1.5IQR	108254250.000	20340000.000	13900000.000	7998300.000
61	第3四分位数	52818750.000	14995000.000	9410000.000	5953350.000
62	中央値	24378750.000	12890000.000	8760000.000	4965900.000
63	第1四分位数	13982625.000	9680000.000	5890000.000	4323450.000
64	Q1-1.5IQR	10867500.000	2175000.000	4200000.000	2658150.000
65	下側外れ値		1540000.000		
66					
67	グラフ用データ				
68	変　数	TVCM	紙媒体	OOH	WEB広告
69	箱の境界1	13982625.000	9680000.000	5890000.000	4323450.000
70	中央線	10396125.000	3210000.000	2870000.000	642450.000
71	箱の境界2	28440000.000	2105000.000	650000.000	987450.000
72	ひげの長さ1	-3115125.000	-7505000.000	-1690000.000	-1665300.000
73	ひげの長さ2	55435500.000	5345000.000	4490000.000	2044950.000
74	上側外れ値	X座標	下側外れ値	X座標	
75	125708625.000	1	1540000.000	2	
76	113278500.000	1			
77	108530000.000	2			
78	34455000.000	2			
79	31725000.000	2			
80	23520000.000	2			
81	23295000.000	2			

図6-9-4

参照URL

統計WEB　ブログ「外れ値と異常値」（https://bellcurve.jp/statistics/blog/14290.html）
「Excelによる箱ひげ図の作り方（棒グラフ編）」（https://bellcurve.jp/statistics/blog/15348.html）
「Excelによる箱ひげグラフの作り方（統計グラフ編）」（https://bellcurve.jp/statistics/blog/17472.html）
エクセル統計　搭載機能「箱ひげ図」（https://bellcurve.jp/ex/function/boxplot.html）

Excel2016の機能を使用する場合

　「Excel2016」から「箱ひげ図」を作成できる機能が追加されています。「COST」Sheetのデータラベルと対象範囲となる【A1：D106】を選択した状態で、挿入タブの統計グラフから「箱ひげ図」を実行すると（図6-9-5）、箱ひげ図が作成されます。

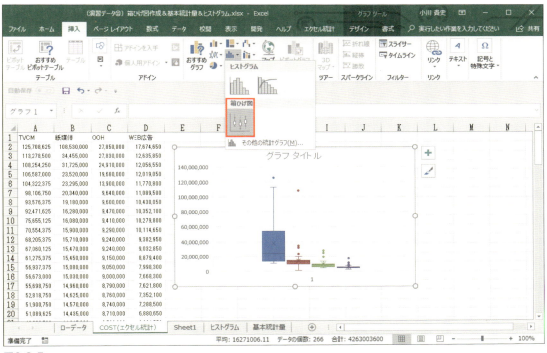

図6-9-5

　出力された4つの箱ひげ図の箱の部分で右クリックし、「データ系列の書式設定」で系列のオプションを選択します（図6-9-6）。「データ系列の書式設定」を選択します。「データ系列の書式設定」にて、「系列のオプション」を表示します。「四分位数計算」のデフォルト「排他的な中央値」を「包括的な中央値」に変更します。4つの箱全てを包括的な中央値に変えると、エクセル統計で作成した箱ひげ図と同じものになります（図6-9-7）。

 Excel2013以前のバージョンでは箱ひげ図の作成はできません。それに加えてExcel2016で作った箱ひげ図のブックを読み込んでも箱ひげ図は表示されません。

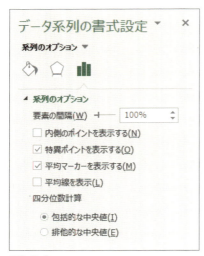

図6-9-6

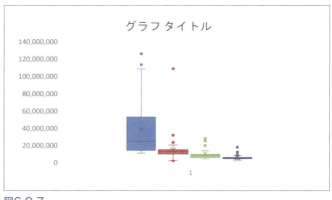

図6-9-7

 参照URL

「Excelによる箱ひげ図の作り方（統計グラフ編）」
(https://bellcurve.jp/statistics/blog/17472.html)

 ここまでの演習を終えた内容を【(演習データ⑪-2Fin)箱ひげ図作成&基本統計量&ヒストグラム】Bookに記載します。

外れ値を見つけたら、まずは異常値ではないかを確認

　外れ値を見つけたらそれが異常値（abnormal value）でないかチェックします。集計ミスであれば正しい値に修正します。計測ミスなどで明らかな異常値だと判明した場合はその値をどのように扱って分析するかを考えなければいけません。アンケート回答などクロスセクションデータは異常値のある標本を削除して分析できます。しかし、時系列データ回帰において簡単に標本を削除するわけにいきません。時系列データ解析において、特定の週を抜いて分析するのではおかしな分析結果になる可能性が出てきます。

 本書で提供する「MMM_modeling」Sheetによる分析は行の削除に対応していません(仮にそれを行うとしてもVBAを書き換える必要があります)。

　次節では外れ値が計測ミスなどによる異常値ではなく、極端に値が大きい外れ値だった場合、それをそのまま用いて分析すると偏回帰係数のバイアスを起こす可能性について、ダミー変数を用いて外れ値の影響を除去したモデルを作って比較することで「外れ値による偏回帰係数のバイアス」とはどのようなものかを体験していきます。

6-10

極端な外れ値による偏回帰係数のバイアス

前節のエクセル統計の箱ひげ図の結果で外れ値と判定された「紙媒体」の5つの標本の影響を除外して分析を行っていきましょう。**【(演習データ⑫-1)外れ値検証MMM_modeling_@アルコール飲料売上数】**の「ローデータ」Sheetを開きます(図6-10-1)。

	A	B	AA	AB	AC	AD	AE
1			24	25	26	27	28
2		平均→	0	0	0	0	0
3		合計→	1	1	1	1	1
4		相関係数→ (対目的変数)	0.27	0.16	-0.03	0.10	0.08
5		日付	外れ値1	外れ値2	外れ値3	外れ値4	外れ値5
6	1	2015/8/10	0	0	0	0	0
7	2	2015/8/17	0	0	0	0	0
8	3	2015/8/24	0	0	0	0	0
9	4	2015/8/31	0	0	0	0	0
10	5	2015/9/7	0	0	0	0	0
11	6	2015/9/14	0	0	0	0	0
12	7	2015/9/21	0	0	0	0	0
13	8	2015/9/28	0	0	0	0	0
14	9	2015/10/5	0	0	0	0	0
15	10	2015/10/12	0	0	0	0	0
16	11	2015/10/19	0	0	0	0	0
17	12	2015/10/26	0	0	0	0	0
18	13	2015/11/2	0	0	0	0	0
19	14	2015/11/9	0	0	0	0	0
20	15	2015/11/16	0	0	0	0	0
21	16	2015/11/23	0	0	0	0	1
22	17	2015/11/30	0	0	0	0	0
23	18	2015/12/7	0	0	0	0	0
24	19	2015/12/14	0	0	0	0	0
25	20	2015/12/21	0	0	0	0	0
26	21	2015/12/28	0	0	0	0	0
27	22	2016/1/4	0	0	0	0	0
28	23	2016/1/11	0	0	0	0	0
29	24	2016/1/18	0	0	0	0	0
30	25	2016/1/25	0	0	0	0	0
31	26	2016/2/1	0	0	0	0	0
32	27	2016/2/8	0	0	0	0	0

図6-10-1

AA列「外れ値1」からAE列「外れ値5」に各外れ値に対応するダミー変数を追加しています。「紙媒体」の変数の値から外れ値の値のみを除去したい場合、外れ値に「0」の値を代入して分析に用いてしまうと、5つの外れ値の期間に対応する紙媒体の影響が全く考慮されないため、ダミー変数によってそれを考慮するイメージです。ダミー変数を用いて外れ値の影響を考慮した場合と、ダミー変数を用いずにそのまま分析した際の推定結果を見比べていきます。

この方法では残存効果や累乗の変数加工を考慮できないため、第5章の演習の最終モデルから、残存効果を0、累乗を1に変更したモデルと、ダミー変数を追加したモデルで比較します。

「ソルバー回帰」Sheetを開き、まずは、ダミー変数を用いずにそのまま分析します。【LINEST回帰14】マクロと【VIF】を実行します(図6-10-2)。

	A	B	C	D	E	F	G	H	I	J	K	L	M	N	O	P	Q	R
1					1	2	3	4	5	6	7	8	9	10	11	12	13	14
3	重相関R	0.91156	VIF		1.830	1.450	1.938	1.553	1.035	1.317	1.313	1.315	1.368	1.487	1.308	1.628	1.140	1.179
4	重決定 R2	0.830939				VIF	VIF	VIF	VIF	VIF	VIF	VIF	VIF	VIF	VIF	VIF	VIF	VIF
5	補正 R2	0.804640	CLEAR		LINEST 回帰1	LINEST 回帰2	LINEST 回帰3	LINEST 回帰4	LINEST 回帰5	LINEST 回帰6	LINEST 回帰7	LINEST 回帰8	LINEST 回帰9	LINEST 回帰10	LINEST 回帰11	LINEST 回帰12	LINEST 回帰13	LINEST 回帰14
6	観測数	105																
7	説明変数の数	14																
8	DW比	1.50435	効果数	491,483,375	23,656,772	13,183,659	4,362,772	59,771,088	5,471,618	2,416,564	5,802,157	-4,954,727	3,629,306	3,779,910	5,049,402	4,390,786	2,616,697	2,730,564
9			P値	0.00%	0.00%	0.02%	20.06%	0.00%	0.00%	0.08%	0.00%	0.23%	2.88%	2.69%	0.19%	1.45%	9.11%	7.35%
10			残存効果		0.00%	0.00%	0.00%	0.00%	0.00%	0.00%	0.00%	0.00%	0.00%	0.00%	0.00%	0.00%	0.00%	0.00%
11			累乗		1.00	1.00	1.00	1.00	1.00	1.00	1.00	1.00	1.00	1.00	1.00	1.00	1.00	1.00
12			係数	4680794.044	2853.209	0.015	0.013	15.082	2735809.136	1208282.183	2901078.290	-79914.955	58537.202	60966.290	81441.963	70819.133	40885.898	44041.355
13																		
14		日付	売上数	切片	TVCM	紙媒体	OOH (t-1)	WEB広告 (t-1)	正月	GW	お盆	1月	3月	5月	7月	8月	9月	10月

図6-10-2

「記録_Sheetを開き、【現状のモデルを記録】マクロを実行し、3行目～9行目をコピーし、値と書式全てを11～17行目に貼り付けます（図6-10-3）。

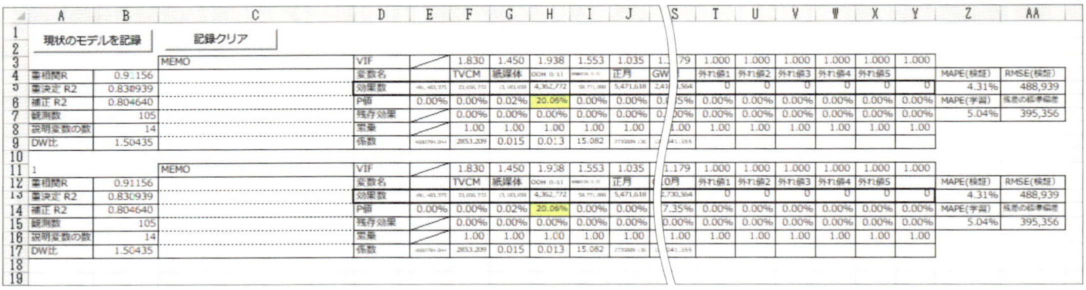

図6-10-3

次に外れ値のダミー変数を使用したモデルを作ります。「ソルバー回帰」Sheetに戻り、【LINEST回帰19】と【VIF】のマクロを実行します（図6-10-4）。

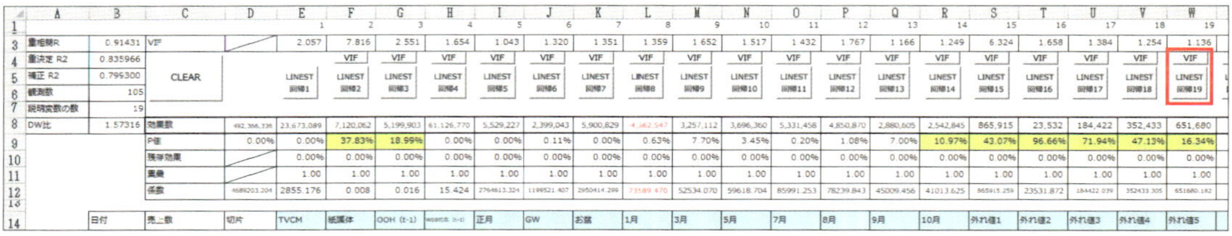

図6-10-4

「記録」Sheetを開き、【現状のモデルを記録】マクロを実行し、3行目～9行目をコピーし、値と書式全てを19行目～25行目に貼り付けてから、紙媒体（G列）と外れ値の列（T～Z列）の幅を広げます。MEMO欄の【C21】セルに外れ値を考慮したモデルの「紙媒体」の効果数【G21】と「外れ値1」から「外れ値5」の効果数【T21：X21】を合算する関数を入力します（図6-10-5）。

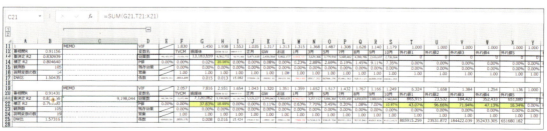

図6-10-5

ダミー変数を用いなかった（外れ値の影響を考慮しない）モデルでは紙媒体の効果数 13,183,659 …でしたが、ダミー変数を用いた（外れ値の影響を考慮し、ダミー変数の効果数と合算した）モデルの紙媒体の効果数は 9,198,044…となり、推定結果から導いた効果数が約 69.7% に減少しています。

　ここまでの演習を終えた内容を【(演習データ⑫-2Fin)外れ値検証MMM_modeling_＠アルコール飲料売上数】Bookに記載します。

　今回のケースではダミー変数を用いて外れ値を考慮した場合としない場合の分析結果と比較したことで（外れ値の影響を考慮していないモデルが）過剰な推定結果となっている可能性を確認しました。説明変数の外れ値が過剰評価となるかマイナス評価になるかなどを一般論として示すことは難しいのですが、外れ値によって推定結果に影響を及ぼすことがあることは意識しておくべき内容です。

6-11
外挿による予測誤差

再度、予算シミュレーションの演習テーマに戻ります。ここからは、予算シミュレーションの際に、極端な配分変更を行うリスクについて考えていきます。

「MMM_simulation」Sheetでソルバーを用いて行う予算配分シミュレーションは、各説明変数の値それぞれに対して「現状予算対比」のパーセンテージを掛け合わせ、その値を変化させていくものです。現状のマーケティング施策の実施プラン（投下量推移）を固定した上で現状予算対比を変えて投下量をコントロールする前提でおおまかな予算配分を把握することを目的とした試算内容になっています。

試算結果が「現状予算対比」100%より大きなパーセンテージになる場合は外挿となります。
アルコール飲料で作成した最終モデルの現状予算対比100%のグラフに、新たに記載した赤い点線のように、過去実績以上の投下量で実施した際に、効果の増分が逓減していくことも考えられます（図6-11-1）。

 反対に効果の増分が逓増する可能性もあります。

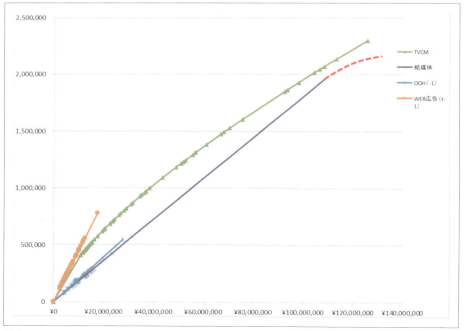

図6-11-1

外挿による予測効果が的外れであった場合、現状予算対比を200%、300%と極端に増やすことで、予測と実績の売上数の乖離はさらに大きくなります。特に紙媒体においては前節で演習したように外れ値による偏回帰係数のバイアスによって推定結果が真の傾向より過大になっている疑いもあります。現状予算対比を極端な値にすることでの外挿による予測のブレと併せて、実際の売上数が予測を下回るリスクが増大します。

　これまでの演習テーマで課題となっていたのは、紙媒体とOOHの予測線が両方とも線形になっているので、いずれかが0%という極端な試算結果になりがちだったため、それを回避するために紙媒体の現状予算対比を上げるのか（単価0.927…円になる目安として160〜170%以上）、あるいは現状単価のまま100%以下に抑制するのか、ということでした。

　偏回帰係数のバイアスによる過大評価のリスク、外挿によって予測が的外れになり効果が下ブレした場合のリスク、もともとOOHの効果のほうが高かったこと。以上のことから紙媒体の投下量を増やすのではなく、100%以下に抑制して予算配分を検討するほうが賢明と考えます。次節ではその前提でシミュレーションをやり直していきます。現状予算対比を100パーセントより大きな値にすることは外挿となりますが、多少は許容範囲と考えます。

　次節より、効果が良い施策の現状予算対比の上限を100〜200%に抑制する制約条件を追加しながら予算配分プランを補正していく方法を共有します。

　「MMM_simulation」ソルバー実行におけるデフォルトの制約で現状予算対比の上限を2,000%と大きな値にしているのは、まずは極端な試算結果によって予算配分を寄せるべき施策を明確にしてから、外挿による予測のズレなどの（実務においてはマーケティング施策に対する知見も加味）様々な要素を鑑みて制約条件を追加していくことを想定したものです。

6-12

予算配分シミュレーション④

再び【(演習データ⑩-2) MMM_simulation_ @アルコール飲料売上数】Bookの「試算」Sheetを開きます。ここでは紙媒体を0にせず、70%以上にすることにします。この場合、紙媒体の効果は現状予算対比が150～160%以上にならないと、OOHの効率を上回らないことがあらかじめわかっていますので、仮に70%以上の制約をかけて最適化の対象としても、70%より大きい値にならないことは明白です。よって、【CLEAR】マクロを実行してから、「紙媒体」の現状予算対比【E40】を70%にした状態で、他の3変数の現状予算対比の値の最適化を行います。

データタブから「ソルバー」を実行します。目的セルを効果数の合計【E27】セルの最大化として、変数セルは紙媒体を除く3つの施策の現状予算対比【E3】【E5】【E6】とします (図6-12-1)。

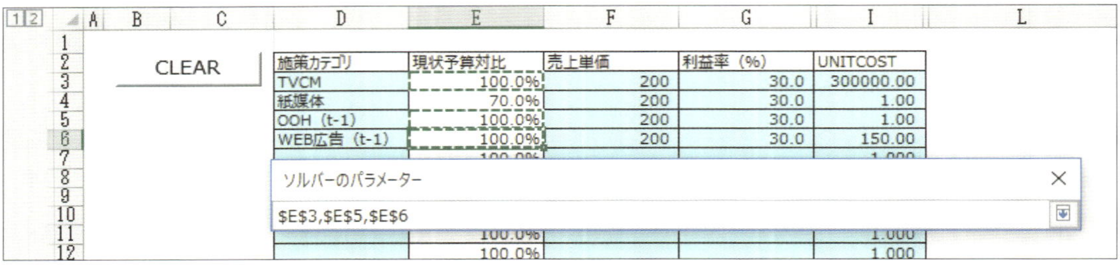

図6-12-1

ソルバーのパラメーター設定を確認してから (図6-12-2)、実行します。およそ15.3秒で計算が終わり、図6-12-3の結果が得られました。

図6-12-2

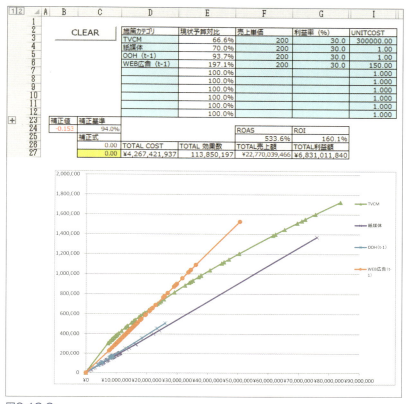

図6-12-3

　紙媒体の制約は暫定的に70％以上として試算を行いました。こうした基準は各施策の特性やMMM分析以外の効果検証調査結果などを踏まえ総合的に判断する必要があります。またはここでの下限の制約を20％、30％、40％といった刻みで何パターンか変えて複数の分析結果を見比べて、意思決定に用いるシミュレーション結果を採択する方法も考えられます。

❗ ここまでの演習を終えた内容を【(演習データ⑩-2Fin)MMM_simulation_＠アルコール飲料売上数】Bookに記載します。

❗ ソルバーの目的関数を【D27】の総予算の最小化として、成果指標(効果数、売上額、利益額)が過去実績を下回らないという制約をかけることで(例として効果数とする場合は【E27】≧【S27】)、同様に各施策の予算配分の最適化のシミュレーションを行うこともできます。

❗ 同一効果数での予算を最小化するシミュレーションを実行してみましょう。

6-13
「MMM_simulation」Sheet 活用時の操作方法の補足

ソルバーの計算が長いと感じたら

ソルバーの計算時間が長いと感じたら、[esc] キーを押しましょう（図 6-13-1）。

「試行状況の表示」というウィンドウが表示されます。計算を再開する場合は「続行」を、中断する場合は「中止」を押しましょう。Excel ソルバーでは計算を途中で「中止」をしたとしても、その時点での最良の解を保持してくれます。「ソルバーの解の保持」にチェックが入った状態で（図 6-13-2）、OK を押しましょう。

図6-13-1

図6-13-2

補正値の設定「現状予算対比」の基準（150％）から変更する場合

【B24】の補正基準セルの数式（補正値を【C24】の値と現状予算対比から求める式）は任意に変更できます。デフォルトでは現状予算対比が「150％」の時に、単価を何パーセントにするかという基準です。この基準を変更するには補正値の数式の赤枠の括弧の数字（図 6-13-3）を変えます。現状は 150% 基準に対応する「1.5」となっています。120% に変更する際はこれを「1.2」にします（図 6-13-4）。

図6-13-3

図6-13-4

補正値が変わりました。試しに TVCM の現状予算対比【E3】を 120% にして、補正基準【C24】を 95% にして得られた補正値【B24】の -0.281…の値を【B29】の TVCM に貼り付けます（図6-13-5）。補正後の UNITCOST が 285,000（補正基準 95%）になっています。

図6-13-5

 「補正」Sheetの【A2】セルも同じ方法で単価変動の基準値を変更できます。「S字」または「逓減or逓増」の変動をグラフと表で確認しながら、各施策の変動基準を設定しましょう。

Column
Nuorium Optimizer

本コラムでは（株）NTTデータ数理システムが提供する汎用数理計画法パッケージ「Nuorium Optimizer」を紹介しながら、数理最適化とは何かについて解説します。「Nuorium Optimizer」は「"データ"と"やり方（ルール）"がわかっていながら、解決策が導き出せない現実の問題に対し、最適解を提供するツールです。」（「Nuorium Optimizer」紹介ページより引用）。

引用文献

（株）NTT データ数理システム HP 内「Nuorium Optimizer」紹介ページ
(https://www.msi.co.jp/solution/nuopt/top.html)

さらに具体的に述べると、「一定のルールの範囲内で、できるだけ良い答えを見つける」最適化問題を解くためのツールです（図6-C-1）。これまでの演習でExcel標準ソルバーを使用してきたので図中の「変数」、「目的関数」、「制約条件」の意味は分かると思います。

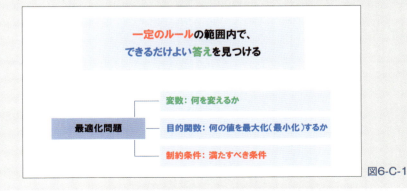

図6-C-1

最適化をする際には、現実の問題をモデル化する「定式化」とモデル化（定式化）された問題を解く「求解」という二段階の手順が必要です。「Nuorium Optimizer」は主に後者の「求解」を担うものですが、「モデル化」部分に対してもそれをサポートするモデリング言語がありま す。第6章の予算配分最適化の演習ではマス広告の現状予算対比が100%から200%になる間はS字カーブで単価が変動する仮定を「シグモイド関数」で計算することで「GRG非線形」エンジンで解ける（微分可能な）「滑らかな問題」にしました。これも定式化の手段の1つです。

最適化のしくみ

最適化したい課題

生産計画 制約条件と目的関数
- 納期
- 段取り替え最小化

配船・配車計画 制約条件と目的関数
- 時間帯
- 移動距離最小化

人員配置計画 制約条件と目的関数
- 労働時間
- 不足人数最小化

モデリング

数理最適化問題

$$\begin{aligned}\text{minimize} \quad & f(x) \\ \text{subject to} \quad & g(x) \geq 0 \\ & x \in X\end{aligned}$$

計算機 × アルゴリズム

結果

最適な生産計画
納期と需要を守った上で段取り替えが最小となる計画

最適な配船・配車計画
時間帯と需要を守った上で移動距離が最小となる計画

最適な人員配置計画
労働条件と個々のスキルを考慮した上で当日の不足人数が最小となる計画

図6-C-2

参考URLに示した同社「Nuorium Optimizer」紹介ページ内の「最適化とは」ページでは数理計画の世界で有名な「ナップサック問題」を例に最適化のイメージを紹介しています。最適化問題については多くの種類がありますがその詳しい解説はここでは省略させていただき、まずは皆さんの課題を数理最適化で解決できるのかをイメージするために参考URLに示した「事例紹介」をご覧ください。さらに興味があれば同社が開催する無料セミナーへの参加をおすすめします。「Nuorium Optimizer」の説明だけでなく、付帯知識として「数理最適化とは?」の基礎を学べる内容だと思います。同社では「Nuorium Optimizer」を用いたシステムの受託開発サービスを提供しています。皆さんが解決したい課題について、予備知識をつけた上で、「何を意思決定するのか」「実務的なルール・制約は何か」「何を『最大化』or『最小化』or『平準化』するか」等の情報を整理して同社の担当者に相談することができれば、（「Nuorium Optimizer」を用いて）数理最適化の問題として定式化し解決ができるのか、フォローしていただけると思います。

 参照URL

（株）NTTデータ数理システム HP 内「Nuorium Optimizer」紹介ページ内
最適化とは （https://www.msiism.jp/article/what-is-mathematical-programming.html）
事例紹介 （https://www.msiism.jp/case/nuorium-optimizer/#case）
セミナー案内 （https://www.msiism.jp/event/）

DATA-DRIVEN MARKETING

第7章

ECとコールセンター 2つの売上への影響を加味した 予算配分最適化

7-1 ダイレクトマーケティングの効果検証事例

　この章では（架空の）通販企業B社のデモデータを用いて、オフラインとオンライン双方の申込数または利益を最大化するためのマーケティング施策予算配分のシミュレーションの演習を行います。B社はCS・BS放送を中心に放映するインフォマーシャルや新聞、雑誌、折込などのオフライン広告とリスティングやアフィリエイト、DSPなどのオンライン広告を「ダイレクトレスポンス型広告」として活用し、健康食品や化粧品のお試し商品の申込を獲得し、定期購買につなげることで収益を得る単品通販型のビジネスを行っています。

　「ダイレクトレスポンス型広告」とはコールセンターやインターネットによる申込など、購買につながるレスポンスを得ることを目的とした広告手法です。

　企業や商品、サービスなどのブランド認知や理解を目的とした広告は「ブランディング広告」と呼ばれます。B社はオフライン、オンライン双方のレスポンスを底上げする効果に期待し、地上波のスポットCMなどの「ブランディング広告」も実施しています。「ダイレクトレスポンス型広告」運用ではこれまではオンライン、オフラインの広告効果をそれぞれのKPI（獲得単価等）をマネジメントして最適化すれば十分でしたが、近年はスポットCMやインフォマーシャルなどのオフライン広告がオンラインチャネルの申込をアシストするか？ オンライン広告がオフラインチャネル（B社はコールセンター）の申込をアシストするか？といった「**クロスチャネル**※」効果を把握することによって、オフラインとオンラインの広告予算配分を適正化することが課題となっています。本章ではネット申込とコールセンター申込、2つの予測モデルを作り、オフラインとオンラインの双方のチャネルの申込をアシストする効果を考慮した媒体予算配分の最適化試算を行います。

　演習に入る前に、「ダイレクトレスポンス型広告」運用の基礎となる考え方や用語を説明します。

ダイレクトマーケティングの「アクイジション」に用いられる指標

　アクイジション※とは新規顧客獲得のことです。オフライン媒体では広告ごとに記載するコール

用語解説

クロスチャネル：マーケティングにおいて主に用いられる「チャネル」はコミュニケーションチャネル（消費者にメッセージを発信、または消費者からのメッセージを受け取る経路）と販売チャネル（商品やサービスを消費者に販売する経路）と流通チャネル（販売チャネルに問屋や運送業者などの流通業者までを加味した経路）です。例えば、TVCM（コミュニケーションチャネル）で認知した商品をWebサイト（販売チャネル）で購入し、送付された商品をコンビニ（流通チャネル）で受けとるなど複数のチャネルを横断する考え方をクロスチャネルといいます。本章ではクロスチャネルでの（広告などの）マーケティング施策の予算配分最適化を目的とした演習を行います。

アクイジション：「acquisition」は「取得」「獲得」と言う意味の英単語で、マーケティングの用語として新規顧客を獲得することについて主に用いられています。既存顧客の維持と活用に関してはリテンションと呼ばれています。

センターの電話番号を変える、または注文受付時にオペレーターが申込者にどの広告を見て申し込んだかを聞くことで、どの広告によるレスポンスかを把握し効果を分析します。オンライン広告は原則的にはどの広告から申し込んだか**トラッキング**※することができます。ダイレクトレスポンス広告で広告ごとにレスポンスの獲得単価を算出し、それを基準に広告の出稿をコントロールしながらレスポンスを最大化するPDCAを行います。オフライン広告ではお試しなどのレスポンス獲得単価は**CPR（コスト・パー・レスポンス）**と呼び、定期購買などの本商品購入の獲得単価は**CPO（コスト・パー・オーダー）**と呼びます。オンライン広告ではそうした区別はありません。オンライン広告では成果となる**コンバージョン**※の獲得単価を**CPA（コスト・パー・アクション）**と呼びます。コンバージョンの成果地点によって「お試し獲得CPA」「定期購買獲得CPA」などと区別する場合もあります。単品通販では、お試し申込者が定期購買に転換する割合を「引き上げ率」といいます。獲得単価20,000円で引き上げ率50%の広告と獲得単価10,000円で引き上げ率25%の広告では、広告効果は同一です。獲得単価と引き上げ率は単品通販型ダイレクトマーケティングのアクイジションの代表的な指標です。

ダイレクトマーケティングの「リテンション」に用いられる指標

リテンションとは（既存）顧客を維持していく活動のことで、それを行う際に用いられる代表的な指標が**LTV（ライフタイムバリュー）**です。LTVとは顧客一人あたりで見込める利益の金額です。LTVは顧客ごとに当然異なります。理想は顧客一人一人管理することですが現実的には難しいため、商品やターゲットの種類や広告流入ごとなど、任意に設定する集団単位で把握して、マネジメントしていく方法が一般的です。求める算出方法は数多くあります。オーソドックスなのは購買単価×取引回数（年間）×購買年数です。B社は月額固定金額の定期販売なので、各商品の年間取引額は決まっています。年間購買金額×平均購買年数でLTVを求めることができます。平均購買年数を求める方法の1つは解約率を元に計算する方法です。顧客の解約率が1年後、2年後、3年後…と毎年一定で25%の場合の平均購買年数は4年（1÷0.25）となります。月額2500円の定期購買で年間30,000円の4年分120,000円で、利益率が40%の場合は48,000円がLTVとなります。単品通販はLTVの算出が比較的簡単ですが、多品目を扱うECでは、各顧客の購買単価や購買回数、購買期間のバラつきが大きくなるため、LTVの把握は難しくなります。堅実にLTVのみを求めるのであれば、（売上金額－売上原価）/顧客数で求めることができます。LTVの求め方は、他にも

用語解説

トラッキング：インターネット上のユーザーの行動を記録することです。ここでは、「広告トラッキング」という意味で用いています。広告トラッキングとはどの広告のクリックまたはインプレッションを経由して申込（コンバージョン）に至ったかを追跡することです。

コンバージョン：訪問者が商品を購入するまたはサービスの問い合わせを行うなど、ホームページ運用者が目標としているアクションを起こした状態を示します。1クリック100円の広告を100クリック配信し、コンバージョンが1件獲得できた時は1件獲得あたり1万円かかったこととなります。この指標をCPA（コスト・パー・アクション）と言います。Webマーケティングにおける広告運用の重要な指標となります。

さまざまな方法がありますが、重要なのはLTVを求める公式によって導く中間指標を把握することで、ボトルネックは購買単価なのか？　取引回数なのか？　購買年数が短い（解約率が高い）のか？　などを明確にして打ち手を考えることです。

ダイレクトレスポンス広告のPDCAのポイント

　LTV48,000円は定期購買の獲得単価（CPO、またはCPA）の上限目安となります。48,000円を下回る金額で一人の顧客を獲得できれば利益が出る計算です。引き上げ率の平均値が25%の場合はお試し申込の獲得単価（CPR、またはCPA）の上限目安は12,000円となります。これらの指標はオフライン広告の限界CPO、限界CPR、オンライン広告の限界CPAとなります。限界CPRまたはCPAは定期購買者のLTV×引き上げ率によって求めることができます。B社の定期購買者のLTVは48,000円、引き上げ率の平均が25%なので、広告全体の限界CPRまたは限界CPAは12,000円となります。運用では、広告の獲得単価だけでなく、引き上げ率の実績平均によって、各広告の引き上げ率の平均実績によって限界CPRまたは限界CPAは変わります（図7-1-1）。

オフライン広告	コスト	トライアル数	CPR	引き上げ率	オーダー数（定期購買数）	限界CPO（定期購買者のLTV）	想定利益	ROI（利益／コスト）	限界CPR（LTV×引き上げ率）
広告A	¥500,000	80	¥6,250	20%	16	¥48,000	¥768,000	154%	¥9,600
広告B	¥1,000,000	50	¥20,000	30%	15	¥48,000	¥720,000	72%	¥14,400
広告C	¥300,000	30	¥10,000	40%	12	¥48,000	¥576,000	192%	¥19,200

オンライン広告	コスト	トライアル数	CPA	引き上げ率	オーダー数（定期購買数）	限界CPA（定期購買者のLTV）	想定利益	ROI（利益／コスト）	限界CPA（LTV×引き上げ率）
広告D	¥500,000	80	¥6,250	15%	12	¥48,000	¥576,000	115%	¥7,200
広告E	¥1,000,000	90	¥11,111	20%	18	¥48,000	¥864,000	86%	¥9,600
広告F	¥300,000	40	¥7,500	25%	10	¥48,000	¥480,000	160%	¥12,000

図7-1-1

　各広告によって解約率が違う場合は、LTVの違いを加味する必要があります。例えば、広告Cで獲得した定期購買者の1年の解約率が平均の2倍の場合はLTVを半分の24,000円で計算します（図7-1-2）。

オフライン広告	コスト	トライアル数	CPR	引き上げ率	オーダー数（定期購買数）	限界CPO（定期購買者のLTV）	想定利益	ROI（利益／コスト）	限界CPR（LTV×引き上げ率）
広告A	¥500,000	80	¥6,250	20%	16	¥48,000	¥768,000	154%	¥9,600
広告B	¥1,000,000	50	¥20,000	30%	15	¥48,000	¥720,000	72%	¥14,400
広告C	¥300,000	30	¥10,000	40%	12	¥24,000	¥288,000	96%	¥9,600

オンライン広告	コスト	トライアル数	CPA	引き上げ率	オーダー数（定期購買数）	限界CPA（定期購買者のLTV）	想定利益	ROI（利益／コスト）	限界CPA（LTV×引き上げ率）
広告D	¥500,000	80	¥6,250	15%	12	¥48,000	¥576,000	115%	¥7,200
広告E	¥1,000,000	90	¥11,111	20%	18	¥48,000	¥864,000	86%	¥9,600
広告F	¥300,000	40	¥7,500	25%	10	¥24,000	¥240,000	80%	¥6,000

図7-1-2

ここで紹介した例でのLTV48,000円は平均購買年数4年から導いているため、限界CPO48,000円で獲得した定期購買顧客の投資回収は4年かかる計算です。仮にCPOを半額の24,000円で獲得ができれば2年で投資が回収でき、残り24,000円が（満5年経過時点の）利益となります。さらに平均解約率を25%から20%に改善することができれば、購買年数を1年増やすことができるため、年間売上30,000円の利益率4割の利益となる6,000円の利益が追加で出る計算です。こうした計算をより緻密に行い、市場シェアを拡張するための広告投資を適切に行う運用がダイレクトマーケティングの基本となります。

ダイレクトレスポンス広告の「クロスチャネル」効果

　ダイレクトマーケティングでは限界CPRまたは限界CPAを低く抑え、成果報酬型のアフィリエイト広告などを中心に広告運用するなどの安全策をとればリスクは回避できますが、そうした運用では市場で大きな力を持つ競合企業との競争に競り勝てません。より大きな顧客基盤を作るためには、正しくROIを理解し、損益分岐点ぎりぎりまで積極的な投資をする攻めの戦略が必要です。市場または消費者に対して存在感の大きいブランドにしていくためにはダイレクトレスポンス型だけでなくブランドの理解や親近感の醸成を目的としたTVCMなどのブランディング型の広告を併用する必要が出てきます。昨今ではスマートフォンの影響が増大しており、シニア世代が主要顧客となる健康食品などでさえ、マスメディアで認知した後でインターネットで申込む機会も増えています。

　演習ではオフライン広告によるオンライン（EC）申込への影響と、オンライン広告によるオフライン（コールセンター）申込への影響、その双方を考慮したクロスチャネルでの予算配分最適化シミュレーションを行います。

小売り企業を中心に、実店舗やオンラインストアをはじめとするあらゆる販売チャネルや流通チャネルを統合するオムニチャネルが重要な経営課題となっています。『世界最先端のマーケティング』（奥谷、岩井：2018）で「チャネルシフトマトリクス」「顧客時間」「エンゲージメント4P」という3つのフレームワークを提示し、Amazon等のネットとリアルを融合させたチャネルで顧客とのつながりを強固にしている企業の事例を多角的に考察し、「チャネルシフト」という闘い方について何をすべきかを考えるためのヒントを提供しています。チャネル戦略について学びを深めたい方は参照文献をご覧いただければと思います。

参照文献

奥谷孝司、岩井琢磨（著）『世界最先端のマーケティング』日経BP社、2018年

7-2 2つの効果指標に対する影響を同時に加味するための最適予算配分シミュレーション

本章では、インフォマーシャル（以降インフォマ）、TVCM、紙媒体、WEB広告、動画広告がオンライン申込に寄与するモデルと、コールセンターに寄与する2つのモデルを作ります。その2つのモデルの影響を加味した予算配分の最適化シミュレーションを行います。

ここではExcelの操作説明を簡略化し、実践的な分析手順に沿って演習していきます。次節ではまず、分析に入る前のデータの推移や分布のチェックから入念に行っていきます。

図7-2-1

7-3

データの形やバラツキをチェック

【(演習データ⑬ -1) 通信販売　分析前チェック】 Book の「ローデータ」Sheet を開きましょう（**図 7-3-1**）。分析対象となる学習期間 105週のデータです。CC 申込はコールセンターの申込数、WEB 申込は EC での申込数です。インフォマ、TVCM、紙媒体、WEB 広告、動画広告の単位はそれぞれ出稿金額（円）です。

	A	B	C	D	E	F	G	H
1	日付	CC申込	WEB申込	インフォマ	TVCM	紙媒体	WEB広告	動画広告
2	2015/9/28	2,516	1,850	13,543,000	4,164,000	8,780,000	10,194,875	0
3	2015/10/5	2,527	2,081	18,195,000	0	6,885,000	21,921,273	0
4	2015/10/12	2,904	2,016	14,481,000	0	10,402,000	18,307,859	0
5	2015/10/19	3,478	2,867	15,867,000	25,980,000	15,506,000	25,488,695	0
6	2015/10/26	3,755	2,458	12,853,000	16,395,000	17,892,000	20,684,484	0
7	2015/11/2	2,542	2,206	18,240,000	2,058,000	4,633,000	13,021,132	0
8	2015/11/9	3,149	2,499	17,856,000	19,683,000	8,673,000	22,318,756	0
9	2015/11/16	3,767	2,475	14,618,000	21,370,000	20,979,000	13,242,295	0
10	2015/11/23	3,015	2,522	16,816,000	6,524,000	9,048,000	24,421,029	0
11	2015/11/30	4,839	3,254	16,820,000	30,842,000	20,248,000	24,108,038	0
12	2015/12/7	7,205	4,003	19,396,000	18,230,000	38,154,000	26,944,741	0
13	2015/12/14	3,254	2,962	17,482,000	0	3,592,000	19,900,699	0
14	2015/12/21	2,895	2,973	23,004,000	0	6,139,000	25,822,352	0

図7-3-1

まずは各施策の推移が申込と相関がありそうか、推移を見てチェックします。I 列から T 列の上部では 2軸のグラフで、目的変数の WEB 申込を薄緑色の棒グラフ、施策を線グラフでプロットしたグラフ（**図 7-3-2**）と目的変数の棒グラフを薄赤色に変え、対応する値を CC 申込にしたグラフを下部に描画しています（**図 7-3-3**）。

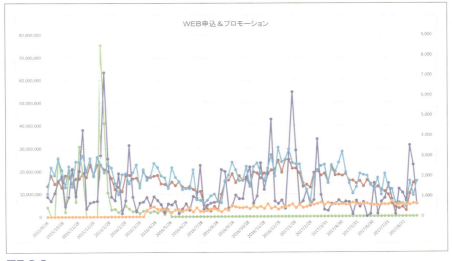

図7-3-2

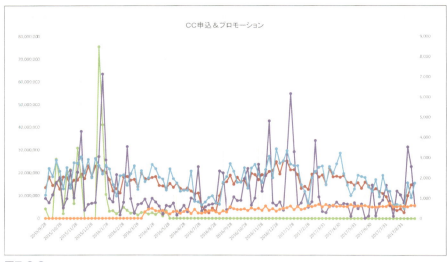
図7-3-3

　TVCMと紙媒体はバラつきが大きそうです。動画広告は2016年4月以降に開始しています。ここで作成したように、目的変数を2軸の棒グラフにして、マーケティング施策の各変数の単位を（ここでは1円に）統一して線グラフでプロットすることで、それぞれの施策が目的変数と関係がありそうかを考えながら推移を見ることができます。WEB広告の推移はWEB申込とかなり似通っており、関係がありそうです。箱ひげ図、ヒストグラム、基本統計量などを確認していく前に、まずは線グラフや棒グラフでの時系列の推移を確認しましょう。

　次に前章で「エクセル統計」で体験した方法で描画した箱ひげ図を確認します。「箱ひげ図」Sheetを開きます（図7-3-4）。

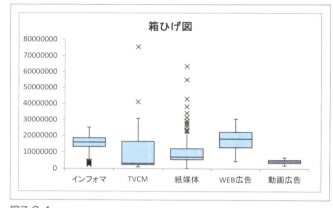
図7-3-4

　TVCMと紙媒体に特に大きな外れ値があります。実際の分析ではこうした値が異常値ではないかを調べましょう。WEB広告と動画広告には外れ値はなく、安心して使えそうです。ここでは異常値（計測ミス等）は無かった前提とします。そのままの値で分析を行っていきますが、外れ値によってTVCMと紙媒体の推定結果にバイアスがかかる可能性は意識しておきます。最終的なモデルを判断する段階で、前章で実施したように（残存考慮と非線形な影響を加味せず）、外れ値のダミーを加えた場合の推定結果を見比べる分析方法を検討します。

次に「ヒストグラム」Sheet（図7-3-5）と「基本統計量」Sheet（図7-3-6）の内容を確認します。

ヒストグラムと基本統計量を見ると、目的変数のWEB申込が正規分布に近い安定した分布になっているようですが、尖度が若干大きな値となっているTVCM、紙媒体、CC申込が、外れ値の影響で裾の長い分布になっているようです。

次節以降では、目的変数がWEB申込、CC申込の2つのモデルを作っていきます。

データ区間	頻度
1267	1
1985.8	11
2704.6	37
3423.4	30
4142.2	14
4861	6
5579.8	0
6298.6	3
7017.4	1
7736.2	1
次の級	1

データ区間	頻度
1110	1
1435.4	8
1760.8	6
2086.2	27
2411.6	23
2737	18
3062.4	10
3387.8	4
3713.2	2
4038.6	3
次の級	3

データ区間	頻度
2450000	1
4727100	7
7004200	2
9281300	0
11558400	7
13835500	17
16112600	21
18389700	23
20666800	16
22943900	6
次の級	5

データ区間	頻度
1069000	1
15951800	20
30834600	5
45717400	2
60600200	0
次の級	1

データ区間	頻度
147000	1
6476400	39
12805800	39
19135200	6
25464600	9
31794000	6
38123400	1
44452800	2
50782200	0
57111600	1
次の級	1

データ区間	頻度
4471883	1
7075571.7	7
9679260.4	6
12282949.1	8
14886637.8	15
17490326.5	11
20094015.2	19
22697703.9	14
25301392.6	16
27905081.3	5
次の級	3

データ区間	頻度
1930600	1
2535579	5
3140558	7
3745537	11
4350516	13
4955495	5
5560474	25
6165453	8
次の級	2

図7-3-5

CC申込	
平均	3028.552381
標準誤差	116.7256959
中央値 （メジアン）	2853
最頻値 （モード）	2339
標準偏差	1196.082459
分散	1430613.25
尖度	5.287636438
歪度	1.931168206
範囲	7188
最小	1267
最大	8455
合計	317998
データの個数	105

WEB申込	
平均	2320.8
標準誤差	66.98868802
中央値 （メジアン）	2191
最頻値 （モード）	2179
標準偏差	686.429788
分散	471185.8538
尖度	1.206547816
歪度	0.888068781
範囲	3254
最小	1110
最大	4364
合計	243684
データの個数	105

インフォマ	
平均	15383380.95
標準誤差	491738.1446
中央値 （メジアン）	15893000
最頻値 （モード）	12006000
標準偏差	5038816.557
分散	2.53897E+13
尖度	0.619388421
歪度	-0.769685557
範囲	22771000
最小	2450000
最大	25221000
合計	1615255000
データの個数	105

TVCM	
平均	10931172.41
標準誤差	2997106.325
中央値 （メジアン）	3227000
最頻値 （モード）	#N/A
標準偏差	16139911.51
分散	2.60497E+14
尖度	8.722805312
歪度	2.726193955
範囲	74414000
最小	1069000
最大	75483000
合計	317004000
データの個数	29

紙媒体	
平均	11247733.33
標準誤差	1070008.865
中央値 （メジアン）	7044000
最頻値 （モード）	#N/A
標準偏差	10964328.16
分散	1.20216E+14
尖度	6.576022348
歪度	2.331850483
範囲	63294000
最小	147000
最大	63441000
合計	1181012000
データの個数	105

WEB広告	
平均	17364196.29
標準誤差	599820.0827
中央値 （メジアン）	18019346
最頻値 （モード）	#N/A
標準偏差	6146326.855
分散	3.77773E+13
尖度	-0.691128694
歪度	-0.222132362
範囲	26036887
最小	4471883
最大	30508770
合計	1823240610
データの個数	105

動画広告	
平均	4371267.26
標準誤差	134659.3903
中央値 （メジアン）	4435707
最頻値 （モード）	#N/A
標準偏差	1181631.354
分散	1.39625E+12
尖度	-0.917085408
歪度	-0.305180571
範囲	4839832
最小	1930600
最大	6770432
合計	336587579
データの個数	77

図7-3-6

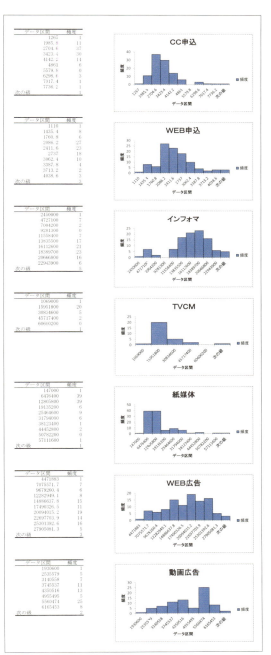

7-4
WEB申込を目的変数としたモデルを探索

【(演習データ⑭-1)通販 MMM_modeling_@CV】Book の「ソルバー回帰」Sheet を開きます(図7-4-1)。

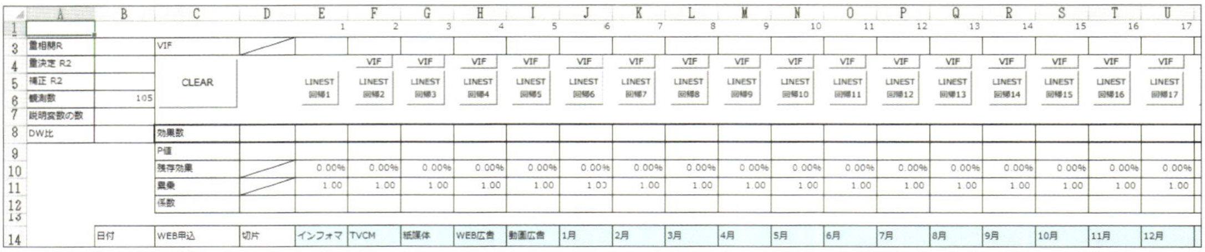

図7-4-1

第5章で行った「月次ダミー選択通常法」を実践していきます。「相関行列」Sheet を開き、12か月のうち1か月の月次ダミーを外します。相関係数が最も小さい「10月」を外します。目的変数への相関係数の絶対値【D4：W4】はデフォルトでは小数点第4位までの表示としており5月と10月が同じ値でしたが、右クリックでセルの書式設定で桁数を変える等で確認できます(図7-4-2)。

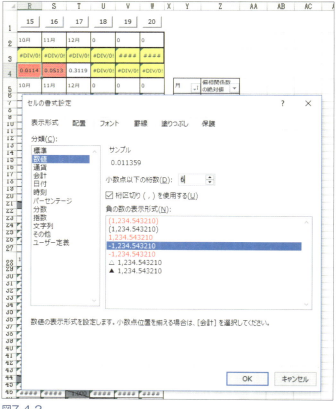

図7-4-2

「ソルバー回帰」Sheet の説明変数のラベルで 10月を消して 11月、12月を左に詰めてから「相関行列」Sheet に戻り【16】のマクロを実行し、11個の月次ダミー変数のラベルと偏相関係数の絶対値の範囲【I2：S3】をコピーします（図 7-4-3）。

	A	B	C	D	E	F	G	H	I	J	K	L	M	N	O	P	Q	R	S
1		CLEAR			2	3	4	5	6	7	8	9	10	11	12	13	14	15	16
2		変数選択用	WEB申込	インフォマ	TVCM	紙媒体	WEB広告	動画広告	1月	2月	3月	4月	5月	6月	7月	8月	9月	11月	12月
3		偏相関係数の絶対値		0.2187	0.4981	0.4263	0.5799	0.2761	0.6026	0.2493	0.0417	0.1234	0.1001	0.0647	0.1137	0.1349	0.1749	0.0597	0.3391
4		相関係数の絶対値		0.7978	0.4824	0.5034	0.7832	0.1964	0.6693	0.0284	0.0229	0.0541	0.0114	0.1427	0.2306	0.4394	0.2639	0.0513	0.3119

図7-4-3

【Y6：Z16】範囲に行列を入れかえて値のみを貼り付けてから、偏相関係数の絶対の大きい順に並べ替えます（図 7-4-4）。

	Y	Z
5	月	偏相関係数の絶対値
6	1月	0.6026
7	12月	0.3391
8	2月	0.2493
9	9月	0.1749
10	8月	0.1349
11	4月	0.1234
12	7月	0.1137
13	5月	0.1001
14	6月	0.0647
15	11月	0.0597
16	3月	0.0417

図7-4-4

この順番で「ソルバー回帰」Sheet の月次ダミーを並び替えます。

1月のダミー変数の列にある【LINEST 回帰 6】マクロから順番に実行していき、最も多く月次ダミーを使う組み合わせ（全ての月次ダミーの P 値が 10% を下回る）を探索します。【LINEST 回帰 9】がその組み合わせとなります（図 7-4-5）。

	A	B	C	D	E	F	G	H	I	J	K	L	M
1					1	2	3	4	5	6	7	8	9
3	重相関R	0.95668	VIF										
4	重決定 R2	0.915230	CLEAR			VIF	VIF	VIF	VIF	VIF	VIF	VIF	VIF
5	補正 R2	0.907199			LINEST 回帰1	LINEST 回帰2	LINEST 回帰3	LINEST 回帰4	LINEST 回帰5	LINEST 回帰6	LINEST 回帰7	LINEST 回帰8	LINEST 回帰9
6	観測数	105											
7	説明変数の数	9											
8	DW比	1.50222	効果数	75,632	60,330	4,751	11,593	70,740	9,995	6,963	2,784	2,195	-1,298
9			P値	0.00%	0.00%	0.00%	0.00%	0.00%	0.71%	0.00%	0.04%	0.14%	8.73%
10			残存効果		0.00%	0.00%	0.00%	0.00%	0.00%	0.00%	0.00%	0.00%	0.00%
11			累乗		1.00	1.00	1.00	1.00	1.00	1.00	1.00	1.00	1.00
12			係数	720.307	0.000	0.000	0.000	0.000	0.000	112.298	44.903	38.506	-20.605
14		日付	WEB申込	切片	インフォマ	TVCM	紙媒体	WEB広告	動画広告	1月	12月	2月	9月

図7-4-5

ソルバーを実行します。変数セルを「インフォマ」「TVCM」「紙媒体」「WEB広告」「動画広告」の残存効果と累乗の値【E10：I12】、切片と各説明変数の係数【D12：M12】の順番で指定し、GRG非線形でソルバーを実行します。設定オプションは図7-4-6〜図7-4-8の通りです。

図7-4-6

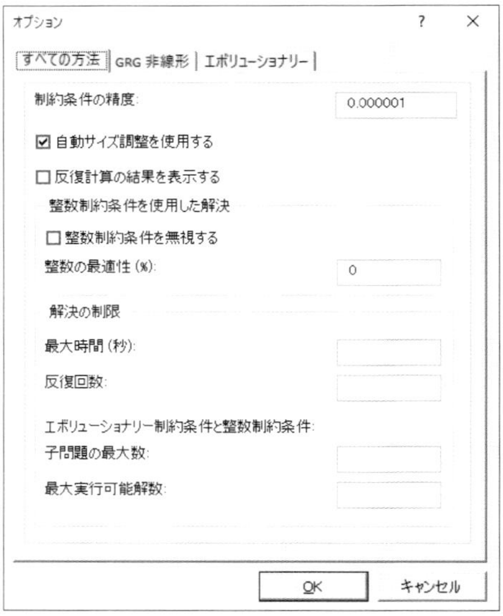

図7-4-7

図7-4-8

ソルバーを実行すると約 9.5 秒で計算が終了します。【LINEST 回帰 9】と【VIF】を実行します（図 7-4-9）。

	A	B	C	D	E	F	G	H	I	J	K	L	M
1					1	2	3	4	5	6	7	8	9
3	重相関R	0.98204	VIF		4.030	2.680	1.740	4.626	2.076	1.646	1.334	1.116	1.318
4	重決定 R2	0.964399			VIF	VIF	VIF	VIF	VIF	VIF	VIF	VIF	VIF
5	補正 R2	0.961027	CLEAR		LINEST回帰1	LINEST回帰2	LINEST回帰3	LINEST回帰4	LINEST回帰5	LINEST回帰6	LINEST回帰7	LINEST回帰8	LINEST回帰9
6	観測数	105											
7	説明変数の数	9											
8	DW比	2.25397	効果数		28,220	36,205	12,730	14,368	120,195	24,759	5,479	1,392	202	134
9			P値	0.01%	0.01%	0.00%	0.00%	0.00%	0.00%	0.00%	0.76%	64.88%	79.89%
10			残存効果		0.00%	64.99%	35.82%	39.35%	0.00%	0.00%	0.00%	0.00%	0.00%
11			冪乗		0.97	0.99	1.00	1.00	1.00	1.00	1.00	1.00	1.00
12			係数	268.757	0.000	0.000	0.000	0.000	0.000	88.369	22.458	3.537	2.121
14			日付	WEB申込	切片	インフォマ	TVCM	紙媒体	WEB広告	動画広告	1月	12月	2月	9月	8月

図7-4-9

2 月と 9 月の P 値が 10% を上回ったため、【LINEST 回帰 6】から（左から）順番に実行しなおして、P 値が 10% を下回る条件で最も多く月次ダミー変数を使える組み合わせを探索します。【LINEST 回帰 7】がその組み合わせとなります（図 7-4-10）。

これを予算配分試算の際に使用する 1 つ目のモデル「目的変数 CV（WEB 申込）」とします。

	A	B	C	D	E	F	G	H	I	J	K	L	M
1					1	2	3	4	5	6	7	8	9
3	重相関R	0.98199	VIF		3.898	2.659	1.583	4.031	2.054	1.590	1.280	1.000	1.000
4	重決定 R2	0.964304			VIF	VIF	VIF	VIF	VIF	VIF	VIF	VIF	VIF
5	補正 R2	0.961728	CLEAR		LINEST回帰1	LINEST回帰2	LINEST回帰3	LINEST回帰4	LINEST回帰5	LINEST回帰6	LINEST回帰7	LINEST回帰8	LINEST回帰9
6	観測数	105											
7	説明変数の数	7											
8	DW比	2.24868	効果数		28,775	36,123	12,705	14,708	119,976	24,625	5,430	1,344	0	0
9			P値	0.00%	0.01%	0.00%	0.00%	0.00%	0.00%	0.00%	0.79%	0.00%	0.00%
10			残存効果		0.00%	64.99%	35.82%	39.35%	0.00%	0.00%	0.00%	0.00%	0.00%
11			冪乗		0.97	0.99	1.00	1.00	1.00	1.00	1.00	1.00	1.00
12			係数	274.050	0.000	0.000	0.000	0.000	0.000	87.573	21.671		
14			日付	WEB申込	切片	インフォマ	TVCM	紙媒体	WEB広告	動画広告	1月	12月	2月	9月	8月

図7-4-10

7-5 CC申込を目的変数としたモデルを探索

【(演習データ⑮-1)通販 MMM_modeling_@CC】Book の「ソルバー回帰」Sheet を開きます(図7-5-1)。

図7-5-1

「月次ダミー選択通常法」を行います。「相関行列」Sheet を開きます(図7-5-2)。

図7-5-2

12か月のうち相関係数の絶対値が最も小さい「2月」を外します。「ソルバー回帰」Sheet の説明変数のラベルで2月を消して3月より右にある変数を左に詰めてから、「相関行列」Sheet に戻り【16】のマクロを実行します。そして11個の月次ダミー変数のラベルと偏相関係数の絶対値の範囲【I2:S3】をコピーします(図7-5-3)。

図7-5-3

【Y6：Z16】範囲に行列を入れ替えて値のみを貼り付けてから、偏相関係数の絶対値が大きい順に並べかえます（図7-5-4）。

この順番で「ソルバー回帰」Sheetの月次ダミーを並び変え、一番左に位置する1月のダミー変数の列にある【LINEST回帰6】マクロから順番に実行していき、全ての月次ダミーのP値が10%を下回る条件で最も多く月次ダミー変数を使える組み合わせを探索します。この手順では【LINEST回帰7】の実行結果となります（図7-5-5）。

月	偏相関係数の絶対値
1月	0.3514
12月	0.3194
9月	0.2573
7月	0.2216
8月	0.1798
6月	0.1728
4月	0.1437
10月	0.1381
5月	0.1290
11月	0.0625
3月	0.0473

図7-5-4

	A	B	C	D	E	F	G	H	I	J	K
1						1	2	3	4	5	6	7
3	重相関R	0.96016	VIF								
4	重決定R2	0.921902				VIF	VIF	VIF	VIF	VIF	VIF
5	補正R2	0.916266		CLEAR		LINEST回帰1	LINEST回帰2	LINEST回帰3	LINEST回帰4	LINEST回帰5	LINEST回帰6	LINEST回帰7
6	観測数	105									
7	説明変数の数	7									
8	DW比	2.21338	効果数		95,033	111,937	8,981	63,712	21,683	2,101	7,921	6,630
9			P値	0.00%	0.00%	0.00%	0.00%	0.00%	21.41%	72.21%	0.00%	0.00%
10			残存効果		0.00%	0.00%	0.00%	0.00%	0.00%	0.00%	0.00%
11			累乗		1.00	1.00	1.00	1.00	1.00	1.00	1.00
12			係数	905.080	0.000	0.000	0.000	0.000	0.000	127.753	106.929
14			日付	CC申込	切片	インフォマ	TVCM	紙媒体	WEB広告	動画広告	1月	12月	9月

図7-5-5

「インフォマ」「TVCM」「紙媒体」「WEB広告」「動画広告」の残存効果と累乗の値【E10：I11】、切片と各説明変数の係数【D12:K12】の順番で変数セルを指定して、GRG非線形でソルバーを実行します。設定オプションは図7-5-6の通りです。

図7-5-6

ソルバーを実行すると約1.6秒で計算が終了します。【LINEST 回帰7】を実行します（図 7-5-7）。

	A	B	C	D	E	F	G	H	I	J	K
1					1	2	3	4	5	6	7
3	重相関R	0.96217	VIF								
4	重決定 R2	0.925773				VIF	VIF	VIF	VIF	VIF	VIF
5	補正 R2	0.920416	CLEAR		LINEST回帰1	LINEST回帰2	LINEST回帰3	LINEST回帰4	LINEST回帰5	LINEST回帰6	LINEST回帰7
6	観測数	105									
7	説明変数の数	7									
8	DW比	2.24717	効果数		92,079	112,383	9,280	65,723	21,525	2,802	7,723	6,482
9			P値	0.00%	0.00%	0.00%	0.00%	20.75%	62.75%	0.00%	0.00%
10			残存効果		1.28%	1.84%	3.75%	0.29%	0.00%	0.00%	0.00%
11			冪乗		1.00	1.00	1.00	1.00	1.00	1.00	1.00
12			係数	876.942	0.000	0.000	0.000	0.000	0.000	124.567	104.553
14			日付	CC申込	切片	インフォマ	TVCM	紙媒体	WEB広告	動画広告	1月	12月	9月

図7-5-7

今回はやけに早くソルバーの探索が終了しました。こうした時は局所解へのトラップを疑います。解決方法としては、同じ手順で「マルチスタート」のチェックボックスを入れる、収束値を小さくする、微分係数を中央から前方へ（またはその逆）切り替える等、設定を変えて分析し直すことで、より良い解が得られる可能性があります。ただ、このケースではそれらの手段を使っても解は改善しません。こうした時はより探索的に解を導く、エボリューショナリーを試します。【CLEAR】ボタンを押して【LINEST 回帰7】を実行してからソルバーを実行します。前回の設定から「GRG非線形」をエボリューショナリーに変更します。さらに、オプションの「エボリューショナリー」タブの「収束」の値を 0.0001 から 0.00001 に変更します（図 7-5-8）。

エボリューショナリーで探索する際は、解にバラつきが出る傾向が強いため、計算時間をあまり増やさずにバラつきを抑え、分析の精度を高めることを目指したものです。

図7-5-8

約203.1秒で計算が終わりました。【LINEST回帰7】と【VIF】を実行します（図7-5-9）。

	A	B	C	D	E	F	G	H	I	J	K
1						1	2	3	4	5	6	7
3	重相関R	0.97018	VIF		4.710	1.845	1.487	4.581	1.433	1.643	1.245
4	重決定 R2	0.941251				VIF	VIF	VIF	VIF	VIF	VIF	VIF
5	補正 R2	0.937011	CLEAR		LINEST 回帰1	LINEST 回帰2	LINEST 回帰3	LINEST 回帰4	LINEST 回帰5	LINEST 回帰6	LINEST 回帰7	LIN
6	観測数	105									
7	説明変数の数	7									
8	DW比	2.37404	効果数	60,999	120,640	12,757	69,651	31,271	10,163	6,526	5,992
9			P値	0.01%	0.00%	0.00%	0.00%	19.25%	6.57%	0.00%	0.00%
10			残存効果		36.78%	27.29%	13.85%	30.50%	0.05%	0.00%	0.00%
11			累乗		0.99	0.99	1.00	0.88	0.96	1.00	1.00
12			係数	580.943	0.000	0.000	0.000	0.000	0.000	105.255	96.642
13											
14			日付	ＣＣ申込	切片	インフォマ	TVCM	紙媒体	WEB広告	動画広告	1月	12月	9月

図7-5-9

ここでの解は皆さんの解と変わっている可能性が高いです。

今回の試算ではWEB広告のP値が10%を上回っています。こうした場合に、再度GRG非線形でソルバーを実行することで解が改善する場合があります。再度ソルバーを実行します。前回の設定のうち「エボリューショナリー」を「GRG非線形」に変更します（図7-5-10）。

> 「収束」の値を0.00001のままにしました。デフォルト値の0.0001に戻してもさほど変化はないと思います（若干計算時間が短くなる可能性が高くなります）。

図7-5-10

約 50.6 秒で計算が終わりました。【LINEST 回帰 7】と【VIF】を実行します（図 7-5-11）。

	A	B	C	D	E	F	G	H	I	J	K	
1					1	2	3	4	5	6	7	
3	重相関R	0.97102	VIF		4.457	1.879	1.491	4.743	1.456	1.662	1.256	
4	重決定 R2	0.942872			VIF	VIF	VIF	VIF	VIF	VIF	VIF	V
5	補正 R2	0.938749	CLEAR		LINEST回帰1	LINEST回帰2	LINEST回帰3	LINEST回帰4	LINEST回帰5	LINEST回帰6	LINEST回帰7	LIN
6	観測数	105										
7	説明変数の数	7										
8	DW比	2.36527	効果数		33,237	107,559	13,139	85,851	53,169	12,550	6,712	5,780
9			P値		4.88%	0.00%	0.00%	0.00%	4.67%	2.44%	0.00%	0.00%
10			残存効果			22.71%	29.38%	13.47%	68.30%	0.03%	0.00%	0.00%
11			累乗			0.96	1.00	0.83	1.00	0.90	1.00	1.00
12			係数		316.545	0.000	0.000	0.001	0.000	0.000	108.265	93.224
14			日付	CC申込	切片	インフォマ	TVCM	紙媒体	WEB広告	動画広告	1月	12月	9月

図7-5-11

　GRG 非線形で局所解にトラップされてしまった場合に、エボリューショナリーを用いて、一旦はより決定係数の高い残存効果と累乗の組み合わせに値を動かして、その後で GRG 非線形を実行することでさらに良いモデルに進化させていくイメージです。

　これを予算配分試算の際に使用する 2 つ目のモデル「目的変数 CC（コールセンター申込）」とします。

【(演習データ⑭ -2Fin)通販 MMM_modeling_@CV】と【(演習データ⑮ -2Fin)通販 MMM_modeling_@CC】にそれぞれの最終モデルと「記録」Sheet に分析過程のモデルを記載しておきます。

7-6
2つのモデルを加味した予算最適配分シミュレーション 効果数

「目的変数CV（WEB申込）」と「目的変数CC（コールセンター申込）」の2つのモデルを元に予算配分シミュレーションを行っていきます。

【（演習ファイル⑯-1）通販 MMM_simulation_@ 効果数】 Book の「試算」Sheet を開きましょう（図7-6-1）。

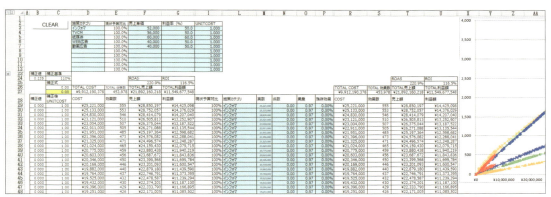

図7-6-1

フォーマットは「アルコール飲料」事例で使用していたものと同様です。TVCMを除く施策の値があらかじめ記入されています（演習手順を簡略化するため）。

Sheet の左上の売上単価と利益率（％）は施策ごとに違います。売上単価は媒体ごとに集計したLTV です。通常LTVは利益ベースですが、ここでは売上ベースのLTV としています（図7-6-2）。

	施策カテゴリ	現状予算対比	売上単価	利益率（％）	UNITCOST
3	インフォマ	100.0%	52,000	50.0	1.000
4	TVCM	100.0%	56,000	50.0	1.000
5	紙媒体	100.0%	60,000	60.0	1.000
6	WEB広告	100.0%	40,000	50.0	1.000
7	動画広告	100.0%	40,000	50.0	1.000
8		100.0%			1.000
9		100.0%			1.000
10		100.0%			1.000
11		100.0%			1.000
12		100.0%			1.000

図7-6-2

アルコール飲料事例では、売上単価と利益は一律でしたが、通販事例では施策ごとに異なる、効果数1件あたりの期待売上額（ここではF列の「売上単価」）と利益率が集客媒体ごとで異なるため、ソルバーの最適化の目的関数を、TOTAL 効果数【E27】セルにする場合と TOTAL 売上額【F27】セルにする場合と TOTAL 利益額【G27】セルにする場合で試算結果は変わります。

本節で効果数を基準にした最適予算配分試算を行い、次節で利益額を基準とした最適予算配分試算を行います。

どのように「試算」Sheet を整形してあるかを理解するため、TVCMのデータを記入しましょう。【(演習データ⑭-2Fin) 通販 MMM_modeling_@CV】Book「試算まとめ準備」Sheet を開き、3行目の【2】マクロを実行してから【A5：E34】をコピーします（図7-6-3）。

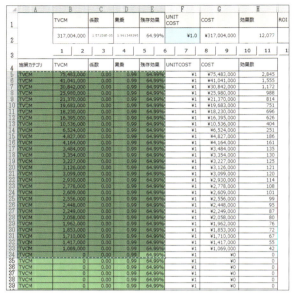

図7-6-3

再度【(演習ファイル⑭-1) 通販 MMM_simulation_@効果数】Book の「試算」Sheet を開いて、【L241】セルを選択し、値のみ貼り付けを行います（図7-6-4）。

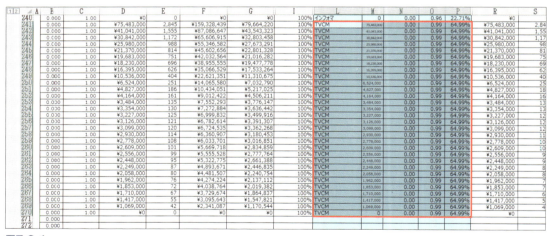

図7-6-4

同様の手順で【(演習データ⑯-2Fin) 通販 MMM_modeling_@CC】Book の「試算まとめ準備」Sheet を開き、【2】マクロで集計した値を【(演習ファイル⑯-1) 通販 MMM_simulation_@効果数】Book の「試算」Sheet の【L271】に貼り付けます（図7-6-5）。

	A	B	C	D	E	F	G	I	L	M	N	O	P	R	S
270		0.000	1.00	¥0	0	¥0	¥0	100%	TVCM	0	0.00	0.99	64.99%	¥0	
271		0.000	1.00	¥75,483,000	3,094	¥173,280,813	¥86,640,406	100%	TVCM	75,483,000	0.00	1.00	29.38%	¥75,483,000	3,09
272		0.000	1.00	¥41,041,000	1,682	¥94,214,828	¥47,107,414	100%	TVCM	41,041,000	0.00	1.00	29.38%	¥41,041,000	1,68
273		0.000	1.00	¥30,842,000	1,264	¥70,801,728	¥35,400,864	100%	TVCM	30,842,000	0.00	1.00	29.38%	¥30,842,000	1,26
274		0.000	1.00	¥25,980,000	1,065	¥59,640,389	¥29,820,195	100%	TVCM	25,980,000	0.00	1.00	29.38%	¥25,980,000	1,06
275		0.000	1.00	¥21,370,000	876	¥49,057,549	¥24,528,774	100%	TVCM	21,370,000	0.00	1.00	29.38%	¥21,370,000	87
276		0.000	1.00	¥19,683,000	807	¥45,184,826	¥22,592,413	100%	TVCM	19,683,000	0.00	1.00	29.38%	¥19,683,000	80
277		0.000	1.00	¥18,230,000	747	¥41,849,280	¥20,924,640	100%	TVCM	18,230,000	0.00	1.00	29.38%	¥18,230,000	74
278		0.000	1.00	¥16,395,000	672	¥37,636,805	¥18,818,402	100%	TVCM	16,395,000	0.00	1.00	29.38%	¥16,395,000	67
279		0.000	1.00	¥10,536,000	432	¥24,186,726	¥12,093,363	100%	TVCM	10,536,000	0.00	1.00	29.38%	¥10,536,000	43
280		0.000	1.00	¥6,524,000	267	¥14,976,671	¥7,488,335	100%	TVCM	6,524,000	0.00	1.00	29.38%	¥6,524,000	26
281		0.000	1.00	¥4,827,000	198	¥11,080,992	¥5,540,496	100%	TVCM	4,827,000	0.00	1.00	29.38%	¥4,827,000	19
282		0.000	1.00	¥4,164,000	171	¥9,558,991	¥4,779,495	100%	TVCM	4,164,000	0.00	1.00	29.38%	¥4,164,000	17
283		0.000	1.00	¥3,484,000	143	¥7,997,964	¥3,998,982	100%	TVCM	3,484,000	0.00	1.00	29.38%	¥3,484,000	14
284		0.000	1.00	¥3,354,000	137	¥7,699,533	¥3,849,766	100%	TVCM	3,354,000	0.00	1.00	29.38%	¥3,354,000	13
285		0.000	1.00	¥3,227,000	132	¥7,407,988	¥3,703,994	100%	TVCM	3,227,000	0.00	1.00	29.38%	¥3,227,000	13
286		0.000	1.00	¥3,126,000	128	¥7,176,130	¥3,588,065	100%	TVCM	3,126,000	0.00	1.00	29.38%	¥3,126,000	12
287		0.000	1.00	¥3,099,000	127	¥7,114,148	¥3,557,074	100%	TVCM	3,099,000	0.00	1.00	29.38%	¥3,099,000	12
288		0.000	1.00	¥2,930,000	120	¥6,726,187	¥3,363,094	100%	TVCM	2,930,000	0.00	1.00	29.38%	¥2,930,000	12
289		0.000	1.00	¥2,778,000	114	¥6,377,252	¥3,188,626	100%	TVCM	2,778,000	0.00	1.00	29.38%	¥2,778,000	11
290		0.000	1.00	¥2,609,000	107	¥5,989,291	¥2,994,645	100%	TVCM	2,609,000	0.00	1.00	29.38%	¥2,609,000	10
291		0.000	1.00	¥2,556,000	105	¥5,867,623	¥2,933,811	100%	TVCM	2,556,000	0.00	1.00	29.38%	¥2,556,000	10
292		0.000	1.00	¥2,448,000	100	¥5,619,695	¥2,809,847	100%	TVCM	2,448,000	0.00	1.00	29.38%	¥2,448,000	10
293		0.000	1.00	¥2,249,000	92	¥5,162,865	¥2,581,433	100%	TVCM	2,249,000	0.00	1.00	29.38%	¥2,249,000	9
294		0.000	1.00	¥2,058,000	84	¥4,724,400	¥2,362,200	100%	TVCM	2,058,000	0.00	1.00	29.38%	¥2,058,000	8
295		0.000	1.00	¥1,962,000	80	¥4,504,020	¥2,252,010	100%	TVCM	1,962,000	0.00	1.00	29.38%	¥1,962,000	8
296		0.000	1.00	¥1,853,000	76	¥4,253,797	¥2,126,898	100%	TVCM	1,853,000	0.00	1.00	29.38%	¥1,853,000	7
297		0.000	1.00	¥1,710,000	70	¥3,925,522	¥1,962,761	100%	TVCM	1,710,000	0.00	1.00	29.38%	¥1,710,000	7
298		0.000	1.00	¥1,417,000	58	¥3,252,903	¥1,626,452	100%	TVCM	1,417,000	0.00	1.00	29.38%	¥1,417,000	5
299		0.000	1.00	¥1,069,000	44	¥2,454,025	¥1,227,013	100%	TVCM	1,069,000	0.00	1.00	29.38%	¥1,069,000	4
300		0.000	1.00	¥0	0	¥0	¥0	100%	TVCM	0	0.00	1.00	29.38%	¥0	
301		0.000	1.00	¥63,441,000	832	¥49,920,270	¥29,952,162	100%	紙媒体	63,441,000	0.00	1.00	40.26%	¥63,441,000	83
302		0.000	1.00	¥54,826,000	719	¥43,141,324	¥25,884,794	100%	紙媒体	54,826,000	0.00	1.00	40.26%	¥54,826,000	71

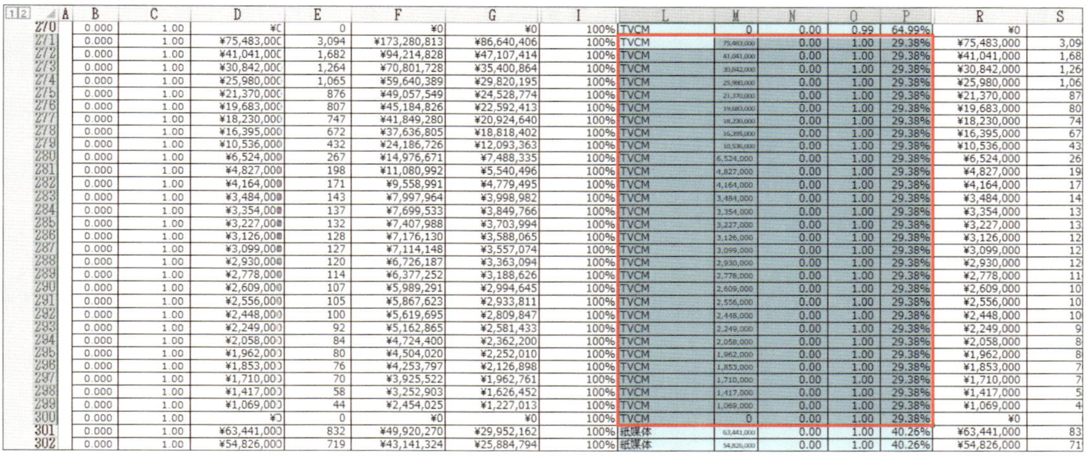

図7-6-5

TVCMの値が入ったことで、X軸の投下コストに対応するY軸効果数のグラフが完成しました(図7-6-6)。

オフライン媒体を点線に、オンライン媒体を実線にしています。各媒体の凡例項目をCVとCCの2つに分けています。CVは三角のマーカーにし、CCは×のマーカーにしています。

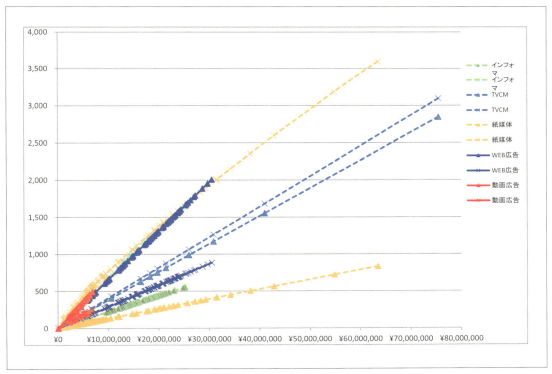

図7-6-6

次に、通販の演習から新たに追加した「合算グラフ」Sheet を開きます（図 7-6-7）。

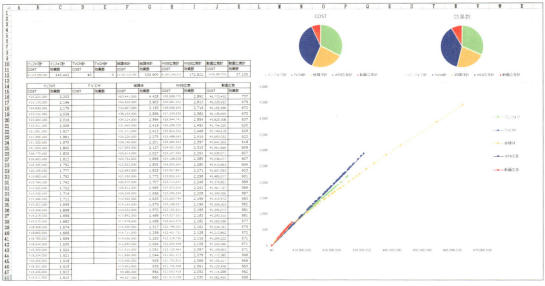

図7-6-7

空白になっている「TVCM」の合算効果（CV と CC の双方への介入効果）を計算し、グラフを描画するための数式を入れていきます。「合算グラフ」Sheet の COST【D16】セルを選択し「=」を入力してから「試算」Sheet を開き【D241】セルを選択し、一番投下量が大きい週の値を参照してから（図 7-6-8）、オートフィルで【D45】まで（相対参照で）コピーします（図 7-6-9）。

D16 　 =試算!D241

	B	C	D	E	F	G	
14	インフォマ		T V C M		紙媒体		
15	COST	効果数	COST	効果数	COST	効果数	COST
16	¥25,221,000	2,203	¥75,483,000		¥63,441,000	4,428	¥30,5
17	¥25,133,000	2,196			¥54,826,000	3,903	¥29,6

図7-6-8

	D	E	
14	T V C M		
15	COST	効果数	COST
16	¥75,483,000		¥63,4
17	¥41,041,000		¥54,8
18	¥30,842,000		¥42,8
19	¥25,980,000		¥38,1
20	¥21,370,000		¥34,1
21	¥19,683,000		¥31,4
22	¥18,230,000		¥31,3
23	¥16,395,000		¥29,2
24	¥10,536,000		¥28,1
25	¥6,524,000		¥27,0
26	¥4,827,000		¥25,6
27	¥4,164,000		¥23,7
28	¥3,484,000		¥22,8
29	¥3,354,000		¥22,6
30	¥3,227,000		¥21,9
31	¥3,126,000		¥20,9
32	¥3,099,000		¥20,8
33	¥2,930,000		¥20,2
34	¥2,778,000		¥19,9
35	¥2,609,000		¥19,1
36	¥2,556,000		¥19,0
37	¥2,448,000		¥17,8
38	¥2,249,000		¥17,4
39	¥2,058,000		¥15,5
40	¥1,962,000		¥14,7
41	¥1,853,000		¥14,6
42	¥1,710,000		¥12,0
43	¥1,417,000		¥11,9
44	¥1,069,000		¥11,8
45	¥0		¥10,4
46			¥10,4

図7-6-9

次に、効果数【E16】セルを選択して「=」と入力してから「試算」Sheetを開き、TVCMの投下量が最も多い週に対応するCVの効果数【E241】とCCの効果数【E271】を合計する数式を入力します（図7-6-10）。

A240　=試算!E241+試算!E271

	A	B	C	D	E	F	G	I	L	M	N	O	P	R
240		0.000	1.00	¥0	0	¥0	¥0	100%	インフォマ	0	0.00	0.96	22.71%	¥0
241		0.000	1.00	¥75,483,000	2,845	¥159,328,439	¥79,664,220	100%	TVCM	75,483,000	0.00	0.99	64.99%	¥75,483,000
242		0.000	1.00	¥41,041,000	1,555	¥87,086,647	¥43,543,323	100%	TVCM	41,041,000	0.00	0.99	64.99%	¥41,041,000
243		0.000	1.00	¥30,842,000	1,172	¥65,606,915	¥32,803,458	100%	TVCM	30,842,000	0.00	0.99	64.99%	¥30,842,000
244		0.000	1.00	¥25,980,000	988	¥55,346,582	¥27,673,291	100%	TVCM	25,980,000	0.00	0.99	64.99%	¥25,980,000
245		0.000	1.00	¥21,370,000	814	¥45,602,656	¥22,801,328	100%	TVCM	21,370,000	0.00	0.99	64.99%	¥21,370,000
246		0.000	1.00	¥19,683,000	751	¥42,032,564	¥21,016,282	100%	TVCM	19,683,000	0.00	0.99	64.99%	¥19,683,000
247		0.000	1.00	¥18,230,000	696	¥38,955,555	¥19,477,778	100%	TVCM	18,230,000	0.00	0.99	64.99%	¥18,230,000
248		0.000	1.00	¥16,395,000	626	¥35,066,529	¥17,533,264	100%	TVCM	16,395,000	0.00	0.99	64.99%	¥16,395,000
249		0.000	1.00	¥10,536,000	404	¥22,621,351	¥11,310,675	100%	TVCM	10,536,000	0.00	0.99	64.99%	¥10,536,000
250		0.000	1.00	¥6,524,000	251	¥14,065,580	¥7,032,790	100%	TVCM	6,524,000	0.00	0.99	64.99%	¥6,524,000
251		0.000	1.00	¥4,827,000	186	¥10,434,051	¥5,217,025	100%	TVCM	4,827,000	0.00	0.99	64.99%	¥4,827,000
252		0.000	1.00	¥4,164,000	161	¥9,012,422	¥4,506,211	100%	TVCM	4,164,000	0.00	0.99	64.99%	¥4,164,000
253		0.000	1.00	¥3,484,000	135	¥7,552,293	¥3,776,147	100%	TVCM	3,484,000	0.00	0.99	64.99%	¥3,484,000
254		0.000	1.00	¥3,354,000	130	¥7,272,884	¥3,636,442	100%	TVCM	3,354,000	0.00	0.99	64.99%	¥3,354,000
255		0.000	1.00	¥3,227,000	125	¥6,999,832	¥3,499,916	100%	TVCM	3,227,000	0.00	0.99	64.99%	¥3,227,000
256		0.000	1.00	¥3,126,000	121	¥6,782,614	¥3,391,307	100%	TVCM	3,126,000	0.00	0.99	64.99%	¥3,126,000
257		0.000	1.00	¥3,099,000	120	¥6,724,535	¥3,362,268	100%	TVCM	3,099,000	0.00	0.99	64.99%	¥3,099,000
258		0.000	1.00	¥2,930,000	114	¥6,360,907	¥3,180,453	100%	TVCM	2,930,000	0.00	0.99	64.99%	¥2,930,000
259		0.000	1.00	¥2,778,000	108	¥6,033,701	¥3,016,851	100%	TVCM	2,778,000	0.00	0.99	64.99%	¥2,778,000
260		0.000	1.00	¥2,609,000	101	¥5,669,718	¥2,834,859	100%	TVCM	2,609,000	0.00	0.99	64.99%	¥2,609,000
261		0.000	1.00	¥2,556,000	99	¥5,555,528	¥2,777,764	100%	TVCM	2,556,000	0.00	0.99	64.99%	¥2,556,000
262		0.000	1.00	¥2,448,000	95	¥5,322,775	¥2,661,388	100%	TVCM	2,448,000	0.00	0.99	64.99%	¥2,448,000
263		0.000	1.00	¥2,249,000	87	¥4,893,671	¥2,446,835	100%	TVCM	2,249,000	0.00	0.99	64.99%	¥2,249,000
264		0.000	1.00	¥2,058,000	80	¥4,481,507	¥2,240,754	100%	TVCM	2,058,000	0.00	0.99	64.99%	¥2,058,000
265		0.000	1.00	¥1,962,000	76	¥4,274,224	¥2,137,112	100%	TVCM	1,962,000	0.00	0.99	64.99%	¥1,962,000
266		0.000	1.00	¥1,853,000	72	¥4,038,764	¥2,019,382	100%	TVCM	1,853,000	0.00	0.99	64.99%	¥1,853,000
267		0.000	1.00	¥1,710,000	67	¥3,729,674	¥1,864,837	100%	TVCM	1,710,000	0.00	0.99	64.99%	¥1,710,000
268		0.000	1.00	¥1,417,000	55	¥3,095,643	¥1,547,821	100%	TVCM	1,417,000	0.00	0.99	64.99%	¥1,417,000
269		0.000	1.00	¥1,069,000	42	¥2,341,087	¥1,170,544	100%	TVCM	1,069,000	0.00	0.99	64.99%	¥1,069,000
270		0.000	1.00	¥0	0	¥0	¥0	100%	TVCM	0	0.00	0.99	64.99%	¥0
271		0.000	1.00	¥75,483,000	3,094	¥173,280,813	¥86,640,406	100%	TVCM	75,483,000	0.00	1.00	29.38%	¥75,483,000
272		0.000	1.00	¥41,041,000	1,682	¥94,214,828	¥47,107,414	100%	TVCM	41,041,000	0.00	1.00	29.38%	¥41,041,000
273		0.000	1.00	¥30,842,000	1,264	¥70,801,728	¥35,400,864	100%	TVCM	30,842,000	0.00	1.00	29.38%	¥30,842,000
274		0.000	1.00	¥25,980,000	1,065	¥59,640,389	¥29,820,195	100%	TVCM	25,980,000	0.00	1.00	29.38%	¥25,980,000
275		0.000	1.00	¥21,370,000	876	¥49,057,549	¥24,528,774	100%	TVCM	21,370,000	0.00	1.00	29.38%	¥21,370,000

図7-6-10

オートフィルで【E16：E45】まで数式を（相対参照で）コピーします（図7-6-11）。TVCMを加えた、各施策のWEB申込数（CV）とCC申込数（CC）を合算した予測線がプロットされました（図7-6-12）。

	D	E	
14	TVCM		
15	COST	効果数	COST
16	¥75,483,000	5,939	¥63,4
17	¥41,041,000	3,238	¥54,8
18	¥30,842,000	2,436	¥42,8
19	¥25,980,000	2,053	¥38,1
20	¥21,370,000	1,690	¥34,1
21	¥19,683,000	1,557	¥31,4
22	¥18,230,000	1,443	¥31,3
23	¥16,395,000	1,298	¥29,2
24	¥10,536,000	836	¥28,1
25	¥6,524,000	519	¥27,0
26	¥4,827,000	384	¥25,6
27	¥4,164,000	332	¥23,7
28	¥3,484,000	278	¥22,8
29	¥3,354,000	267	¥22,6
30	¥3,227,000	257	¥21,9
31	¥3,126,000	249	¥20,9
32	¥3,099,000	247	¥20,8
33	¥2,930,000	234	¥20,2
34	¥2,778,000	222	¥19,9
35	¥2,609,000	208	¥19,1
36	¥2,556,000	204	¥19,0
37	¥2,448,000	195	¥17,8
38	¥2,249,000	180	¥17,4
39	¥2,058,000	164	¥15,5
40	¥1,962,000	157	¥14,7
41	¥1,853,000	148	¥14,6
42	¥1,710,000	137	¥12,0
43	¥1,417,000	113	¥11,9
44	¥1,069,000	86	¥11,8
45	¥0	0	¥10,4
46			¥10,4

図7-6-11

図7-6-12

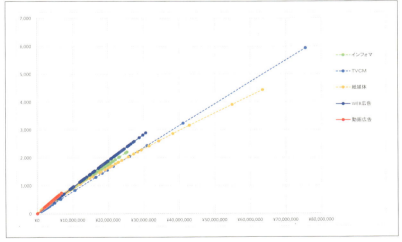

「試算」Sheetに戻り、効果数を最大化する予算配分試算を行っていきます。ソルバーを実行します。目的セルは「TOTAL効果数」【E27】です。変数セルは5つの施策の現状予算対比【E3:E7】です。「制約条件の対象」には各変数の現状予算対比【E3：E22】を2,000%の上限とする制約と、最適化試算後のTOTALCOST【D27】が最適化前試算前のTOTALCOST【R27】を下回らない制約です。GRG非線形＋マルチスタートで実行します。解決の制限（秒）を300秒（5分）とします。あらかじめ、これらに対応する設定がされています（図7-6-13）。

図7-6-13

❗ マルチスタートを用いているため、皆さんの環境と計算結果が変わる可能性があります。

❗ 「MMM_simulation」Sheetでマルチスタートを用いた最適化計算ではデータの内容によって処理時間が長くなるため、5分の上限を設定しています。ただし、本書執筆時の環境（筆者PC）と比較して著しくスペックが低い場合は5分では計算時間が足りないかもしれません。以降の演習で紹介する計算結果とご自身の環境での計算結果が大きく乖離する場合は計算時間の上限を10分より長くする、または計算時間の上限を外して実行してください。

❗ WEB広告と動画広告の補正基準は現状予算対比150％の時に単価が110％となる補正値「0.235…」が予め入力されています。

設定を確認してから、ソルバーを実行すると5分で計算が中断されます。ソルバーを中止して得た計算結果が図7-6-14です。

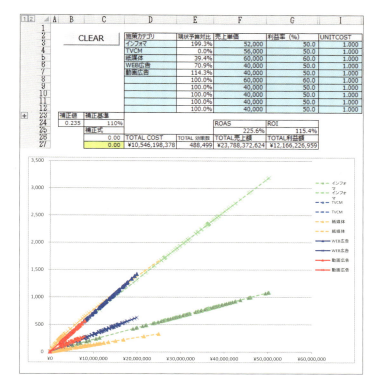

「合算グラフ」Sheet の内容も更新されています（図7-6-15）。

このプランに関しては深堀りせず、次節の「TOTAL 利益額」を目的関数とした試算の際、プランを補正していく流れを演習していきます。

図7-6-14

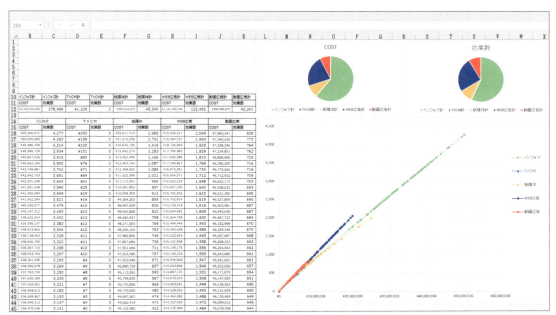

図7-6-15

 本書演習の分析結果は【(演習ファイル⑯-2Fin)通販 MMM_simulation_@効果数】Bookに記載します。

7-7 2つのモデルを加味した予算最適配分シミュレーション 利益額

【(演習ファイル⑰-1) 通販 MMM_simulation_@ 利益額】Bookの「試算」Sheetを開きましょう。A列〜U列までのデータテーブルの値は【(演習ファイル⑯-1) 通販 MMM_simulation_@ 効果数】と同様です。

グラフのY軸で参照する値がE列の「効果数」ではなくG列の「利益額」に変更されています(図7-7-1)。

「合算グラフ」Sheetも確認しましょう。Y軸に対応するデータが効果数から利益額に変更されています(図7-7-2)。

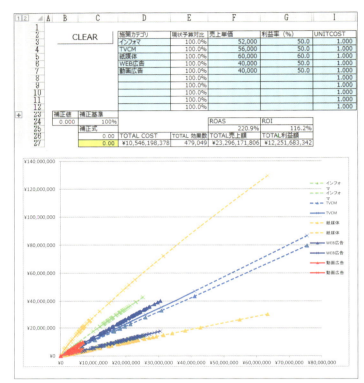

図7-7-1

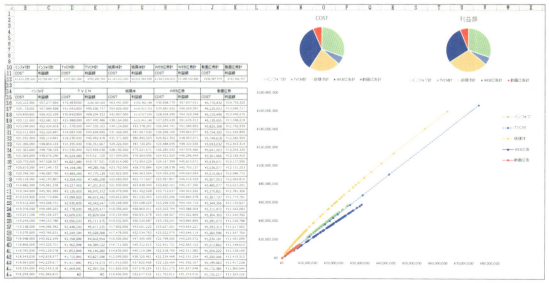

図7-7-2

「試算」Sheet に戻り、利益額を最大化する予算配分試算を行っていきます。ソルバーを実行します。目的セルは「TOTAL 利益額」【G27】に代わります。変数セルは変わらず、5つの施策の現状予算対比【E3：E7】です。その他の設定も同様です（図 7-7-3）。

図7-7-3

設定を確認してソルバーを実行します。5分で計算が中断されます。ソルバーを中止して得た計算結果が図 7-7-4 です。

> 「合算グラフ」Sheet の L 列〜X 列の上部では得られた予算配分に対応するグラフが描画されています。確認しましょう。

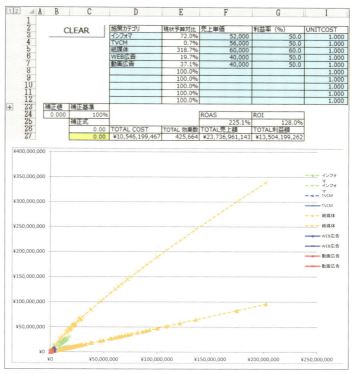

図7-7-4

265

次は紙媒体の現状予算対比の値の上限値を150%とする制約をかけて試算し直してみます。インフォマーシャルとTVCMの単価変動も考慮します。「補正」Sheetを開き、**【B2】**セルを97%にします（**図7-7-5**）。現状予算対比150%の時に単価97%、200%の時に単価95%になるS字カーブの変動です。インフォマーシャルはこの想定を使います。

	A	B	C	D
1	補正値	補正基準	UNITCOST	
2	-0.075	97.0%	¥1.00	
3				
4	補正値	投下量	S字	逓減or逓増
5	-0.075	200.0%	0.950	0.949
6	-0.075	190.0%	0.950	0.953
7	-0.075	180.0%	0.951	0.957
8	-0.075	170.0%	0.954	0.961
9	-0.075	160.0%	0.960	0.965
10	-0.075	150.0%	0.970	0.970
11	-0.075	140.0%	0.982	0.975
12	-0.075	130.0%	0.992	0.980
13	-0.075	120.0%	0.997	0.986
14	-0.075	110.0%	0.999	0.993
15	-0.075	100.0%	0.999	1.000
16	-0.075	90.0%	1.000	1.008
17	-0.075	80.0%	1.000	1.017
18	-0.075	70.0%	1.000	1.027
19	-0.075	60.0%	1.000	1.039
20	-0.075	50.0%	1.000	1.053
21	-0.075	40.0%	1.000	1.071
22	-0.075	30.0%	1.000	1.095
23	-0.075	20.0%	1.000	1.129
24	-0.075	10.0%	1.000	1.189
25				

図7-7-5

「試算」Sheetの**【B29：C240】**セルを更新します（**図7-7-6**）。

	B	C	D	E	F	G	H
23	補正値	補正基準					
24	-0.075	97%			ROAS	ROI	
25		補正式			225.1%	128.0%	
26		0.00	TOTAL COST	TOTAL 効果数	TOTAL売上額	TOTAL利益額	
27		0.00	¥10,546,140,206	425,660	¥23,736,133,403	¥13,504,212,631	

	B	C	D	E	F	G	I	
28	補正値	補正後 UNITCOST	COST	効果数	売上額	利益額	現状予算対比	施策カテ
29	-0.075	1.00	¥18,115,849	402	¥20,896,153	¥10,448,076	72%	インフォマ
30	-0.075	1.00	¥18,052,640	400	¥20,825,070	¥10,412,535	72%	インフォマ
31	-0.075	1.00	¥17,834,999	396	¥20,580,273	¥10,290,137	72%	インフォマ
32	-0.075	1.00	¥16,607,452	369	¥19,198,119	¥9,599,060	72%	インフォマ
33	-0.075	1.00	¥16,523,412	367	¥19,103,404	¥9,551,702	72%	インフォマ
34	-0.075	1.00	¥16,456,612	366	¥19,028,108	¥9,514,054	72%	インフォマ
35	-0.075	1.00	¥15,767,059	351	¥18,250,411	¥9,125,206	72%	インフォマ
36	-0.075	1.00	¥15,368,411	342	¥17,800,418	¥8,900,209	72%	インフォマ
37	-0.075	1.00	¥15,317,413	341	¥17,742,830	¥8,871,415	72%	インフォマ
38	-0.075	1.00	¥15,101,209	337	¥17,498,637	¥8,749,319	72%	インフォマ
39	-0.075	1.00	¥14,922,357	333	¥17,296,564	¥8,648,282	72%	インフォマ
40	-0.075	1.00	¥14,798,812	330	¥17,156,944	¥8,578,472	72%	インフォマ
41	-0.075	1.00	¥14,614,213	326	¥16,948,271	¥8,474,135	72%	インフォマ
42	-0.075	1.00	¥14,487,076	323	¥16,804,516	¥8,402,258	72%	インフォマ
43	-0.075	1.00	¥14,280,929	319	¥16,571,354	¥8,285,677	72%	インフォマ
44	-0.075	1.00	¥14,196,171	317	¥16,475,465	¥8,237,733	72%	インフォマ
45	-0.075	1.00	¥14,024,501	313	¥16,281,206	¥8,140,603	72%	インフォマ
46	-0.075	1.00	¥13,957,701	312	¥16,205,599	¥8,102,799	72%	インフォマ
47	-0.075	1.00	¥13,931,842	311	¥16,176,329	¥8,088,165	72%	インフォマ
48	-0.075	1.00	¥13,827,691	309	¥16,058,424	¥8,029,212	72%	インフォマ
49	-0.075	1.00	¥13,822,663	309	¥16,052,732	¥8,026,366	72%	インフォマ
50	-0.075	1.00	¥13,803,988	308	¥16,031,588	¥8,015,794	72%	インフォマ
51	-0.075	1.00	¥13,697,682	306	¥15,911,215	¥7,955,607	72%	インフォマ
52	-0.075	1.00	¥13,617,234	304	¥15,820,106	¥7,910,053	72%	インフォマ
53	-0.075	1.00	¥13,553,307	303	¥15,747,698	¥7,873,849	72%	インフォマ
54	-0.075	1.00	¥13,489,379	301	¥15,675,281	¥7,837,641	72%	インフォマ
55	[illegible]	1.00	[illegible]	298	¥15,487,283	¥7,743,641	72%	[illegible]
225	-0.075	1.00	¥7,941,748	[illegible]	[illegible]	[illegible]	[illegible]	インフォマ
226	-0.075	1.00	¥7,701,875	529	[illegible]	[illegible]	72%	インフォマ
227	-0.075	1.00	¥7,239,417	499	¥25,932,210	¥12,966,105	72%	インフォマ
228	-0.075	1.00	¥7,145,052	492	¥25,608,369	¥12,804,184	72%	インフォマ
229	-0.075	1.00	¥6,883,569	475	¥24,710,057	¥12,355,028	72%	インフォマ
230	-0.075	1.00	¥4,115,302	290	¥15,097,107	¥7,548,553	72%	インフォマ
231	-0.075	1.00	¥3,822,124	270	¥14,065,391	¥7,032,695	72%	インフォマ
232	-0.075	1.00	¥3,273,945	233	¥12,127,097	¥6,063,549	72%	インフォマ
233	-0.075	1.00	¥3,045,597	218	¥11,315,755	¥5,657,878	72%	インフォマ
234	-0.075	1.00	¥3,024,708	216	¥11,241,406	¥5,620,703	72%	インフォマ
235	-0.075	1.00	¥2,542,080	183	¥9,517,296	¥4,758,648	72%	インフォマ
236	-0.075	1.00	¥2,516,148	181	¥9,424,287	¥4,712,144	72%	インフォマ
237	-0.075	1.00	¥2,240,257	162	¥8,432,177	¥4,216,088	72%	インフォマ
238	-0.075	1.00	¥1,891,613	138	¥7,170,931	¥3,585,466	72%	インフォマ
239	-0.075	1.00	¥1,764,833	129	¥6,709,944	¥3,354,972	72%	インフォマ
240	-0.075	1.00	¥0	0	¥0	¥0	72%	インフォマ
241	0.000	1.00	¥494,337	19	¥1,089,835	¥544,918	1%	TVCM
242	0.000	1.00	¥268,777	11	¥595,688	¥297,844	1%	TVCM

図7-7-6

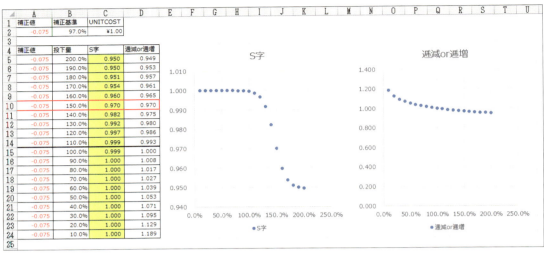

「合算グラフ」Sheetを開き【B2】セルを95%にします。TVCMはこの補正値を用います（図7-7-7）。

	A	B	C	D
1	補正値	補正基準	UNITCOST	
2	-0.127	95.0%	¥1.00	
3				
4	補正値	投下量	S字	逓減or逓増
5	-0.127	200.0%	0.916	0.916
6	-0.127	190.0%	0.917	0.922
7	-0.127	180.0%	0.919	0.928
8	-0.127	170.0%	0.923	0.935
9	-0.127	160.0%	0.933	0.942
10	-0.127	150.0%	0.950	0.950
11	-0.127	140.0%	0.970	0.958
12	-0.127	130.0%	0.986	0.967
13	-0.127	120.0%	0.994	0.977
14	-0.127	110.0%	0.998	0.988
15	-0.127	100.0%	0.999	1.000
16	-0.127	90.0%	1.000	1.013
17	-0.127	80.0%	1.000	1.029
18	-0.127	70.0%	1.000	1.046
19	-0.127	60.0%	1.000	1.067
20	-0.127	50.0%	1.000	1.092
21	-0.127	40.0%	1.000	1.123
22	-0.127	30.0%	1.000	1.165
23	-0.127	20.0%	1.000	1.226
24	-0.127	10.0%	1.000	1.338
25				

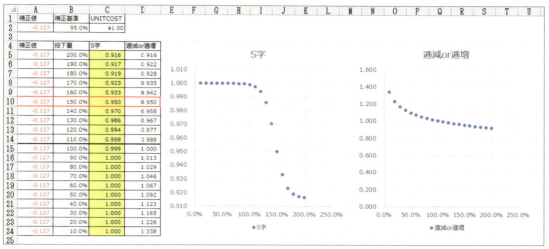

図7-7-7

「試算」Sheetの【B241:C300】セルを更新します（図7-7-8）。

インフォマーシャルは全施策中最も投下金額が多く、TVCMより価格交渉が難しいため、値引き幅が少ない想定としています。

	A	B	C	D	E	F	G	I	
240		-0.075	1.00	¥0	0	¥0	¥0	72%	インフォマ
241		-0.127	1.00	¥745,187	29	¥1,637,046	¥818,523	1%	TVCM
242		-0.127	1.00	¥405,167	16	¥894,786	¥447,393	1%	TVCM
243		-0.127	1.00	¥304,480	12	¥674,089	¥337,045	1%	TVCM
244		-0.127	1.00	¥256,481	10	¥568,668	¥284,334	1%	TVCM
245		-0.127	1.00	¥210,970	8	¥468,552	¥234,276	1%	TVCM
246		-0.127	1.00	¥194,315	8	¥431,871	¥215,935	1%	TVCM
247		-0.127	1.00	¥179,971	7	¥400,255	¥200,128	1%	TVCM
248		-0.127	1.00	¥161,856	6	¥360,297	¥180,148	1%	TVCM
249		-0.127	1.00	¥104,014	4	¥232,427	¥116,213	1%	TVCM
250		-0.127	1.00	¥64,407	3	¥144,519	¥72,260	1%	TVCM
251		-0.127	1.00	¥47,653	2	¥107,206	¥53,603	1%	TVCM
252		-0.127	1.00	¥41,108	2	¥92,600	¥46,300	1%	TVCM
253		-0.127	1.00	¥34,395	1	¥77,597	¥38,799	1%	TVCM
254		-0.127	1.00	¥33,112	1	¥74,726	¥37,363	1%	TVCM
255		-0.127	1.00	¥31,858	1	¥71,921	¥35,960	1%	TVCM
256		-0.127	1.00	¥30,861	1	¥69,689	¥34,845	1%	TVCM
257		-0.127	1.00	¥30,594	1	¥69,092	¥34,546	1%	TVCM
258		-0.127	1.00	¥28,926	1	¥65,356	¥32,678	1%	TVCM
259		-0.127	1.00	¥27,425	1	¥61,994	¥30,997	1%	TVCM
260		-0.127	1.00	¥25,757	1	¥58,254	¥29,127	1%	TVCM
261		-0.127	1.00	¥25,233	1	¥57,081	¥28,541	1%	TVCM
262		-0.127	1.00	¥24,167	1	¥54,690	¥27,345	1%	TVCM
263		-0.127	1.00	¥22,203	1	¥50,281	¥25,140	1%	TVCM
264		-0.127	1.00	¥20,317	1	¥46,046	¥23,023	1%	TVCM
265		-0.127	1.00	¥19,369	1	¥43,916	¥21,958	1%	TVCM
266		-0.127	1.00	¥18,293	1	¥41,497	¥20,748	1%	TVCM
267		-0.127	1.00	¥16,882	1	¥38,321	¥19,161	1%	TVCM
268		-0.127	1.00	¥13,989	1	¥31,807	¥15,903	1%	TVCM
269		-0.127	1.00	¥10,553	0	¥24,054	¥12,027	1%	TVCM
270		-0.127	1.00	¥0	0	¥0	¥0	1%	TVCM
271		-0.127	1.00	¥745,187	31	¥1,710,672	¥855,336	1%	TVCM
272		-0.127	1.00	¥405,167	17	¥930,112	¥465,056	1%	TVCM
273		-0.127	1.00	¥304,480	12	¥698,972	¥349,486	1%	TVCM
274		-0.127	1.00	¥256,481	11	¥588,785	¥294,392	1%	TVCM
275		-0.127	1.00	¥210,970	9	¥484,308	¥242,154	1%	TVCM
276		-0.127	1.00	¥194,315	8	¥446,076	¥223,038	1%	TVCM
277		-0.127	1.00	¥179,971	7	¥413,147	¥206,573	1%	TVCM
278		-0.127	1.00	¥161,856	7	¥371,560	¥185,780	1%	TVCM
279		-0.127	1.00	¥104,014	4	¥238,777	¥119,389	1%	TVCM
280		-0.127	1.00	¥64,407	3	¥147,853	¥73,927	1%	TVCM
281		-0.127	1.00	¥47,653	2	¥109,394	¥54,697	1%	TVCM
282		-0.127	1.00	¥41,108	2	¥94,369	¥47,184	1%	TVCM
283		-0.127	1.00	¥34,395	1	¥78,958	¥39,479	1%	TVCM
284		-0.127	1.00	¥33,112	1	¥76,012	¥38,006	1%	TVCM
285		-0.127	1.00	¥31,858	1	¥73,134	¥36,567	1%	TVCM
286		-0.127	1.00	¥30,861	1	¥70,845	¥35,422	1%	TVCM
287		-0.127	1.00	¥30,594	1	¥70,233	¥35,116	1%	TVCM
288		-0.127	1.00	¥28,926	1	¥66,403	¥33,201	1%	TVCM
289		-0.127	1.00	¥27,425	1	¥62,958	¥31,479	1%	TVCM
290		-0.127	1.00	¥25,757	1	¥59,128	¥29,564	1%	TVCM
291		-0.127	1.00	¥25,233	1	¥57,927	¥28,963	1%	TVCM
292		-0.127	1.00	¥24,167	1	¥55,479	¥27,740	1%	TVCM
293		-0.127	1.00	¥22,203	1	¥50,969	¥25,485	1%	TVCM
294		-0.127	1.00	¥20,317	1	¥46,640	¥23,320	1%	TVCM
295		-0.127	1.00	¥19,369	1	¥44,465	¥22,232	1%	TVCM
296		-0.127	1.00	¥18,293	1	¥41,995	¥20,997	1%	TVCM
297		-0.127	1.00	¥16,882	1	¥38,754	¥19,377	1%	TVCM
298		-0.127	1.00	¥13,989	1	¥32,113	¥16,057	1%	TVCM
299		-0.127	1.00	¥10,553	0	¥24,227	¥12,113	1%	TVCM
300		-0.127	1.00	¥0	0	¥0	¥0	1%	TVCM
301		0.000	1.00	¥202,245,375	2,652	¥159,142,255	¥95,485,353	319%	紙媒体
302		0.000	1.00	¥174,781,371	2,292	¥137,531,459	¥82,518,875	319%	紙媒体
303		0.000	1.00	¥136,465,657	1,790	¥107,381,701	¥64,429,021	319%	紙媒体

図7-7-8

【CLEAR】マクロを実行してからソルバーを起動します。ここでは紙媒体【E5】セルの値を150%以下にする制約条件を追加します。それ以外は前回と同様の設定とします（図7-7-9）。設定を確認したらソルバーを実行します。

図7-7-9

5分で計算が中断されます。ソルバーを中止して得た計算結果が（図7-7-10）です。

> 「合算グラフ」Sheetの内容も確認しましょう。

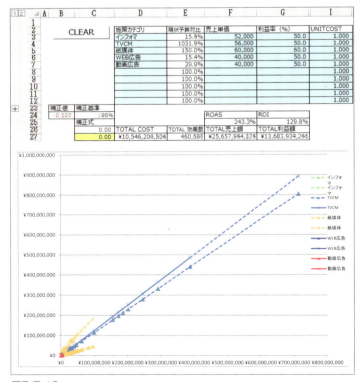

図7-7-10

TVCMの上限も考慮したほうがよさそうです。他の施策と比較して投下予算が少ないTVCMは現状予算対比の上限は250%に抑える制約を追加してソルバーを実行します。【CLEAR】マクロを実行してからソルバーを起動します。

【E4】セルの値を250%以下にする制約条件を追加します。それ以外は前回と同様の設定とします（図7-7-11）。設定を確認したらソルバーを実行します。

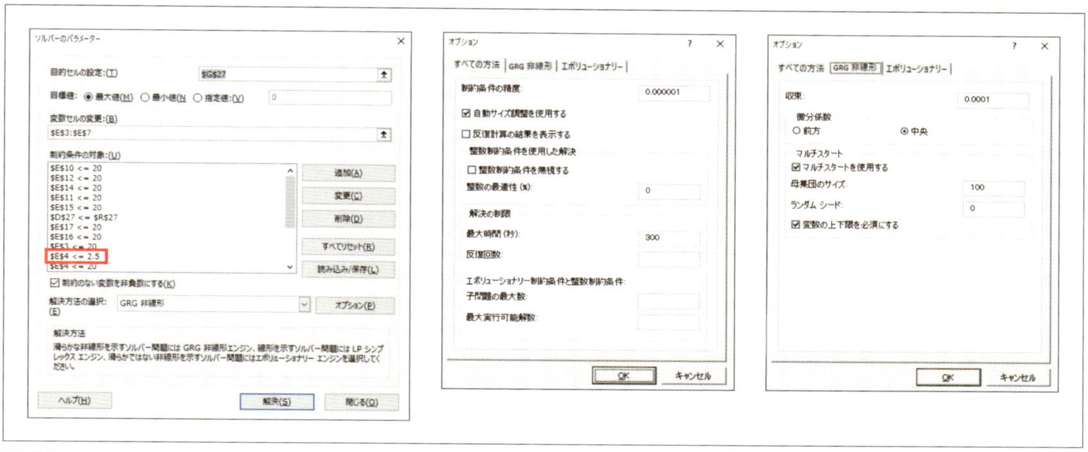

図7-7-11

設定を確認し、ソルバーを実行すると5分で計算が中断されます。ソルバーを中止して得た計算結果が図7-7-12です。

「合算グラフ」Sheetの内容も確認しましょう。

施策カテゴリ	現状予算対比	売上単価	利益率（%）	UNITCOST
インフォマ	173.6%	52,000	50.0	1.000
TVCM	202.8%	56,000	50.0	1.000
紙媒体	150.0%	60,000	60.0	1.000
WEB広告	14.6%	40,000	50.0	1.000
動画広告	28.9%	40,000	50.0	1.000
	100.0%			1.000
	100.0%			1.000
	100.0%			1.000
	100.0%			1.000
	100.0%			1.000

補正値	補正基準
0.000	100%
	補正式
	0.00
	0.00

ROAS	ROI
242.0%	129.1%

TOTAL COST	TOTAL 効果数	TOTAL売上額	TOTAL利益額
¥10,546,199,177	473,460	¥25,525,019,139	¥13,617,471,773

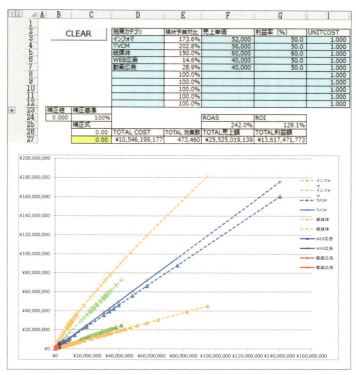

図7-7-12

現状の予算配分のシェアが最も高いインフォマーシャルの効果も上限を考慮したほうがよさそうです。最も投資予算が多く、これ以上の単価交渉も難しそうなインフォマーシャルを現状の120%に抑える制約条件を追加します。【CLEAR】マクロを実行してからソルバーを起動します。

　【E3】セルの値を120%以下にする制約条件を追加します。それ以外は前回と同様の設定とします（図7-7-13）。設定を確認したらソルバーを実行します。

図7-7-13

　設定を確認し、ソルバーを実行すると5分で計算が中断されます。ソルバーを中止して得た計算結果が図7-7-14です。

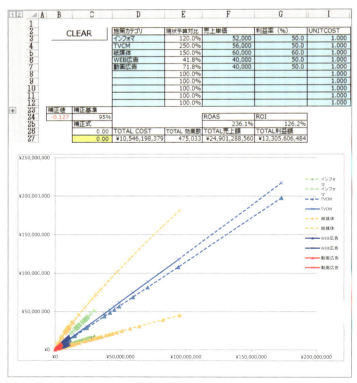

図7-7-14

既存プランのROI【U25】の116.2%から改善プランのROI【G25】は10%改善となっています(図7-7-15)。

	D	E	F	G
24			ROAS	ROI
25			236.1%	126.2%
26	TOTAL COST	TOTAL 効果数	TOTAL売上額	TOTAL利益額
27	¥10,546,198,379	475,033	¥24,901,288,560	¥13,305,606,484

図7-7-15

「合算グラフ」Sheetを開くと、L列～X列の上部では得られた予算配分に対応するグラフが描画されています(図7-7-16)。

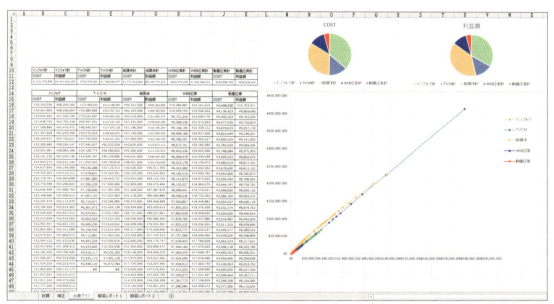

図7-7-16

7-8 まとめ

　第7章の演習では、現実的なMMMの手順を意識し、偏回帰係数のバイアスなどのリスクを意識して入念にデータの推移や分布（と外れ値）をチェックした上で、オフラインチャネル（コールセンター）とオンラインチャネル（EC）それぞれを目的変数とした2つのモデルを作りました。オフラインチャネルのモデリングではソルバーが思った通り動かず局所解にトラップされてしまったため、「エボリューショナリー」を用いました。そして2つのモデルを元に、「MMM_simulation」SheetでGRG非線形＋マルチスタートを用いて、効果効率が良い施策を把握する予算配分試算を行いました。

　こうした数理的なアプローチでは「極端な結果」となることも多いです。そうした結果を避けるため、例えば各施策の「現状予算対比」を全て30%以上200%未満という制約をかけて試算する方法も考えられますが、本書では予算シミュレーションにおける各施策の「現状予算対比」のデフォルトの下限と上限を0%、2,000%として最も良い施策に配分を寄せる極端な結果をいったんは確認してから、「外挿」による予測リスクなどを考慮し、順番に1つずつ効果が良い施策の現状予算対比の上限制約を追加していき、試算を修正して現実的なプランに落とし込む過程を再現しました。本章の演習の2回目の試算では紙媒体を150%に、3回目はTVCMを250%に、4回目はインフォマーシャルを120%に抑制していきました。全体予算における各施策のシェアは多少考慮しましたが、抑制する基準とする値についてはマーケティング施策の事情を踏まえた考察によって慎重に行ってください。

　試算を補正していくたびに、効果の増加予測も軽微なものに落ち着いていきますが、理想的には施策の効果が上手く定量化できているという確信を得て効果が良い施策に極端に配分しなおすほうが予算配分の最適化によってより大きな恩恵を享受できるはずです。そうしていくためには分析のPDCAを繰り返して精度を上げていくことが重要です。

　極論、本当に推定結果が正しいかについてはどんなモデルであっても保証はありません。ですが、推定結果や検定結果に悪影響がある（統計解析上の）「落とし穴」について知っておくことで、統計的に確からしくないモデルの解釈から行う間違えた意思決定を回避する確率は上がります。「落とし穴」は、これまでの演習とコラムで紹介してきた「多重共線性」「系列相関（時系列のみ）」「不均一分散」「説明変数の外れ値」以外にも、「欠落変数バイアス」があります。これは統計的因果推論に関するものです。他にも回帰分析を時系列データで行う際の「見せかけの回帰」という落とし穴もあります。誌面の許す限り次章で紹介していきます。

DATA-DRIVEN MARKETING

第8章

補足解説

8-0 演習を終えた方へ

　第3章〜第7章の演習で使用した「モデル選択基準（**第4章-2** P117〜P118）」は決定係数を第一の指標として予測精度を上げていくことに軸足を置いていました。アルコール飲料のモデル探索の演習では以下の手順を体験してきました。

- ・TVCMなどのマーケティング施策を説明変数として選択したモデルを作る
- ・予測値と実績の差異からその要因と思われる変数を加える（正月等）
- ・季節性を考慮するための月次ダミーの組み合わせを探索する
- ・残存効果や非線形の影響を加味したタイムラグの変数加工をソルバーによって行う

　これは、学習データからどのように目的変数を予測するモデルを作り予測精度を高めていくかを重視したものです。分析を「まずはやってみる」ことを優先し、演習用に筆者が独自に設定したモデル選択基準です。しかし、本来のMMMのモデル選択は分析テーマとなる商品またはサービス固有のマーケティング事情を踏まえたマーケターとしての知見と、統計解析の知見、その双方によって慎重に考察すべきものです。決定係数が8割を超え、P値が10％を下回れば問題ないと判断できるものではありません。

　この章では本来のMMMのモデル選択視点について解説します。予測を重視するのか？　あるいは説明を重視するのか？　目的の軸足をどちらに置くかによって異なる説明変数選択の視点を共有します。主にマーケターがMMMを利用する場合は、説明、すなわちマーケティング施策の介入効果の定量化を主目的とすることが多いと考えます。その考察に必要な因果推論の基礎知識について解説します。これは本来奥の深いテーマです。ページ数の制約もあり、十分な解説ができないため、キーとなる用語や参考文献を示しました。皆さんが知識を補完する際の材料にしていただければと思います。また、筆者の経験を元に大まかに分けた業種ごとのモデル探索視点やMMMの活用視点についても紹介します。

 本書で用いる「モデル選択」という言葉は複数のモデルからどれを選ぶかという意味だけでなく、候補となる変数の抽出、説明変数の選択という意味を含みます。

【本来のモデル選択手順】

① 分析の目的を（予測か説明か）定める

目的変数（売上数）の「予測」に軸足を置くか、マーケティング施策の介入効果の「説明」に軸足を置くか、どちらにするかによって説明変数選択の方針は大きく変わるので、あらかじめ決める必要があります。ここで述べる「説明」の範疇に介入効果の推定を含みます。また、後者に軸足を置く場合は、推定結果にバイアスをかけてしまう落とし穴などがあるため、より慎重な考察が必要になります。

② 候補となる変数を洗い出しデータをとる

分析目的を定めた上で、テーマとなる商品やサービス固有の事情を踏まえたマーケティング知見や考察をもとに行います。候補を洗い出し、整理できてから、その後で必要なデータを取ります。

③ モデリングを行う

決定係数やP値などの指標を参照しながら変数の選択のやり直しや変数の加工によってモデルを補正しながら、より良いモデルを探索していきます。

④ 最終的に使用するモデルを選択する

（効果シミュレーションに用いる等）得られた複数のモデルから意思決定に用いるものを選択する際は、統計解析の知見とマーケティング知見による総合的な考察によって行います。

8-1 分析の目的を(予測か説明か)定める

　説明変数の選択基準は分析の目的（予測か説明か）によって変わります。データを集める前に、まず方針を定めてから候補変数を考えていくことが重要です。第5章から第7章までの演習では、目的変数の「予測」に軸足を置いて簡略化したモデル選択方針をとりましたが、実際には「説明」を重視することが多いと思います。効果検証のためにMMMを行う場合、最も興味があるのはマーケティング施策の1定量によって目的変数がいくつ増えるかという介入効果の推定です。回帰分析はXとYの相関を元にしていますが、X→Yの因果関係や因果の向きを保証するものではありません（例えば、単回帰分析のXとYを入れ替えても推定結果は同一です）。「説明」を重視したモデル選択の際には、より慎重な考察が必要です。そのために必要な統計的因果推論の基礎知識を共有します。

因果関係を確認する3つのポイント

　『原因と結果の経済学』（中室・津川、2017）では因果関係と相関関係の混同について言及し、それを解決するための因果推論の考え方や調査分析の具体例を紹介しています。同書では、因果関係か相関関係を確認するためにまず、3つの事象を疑うことを推奨しています。1つ目は「まったくの偶然」ではないか、2つ目は「第3の変数」は存在しないか、3つ目は「逆の因果関係」は存在していないかです。

　1つ目は「**まったくの偶然**」です。それについて同書では米軍の情報アナリストのタイラー・ヴィーゲンが執筆した『見せかけの相関』からの引用事例やスタジオジブリの映画が日本で放映されると、アメリカの株価が下がるといわれる「ジブリの呪い」を例に挙げて説明し、『「まったくの偶然」によって現れる相関関係が意外にも多いということを心に留めておかねばならない』と述べています。MMMで扱う「時系列データ推移」は世の中のありとあらゆる事象にあるものです。「まったくの偶然」によって似通ってしまうものがあってもおかしくありません。

　2つ目の「**第3の変数**」については、MMM（主に時系列データ解析）と準実験または対照実験法（主にクロスセクションデータ解析）双方に必要な知識です。追って詳しく解説します。

　3つ目の「**逆の因果関係**」について、同書では『警察官の人数が多い地域では、犯罪の発生数が多い傾向がある。しかし、警察官が多いということが原因で、犯罪の発生件数が多いと考えるにはやや無理がある（警察官→犯罪）。むしろ、犯罪が多い危険な地域だから、多くの警察官を配置していると考えたほうが理にかなっている（犯罪→警察官）。このように原因と思っていたものが実

は結果で、結果であると思っていたものが実は原因である状態のことを「逆の因果関係」と呼ぶ。』と説明しています。例えば、TVCMなどの広告によって増える指名検索やソーシャルメディア投稿はTVCM→検索または投稿→購買という因果の方向で考えることもできますが、購買→検索または投稿と考えることもできます。広告自体が世間で話題になったようなケースでは前者の関係と捉えられますが、商品やサービスの評判が良い際は後者の関係と捉えるほうが自然かもしれません。

第3の変数／交絡因子

　例えば、何人かの集団で、変数1（飲酒量）と変数2（肺がんの発症に関する値）のデータがあり、変数1を説明変数、変数2を目的変数とした回帰分析を行ったところ、決定係数が高くP値も設定した有意水準を下回るモデルが得られたとします。「飲酒量が増えると、肺がんの発症が高まる」またはその逆（あるいは相関）、そんな関係があるでしょうか？　こうしたケースでは原因と結果の双方に影響を持つ第3の要因を疑います。このような第3の変数を「**交絡因子**」といいます。この例での交絡因子は「喫煙」で、飲酒と喫煙の相関が高いことによるものでした（**図8-1-1**）。飲酒と肺がん発症率がなんの関係もない場合に、喫煙（交絡因子）の存在によって、関係があるような分析結果になることがあります。**第3章-5**で紹介した疑似相関も交絡因子によるものです。

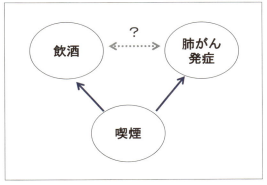

図8-1-1

　こうしたケースでは、本来興味のある説明変数の介入効果の推定にバイアスをかけないように「交絡因子」の影響を考慮（除外）する必要があります。主な方法は2つあります。1つは層別解析です。このケースでは交絡因子となる喫煙の有無で標本を分けてから、飲酒者と非飲酒者の肺癌発生率を比べます。もう1つの方法は、説明変数に交絡因子を加える方法です。この場合には説明変数に喫煙有無を加えます。そうすることで、喫煙の影響を除外して飲酒による肺がん発症への介入効果を推定できるようになります。

　MMMにおいて、興味のある説明変数の背後に交絡因子がある場合は、それを説明変数としてモデルに組み込まないと、興味のある説明変数の係数にバイアスをかけてしまうため、特に注意が必要です。

参照URL

統計WEB
「交絡因子」(https://bellcurve.jp/statistics/glossary/1322.html)
「偏相関係数」(https://bellcurve.jp/statistics/course/9593.html)

第3の変数／中間変数

第3の変数が図8-1-2のような関係となっている場合にも注意が必要です。この関係は交絡因子ではなく、**中間変数**と呼ばれます。

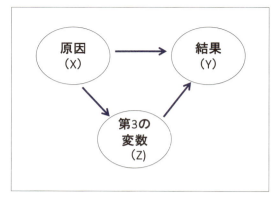

図8-1-2

例えば、TVCMを投下しているスマホアプリのゲームがあり、CM投下量に連動してCMキャッチコピーを含む検索数が増加しており、アプリのインストールも増加している関係になっているケースがあるとします（図8-1-3）。

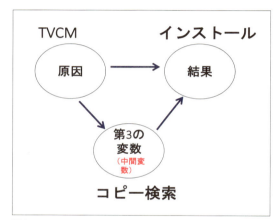

図8-1-3

TVCMからインストールへの真の介入効果が90である場合を例に考えます。

こうした場合に、目的変数をインストール数としてTVCMとコピー検索数を用いて重回帰分析を行う場合は注意が必要です。TVCM→インストール数の介入効果に興味がある場合は、中間変数となるコピー検索の目的変数に対する影響が除外または追加されてしまうため、本来興味があるはずのTVCMの係数にバイアスをかけてしまいます。3つの変数の15か月の架空のデータ（図8-1-4）を元に回帰分析を行った結果を見ていきます（図8-1-5）。

インストール数	コピー検索数	TVCM（GRP）
188000	190000	1000
146800	144000	300
181400	252000	600
114700	148500	0
124940	149700	0
111000	155000	0
110400	152000	0
109000	145000	0
188800	204000	800
172400	192000	400
140200	191000	200
111200	156000	0
107300	146500	0
114600	148000	0
118400	142000	0

図8-1-4

①コピー検索数とTVCMの2つを説明変数にした場合

回帰統計	
重相関 R	0.9694063
重決定 R2	0.9397485
補正 R2	0.9297066
標準誤差	8325.2228
観測数	15

分散分析表

	自由度	変動	分散	観測された分散比	有意 F
回帰	2	12972302283	6486151141	93.58264964	4.784E-08
残差	12	831712010.7	69309334.22		
合計	14	13804014293			

	係数	標準誤差	t	P-値	下限 95%	上限 95%	下限 95.0%	上限 95.0%
切片	78396.095	16253.71193	4.823273326	0.000416717	42982.299	113809.89	42982.299	113809.89
コピー検索数	0.2481616	0.105304592	2.356607816	0.036274369	0.0187226	0.4776006	0.0187226	0.4776006
TVCM(GRP)	72.393447	9.915683478	7.3009034	9.4651E-06	50.789029	93.997866	50.789029	93.997866

②TVCMのみを説明変数にした場合

回帰統計	
重相関 R	0.9549158
重決定 R2	0.9118642
補正 R2	0.9050345
標準誤差	9674.0269
観測数	15

分散分析表

	自由度	変動	分散	観測された分散比	有意 F
回帰	1	12587385936	12587385936	134.4995916	3.143E-08
残差	13	1216628357	93586796.68		
合計	14	13804014293			

	係数	標準誤差	t	P-値	下限 95%	上限 95%	下限 95.0%	上限 95.0%
切片	116206.08	3022.463246	38.44747445	8.93109E-15	109676.44	122735.71	109676.44	122735.71
TVCM(GRP)	89.711765	7.735509375	11.5973959	3.14333E-08	73.000213	106.42332	73.000213	106.42332

③コピー検索数のみを説明変数にした場合

回帰統計	
重相関 R	0.8198266
重決定 R2	0.6721156
補正 R2	0.6468937
標準誤差	18659.13
観測数	15

分散分析表

	自由度	変動	分散	観測された分散比	有意 F
回帰	1	9277893640	9277893640	26.64812244	0.0001827
残差	13	4526120653	348163127.1		
合計	14	13804014293			

	係数	標準誤差	t	P-値	下限 95%	上限 95%	下限 95.0%	上限 95.0%
切片	-1239.786	27007.69201	-0.04590493	0.964083705	-59586.36	57106.785	-59586.36	57106.785
コピー検索数	0.8179579	0.158451978	5.162181945	0.000182745	0.4756433	1.1602726	0.4756433	1.1602726

図8-1-5

コピー検索数とTVCMの2つを説明変数にした場合①と、TVCMのみの場合②とコピー検索数のみの場合③を比べて見てみましょう。

　コピー検索数とTVCMを説明変数とした場合①のTVCMの係数は72.39…で、TVCMのみを説明変数とした場合②のTVCMの係数は89.71…となっており、TVCM→インストール数の係数が中間変数となるコピー検索の目的変数に対する影響によって変化しています。介入効果に興味がある説明変数と目的変数の中間に位置する中間変数を説明変数として採用してしまうと、係数にバイアスをかけてしまいます。

説明変数同士の関係性を考慮する

　ゲームアプリのケースにおいて、介入効果に最も興味がある説明変数がTVCMではなく、コピー検索数の場合は、TVCMはコピー検索数とインストール数双方に影響を与える交絡因子となります。その場合は、TVCMも説明変数として採用する必要があります。

 興味のある説明変数の係数のバイアスをかけないために交絡因子を説明変数としてモデルに用いる場合は、P値があらかじめ設定した有意水準を上回っても残します。

　コピー検索数とTVCMの2つを説明変数とした場合①のコピー検索数の係数は0.248…ですが、コピー検索数のみを説明変数とした場合③のコピー検索数の係数は0.817…となっており、大きな開きがあります。介入効果を推定したい説明変数の背後にある交絡因子を説明変数として採用することができずに起こるこうした係数のバイアスを疫学では交絡バイアスと呼びます。計量経済学では交絡因子を「**交絡変数**」、交絡バイアスを「**欠落変数バイアス**」と呼びます。時系列データ解析によるMMMは主に計量経済学の文脈で語られることが多いため、本書では、以降「交絡変数」「欠落変数バイアス」で統一します。MMMを効果把握に用いることが主となる（説明重視の）モデル選択では「欠落変数バイアス」が起きないように厳重な注意が必要です。本来必要な交絡変数を説明変数から外さない、不要な中間変数を入れないようにするために、説明候補となる変数同士の関係を把握する必要があります。その方法の1つとして、パス図を活用します。

　パス図とは変数間の相関関係や因果関係を矢印で結び図に表したものです。実際には、マーケターの知見に加え、変数同士の因果関係を考慮するための補足データとなる分析調査結果も可能な限り集めることで、変数の関係性を整理しておきたいところです。

　重回帰分析は図8-1-6の右側のパス図のように分析を行うものですが、左側のパス図のようにYに対して因果関係があるX1,X2という2つの変数があり、その双方に影響がある交絡変数Zがあることをパス図を描いて関係を把握しておきます。この場合、X1→YとX2→Yの介入効果にバイアスがかからないようにするため、交絡変数Zを説明変数として採用する判断をします。

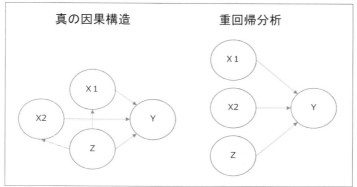

図8-1-6

　候補となる変数が3つまたは4つであれば、どの変数が介入効果に興味のある変数で、それを基準とした場合、どの変数が交絡変数や中間変数なのかを判断できます。しかし、それよりも変数が増え、さらに変数同士の関係が複雑になる場合には、どの変数を説明変数として採用すべきか？その判断が難しくなります。そうした際の説明変数選択基準の1つに「**バックドア基準**」があります。その解説は参考文献『岩波データ・サイエンス Vol3』やその他の専門書にゆだねます。

　『岩波データ・サイエンス Vol3』の特集「相関と因果と丸と矢印のはなし」（林・黒木, 2016）では、データの背後に想定している「因果構造（データ生成のメカニズム）」についての（分かる範囲で）簡単なパス図を描き、変数の関係性を検討する重要性や交絡変数や中間変数以外にも回帰係数と介入効果の値がバイアスをもつ事象について紹介し、より複雑な変数の関係性があるケースにおいて、説明変数の係数を介入効果とみなすことを妥当なことにするための「バックドア基準」について解説しています。同特集の著者のひとりである林岳彦氏のブログでは、計量経済学における内生性（endogeneity）をもつ、すなわち「説明変数と誤差項に相関がある」とはどういったことかについて考察しています。併せて参照文献と紹介しておきます。

 参照文献

黒木学、津川友介、林岳彦, 伊庭幸人、星野崇宏（担当編集）、黒木学、津川友介、加藤諒、中村知繁、南美穂子、山口慎太郎（著）
『岩波データ・サイエンス Vol3』岩波書店、2016年
TAKE A RISK：林岳彦の研究メモ「内生性・交絡 revisted: 説明変数と残差と誤差の相関をのんびりと眺めるの巻」
(http://takehiko-i-hayashi.hatenablog.com/entry/2017/09/27/105559)

　『岩波データ・サイエンス Vol3』は『原因と結果の経済学』（ダイヤモンド社、2017年）の著者のひとりである津川友介氏が、観察データから実験に似た状況を作り出すことで因果方法を示す手法を紹介する特集「準実験のデザイン　観察データからいかに因果関係を導き出すか」や（株）インテージのシングルソースパネル「i-SSP」を用いた調査分析を元にスマートフォンゲームアプリのTVCM接触を原因としてアプリ利用回数や利用秒数への因果効果についての特集となる「因果効果推定の応用　CM接触の因果効果と調整効果」（加藤・星野, 2016）をはじめ、マーケターに身近な事例や、統計的因果推論についてわかりやすく解説されているものです。こちらも多くのマー

ケターに有益な気づきを与える内容だと思います。

次節では、分析の目的を説明と予測どちらに軸足を置くかで異なる説明変数選択視点について解説します。説明重視の使用例として効果検証を想定した例と予測重視の使用例として需要予測を想定した例を紹介します。

■「説明」「予測」のどちらに軸足を置くかで変わる説明変数選択

例として（架空の）アパレルブランドの店舗来客数を目的変数としたモデルの選択基準を考えていきます。簡単なパス図を描いてみます（図8-1-7）。

内部要因は「広告＆PR」と「販促」です。「自社KW」は、主に自社の広告によって増加すると考えられるキーワード（KW）の検索数や、ソーシャルメディア投稿数を示す造語です。外的要因に記載した「ニーズKW」も同じく造語です。この場合では同アパレルブランドが扱う売れ筋商品に関連するフレーズを含む検索数やソーシャルメディア投稿数を想定して

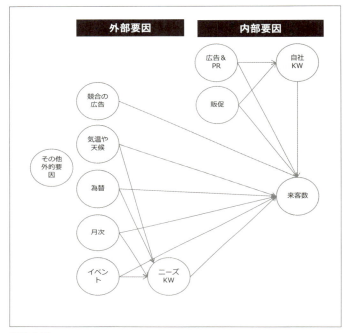

図8-1-7

います。これらのニーズは背後にさまざまな要因が考えられます。例えば「気温や天候」、「月次」（演習で使用した月次ダミー）「イベント（正月やお盆等）」などです。このブランドは海外からの旅行客に人気が高いブランドであるため、海外からの旅行客数に影響を与えそうな景気要因として「為替」も入れました。

説明変数選択視点：内部要因

MMMの目的効果検証とする場合、注意すべきは推定に興味のある施策と目的変数の間に位置する中間変数です。TVCMなどの広告の影響で増加する検索（リスティング広告）や、ソーシャルメディア投稿など「自社KW」の位置に入る要因がそれにあたります。広告の影響で増えるオウンドメディアや自社SNSのアクセスなども、この位置に入る中間変数として考えられます。ただ

し、仮にここで、「広告＆PR」や「販促」ではなく、「自社KW」の位置にある施策の介入効果の推定を主な目的とする場合は、「自社KW」を増やす要因となりえる「広告＆PR」や「販促」は目的変数にも影響があると考えられるため、「自社KW」の交絡変数となります。それらの影響を考慮するために説明変数として採用する必要があります。ただ、その場合は「広告＆PR」や「販促」の介入効果は中間変数（「自社KW」）によるバイアスがかかるため、参考にできません。また、「自社KW」は「広告＆PR」や「販促」によって増加する因果関係だけでなく、来客数の増加によって増える逆の因果関係も考えられます。さらに自社KWの背後には「広告＆PR」や「販促」以外にも多くの交絡変数が考えられます。自社KW（検索数または投稿数）1回あたりの介入効果を正確に判断するのは極めて困難と言えます。

説明変数選択視点：外部要因

「競合の広告」などの外部要因データを（広告関連のシンジケートデータ等を活用して）取得してモデルに採用し、自社KPI（ここでは来店数）への介入効果の把握を目指す場合があります。説明を重視する場合は競合の広告の変数は有効ですが、予測を重視する場合はこれを外す判断をする場合があります。競合の広告を説明変数に入れたモデルで決定係数やMAPEが高いモデルが作れた場合に、未来の来店数の予測をする際には未来の期間の競合の広告を予測する必要が出てきます。予測を重視する場合は説明変数選択の際に、「モデルに用いる変数の未来を予測できるか？」という視点が加わります。月次ダミーやイベントは予測可能なものといえるでしょう。「競合の広告」の予測は原則難しいと思います。「為替」などの景気要因の予測はさらに予測困難です。説明変数の未来を予測困難とするか？　可能と判断するか？　これは程度の問題として、判断していく必要があります。また、規則的な推移を描く変数は単変量の時系列データ解析によってある程度予測ができる場合があります。

図8-1-8はGoogleトレンドを用いて調べた日本国内の「コート」に関連する検索数の、2013年1月1日から2016年12月末までの5年間の推移です。

図8-1-8

実際の数値が青い線です。オレンジ色の太い線は2013年1月から2014年12月末までの4年間のデータを元にExcel2016の「予測ワークシート」機能で2017年の1年間を予測したものです。細いオレンジ色の線が信頼度95%の上限と下限の予測線です。1年（52週）の周期性があり、少しずつ右肩上がりのトレンドになっています。こうした規則性のある推移のデータに対しては単変量の時系列データ解析でも精度の高い予測ができる場合があります。そうした分析手法を用いて予測可能と判断できるものは予測重視のモデル選択時の説明変数候補となり得ます。

 Excel2016以降の機能となる「予測ワークシート」を用いた時系列予測について、付録演習で紹介します。

見せかけの回帰

第1章-4「データマイニングの種類」の「データセットの種類と時系列データ解析」では時系列データ解析の際に独特の作法が必要だと述べましたが、ここでは回帰分析を時系列データで行う際の「見せかけの回帰」の問題について簡単に触れておきます。「見せかけの回帰」とは、時系列変数の回帰において本来は統計的に無関係な説明変数と被説明変数が有意な係数の推定値を取ってしまう問題です。双方とも単位根過程である時に起こり得る問題です。

単位根過程である時系列データは、非定常という性質を持ちます。非定常な仮定を例えると、「リードが外れた犬」のように予測不可能な動きをするものです。株価のような時系列データにあてはまります。反対に定常な時系列データとは「リードにつながれた犬」のような推移を描くものです。まっすぐな道を散歩する場合、左右に多少ブレながらも、一定の範囲を行き来するイメージです。単位根過程を持つデータ同士を回帰する場合は、時系列データを前週との差分のデータにして（「階差をとる」といいます）分析を行う、または「見せかけの回帰」の問題を回避できる、回帰分析以外の高度な統計アルゴリズムを用いるなど、いくつかの方法がありますが、そうした方法を適切に行い、結果を解釈するには計量経済学や時系列データ解析の高度な専門知識が必要になります。そうした方法を行うのは簡単ではないと思います。単純な方法ですが、分析期間を変えてみることでそれを回避できる場合もあります。

「見せかけの回帰」を回避するために、少なくとも目的変数の分析対象となる学習期間105週が「単位根過程」ではなく、定常なデータかであるかをチェックしましょう。エクセル統計はバージョン2.20から、単位根検定の1つの手法となる「ADF検定」と、単位根同士であっても見せかけの回帰が生じない「共和分」という関係になっているかを検定する共和分検定の手法の1つである「PO検定」の機能が追加されました。

 巻末の付録演習では、エクセル統計の単位根検定を用いて、アルコール飲料の売上数、通販企業のコールセンター申込数、インターネット申込数の学習期間105週のデータが単位根過程を持つかを検定する方法を紹介します。

 筆者が本書で紹介するMMM分析では、分析対象期間を2年間とすることで、アルコール飲料のように春と夏などに2回売上が伸びる場合を繰り返す期間を用いることで定常となることを狙っています。

> 📖 **参照URL**
> エクセル統計機能紹介「単位根検定」(https://bellcurve.jp/ex/function/unitroot.html)
> 「共和分検定」(https://bellcurve.jp/ex/function/cointegration.html)

説明重視と予測重視で異なる説明変数選択の例

　ここからは、先ほど描いたアパレルの事例のパス図を元に、説明重視と予測重視で異なる説明変数選択の例を共有します。

「説明」重視の場合の説明変数選択例

　主に、内部要因「広告＆PR」や「販促」の介入効果を知ることを目的とする際に、候補とする変数を着色したものが図8-1-9です。MMMをマーケティング施策の効果検証で用いる際の説明変数選択の視点です。

　最も興味のある内部要因（「広告＆PR」「販促」）の介入効果を知るために、推定結果のバイアスとなりえる中間変数（「自社KW」）を外しています。

　未来の予測に主眼を置く必要がないため、説明変数として（ここでは未来の予測が難しいと思われる）「競合の広告」や「為替」も採用しています。競合以外の外部要因の中間変数となる「ニーズKW」を外しています。MMMにおいては、外部要因の「消費者ニーズ」をどのようにとらえるか、そしてそれをモデルに反映するためにどのような変数を用いるかが課題となります。演習ではわかりやすく、単純なパス図としていますが、実際の分析では推定に興味のある変数の背後にある交絡変数が推定結果にバイアスをかけてしまうことを常に意識し、交絡変数の存在を考えることが重要です。

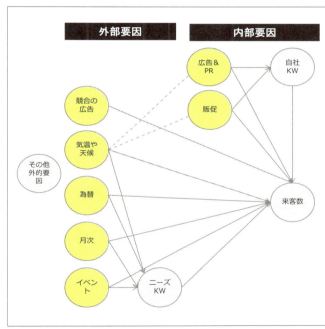

図8-1-9

　パス図に記載したような外部要因が「広告」＋「販促」に対して影響がある（例えば、気温が下がることで、広告の変数の値が増える）ことは無い場合が多いと思います。「広告＆PR」と「販促」

の介入効果の推定が目的となる場合、交絡変数とならない変数をモデルに入れる必然性はありません。ただし、実際のMMMのモデル探索では「広告&PR」と「販促」は一般的に需要が高い時期に注力されるため、その需要を象徴する外部要因の数値と相関することが多々あります（アイスクリームは気温が高い時期に売れるので暑い時期のTVCMの投下量が多くなりTVCMと気温が相関するなど）。

ここで想定しているアパレル店舗の場合でも、暑い時期に売れる商品がある場合、季節的な事情を考慮してマーケターが広告の量を増やしたり、販促を強化したりすることから「気温や天候」と「広告&PR」や「販促」に相関が生じます。これを表現すると図8-1-9で示した点線のようになります。そうした場合は「広告&PR」や「販促」と相関する「気温や天候」などの外部要因が交絡変数となり、「広告&PR」と「販促」の介入効果の推定を左右する場合があります。そうしたことから、目的変数に影響を持つと思われる外部要因も極力モデルに取り込んでおくことが望ましいです。

「予測」重視の場合の説明変数選択例

需要予測など目的変数の未来を「予測」することに軸足を置いた説明変数選択例が図8-1-10です。

このケースでは、最も興味があるのは未来の来客数です。内部要因（「広告&PR」「販促」）は前回同様モデルに入れていますが「説明」重視の時とは違い「自社KW」も説明変数として入れています。来客数の予測を優先しますので、「広告&PR」「販促」の中間変数となる「自社KW」を入れることで推定結果にバイアスがかかっても、それはあまり問題にせず、決定係数が上がり、MAPEも下がるのであれば「自社KW」を採用します。あとは程度の

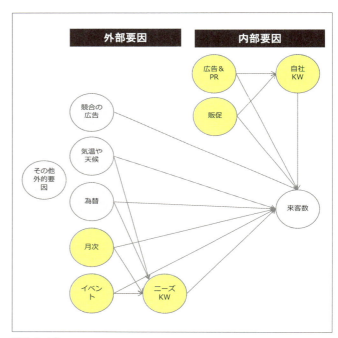

図8-1-10

問題として「自社KW」の未来を予測可能なものとみなすか否かで採用を判断します。

> このケースでは指数平滑法などの単変量の時系列データ解析または「自社KW」を目的変数とした別のモデルから予測可能なものと判断した想定です。

> 未来の予測期間に関しては、筆者が本書で紹介した計118週の分析期間のMMMのHOT期間となる9週位が未来予測期間の上限目安と考えます。予測する変数や分析手法によっても変わりますが、一般的には単変量の予測は長期の予測には向かないものが多いと言われています。

外部要因も、「ニーズKW」の背後にある要因の介入効果にはあまり興味がなく、中間変数による推定結果のバイアスを気にする必要がないため、決定係数が上がり、MAPEも下がるのであれば「ニーズKW」を採用します。ここではそれを時系列データ解析によって予測が可能なものとしています。「競合の広告」「為替」「気温や天気」は予測困難として外しました。繰り返しになりますが、予測可能とするか否かは程度の問題です。

> ❗ 「広告＆PR」や「販促」が「自社KW」に影響する前提です。「ニーズKW」に影響する要因として「月次」や「イベント」の要因が想定されています。こうしたケースのようにあらかじめ説明変数同士の相関が考えられる場合は多重共線性には特に注意が必要です。

筆者が主に用いるモデル選択基準

筆者が実務で用いる説明選択基準を反映した選択例が図8-1-11です。

主な目的は内部要因となる施策の介入効果を求める「説明」です。マーケティング施策の正しい介入効果を把握することです。その場合、内部要因（「広告＆PR」「販促」）の係数推定結果にバイアスをかけてしまう中間変数は使いません。外部要因のうち「競合」に関しても1単位増加あたりの介入効果の推定に興味がありますので説明重視の視点で変数に入れますが、未来の競合の動きを予測して、得られたモデルから未来の売上を予測

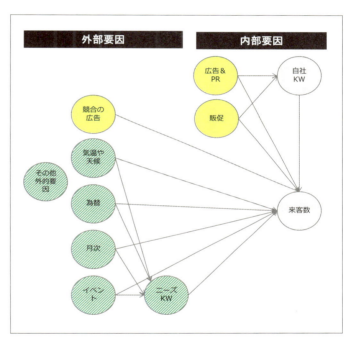

図8-1-11

することには主眼を置きません。その他の外部要因に関しては（来客数に影響する）消費者ニーズを象徴する変数の採用を考えます。これらはさまざまな要因が複雑に絡み合っているため、どんな変数を用いても想定できていない交絡変数があることが想定されます。外部要因の「消費者ニーズ」を象徴する変数を全て洗い出し、それらの関連性について完全に把握することは不可能です。外部要因の変数の介入効果の絶対値を正確に推定するのは現実的ではありません。そもそも（重）回帰分析でモデルに用いた全ての変数の介入効果を同時に正確に把握することはほぼ不可能です。よって「競合」以外の外部要因については介入効果の推定ではなく、モデルの予測精度を上げるための調整を目的としての採用を検討します。「気温や気候」「株価」「月次」「イベント」や中間変数となる「ニーズKW」も候補として、探索的に候補変数の組み合わせを探ります。重要なのは、目的変

数に影響※がある主要な外部要因をモデルに入れることで、目的変数の説明に有効な変数の欠落がないモデルを目指すことです。そうすることで、説明変数の推定結果を信頼できる状態を目指します。

一般的に、目的変数に影響がある重要な変数が（興味のある説明変数の交絡変数以外のものも含めて）欠落している場合には、回帰分析の前提条件を逸脱する「系列相関」などの問題が発生するリスクも高まります。その問題が発生した場合は推定結果の検定の値（t値やP値）が信頼できなくなります。欠落している変数が目的変数だけでなく、他の説明変数に多少なり影響を持つ場合は、他の説明変数の推定結果を左右する場合もあります。よって、介入効果に興味がある内部要因以外の要因（主に外部要因）の変数選択は決定係数やP値を参考にしながら探索的に最適な組み合わせを探ります。演習で月次ダミーの組み合わせを探索した手順はその方法の1つです。

モデル全体の予測精度を高めるため、目的変数に対して影響のある外部要因の変数の組み合わせを探索しながら、目的変数に影響が大きい主要な変数の欠落がない状態を目指します。介入効果に興味がある内部要因（マーケティング施策）の背後に交絡変数があれば必ず説明変数に入れて（P値が有意水準を上回っても関係なく入れ続ける）、目的変数との中間変数は説明変数に入れないようにして、欠落変数バイアスが起きないモデルを目指します。

※ 「介入効果」とは、意図的にある変数の単位を増加させた時に、目的変数がどれだけ変化するか？　因果推論において主に用いる用語ですので、外部要因については目的変数に対する「影響」という言葉のほうが適切と考え、それを用いています。

Column
構造型モデリングの分析ツール

回帰分析は、目的変数1つに対して説明変数がどのような影響を持つか、という因果構造のモデルでした。このコラムではパス図のような構造的な因果関係をモデル化する分析手法の例と、それに対応するツールを紹介します。

重回帰分析を利用したパス解析モデリング「XICA MAGELLAN」

回帰分析では、介入効果の推定に興味がある説明変数と目的変数の中間変数をモデルに入れることはできません。図8-C-1の因果構造の場合、検索は中間変数となり、売上への介入効果を推定したいTVCMとWEB広告の係数にバイアスをかけるため使用できません。ただ、実際のマーケティングの効果検証においては、中間変数となる検索の効果も加味して分析したい場面は多いと思います。これを解決する手段の1つとして、複数の回帰分析モデルを組み合わせる方法があります。このケースではTVCMとWEB広告による検索増加（モデル1）と、TVCM、WEB広告、検索による売上増加（モデル2）の2つのモデルを組み合わせます。

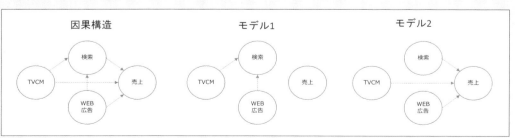
図8-C-1

モデル1では、TVCMとWEB広告がそれぞれ検索をいくつ増やすか、という介入効果を把握します。モデル2では、検索が売上を増やす効果のうち、TVCMとWEB広告が増やした検索によって増える売上を把握します。
筆者が本書で紹介した手法も、2つのモデルを組み合わせて、そこから予算配分試算を行う位であれば対応できないことはありませんが、これが3つのモデル、4つのモデルの組み合わせで演算するのは難しくなります。重回帰分析を多段階で繰り返すパス解析によってマーケティングゴールとなる数値への貢献を把握するツールが「XICA MAGELLAN」です。
回帰分析では不可能な、TVCMやWEB広告が検索などの中間指標を増加させ、それらを介して売上を増やすといった「間接効果」や、各施策の影響を、構造化して把握することができます（図8-C-2）。

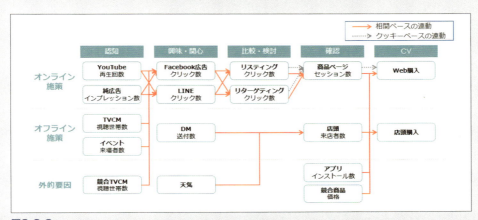

図8-C-2

「XICA MAGELLAN」では、ゴールとなる成果に結びつくまでに、それぞれの施策が認知、興味、比較検討といったステップの中でどのような貢献をしているかを直観的に把握するインターフェースを提供します（図8-C-3）。

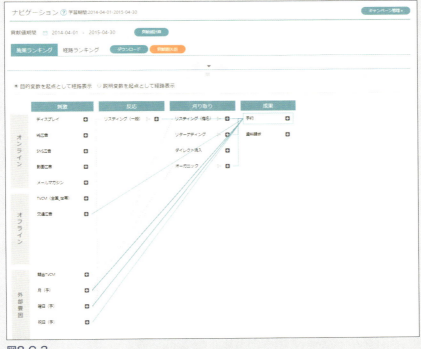

図8-C-3

また、得られたモデルを基に施策の最適な予算配分案をシミュレーションする機能も充実しています（図8-C-4）。

図8-C-4

説明変数の選択機能や、残存効果を考慮するための機能なども搭載されています（本書で紹介した手法と同様というわけではありませんので、詳細なアルゴリズムなどはXICA社にお問い合わせください）。統計解析の専門的な知識を持たないマーケターにも使いこなせるよう配慮されていますが、本書で体験したMMMの分析に必要な付帯知識を知った上で活用したほうが初期導入もスムーズにいき、PDCAをする際も、より有益に活用できると思います。

 参照URL

XICA MAGELLAN紹介サイト（https://xica.net/capabilities/marketing-mix-modeling/）

事象間の因果関係のモデル化から確率的シミュレーションを行う「ベイジアンネットワーク」を手軽に実行できる「Alkano」（アルカノ）

因果関係を構造的、階層的に把握する分析手法のベイジアンネットワークを紹介します。ベイジアンネットワークは事象間の関係（厳密には確率的な依存関係）をグラフ構造で表現するモデリング手法の1つです。ベイジアンネットワークでは目的変数と説明変数の区別はなく、確率的に依存している「ノード」（ベイジアンネットワークでは各変数のことを「ノード」と呼びます）を矢印で結び、依存関係の大きさを確率的に導いてそれを元に様々な角度から確率シミュレーションを行います（図8-C-5）。
例えば、アンケート回答などのクロスセクションデータの分析において、商品に関するアンケートを活用し「ヒト、モノ、行動、評価」構造のモデルを構築。商品への関心が高いヒトの属性やライフスタイル、ターゲット層の絞り込みに活用する、分析シナリオを指定し、どの属性が関心度に影響を及ぼしているかをランキングで表示する感度分析や、要因間の関係の可視化だけでなく、ヒトが買いたいモノの予測や、逆にモノを買いたいと思っているヒトを予測することができます。

ベイジアンネットワークでは全ての変数は質的変数（カテゴリカル変数）となるため、量的変数の場合は、カテゴリーデータに変換する必要があります。

NTTデータ数理システムが提供する「Alkano」は、ベイジアンネットワークモデルの自動構築、多様な推論機能、感度分析機能、モデル検証機能などの他、分析を効率的に行うための前処理機能も備わっています。また、Alkanoはテキスト処理機能を備えており、例えば、消費者

アンケートや製品の口コミなどのテキストデータから、ベイジアンネットワークで、購買行動の背景や潜在的なニーズや不満などを視覚化することが可能です（図8-C-6）。

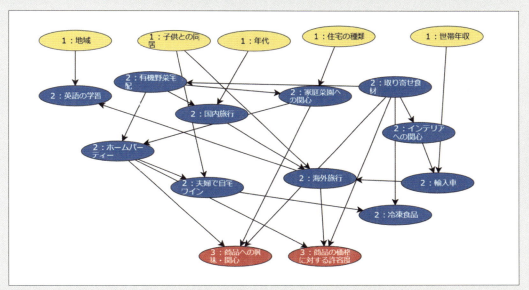

図8-C-5

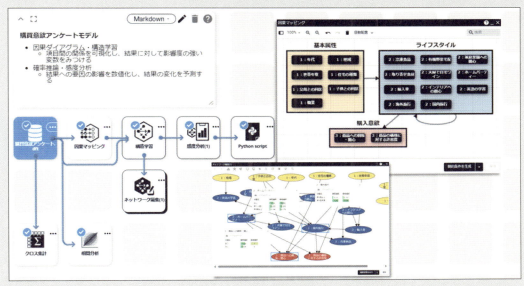

図8-C-6

 参照URL

Alkano紹介ページ(https://www.msi.co.jp/solution/alkano/top.html)

8-2 候補となる変数で洗い出す

本書付録の「MMM_modeling」Sheetを用いて行う分析で使用する時系列データを前提として、候補となる変数を洗い出す視点をいくつかの業種を例に紹介していきます。

店舗または施設（来店売上数または来場者数）

これまで例として示したアパレルの来客数のように店舗や施設への集客を目的とした小売り企業目線での変数候補の洗い出しとMMM活用の視点を共有します（図8-2-1）。複数の店舗を持つ小売チェーンや大型のショッピングモール、アミューズメント施設や飲食チェーンなどが想定されます。

内部要因			外部要因	
製品	販促	広告&PR	消費者ニーズ	競合
	イベント	TVCM	季節要因	広告
	商圏内集客施策	新聞広告	景気	販促
	店頭販促	雑誌広告	流行	etc
	CRM	ラジオ広告	etc	
	etc	OOH		
		インターネット広告		
		etc		

図8-2-1

内部要因

「製品」

小売りまたは施設の集客を目的とする場合は、これらの項目は説明変数として考慮しません（「製品」については次に紹介する日用品食品メーカーの例で説明します）。

「販促（SP）」

こうした業種の集客を目的にした「販促」においては特にシーズナリティを象徴する「イベント」（ゴールデンウィークやクリスマス等）が重要です。チラシなど「商圏内集客施策」も重要です。こうした企業がMMMに興味を持つきっかけとして最も多いのが「商圏内集客施策」のデジタル

化に関する課題です。旧来からあるチラシやポスティングといった販促手法が、デジタル施策に置き換わりつつあります。例えば、自社アプリによるプッシュ通知やLINEメッセージ、位置情報を元に特定エリアのみに配信するデジタル広告などです。これらは店頭POPやセールなどの「店頭販促」や「CRM」の機能も兼ねる双方向なコミュニケーションを実現するものです。そうした新しい手法に投資する予算配分などの意思決定に苦慮されているケースが多いため、デジタル施策と非デジタル施策を横並びで評価できるMMMへの期待度は高いです。MMMを行った後で予算配分をデジタルに大きく舵を切った企業もありますが、反対に効果を定量化したことで旧来からある手法の効果が見直されるケースもあります。これまで筆者が分析を受託する場合はマーケティング部署からの依頼で全国単位のモデルを作ることから着手する機会が多かったのですが、理想的には地方や各店舗商圏など細かい単位でモデルを作って分析することです。そのほうがより緻密に集客施策の予算配分の最適化ができるはずです。時系列データの推移を元に分析するMMMは比較的小規模な単位からモデルが作れることができるのが強みです。極端な例ですが、個人商店でも商圏エリア向けのデジタル広告配信量とチラシの配布数量などを説明変数として来店数または来店売上数を目的変数とするモデルを作って効果検証することができます。

「広告&PR」

　TVCMを中心とした広告費がマーケティング投資の多くを占める企業も多いです。こうした施策による集客効果を定量化するために、広告やPRの施策を説明変数として用いる場合の理想の変数は、各施策を見た人数の実数ではないでしょうか？　こうした理想のデータを検討した上で、どのようにデータを集めて整形するか考えていきます。「広告&PR」の変数を整形する場合はしかるべき方法でシンジケートデータを入手し「理想の変数」に近い重みづけを表現できるデータを考えます。仮にシンジケートデータが取得できない場合には「広告の定価」を元に整形することをおすすめします。これは、より大きな影響力や効果がある媒体ほど定価が高いことを利用するものです。強い影響力を持つ高価な媒体を値引いて仕入れた場合「理想の変数」に近い重みづけと乖離する可能性があります。「定価」を元にデータを整形することを推奨します。

> ❗ 仮に定価が実施価格より大きく乖離があっても構いません。係数もその比率に応じて変化するため、分析によって導かれる介入効果数は変わらないことを思い出してください。

　定価を基準にデータを整形する場合も、広告掲載開始週に出稿金額を割り付けるのか、1か月掲載媒体であれば1か月に均等に割り付けるのか、あるいは、開始週から減衰していくように割り付けをするのか、といった様々な方法が考えられます。どの手法が良いかは施策の特性を踏まえて検討する、またはそれらいくつかの変数をモデルに取り込んで推定結果を見てから選択する方法があります。

外的要因

「消費者ニーズ」

　アルコール飲料のモデリング演習では12か月の月次ダミー、正月、お盆、ゴールデンウィークなどの短期的なイベントの影響をダミー変数で推定しました。季節要因は比較的未来予測がしやすいものですが、難しいのは「景気」要因や「流行」要因です。例えば株価やインフルエンザの患者数などです。これらは予測が難しい傾向にあります。「流行」と同義語として用いられることもある「トレンド」という言葉はここでは使いません。計量経済学や時系列データ解析などで用いられる「トレンド」は、時系列の推移が長期的に見て右肩上がりなのか、平行なのか、右肩下がりなのかといったこと（線形トレンド）を示すために用いられることが多いためです。

　外的要因の消費者ニーズに対応する変数として多用するデータが「検索数」や「ソーシャルメディア投稿数」です。先行研究ではインフルエンザの流行をGoogleトレンドによって把握する検索数やX（旧Twitter）のポストによって行うものがありますが、スマートフォンやソーシャルメディアの影響は今もなお高まっており、消費購買行動に伴うアクションのうち検索やソーシャルメディアの投稿や閲覧が占める比率も増加しています。MMMにおいて消費者のニーズを象徴する変数として、重要度の高いものです。検索数を調べるものとしては、Googleトレンドなどの無料ツールやGoogleキーワードプランナーなどリスティング運用アカウントに内包されるツールがあります。ソーシャルメディア投稿数を調べる際は「ソーシャルリスニング」というジャンルのシンジケートデータを使用する場合が多いです。

「競合」

　競合の広告やキャンペーンが自社の目的変数(ここでは来客数等)に対して介入効果があるのか？その推定を目的として競合要因を説明変数に用いることが考えられます。ただし需要予測（未来の目的変数の値の予測）に主眼を置く場合は、モデルに用いた競合要因の変数自体の未来を予測する必要が出てきます。その予測自体が難しいとする場合はモデルから外します。

 参考文献

Jeremy Ginsberg（著）『検索エンジンクエリデータによるインフルエンザ流行の検知』(Detecting influenza epidemics using search engine query data) Nature 457, 2009, 1012-1014
荒牧英治、増川佐知子、森田瑞樹（著）『Twitter Catches the Flu: 事実性判定を用いた インフルエンザ流行予測』2011年

Column
MetaのMMMツール「Robyn」

スピーディな分析を実現する高機能ツールが無料で公開される時代に

Robynは、Metaが開発したオープンソースかつ高機能なMMMツールです。MMMを実際にマーケティングの現場で活用するためには分析結果をスピーディに導くツールが必要で、Robynは確かさとスピードの両方を担保する機能があります。筆者がMMMの実装を開始した当時、Robynではなく欧米製のMMMツールを数年使っていました。契約はドル建てで、当時の為替だと1ユーザーの年間ライセンス料は日本円で約900万円でした。2024年11月時点の為替だと約1,200〜1,300万円です。しかし、Robynであれば利用料は無料かつ、筆者が当時使っていたツール以上の高い機能を備えています。

参照URL

「Robyn」ホームページ(https://facebookexperimental.github.io/Robyn/)
「Robyn」日本版Facebookグループ(https://www.facebook.com/groups/mmmrobynjapan)
「Robyn」機能＆技術ガイド（英語版）※日本語版は日本版Facebookグループで紹介されています
　(https://facebookexperimental.github.io/Robyn/docs/features)

RobynはFacebookのAIライブラリ「Nevergrad」による進化的アルゴリズムで、AdStockと非線形な影響の適切なパラメーターを探索する計算を短時間で何千回も繰り返してモデルを進化させます。計算回数などは分析時に指定できますが、Githubで公開されているデモ用のスクリプトでは2,000回がデフォルトとして紹介されています。Robynは、相関が強い説明変数を複数入れると推定結果の信頼度が下がる多重共線性を回避しやすくするために、リッジ回帰という手法を用いています。過去データに極端にあてはめることで新しいデータの説明（または予測）精度を下げてしまうオーバーフィッティングを回避する処理を行う機能もあります。

Robynのアウトプット機能例

次ページからの画像3点は、Robynが公開しているデモデータの分析例です。デモデータは数年の時系列データの形が冬をピークに売れるサイクルとなっており、グーグルトレンドのフレーズを「コート」と指定して抽出したデータと似た推移になっていたことから、おそらくファッションに関連する商材を想定して作成されたものだと思います。
Robynには、分析結果の画像を自動生成する機能があります。図8-C-7は売上を目的変数として、各チャネル（tv、search、print、search、facebook）が売り上げにどれだけ影響しているか効果を把握するための費用（Spend）シェアと効果（Effect）シェアと、ROI（効果÷費用）のプロット例です。
目的変数が売上などの金額の場合はROI（効果÷費用）のプロットになりますが、目的変数が売上数やコンバージョン数などの数量の場合はCPA（費用÷効果数）となります。図8-C-8はレスポンスカーブです。
Robynは、チャネルごとにヒル関数という数式を用いて投下量に応じて減衰するサチレーションや、S字カーブとなる場合も含めて非線形な影響であてはまりが良いものを探索します。分析者は施策ごとに探索範囲を決めるパラメーターの上限と下限値を設定します。チャネルごとの残存効果も同様に探索します。図8-C-9は、Robynが残存効果（AdStock）を探索する3種のアルゴリズムです。
翌期に対して10％ずつ減衰するシンプルなアルゴリズムに加え、ワイブル分布という連続確率分布の一種を用いた変則的な残存効果の仮定をあてはめる2種のアルゴリズムもあります。

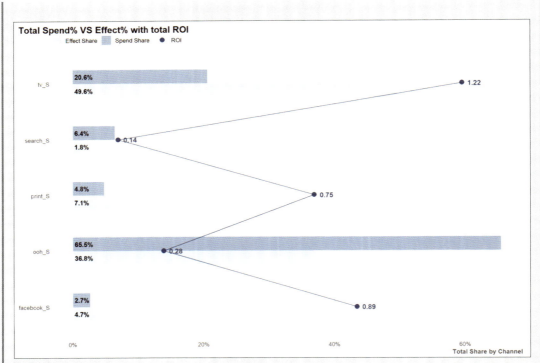

図8-C-7

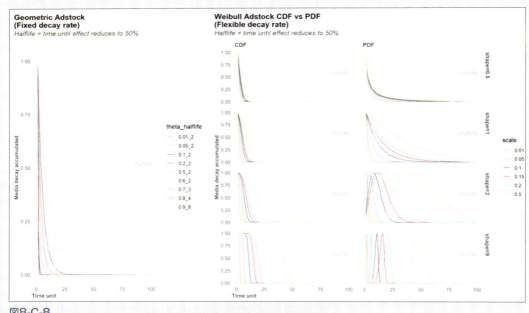

図8-C-8

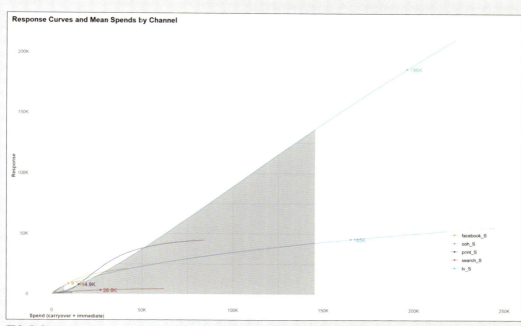

図8-C-9

マーケティング実務の実行者、できれば責任者がMMMを実装する

Robynの詳細な実装方法については、2024年6月に出版した前著『その決定に根拠はありますか?』で解説しています。また書籍の特典では、テーマパークの集客を想定した架空の演習データを使って動画講義で解説しています。指名検索を目的変数としたモデルと来園数を目的変数としたモデルを組み合わせて、TVCMによる指名検索数の増加を介した来園数増加と、TVCMによる(直接的な)来園数増加を合算した最適化など、Robynの機能にはない分析を実装するためのExcelツールも提供しています。

MMMを実装する際、データサイエンスに詳しい方は、たとえば計量経済学の作法にのっとったうえでアルゴリズムは適正か? などのテーマに着目しがちですが、多くのマーケターを置いてきぼりにする専門的な内容です。それよりも、MMMの主目的となるプロモーション効果の変数に対する前提知識をもって、どんな変数を選択すべきか? データの整形をどのように行うか? 興味のある結果(売上や申込など)に影響をもたらしそうな季節要因などの変数は何か? 現実的に集められるデータは何か? こうした仮説が分析の精度に大きく関わる場合がほとんどです。

MMMを機能させるための要諦は「マーケティング戦略において期待する効果をどのように定義し、それを検証可能とするか」が土台となります。そして、これを明確にするのはマーケターの役目です。前著『その決定に根拠はありますか?』冒頭でコメントをいただいたグローバルブランドのCMO(チーフ・マーケティング・オフィサー)であるJun Kaji氏は、自らRobynによるMMMやNBDモデルを使った需要予測を実装しています。マーケティング投資をそもそもいくらにすべきかの舵取りとなるMMMは、Jun Kaji氏のようにCMO自ら行うことが理想です。マーケターがデータサイエンティストに分析を丸投げして中身を理解しない状態では機能しません。

また、ビジネス仮説を持っているマーケターがMMMを実装することが成功の近道です。本書で土台となる知識を学んできた皆さんがスピーディな分析を行うためにRobynの活用をおすすめします。ご自身が興味のあるテーマで実装してみてください。

業界ごとの説明変数選択の視点

ここからは業界によって異なる説明変数選択の視点を共有するために、「日用品食品メーカー」「耐久消費財メーカー」「ダイレクトマーケティング業種」での説明変数の候補変数洗い出しの視点を共有します。

日用品食品メーカー（売上数）

スーパーマーケットやドラッグストアなどで扱われる日用品や食品のメーカー目線での変数候補の洗い出しとMMM活用の視点を共有します。比較検討期間を経て購買を決定するようなものでないため、ブランドの知覚や売り場での刺激が非常に重要です（図8-2-2）。

内部要因			外部要因	
製品	販促	広告&PR	消費者ニーズ	競合
流通量	値引き	TVCM	季節要因	広告
価格	店頭販促	新聞広告	景気	販促
仕様	インセンティブ	雑誌広告	流行	製品
	CRM施策	ラジオ広告	etc	etc
	試供品	OOH		
	etc	インターネット広告		
		etc		

図8-2-2

こうしたメーカーの流通経路はいまだ実店舗が中心です。売上数を大きく左右する内部要因には「製品」の「流通量」があります。店舗で消費者に目に触れる形で大量に扱ってもらえるかがマーケティングテーマとして重要です。自社の営業努力や流通企業との商談交渉などはコントロールできますが、流通量を最終決定する主体は流通企業となるため、外部要因といえるかもしれませんが、ここでは自社の介入余地が大きいものとして内部要因としています。流通量を象徴する要因を説明変数とする場合、理想的なデータを考えます。各週の全国の棚に置かれた商品数の実数を把握したいところです。理想の変数を考えた上で、実際にどういったデータを用いるべきかを考えていくことが全ての候補変数を考える際に必要な視点です。これをどのように整形するかは流通企業からの情報開示や各メーカーの店舗に対する営業力と情報収集力に依存すると思いますが、いずれにしても、この業種の説明変数候補の洗い出しでは「販促」要因も含め、なんらかの方法で「店頭で消費者の目に触れる可能性を象徴する変数」をモデルに組み込む必要があると考えます。「価格」や「仕様」については、それを大きく改定した週以降を1とするダミー変数を用いることが考えられます。「仕様」は、例えば商品パッケージの変更、内容量の変更などです。日用品食品メーカーで頻繁に価格

や仕様を改定するケースはないため、ダミー変数を用いる場合が多いですが、仮に生鮮食品のように、季節や週ごとの仕入れ状況で価格が都度変動するような商材の場合は、価格自体を量的データとして説明変数に入れるケースもあります。データの推移の変化や重みづけが目的変数の影響に対して意味をもつと思われる場合は、ダミー変数より量的データを用いることが望ましいです（これは全変数に共通する考え方です）。

「販促」も重要です。特定の時期での「値引き」や、「店頭販促」（店頭陳列や試食販売員の派遣）や「インセンティブ」（もれなくもらえるベタ付けや、購買者の中から抽選で当たるクローズドキャンペーン等）や「試供品」などの施策を実施している時期をダミー変数として用いるなどが考えられます。販売員の派遣数、試供品の配布数などの量的データが得られるものがあれば、それを候補変数として検討します。「値引き」「店頭販促」「インセンティブ」は旧来から行われてきた手法です。「CRM」についてデジタルを活用した新たな潮流が生まれています。旧来は、こうした商材のメーカーは（実店舗での販売がメインとなるため）直接消費者との購買接点を持つことはまれでしたが、直販ビジネスモデルやLINEやFacebookの公式アカウントやオウンドメディアで、ユーザーに役立つ製品情報を提供するコンテンツマーケティングに着手するケースが増えています。例えばキリンビール（株）が2017年6月に開始した「キリンホームタップ」は、月額定額制で専用ビールサーバーとビールを提供する新しい直販サービスです。他にも2019年10月からネスレ日本（株）が開始した「ネスレ　ウェルネスアンバサダー」は、LINEを用いて食事写真の自動解析などによって顧客に応じた健康習慣を提案する取り組みで、商品を提供するだけでなく、商品に付帯する情報やコンテンツを提供する活動です。

こうした新たなCRMは、デジタルテクノロジーを通じて消費者と直接の接点を活かしたプロモーションとして活用するだけでなく、顧客に新たな体験価値を提供し、それと引き換えに顧客の行動データを得て、それを分析し新たなインサイトを発見するデータドリブン・マーケティングの重要な手法だと思います。メーカー目線の用語で「流通対策」という言葉がありますが、これは主に自社商品の販売対象となる流通に対して自社商品を積極的に扱ってもらうためにメーカーが「販促」やTVCMなどの「広告」またはPRで後押しする活動です。昨今ではデジタルCRMによって顧客インサイトを把握する独自データを得て流通に提案する新たな「流通対策」の潮流が生まれつつあります。

 参照URL

「KIRIN Home Tap」http://www.kirin.co.jp/company/news/2017/0428_02.html
「ネスレ ウェルネスアンバサダー」https://prtimes.jp/main/html/rd/p/000000130.000004158.html

耐久消費財メーカー（売上数またはその手前の成果地点）

内部要因			外部要因	
製品	販促	広告&PR	消費者ニーズ	競合
価格	値引き	TVCM	季節要因	広告
仕様	店頭販促	新聞広告	景気	販促
流通量	CRM施策	雑誌広告	流行	製品
	試用	ラジオ広告	etc	etc
	etc	OOH		
		インターネット広告		
		etc		

図8-2-3

　家電や自動車や不動産等、比較的高額な商材になります。販促における「試供品」を「試用」に置き換えています。購買までの検討期間が長い傾向にあり、販促や広告＆PRが購買に影響をもたらすまでのリードタイムが長く、本書手法による残存効果を加味した時系列データ解析でも有効なモデルを作ることが難しい場合があります。よって、目的変数を売上数ではなく、ブランドサイトへの来訪、または来店数など、購買の手前のアクション（成果地点）に伴う変数を用いることを推奨します。なかでも商品の評判を調べるといった検索行動は特に重要です。まずは「ブランド検索数」を目的変数としてモデル化し、（インターネットを通じて）ブランドを知ろうとする行動に伴う指名検索数をKPIとして、「広告＆PR」「販促」施策の効果を定量化して再評価すると良いと思います。過去に複数の高級自動車ブランドの指名検索数を目的変数としたモデルを作り比較することで、どのブランドの広告媒体が最も効率的に指名検索数を増やすか調べたことがあります。車種ごとにクリエイティブを大きく変えたインパクトのあるCMを展開してしたブランドの効果が高かったことが印象的で、各施策の効果の傾向も見えました。低額商材は検索などしなくてもTVCMや、POPなどの売り場での刺激をきっかけとして衝動的な購買を誘発できますが、高額商材で衝動買いができるのは一部の富裕層だけです。一般的には購買まで慎重な検討が行われ、何度も検索行動を行うはずです。こうした商材の購買前後のカスタマージャーニーにおいて重要な比重を占める指名検索の回数は、（他業界と比較して特に）重要な指標と考えます。

　指名検索数は貴重なビッグデータです。リスティング広告を出稿するとそうした検索にまつわるデータも豊富に取得できますので、そうした視点で活用すべきだと思います。また、デジタルテクノロジーの進化に伴い、この業界の新たなCRMのテーマとして「接客のデジタル化」や「サービスのデジタル化」が挙げられます。例えば、不動産業界では、物件の内見をVRによって行う仕組みなど、テクノロジーを活用した投資が積極的に行われています。家電メーカーがスマートフォンのアプリで外出から操作ができるIoT家電としての機能を充実させる、自動車メーカーがカーシェアリングを事業化する等、顧客体験全体を踏まえたサービスをデザインする広範囲なCRMが求められています。

ダイレクトマーケティング業種（ネットまたはコールセンター申込）

内部要因			外部要因	
製品	販促	広告 &PR	消費者ニーズ	競合
価格	CRM施策	TVCM	季節要因	広告
仕様	アウトバウンドコール	新聞広告	景気	販促
	etc	雑誌広告	流行	etc
		ラジオ広告	etc	
		OOH		
		インターネット広告		
		etc		

図8-2-4

　演習で扱った単品通販や、保険金融サービスなど、インターネットまたはコールセンターを主要な消費者接点および販売チャネルとして事業を行う業種です。この業界独自の販促としてはコールセンターから顧客に対して電話をかけるアウトバウンドコールがあります。新規獲得（アクイジション）の効率比較と既存顧客とのリレーション強化（リテンション）双方の視点でPDCAすることが重要です。

　演習では新規購入を目的変数としたアクイジション施策を評価するモデルをイメージしましたが、再購入数や再来訪数などを目的変数としてリテンション施策を評価するモデルを作る場合もあります。アクイジション施策の評価では、いわば「衝動買い」を促す広告手法が中心となるため、広告接触から購買へのタイムラグが短い傾向にあり、モデルは比較的作りやすい業種です。（これまでに挙げた全ての業種の中で）昨今、消費者の購買チャネルがECにシフトする傾向にあるため、各社ともオンライン広告に予算をシフトしているケースが多いですが、MMMによって、これまで定量化できていなかったオフライン広告によるデジタルチャネルの申込アシスト数を定量化することで、オフライン広告の効果を再認識されることが多いです。

Column
特許技術「消費者調査MMM」

確かなマーケティング戦略を導く羅針盤

　消費者調査MMMは、2024年6月26日にマイナビ出版から発売した前著『その決定に根拠はありますか？』で紹介し、同年11月に筆者が経営する株式会社秤が特許登録した技術です。5問から10問程度のインターネット調査で、興味があるブランドそれぞれの「施策」と「要因」を経由して、1年間に売上をいくら増やすかを推定します。ブランドのKGIとなる売上を説明する際に、ブランドを知る、または思い出すきっかけを増やすことに貢献するものを「施策」とします。また、たとえばエナジードリンクのような商材であれば、「コンビニ」や「スーパーマーケット」などの店舗で見た、外食チェーンであれば「店舗に入店した」など、購買に近い能動的なアクションを「要因」とします。「施策」によって「要因」が増えることで売上につながる因果構造を仮定し、効果を推定して金額換算でき

ます。消費者調査をもとにしているので、自社だけでなく市場を構成する主要なブランドを分析することで、競合と比較して自社の課題や強みを発見できます。

たとえば、分析対象としたエナジードリンクの「TVCM」（施策）によって「コンビニで見た」（要因）をアシストすることで、増えた売上が17.64億円といった金額を推定します（8-C-10）。

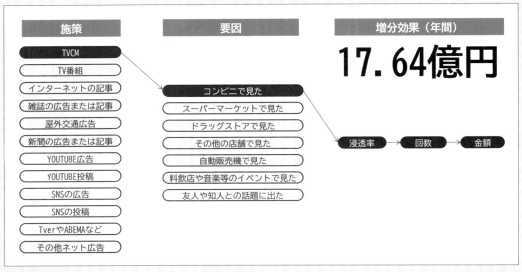

図8-C-10

一定の市場浸透率がある有名ブランドのマーケターの場合、自社と競合を比較してマーケティング施策の効果を定量的かつ構造的に把握するのに役立ちます。新興ブランドのマーケターの場合、先行するブランドの効果を丸裸にすることで自社の戦略を検討するのに役立ちます。

マーケティング専門部隊がいる企業に限らず、消費者向けに市場を創出する全ての経営者とビジネスパーソンにとっても役立つ技術です。現在も、いくつかのブランドと継続的に取り組んでいますが、確かなマーケティング戦略を導く羅針盤となっています。

ダブルジョパディの法則をヒントに発明

この分析を発明したきっかけは「ダブルジョパディの法則」にあります。これは、市場浸透率が低いブランドほどターゲットの購買頻度などのロイヤルティも低い「2重苦（ダブルジョパディ）」となる、すなわち市場浸透率を増やさないとロイヤルティも上げることができないことを発見した法則です。日本では『ブランディングの科学 誰も知らないマーケティングの法則11』（朝日新聞出版、2018年）で紹介されました。この書籍や関連する論文では、市場浸透率と関連する指標として、購買頻度や解約率、離反率（購買頻度が少ない自動車などの耐久財や金融商品）などが参照されており、2021年1月から2024年4月までに調査したのべ96.6万人の調査の多くで確認してきた指標は「M」です。

「M」は、ブランドの相対的好意度または選好性を示すプレファレンスを間接的に説明する指標として、USJ（ユニバーサル・スタジオ・ジャパン）を再生させた森岡毅氏と今西聖貴氏の著書『確率思考の戦略論 USJでも実証された数学マーケティングの力』（KADOKAWA、2016年）で紹介されたものです。また市場浸透率とは、一定期間（ここでは1年間）における市場の人数のうち、何％がそのブランドを利用したかの割合のことです。1.2億人の市場で1年間に1,200万人が購買したときの市場浸透率は10％です。一般的に指標として注視されている指標は平均購買回数です。1200万人の購買回数の合計が2400万回の場合は平均2回です。Mは購買回数を市場全体の人数で割り算した値で、このケースでは「0.2」です。

1年などの一定期間で、市場1人あたり購買などのアクションが何回発生するかの期待値が「M」です。多くのマーケティングの現場では、コストがかかる新規顧客獲得よりも既存顧客のロイヤルティを向上の投資効率が良いと考えられていますが、市場浸透率とロイヤルティが連動するため、どちらか一方が増えればもう一方も増えます。ロイヤルティを向上させるには市場浸透率を向上する必要があります。

ダブルジョパディの法則を様々なロイヤルティ指標で確認してきましたが、その鉄板の関係を確認してきた指標が「M」です。図8-C-11は、前著『その決定に根拠はありますか?』で掲載したエナジードリンク2ブランドの年代性別ごとの浸透率と「M」を回帰分析したものです。決定係数0.97、0.99の関係を確認することができます。

『その決定に根拠はありますか?』では、外食チェーンとテーマパークのデータも掲載しましたが、ほかの多くのケースでもこのようにあてはまります。実際のデータはお見せできませんが、顧客が数10万人、数100万人いて購買ログデータを分析することができるケースでも同様にあてはまります。

enagy1

年代性別	浸透率	M
F15-19	9.88%	0.15
F20-29	10.42%	0.16
F30-39	10.34%	0.16
F40-49	9.90%	0.16
F50-59	8.12%	0.13
F60-69	6.68%	0.10
M15-19	15.82%	0.28
M20-29	13.77%	0.23
M30-39	13.32%	0.21
M40-49	12.78%	0.19
M50-59	9.72%	0.14
M60-69	7.74%	0.10

$y = 1.9416x - 0.0408$
$R^2 = 0.9744$

enagy2

年代性別	浸透率	M
F15-19	4.61%	0.08
F20-29	6.35%	0.11
F30-39	4.86%	0.08
F40-49	3.32%	0.05
F50-59	2.46%	0.03
F60-69	1.37%	0.02
M15-19	11.61%	0.20
M20-29	14.14%	0.27
M30-39	12.96%	0.23
M40-49	9.64%	0.16
M50-59	5.26%	0.07
M60-69	2.68%	0.03

$y = 1.9477x - 0.0181$
$R^2 = 0.9915$

図8-C-11

多くの調査や顧客ログデータでこの関係を確認してきたことから、市場浸透率と「M」の回帰式の決定係数が低い場合は、データテーブルが間違えていないかを疑うくらいに鉄板の関係です。この関係から、TVCMなどのマーケティング・コミュニケーション手段によってどれだけ市場浸透率が増えたか、確かなリフト率がわかれば増加回数も分かります。購買平均単価を掛け算すれば金額まで分かります。これが特許登録したアルゴリズムの要諦です。

図8-C-12の右側の①「市場浸透率と『M』の関係」と、真ん中上部に記載した因果推論の分析技術の②「傾向スコア分析」を用いて確かなリフト率を推定し、さらに図の左側に記載したように、施策の重複接触による影響を適切に調整する③の3つのアルゴリズムを組み合わせて分析します。

図8-C-12

分析ダッシュボードの内容が緻密であることから、特別なソースを使っているのではないかと勘違いされることも多いのですが、分析のソースはインターネット調査だけです。ここで例にしたエナジードリンクの場合は施策12種×要因7種×性別年代12種の1008種類の組み合わせで効果を推定しています。膨大な指標を使用しているためにダッシュボード化しており、使っているツールはPowerBIです。

エナジードリンクブランドのターゲットをM10とM20（15歳〜29歳男性）のみ選択し、要因「コンビニで商品を見た」＋「スーパーマーケットで商品を見た」＋「ドラッグストアで商品を見た」を経由した効果（13.72億円）を推定したときのPowerBIのキャプチャが図8-C-13です。なお、YouTube動画でも3種（エナジードリンク、外食チェーン、テーマパーク）のPowerBIの使い方を解説しています。

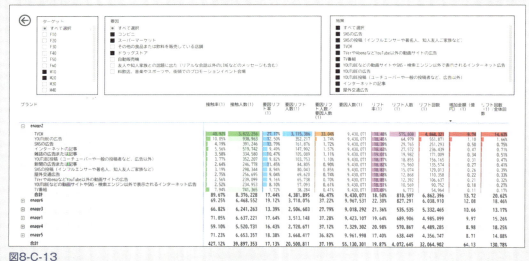

図8-C-13

参照URL

株式会社秤 YouTube動画（https://youtu.be/LmZZ_6pbWQo）

8-3
得られた複数のモデルから意思決定に用いるものを選択する

　最終的なモデル選択は分析テーマにおけるマーケターとしての知見と統計解析の知見を総動員した総合的な判断が必要です。後者の知識に対応するものとして、これまでの演習と解説で紹介した考慮すべきテーマをまとめました（図8-3-1）。

主なテーマ	主なリスク	主な原因	本書付録またはエクセル統計で可能な検定方法（またはエラー発見方法）		主な対処法
			本書付録	エクセル統計	
多重共線性	偏回帰係数の分散が大きくなることにより、推定結果を信頼できなくなる	説明変数同士の相関	VIF	VIF	変数の除去、または合算または正則化項の概念を加えた回帰分析（Lasso、Ridge）等
系列相関（時系列のみ）	回帰分析で計算される標準誤差を過小推定するため、回帰分析の検定結果を信頼できなくなる	（主に）目的変数に影響のある説明変数の欠落等	DW比	DW比	欠落している説明変数（目的変数に影響がある変数）を追加
不均一分散	検定結果が信頼できない可能性と推定量の効率性が落ちる可能性がある	（主に）目的変数に影響のある説明変数の欠落等		「Breusch-Pagan」検定「White」検定	一般化最小二乗法（GLS）による推定等
説明変数のはずれ値	係数推定結果のバイアス			箱ひげ図外れ値検定（正規分布の場合）	MM推定など説明変数の外れ値に対してロバストな方法
オーバーフィッティング	学習期間外の予測精度の低下	学習データへの過度な適合	MAPE		ホールドアウトテストによる検証、直線回帰に正則化項の概念を加えた回帰分析（Lasso、Ridge）等
欠落変数バイアスと内生性	係数推定結果のバイアス	（主に）必要な変数の欠落または不要な変数を入れてしまうこと			統計的因果推論などで、変数同士の関係性の把握やバックドア基準による説明変数選択
見せかけの回帰（時系列のみ）	係数推定結果のバイアス	単位根過程		単位根検定 共和分検定	階差を取る等

図8-3-1

　「主な対処法」の列に青い文字で記載した内容は、本書で解説しきれなかった手法に関するものです。専門書等で学びを補完してください。統計学的な落とし穴はいろいろとありますが、大切な

のは「まずはやってみる」ことです。まずは「見せかけの回帰」を回避するため、目的変数の単位根検定を実行しましょう。検定によって単位根を持つと思われる場合は「定常らしい」データ期間を探します（エクセル統計で行う単位根検定について「付録演習」で紹介します）。

　MMMを効果検証に使う、説明を重視したモデル選択の場合は、まず「製品」「販促」「広告＆PR」などの内部要因の説明変数を集め、競合要因など（未来予測不能が難しいものを含めて）外部要因の説明変数にはどんなものがあるかを考え、パス図を描き、マーケティング目的への構造を仮説した上で、候補変数を考えていきます。候補となる変数の推移や分布をあらかじめ確認しておきましょう。モデル探索をはじめる際は【MMM_modeling】Bookの「ローデータ」Sheetに候補となる変数を記載し、「ローデータ（105S）」Sheetに分析期間105週を転記して（エクセル統計の説明変数選択機能を用いて）重回帰分析を行って最適な組み合わせを探索していきます。

> エクセル統計が使用できない場合は「ローデータ」Sheetに候補変数を入れた状態で「ソルバー回帰」Sheetの説明変数のデータラベルを変更しながら、LINEST回帰を繰り返し、最適な組み合わせを探索しましょう。

　一般的には、目的変数の説明に十分な要因（説明変数）が揃っていれば、「系列相関」などは回避できる傾向にあります。まずは残存効果や累乗の変数加工を行わずに最適な説明変数の組み合わせを探します。組み合わせを探索する際、売上数や来客数を目的変数とした時に、「販促」や「広告＆PR」施策によって増加する検索数やソーシャルメディア投稿数やホームページアクセス数などの「中間変数」を入れないように注意し、推定結果に興味がある変数の背後にある「交絡変数」となるデータは目的変数に対して有意な影響があるかに関わらずモデルに入れます。ある程度、候補変数の組み合わせが見えてきたら、決定係数を目安にモデルのあてはまりをよくするために【MMM_modeling】Bookの「ソルバー回帰」Sheetでソルバーを使って残存効果と累乗の変数加工を行いながら、モデルを探索していきます。多重共線性を回避するため、適宜検定を行ってVIFを確認します。説明重視の場合「オーバーフィッティング」について絶対視する必要はありませんが、検証期間のMAPEが学習期間のMAPEより著しく高い場合は予測モデルに使用した係数から推定した介入効果が正しいか疑わしいケースもあるため、ある程度は考えておきましょう。【MMM_modeling】Bookで最終モデルを作った時に説明変数の外れ値によるバイアスが気になる場合は付録演習で紹介するロバスト（頑健）な推定方法を行います。最終モデルを採択する際には、ここに示した落とし穴に対して再確認し、疑わしい場合はできる限り対応しましょう。

　MMMを実行する際は「エクセル統計」があると作業をより効率化できます。アンケートや購買履歴などの顧客データ（クロスセクションデータ）の分析に使える場面も多いと思います。手元にあるデータを解析しなおすことで新たなヒントが得ることができるかもしれません。マーケターが多変量解析や数理モデルの活用に馴染み、データドリブン・マーケティングを推進するための分析リテラシーを養うのに有効なツールになると思います。

8-4 MMMの活用について

　これまで、マーケティングの意思決定は経験や勘、人間関係といったあいまいなものによって行われていたことも多くあったはずです。意思決定の根拠となる効果検証の際、数理モデルや因果推論における、適切なデザインを知らずに「おそらくこの施策が効いているのではないか」といった中途半端な判断や、明らかに間違えた効果検証（≒因果推論）のデザインから「この施策が効いていたはずだ」という思い込みをしているケースもあるのではないでしょうか？　今後データドリブン・マーケティングで恩恵を享受できる企業は、そうしたあいまいな判断を極力排除しドラスティックな意思決定と実行ができる企業だと思います。そのためにはそれを担うマーケターの皆さんが数理モデルを活用した分析や準実験のデザイン、多様な分析手法を知り、そこから得られるアウトプットについて知識を充実させることが重要です。

　『確率思考の戦略論　USJでも実証された数学マーケティングの力』（森岡、今西：2016）において、「**確率思考**」をキーワードに、確率論や数学をマーケティングに活用する方法について様々な実例を交え、紹介しています。著者の森岡氏は元P&G本社のブランドマネジャーで、もう一人の著者の今西氏は元P&G需要予測の専門家だったそうです。筆者が最も印象に残ったのは、「今西さんが予測した数字と、自分達で導き出した数字が符号したことで、私はUSJでのハリー・ポッターの成功に数学的な確信を持てたのです。その確信こそが、当時のUSJには分不相応な総投資額450億円という壮大な冒険に踏み切る最大のエネルギー源でした。数学的確信があったからこそ、私は腹をくくって周囲を説得できたのです。」という一節でした。検証を繰り返し、マーケティングの意思決定におけるあいまいな要素を可能な限り排除して、成功確率が高いと考えられる戦略を見出し、組織として意思決定に踏み切ったことに驚愕しました。森岡氏は同書の終盤で「日本人は、もっと合理的に準備してから、精神的に戦うべき」と結んでいます。大きな組織を動かすために、エビデンスとなる材料を作っていくためのエネルギーの大きさは筆者の想像を超えるものだと思います。この本の著者とは経験してきたことのレベルは違うと思いますが、筆者も組織を動かすための分析には執念が必要だと感じる場面は多かったです。「精神的に戦うべき」とあるのはそうしたことを言っているのではないかと感じました。

 参照文献

森岡 毅、今西 聖高（著）『確率思考の戦略論』角川書店、2016年

これまでの演習で紹介したMMMは少なからず、周りを説得する材料の1つになるかもしれません。まずはぜひ、皆さん自身のデータで試してみてください。合理的な意思決定でドラスティックな打ち手を実行するためのエビデンスを目指して頂くための第一歩として身近なツールのExcelで分析できて、モデルを作る手順の効率化までは果たせました。これを、意思決定に用いる、組織を動かすエビデンスとするにはいくつものハードルがあるかもしれません。しかし、これまで紹介してきた文献等も参照頂き、学びを深めていただくことで近づいていけると思います。MMMに限らず、自らの業務に有効と考えられる分析法に出会った時は臆せず「まずはやってみる」ことが重要です。本書で紹介した分析ノウハウが、皆さんの気づきや学びのきっかけとなり、組織がデータドリブンな意思決定を行う第一歩となれば幸いです。

# APPENDIX

付録演習

A-0 この章の概要

付録演習の内容は2つです。

1つ目はExcel2016から加わった時系列データ予測ツールを用いて「コート」の検索数を予測する方法です。

2つ目は「見せかけの回帰」の回避を目的として行う単位根検定です。

A-1

Googleトレンドの検索指数データから時系列予測を行う

この演習はExcel2016の機能を用いて行う時系列予測の演習です。**図 A-1-1**はGoogleが提供する検索トレンドリサーチツール「Google Trends」で2013年1月1日～2017年12月31日までを期間指定した日本の「コート」検索数の推移です。図中の赤枠部分をクリックするとCSVでデータを吐き出すことができます。

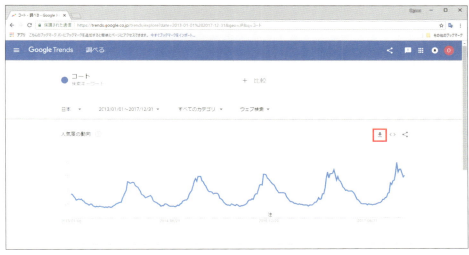

図A-1-1

同ツールのデータで作成した演習データが**【(演習データ⑱-1) コート検索数指数平滑法＆単位根検定】**です。「コート」Sheetを開きましょう（**図 A-1-2**）。

筆者が2018年8月6日に抽出したものですが、抽出する時期によって同じ期間でも若干変動があるかもしれません。

Googleキーワードプランナーは抽出する対象キーワードを「完全一致」として集計するものですが、Googleトレンドは抽出対象キーワードの「部分一致」に近いアルゴリズムで、関連のある検索クエリも含めた集計を行っている模様です。

	A	B
1	日付	コート
2	2013/1/6	43
3	2013/1/13	42
4	2013/1/20	38
5	2013/1/27	37
6	2013/2/3	33
7	2013/2/10	32
8	2013/2/17	33
9	2013/2/24	31
10	2013/3/3	33
22	2013/5/2[illegible]	21
23	2013/6/2	19
24	2013/6/9	20
25	2013/6/16	20
26	2013/6/23	20
27	2013/6/30	19
28	2013/7/7	19
29	2013/7/14	20

図A-1-2

2013年1月～2017年12月までを学習期間として、そのデータを用いて、2017年12月末までの予測を行っていきます。学習期間に対応する2013年1月6日から2016年12月25日週に対応するデータ範囲【A1：B209】を選択した状態で、「データ」メニューにある「予測シート」を選択し（図A-1-3）実行します。

図A-1-3

　予測ワークシートが自動生成されるので、ナビゲーションウィンドウ左下のオプションを選択してオプション項目を表示します（図A-1-4）。

　「予測終了」の日付を2017年12月31日に変更します（図A-1-5）。

　「コート」の検索数は1年（52週）単位で周期変動しており、デフォルトの「自動的に検出する」のチェックボックスを選択した場合に52週が選択されています。「信頼区間」の値を変更するとオレンジ色の太い線（予測）の上下にある信頼区間の上限と下限の線が変化します。チェックボックスを外せば非表示にもできます。

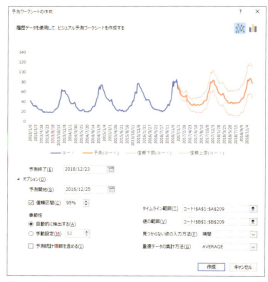

図A-1-4

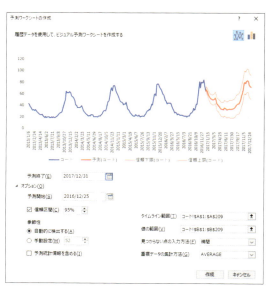

図A-1-5

右下の「作成」ボタンを実行すると新規シートが出力されます（図A-1-6）。

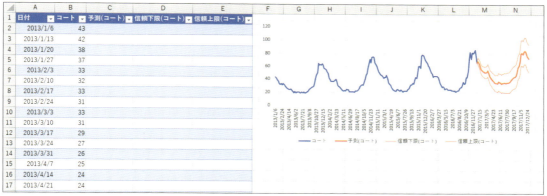

図A-1-6

生成されたグラフに2017年1月〜12月の実績値を反映するために「コート」Sheetの2017年1月1日週から2017年12月31日週の「コート」検索指数範囲【B210：B262】をコピーしてから新規Sheetの2017年1月1日週の実績値に対応する【B210】に値のみ貼り付けます（図A-1-7）。

新規Sheetの上部に描画されたグラフに2017年1月〜12月期間の実績値の線が追加されました（図A-1-8）。

図A-1-7

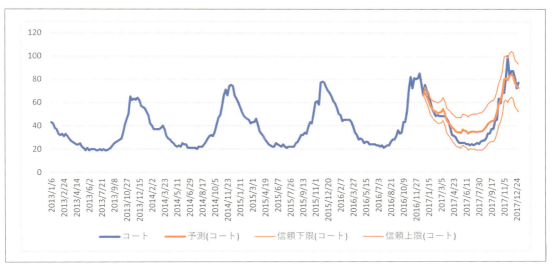

図A-1-8

APPENDIX 付録演習

313

学習期間の時系列の推移を元にした予測と実績の値のあてはまりを確認することができます。ここで紹介した予測手法は、Excel2016から新たに追加された関数の「**指数平滑法**」を用いたものです。こうした単変量の推移から未来を予測する分析手法は他にARモデル、MAモデル、ARMAモデル、ARIMAモデルといったものがあります。これらの解説は専門書にゆだねます。そのうち、計量時系列分析の教科書として多くのデータサイエンティストが推奨する参考文献や、時系列データ解析に特化したオールインワンパッケージの「EVIEWS」ソフトウェアを紹介します。筆者が初めて計量時系列分析を学ぶ際に使用したソフトです。

参考文献

沖本竜義（著）『経済・ファイナンスデータの計量時系列分析（統計ライブラリー）』朝倉書店、2010年

参照URL

計量経済データ分析ソフトウェア「EVIEWS」紹介ページ（https://www.lightstone.co.jp/eviews/）

A-2

単位根検定を行う

【(演習データ⑱-1) コート検索数指数平滑法＆単位根検定】Book の「単位根検定（エクセル統計）」Sheet を開きます。これまで演習で作った3つのモデルに対応する105週の目的変数が並んだデータテーブルです。

【B1】セルの「アルコール飲料」のラベルを選択し、「エクセル統計」タブから「時系列分析・曲線のあてはめ」＞「単位根検定」を選択し（図A-2-1）、実行します。

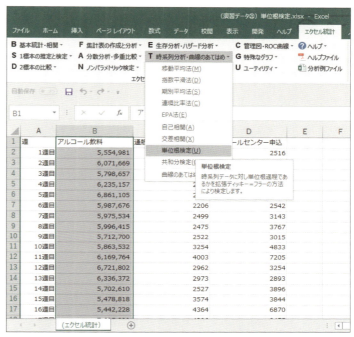

図A-2-1

表示されるナビゲーションウインドウ（図A-2-2）の状態（デフォルト）で OK を押します。新規 Sheet に分析結果が出力されます（図A-2-3）。

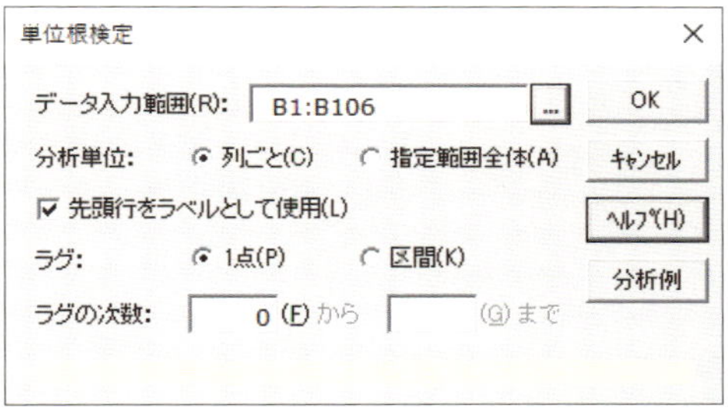

図A-2-2

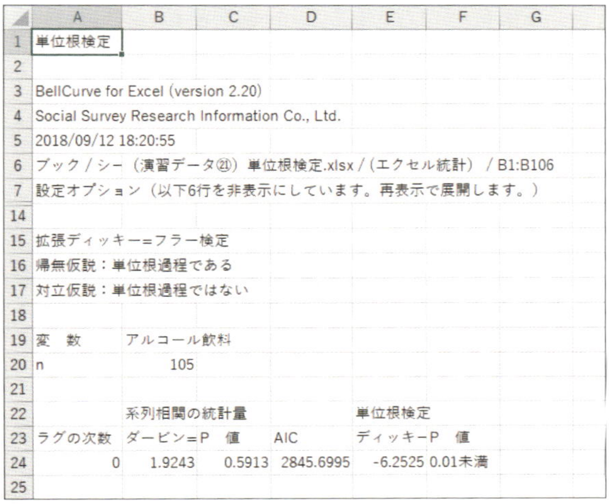

図A-2-3

P値が0.01未満となり、帰無仮説（単位根過程であること）が棄却されているため、単位根過程ではないことが分かります。「通販WEB申込」「通販コールセンター申込」についても分析してみましょう。

 単位根検定の分析時の設定はナビゲーションウィンドウに表示される「ヘルプ」ボタンを押すと表示されるPDFのマニュアルを参照ください。時系列データ解析については高度な知識が求められるため、マニュアルに記載された内容を詳しく理解するためには、前節で紹介した参考文献などの専門書を参照ください。

補足

　「通販WEB申込」「通販コールセンター申込」で単位根検定をすると通販コールセンターのP値は1％以下になりますが、通販WEB申込のP値は8.54％になります。帰無仮説の有意水準をあらかじめ10％とするか5％にするかによって判断が変わる微妙な結果です。こうした微妙な判断が求められる分析結果になることはよくあります。分析対象期間をずらしたら5％以下にできるのか？単位根同士の分析に使える（回帰分析以外の）高度な分析アルゴリズムを使う方法や当週と前週の差分をとったデータで回帰分析を行うといった方法もあります。統計解析における検討は尽きません。しかし単位根検定で時系列データ解析における「見せかけの回帰」の回避ができても、落とし穴は他にも多くあります。それらについて把握し検証することは当然重要ですが、その全てを担保できないことも多いため、固執しすぎてしまうと分析を実行に活かせません。結果に多少の違和感や統計的な確からしさに不安があるケースでは別の方法（差分の差分法やマッチング法などの準実験等）による分析結果やマーケターとしての知見から総合的に判断していきましょう。（統計専門家ではない）マーケター向けに回帰分析の活用例を紹介する文献では、分析時の落とし穴として「多重共線性」について説明するものは多いですが、時系列データ解析特有の「見せかけの回帰」やその他の留意事項として「交絡変数」「外れ値による推定結果のバイアス」「オーバーフィッティング」「系列相関」「不均一分散」などについては説明されていないケースが多いようです。そうした落とし穴の存在を知らずに回帰分析を活用しているマーケターもいると思います。皆さんにはいくつかある落とし穴の存在も知ってもらいました。**第8章-3**で紹介した一覧表を見直してもらい、統計的な確からしさに不安がある場合、そのリスクがどういったものなのかをある程度把握した上で分析結果を活用してもらえたら幸いです。

おわりに

　演習はいかがでしたか？　皆さんのマーケティング実務に活かすことができそうでしょうか？　日々、新たな商品やサービスを模索し、お客様（Customer）と向き合う皆さんがデータ分析の楽しさを知り、新たな打ち手を発見するための分析の引き出しを増やすことができれば、日本のマーケティングがもっと「データドリブン」になっていくはずです。

　近年、マーケティング業界では購買履歴やWebのアクセスログ、位置情報等、Customerの行動を把握するデータの利活用に注目が集まっています。多くの企業が、パーソナライズしたユーザーとのコミュニケーションなどを目指して、デジタル広告やCRM、マーケティングオートメーションツールやCDP（カスタマー・データ・プラットフォーム）の活用に着手しています。大量のデータを処理するためのデータレイクなど新たな技術も出てきました。昨今は、ChatGPTなどのAIをどのようにして有効に使いこなすかも注力されています。そうした風潮の中で、マーケティングのDX（デジタルトランスフォーメーション）にかかわる大型プロジェクトにも関わってきましたが、課題を感じていることが主に2つあり、それぞれ解決するための考え方があります。

データドリブンCXD

　1つ目は「パーソナライズコミュニケーション」や「CRM」に対する過度な期待です。今後もECなど、デジタルを接点とした購買行動が増え続けることは間違いありません。また、データの利活用と対になるパーソナライズコミュニケーションとCRM自体を否定するものではなく、どの企業も取り組む価値のある重要なテーマだと思います。テクノロジーの発展に伴い、そうした取り組みを行うのは必須の要件に思えます。しかし、見失ってはいけない本質があると考えています。「このアイテムを買った人にはこれをおすすめする」といった企業目線で行われる商品レコメンドのようなコミュニケーションだけでなく、Customer目線でベネフィットを感じていただけるサービス体験のデザインとなる「データドリブンCXD」（筆者による造語）が重要です。CX（Customer Experience）とは、顧客が企業の広告、PR、販促、製品やシステム、サービスの利用を通して得られる体験全てを示します。どのようなCXを提供するかを計画し、それを実行するのがカスタマーエクスペリエンスデザイン（Customer Experience Design、以下CXD）です。ユーザーエクスペリエンスデザイン（User Experience Design、以下UXD）はサイトやアプリ、製品などの単一のサービス範囲を対象として、それを使用するユーザーの体験を高めるための取組として用いられることが多いものですが、CXDはオフライン、オンライン全ての顧客接点における体験全てを最適化する広範な概念や取り組みを示します。

　筆者は日本におけるパーソナルデータ活用の第一人者が主導する情報銀行の実験的な取り組みに関わらせて頂いたことがありますが、たとえばCookie規制などが焦点となる世界的な潮流の根源は「パーソナルデータ活用の主権を個人に戻そう」という考えです。テクノロジーの発展の速度の

ほうが圧倒的に早いため、すぐ追いつくことはできないものの、新たなテクノロジーが浸透することで必ず起こりえる「新たな社会の倫理観を踏まえた、適切な法整備などの仕組みづくり」です。今後もマーケターはテクノロジーの動向をキャッチアップしつつも、同時にテクノロジーの進化に引っ張られながら変化する倫理観とそれに伴う法整備の動向にも注視する必要があります。その上で適切な Customer に最適な体験設計を考えて実装していきましょう。

リサーチデザイン

　2つ目は「まずはデータを集めてそれから分析してみよう」といった考え方です。第8章の MMM のモデル選択手順で解説したように、データを集めるプロセスも整形するプロセスも非常に工数がかかるものです。目的不明瞭なまま行うべきではありません。分析の目的とそれに必要なプロセスを定義してから、必要なデータを洗い出し、さらに現実的に集められるデータとプロセスを検討すべきです。つまり、データを集める前の「リサーチデザイン」が重要です。消費者調査やデータ分析による恩恵を受けることが前提となっているプロジェクトの設計においてもこの視点が重要です。また、プロジェクト終了後に期待する変革後の姿を描きつつ、どれ位の恩恵が得られるのかを考え、逆算して POC のデザインや投じる費用を設計していくことも必要です。

　たとえば、マーケティング・コミュニケーションに投じる予算が年間10億円の企業であれば、MMM による改善幅が10%でも1億円の恩恵が期待できますが、1億円であれば1,000万円しか恩恵が受けられません。MMM の分析でどんなことが期待できるのか？　知識や経験があれば、そうした数字を導いていくことはなんてことはないのですが、実際の分析の生っぽい部分を知らない人ほどそうした数字を出すことができなかったり、ある程度の想像はできても主体的に数字を出すことを躊躇したりしてしまいます。

　消費者調査の分析なども実際にデータを触った経験があれば、興味のある対象者の出現率や態度変容を行う方の発生率などの数字を仮置きして、プロジェクトの設計に必用な算数ができるのですが、データを触らない人ほど表面上の抽象度の高い話しかできません。そうした方が主導するプロジェクトは非常に進みが遅くなりますし、迷走するリスクが高くなります。リサーチデザインを検討するためにも、データを触って、よく使われる分析手法を感覚的に理解することが重要です。

西内啓氏は、著書『統計学が最強の学問である[ビジネス編]——データを利益に変える知恵とデザイン』(ダイヤモンド社、2016年)の冒頭において「リサーチデザイン」の重要性について言及しています。「リサーチデザイン」の用語解説はここでは致しませんが、ぜひ、マーケターの皆さんに読んでいただきたい内容です。

マーケターがデータを触る意義

　本書の前半で演習テーマとした数量化2類やクラスター分析は、データドリブンCXDを推進する顧客分析の基本として多くの場面で活用されている多変量分析です。たとえば、広告会社などが提唱するライフスタイルクラスター10種などは非階層型クラスター分析や類似手法によって行われています。そうした顧客の類型モデルをブランド独自で確立しているブランドもありますが、それを活用するマーケターがクラスター分析のアルゴリズムを理解しているかがプロジェクトの成功を左右します。本書の冒頭で紹介した因果推論のデザインや、本書の後半で演習テーマとしたMMMは、自社のビジネスにまつわる数値を定量化・構造化して把握することで行う投資判断だけでなく、時系列データを用いた数理モデルによって行う未来の売上やマーケティング施策の効果予測などがどう行われているのか理解することにも役立ちます。

　たとえば、Amazonは得られた収益の多くを莫大な技術開発に投資しており、低利益な企業として知られています。同社はおそらく顧客価値や売上予測などを高い精度で捉えており、CXを重要視したデータドリブンな意思決定がカルチャーとして浸透しているのではないでしょうか。適切な投資判断を行い、独自のテクノロジーを駆使して斬新なCXを提供することで成長を続けていると考えられます。

　今後、少子高齢化による国内の市場縮小の影響を変えることができない日本のマーケティング組織は、イノベーティブな商品やサービスの開発やグローバル市場への進出など、新ビジネスを意識した大きな決断をデータドリブンに行うカルチャーを確立することが急務となります。まずは本書で紹介したMMMなど、数理モデルによる効果検証に着手し、因果推論のデザインを正しく行い、検証精度を高め、マーケティング投資に対する説明責任を果たすことからデータドリブン・マーケティングを推進しませんか？

　施策ごとのROIが何パーセントであると確信できれば、既存ビジネスのマーケティング施策の投資配分を最適化するだけでなく、既存ビジネスと新ビジネスの投資配分根拠も明確化していけるはずです。テクノロジーやデータを活用する際はCustomerからいただいたデータを活用し、さらに良いCXとして還元するデータドリブンCXDを念頭に置きましょう。適切な効果検証によって投資判断を行い、ビジネスをスケールさせる可能性が見える領域に投資を寄せるわけです。前著『その決定に根拠はありますか？』冒頭で「本書の刊行によせて」コメントをいただいたJun Kaji氏は、ご自身でMMMや確率モデルを実装されています。一度自己破産した映画ブランドのCMO（チーフ・マーケティング・オフィサー）として、8年間をかけて世界でもっとも稼ぐ映画ブランドに成長させました。

　ブランドの成長を牽引するのは、専門職としてのデータサイエンティストではありません。Customerと向き合い、事業やブランドの成長に責任を持つCMOやブランドマネジャー、現場のマーケティングスタッフ、またはそれを支援する方など、分析だけではなく施策を実行して結果を出すことが本業となるマーケターの皆さんです。

INDEX

A
ADF 検定	284
AIC	162
Alkano	290
ARIMA モデル	314
ARMA モデル	314
AR モデル	314

C
CHISQ.TEST 関数	041
cohort data	024
CPA	241
CPO	241
CPR	241
cross section data	023

D
dataDiver	085
dataFerry	086

E
EVIEWS	314

G
GRG 非線形	174, 193

H
HLOOKUP 関数	142
Hold Out Test	154

L
LINEST	141
LTV	241

M
MAPE	155
MA モデル	314
Mean Absolute Percentage Error	155
MMM	006, 011

N
Nuorium Optimizer	237

O
OR	192

P

panel data	023
People Driven DMP	008
PO 検定	284
P 値	042, 115

R

R	231
Return on Advertising Spend	205
Return on Investment	205
RMSE	155
ROAS	205
Robyn	295
ROI	205

S

S4 Simulation System	011, 018
SUBTOTAL 関数	038

T

time series data	023, 090
True Lift Model	007
t 値	115
t 分布表	115

V

VIF	148, 176

X

XICA MAGELLAN	288

あ

赤池情報量規準	162
アクイジション	240
値のみ貼り付け	040

い

イェーツの補正	042
異常値	228
一次結合	148

う

ウォード法	070
運用型広告	213

え

エージェントシミュレーション	011, 018
エクセル統計	031, 032, 035
エボリューショナリー	174, 193, 196, 254

お

横断面データ	023
オーバーフィッティング	184
オペレーションズ・リサーチ	192
オンライン広告	240

か

回帰係数	012
回帰直線	012
回帰分析	012, 110
階差をとる	284
外挿	214, 232
階層型クラスター分析	082
介入群	006
介入効果	006
解約率	241
過学習	184
各群の重心	057

学習期間	138	クラスターの中心の変化	076
獲得単価	241, 242	クラスター分析	068
過適合	184	クラスタリング手法	070
合併後の距離計算	070	クロス集計	037, 054
カテゴリースコア	051, 055, 065	クロスセクションデータ	023
間隔尺度	021	クロスチャネル	240
関数の挿入	045		
観測値グラフ	112		
観測度数	043		

け

傾向スコア	009
傾向スコアマッチング	009
計量時系列分析	314
決定係数	116, 117
欠落変数バイアス	280
限界 CPA	242
限界 CPO	242
限界 CPR	242
減少法	164
減増法	164

き

機械学習	020, 022
疑似相関	103
期待度数	043
期別平均法	106
規模のクラスター数	070
基本統計量	071, 093
帰無仮説	042
帰無仮説を棄却	042
逆の因果関係	276
強化学習	022
教師あり学習	022
教師なし学習	022
凝集法	068
共和分	284
共和分検定	284
局所解	193, 254
距離行列	072
近似曲線のオプション	113

こ

効果数	148
交絡因子	277
交絡変数	280
コーホートデータ	024
コーホート分析	024
コスト・パー・アクション	241
コスト・パー・オーダー	241
コスト・パー・レスポンス	241
個体分類	082
コンバージョン	241

く

クラスターの中心間の距離	077
クラスターの中心の最終結果	078
クラスターの中心の初期値	077

さ

最短距離法	070
最長距離法	070

最適解	193
差分の差分法	009
残差	013
残差平方	013
残差平方和	013, 170
残存効果	170, 186
サンプルスコア	057

し

シグモイド関数	218
時系列データ	023
時系列データ解析	011
二乗平均平方根誤差	155
指数平滑法	314
質的変数	021
重回帰	114
重回帰分析	117
重決定R2	117
重相関係数	117
重心法	070
樹形図	068, 073, 083
樹形図の向き	070
需要予測	117, 155
準実験	006
条件付き書式	049, 060
所属クラスター	079
シングルソースパネル	010, 016
シンジケートデータ	006, 010, 015
シンプレックスLP	193
信頼区間	111
信頼係数	111
信頼度	111

す

数量化2類	051

せ

正規分布	095, 096, 111
正の相関	056, 101
絶対参照	059
切片	012, 116
説明変数	012, 122, 138
線形結合	148
前後比較デザイン	008
尖度	096

そ

増加法	164
相関行列	071
相関係数	056, 071, 101, 104, 142
相関分析	101
増減法	164
相対参照	059
ソルバー	170
ソルバー回帰	141, 146

た

ダービン＝ワトソンの統計量	147
ダービン＝ワトソン比	147
第一種の過誤	042
第3の変数	276
対照群	006
対照実験	006
第二種の過誤	042
タイムラグ	135, 137, 178
対立仮説	042
ダイレクトマーケティング	240

ダイレクトレスポンス型広告	240	パネル・データ	023
多重共線性	101, 124, 148	反復回数の上限	076
多変量解析	021, 051	判別分析	051
ダミー変数	036, 110, 122, 229		
単位根過程	284, 305		

ひ

単位根検定	284, 305
単回帰	114
単回帰分析	117

非階層型クラスター分析	068, 074
引き上げ率	241
ヒストグラム	093, 246
非線形な影響	170
非負数	013
標準偏差	094
標本サイズ	094
標本数	094
比例尺度	022

ち

中間変数	278

て

データサイエンティスト	005
データドリブン・マーケティング	002
データマイニング	020
デンドログラム	068

ふ

フィルター機能	067, 125
負数	013
負の相関	056, 101
ブランディング広告	240
分析ツール	090

と

統計解析	021
統計的仮説検定	040, 042
統合過程	072
投資対売上比率	205
投資対利益比率	205
独立性の検定	039, 046
度数分布図	097
トラッキング	241
トレランス	162

へ

平均単価	215
平均値	094
平行トレンド仮定	009
偏回帰係数	114
変数加工	170
変数分類	069
偏相関係数	056, 090, 103, 104, 143

は

箱ひげ図	225
パス図	280
外れ値	223, 225
バックドア基準	281

ほ

補外	214

ま

マーカー付き折れ線 …………………… 091
マーケティング・ミックス・モデリング
　………………………………… 006, 011
マッチング法 …………………………… 009
マルチスタート ………………… 193, 195

み

見かけ上の相関 ………………………… 103
見せかけの回帰 ………………………… 284

む

無向グラフ ……………………………… 104

も

目的変数 ………………………… 020, 051
目的変数有り …………………………… 021
目的変数なし …………………………… 021
目的変数をもたない分析方法 … 021, 068
モデリング ……………………………… 011
モデル選択 ……………………… 117, 274

ゆ

有意水準 ………………………… 042, 111

よ

予算配分最適化シミュレーション … 011
予測シート ……………………………… 312
予測精度 ……………… 027, 087, 116, 122
予測値 …………………… 058, 119, 154
予測平均誤差率 ………………………… 154

ら

ライフタイムバリュー ………………… 241

り

リテンション …………………………… 241
量的変数 ………………………………… 021

る

累乗 ……………………………… 170, 187

れ

レンジ …………………………………… 055

ろ

ロジスティック回帰 …………………… 085

わ

歪度 ……………………………………… 096

●著者プロフィール

小川 貴史（おがわ　たかし）
（株）秤 代表取締役社長

マーケティングアナリスト。DAサーチ＆リンクと電通ダイレクトフォース（現・電通ダイレクト）でマスとデジタルの最適化をテーマにした分析と改善に注力。デジタルマーケティング支援会社のネットイヤーグループでコンサルティング経験を積み、2019年12月に法人設立。マーケティング・アナリストの役割で複数の企業で活動中。

本書の前身にあたる『Excelでできるデータドリブン・マーケティング』では、時系列データ解析による効果検証のMMM（マーケティング・ミックス・モデリング）をExcelで行う方法など、マーケティング意思決定に役立つ分析を体系化して紹介した。また、2024年6月には『その決定に根拠はありますか？　確率思考でビジネスの成果を確実化するエビデンス・ベースド・マーケティング』を出版。

●監修者プロフィール

(株)社会情報サービス

1982年創業。日本の医薬品市場調査会社のパイオニア。同社内ブランド『BellCurve』にて統計解析ソフト『エクセル統計』、アンケート集計ソフト『秀吉Dplus』の開発販売や、Webサイト『統計WEB』の企画運営を行う。

● 著者 書籍紹介

その決定に根拠はありますか？
確率思考でビジネスの成果を確実化するエビデンス・ベースド・マーケティング

著者：小川貴史、山本寛／価格：2,849円／ページ数：392ページ／判型：A5／ISBN：978-4-8399-8186-0

日本の広告費に対するリサーチ費の割合は4.7％（米国は23.1％／英国は26.1％）となっており、日本企業は広告に予算をつぎ込むもののリサーチにお金をかけない傾向があります。
これは、仮説の検証・探索に有効なリサーチを行うための「エビデンス」の作り方および使い方が知られていないことが原因であると考え、これらの方法を共有するために制作したのが本書です。主にインターネット調査などの定量データや消費者理解を目的としたインタビューなどの定性データを洞察することで、たしかな戦略を構築するための「エビデンスの作り方」をテーマとしています。

【本書をおすすめしたい方】
・これから市場を拡大または創造しようとしている方（経営者またはビジネスパーソン、学生の方）

【本書で扱う主な内容】
・自社のマーケティング予算投資の妥当性を確認する方法
・確率モデルと因果推論を組み合わせた分析によって、インターネット調査から自社と競合ブランドの施策効果を金額で推計する消費者調査MMM（2024年11月15日に特許登録）
・施策によって市場や消費者がどう変化したかを捉える方法など、マーケティング戦略の根幹を考える際に役立つエビデンスの作り方
・消費者にどんなきっかけでブランドを想起してもらうか把握するための分析
・カテゴリー購入者の傾向を把握する分析
・新しいアイデアのコンセプト受用性を確認する調査分析
・調査でよく起こるバイアスやそれを補正する因果推論の分析

【読者特典】
・のべ17万人を超える消費者調査データ
　ダッシュボードなどを用いて、本編で紹介した分析を実装する動画講義
・BIツールで集計した3つのカテゴリー（エナジードリンク、テーマパーク、外食チェーン）の施策効果を金額ベースで推計したデータ

■STAFF

執筆　　…………　小川 貴史
ブックデザイン　……　米谷 テツヤ
DTP　　…………　AP_Planning
編集部担当　………　角竹 輝紀・塚本 七海

**Excelで学べる
データドリブン・マーケティング**
（エクセル）（マナ）

2025年 1月29日　初版第1刷発行

著者　　小川 貴史
監修　　株式会社 社会情報サービス
発行者　角竹 輝紀
発行所　株式会社マイナビ出版
　　　　〒101-0003　東京都千代田区一ツ橋2-6-3 一ツ橋ビル 2F
　　　　TEL：0480-38-6872（注文専用ダイヤル）
　　　　TEL：03-3556-2731（販売）
　　　　TEL：03-3556-2736（編集）
　　　　E-Mail：pc-books@mynavi.jp
　　　　URL：https://book.mynavi.jp
印刷・製本　シナノ印刷株式会社

©2018,2025 小川貴史, Printed in Japan.
ISBN978-4-8399-8763-3

- 定価はカバーに記載してあります。
- 乱丁・落丁についてのお問い合わせは、TEL:0480-38-6872（注文専用ダイヤル）、電子メール:sas@mynavi.jp
  までお願いいたします。
- 本書掲載内容の無断転載を禁じます。
- 本書は著作権法上の保護を受けています。本書の無断複写・複製（コピー、スキャン、デジタル化等）は、著作権法上の
  例外を除き、禁じられています。
- 本書についてご質問等ございましたら、マイナビ出版の下記URLよりお問い合わせください。お電話でのご質問は
  受け付けておりません。
  また、本書の内容以外のご質問についてもご対応できません。
  https://book.mynavi.jp/inquiry_list/